DIE 77 SCHRITTE ZUM SELBSTGEBAUTEN HAUS

RONALD MEYER

DIE 77 SCHRITTE ZUM SELBSTGEBAUTEN HAUS

EBERHARD BLOTTNER VERLAG · TAUNUSSTEIN

Herausgeber: YTONG AG, München
Autor/Chefredakteur: Dipl.-Ing. Ronald Meyer
Verlage: Eberhard Blottner Verlag, Taunusstein
Fachschriften-Verlag, Fellbach

CIP-Titelaufnahme der Deutschen Bibliothek:

Meyer, Ronald:
Die 77 Schritte zum selbstgebauten Haus /
Ronald Meyer.-

Taunusstein: Blottner, 1995
ISBN 3-89367-051-3
NE: HST

Technische Beratung: Stefan Hofmann, Dipl.-Ing. Klaus Junglas, Dr.-Ing. Hellwig Kamm, Dr.-Ing. Andreas Kiesewetter, Ralf-D. Kunze, Heinz-Alfred Losch, Dipl.-Ing. Peter Ohrnberger, Michael Reinhardt, Martin Schmidt, Institut für Baubetrieb der Technischen Hochschule Darmstadt
Gestaltung, Satz und Grafiken: Junglas+Hoffmann, Messel
Fotos: Andrea Wiechert-Meyer, Stefan Dintelmann, Friedhelm Thomas, Geberit GmbH, Herrmann Wärmesysteme, Roto Frank AG, YTONG AG, Fachschriften-Verlag

ISBN 3-89367-051-3
Printed in Germany

Preiswert bauen – solide bauen

„... und gemauert hat die Frau" war 1988 in der Zeitschrift „Profi-Tips" ein Artikel überschrieben, der für Furore sorgte. Erzählt wurde damals die Bauherrengeschichte der Familie Eckhardt aus Reinheim (Hessen). Obwohl dort zwei absolute Bau-Laien ans Werk gingen (sie ist Verwaltungsangestellte, er Beamter), konnte das selbstgebaute Haus nach 15 Monaten Bauzeit bezogen werden.

Was in den achtziger Jahren noch viele verblüffte und keiner so recht glauben mochte, haben inzwischen einige tausend andere Selbstbauer in gleicher Weise bewiesen: Man muß kein Fachmann sein, um ein Haus in eigener Regie zu errichten. Und in einem weiteren Punkt sind sich diese Bauherren einig: Der Rohbau ist leichter als der Innenausbau. Einer formulierte das so: „Stein auf Stein zu setzen hat mir mehr Spaß gemacht, als Holzdecken einzuziehen."

Doch die Eigenleistung braucht sich nicht allein auf handwerkliche Tätigkeiten zu beschränken. Denn preiswertes Bauen bedeutet auch, nach günstigen Alternativen zu suchen. Das beginnt schon beim Grundstückskauf. Muß der Bauplatz wirklich so groß sein? Oder kann der Bau eines Doppelhauses die Bodenkosten auf ein vertretbares Niveau drücken?

Mit der Hausplanung nehmen Sie ebenfalls erheblichen Einfluß auf die Finanzen. Große Keller und weitläufige Flure erhöhen nur die Baukosten, selten den Wohnkomfort.

Und während der Bauzeit können Sie noch einmal tief in die Trickkiste des Bau-Sparens greifen. „Organisiertes Selbstbauen" heißt hier die Zauberformel, mit der Sie Ihr Konto schonen. Mit einem professionellen Selbstbau-Partner an Ihrer Seite wird der Hausbau nicht zum Abenteuer.

Eigeninitiative und Alternativlösungen sind besonders gefragt, um die persönliche Wohnsituation langfristig zu sichern.

Wichtig ist, daß Sie mitmachen. Arbeiten Sie dieses Handbuch durch, und wenden Sie die Möglichkeiten der Baukostenreduzierung an. So können Sie sich auch mit einem niedrigen Einkommen Ihr Traumhaus bauen. Verlassen Sie ausgetretene Baupfade, und reagieren Sie unbeirrt, wenn man Ihnen einreden will, daß Bauen nun mal teuer sei. Es stimmt nämlich nicht. Als ich mein eigenes Haus kalkuliert hatte, erntete ich nur abwertendes Kopfschütteln: „Selbst zu bauen ist sicher möglich. Aber nicht zu diesem Preis."

Und weil das Haus nun tatsächlich nur 150 000 Mark gekostet hat, entschloß ich mich dazu, meine Erfahrungen aufzuschreiben und Ihnen alle wichtigen Kniffe des Selbstbaus mitzuteilen. Packen Sie's an!

Viel Erfolg und gutes Gelingen wünscht

Dipl.-Ing. Ronald Meyer

Die in diesem Handbuch gezeigten Arbeitsschritte und Ausführungstechniken sind in der Praxis erprobt und haben sich bewährt. Dies schließt aber nicht aus, daß auch Alternativlösungen in Frage kommen. Anregungen und Hinweise sind vom Autor erwünscht und werden sehr begrüßt.

Bau-Vorbereitungen

Dieses Buch ist von Anfang an Ihr ständiger Begleiter in Sachen Selbstbau. Deshalb beginnt es auch wirklich ganz vorn: mit der Suche nach einem geeigneten Fleckchen Erde, auf dem Sie sich den Traum vom eigenen Haus erfüllen können.

Leider sind inzwischen auch in der ländlichen Region idyllische Plätzchen rar und teuer. Aber schlagen Sie doch mal am Wochenende die Immobilien-Seiten in Ihrer Tageszeitung auf. Oft werden dort spaltenweise Grundstücke angeboten. Zugegeben, auf Anhieb wird nicht das Passende dabeisein. Wenn Sie aber am Ball bleiben, werden Sie mit Sicherheit fündig. Worauf Sie bei der Grundstückssuche achten müssen, steht auf den Seiten 8 und 9. Aber erschrecken Sie nicht. Die möglichen Fallstricke, die dort aufgezählt sind, treten nie in gebündelter Form auf.

Nachdem Sie Eigentümer des Grundstücks geworden sind, beginnt die Bau-Vorbereitung. Doch die besteht nicht nur aus der Hausplanung. Aus welchem Material soll das Haus gebaut werden? Welche Arbeiten können Sie selbst erledigen, wie lange darf die Bauzeit dauern? Welche Maschinen sind notwendig, wo können Baustrom und Wasser gezapft werden? Was fordern die Unfallverhütungsvorschriften? Diese Fragen müssen vor Baubeginn beantwortet werden.

Sicherlich wird Ihnen das alles recht kompliziert erscheinen. Doch die folgenden Seiten ebnen Ihnen den zunächst noch steinigen Weg durch den Dschungel der Bau-Vorbereitungen.

Ihr Zeitaufwand für die Bau-Vorbereitungen:

Eine ausführliche Planungsphase dauert mindestens drei Monate. Entscheidet man sich dort vorschnell für den erstbesten Entwurf, können später notwendige Korrekturen viel Geld kosten. Um alle Vorbereitungen in Ruhe erledigen zu können, sollte man zwischen Grundstückskauf und dem Baubeginn mit rund sechs Monaten rechnen.

Wo gibt es ein passendes Fleckchen Erde?

In manchen Regionen Deutschlands braucht man detektivischen Spürsinn, Ausdauer und eine große Portion Glück, um einen brauchbaren Bauplatz zu finden. Verzweifeln Sie nicht, wenn Sie Ihr Traumgrundstück nicht auf Anhieb finden. Lassen Sie nichts unversucht!

Fahren Sie in die Gegend, in der Sie später einmal wohnen möchten, und sprechen Sie dort die Leute nach Bauplätzen an. Fragen Sie bei der Gemeindeverwaltung oder der Kirchengemeinde nach. Besonders hilfreich sind die Inserate der regionalen Tageszeitungen. Probieren Sie es ruhig auch mit eigenen Such-Anzeigen, und lesen Sie mal die Rubrik „Zwangsversteigerungen" durch. Stellen Sie ebenfalls Nachforschungen im Bekannten- und Verwandtenkreis an.

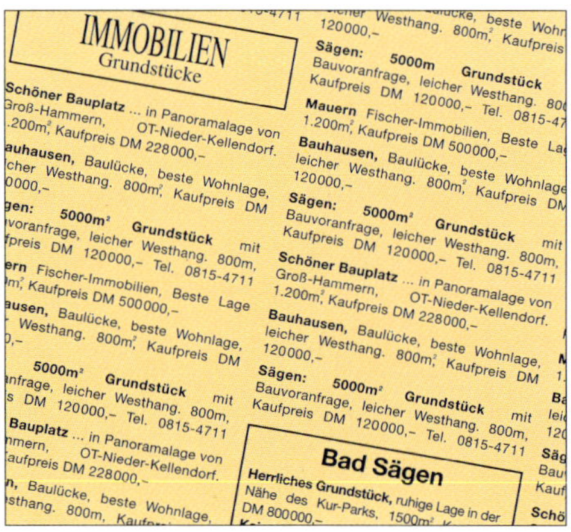

Der Immobilienmakler

Oft ist der Gang zum Immobilienmakler die letzte Rettung. Dabei muß es nicht das unabhängige Büro sein. Auch die Immobilienabteilungen von Banken und Sparkassen bieten ihre Dienste an. Die Provision liegt zwischen drei und sechs Prozent vom Kaufpreis: plus Mehrwertsteuer! Kommt jedoch kein Kaufvertrag zustande, müssen Sie nur die Auslagen bezahlen – falls dies vorher (schriftlich!) vereinbart wurde.

Wenn sich die Tätigkeit des Maklers allein auf die Vermittlung beschränken soll und Sie für die Einsicht von Bebauungsplänen, die Preisverhandlungen und den Vertragsabschluß seine Hilfe nicht brauchen, dann sollten Sie das bei der ersten Verabredung klarstellen und die Provision entsprechend niedriger ansetzen.

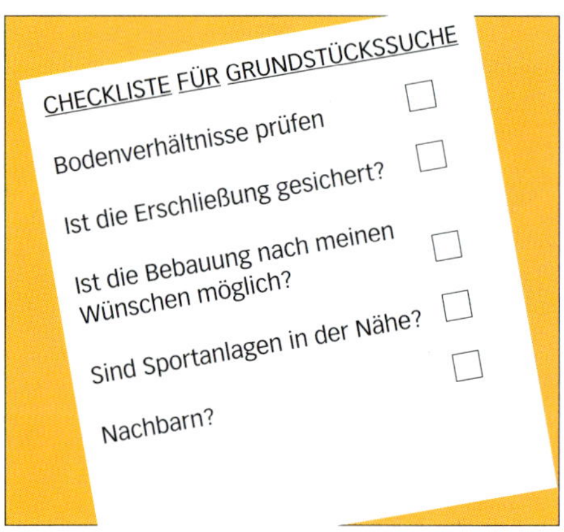

Bevor Sie starten: Checkliste erstellen

Zur realistischen Bewertung eines Bauplatzes müssen etliche Informationen eingeholt werden. Wie ist der Baugrund? Fragen Sie Nachbarn, oder graben Sie einfach ein paar tiefe Löcher. Sehr harte oder sehr weiche Böden verteuern Aushub oder Fundamentierung.

Wie weit ist es bis zu Ihrem Arbeitsplatz? Überprüfen Sie auch, ob Kindergarten, Schule, Ärzte, Einkaufsmöglichkeiten und Bus oder Bahn zu Fuß zu erreichen sind.

Wichtig: Welche Ausbaupläne sind für die Region geplant? Manche können von Vorteil (Einkaufszentrum), andere von Nachteil (Autobahn, Flughafen) sein.

Vieles kann den Bau behindern

Sie dürfen erst dann bauen, wenn die Erschließung Ihres Grundstücks gesichert ist. Sollten Versorgungsleitungen sowie Straße und Kanal noch fehlen, fragen Sie beim Gemeindebauamt nach, wann die Erschließung durchgeführt werden kann.

Erkundigen Sie sich auch hartnäckig, ob Ihr Traumgrundstück nicht früher einmal eine Giftmülldeponie war. Oder steht dort ein Abrißhaus? Abbruch und Bauschuttentsorgung sind teuer! Macht eventuell sogar der Denkmalschutz einen Strich durch Ihre Baupläne? Fragen Sie nach weiteren Einschränkungen wie beispielsweise Baulasten oder Wegerechten. Wie steht's mit der vorhandenen Bepflanzung? Dürfen Büsche und Bäume eigenmächtig entfernt werden?

Die Besonderheiten von Hanggrundstücken

Prinzipiell gilt: Ein flaches Gelände ist preiswerter zu bebauen als eine Hanglage. Doch auch die Baukosten am Hang können stark variieren. So benötigt eine talseitige Erschließung mehr Treppenstufen als eine bergseitige. Allerdings läßt sich das Abwasser bergab billiger entsorgen.

Im Winter steht die Sonne sehr niedrig. Bei steilen Nordhängen kommen Sie von November bis Februar nicht aus dem Schatten heraus. Das kann aufs Gemüt schlagen.

Denken Sie beim Grundstückskauf auch schon daran, ob später das Baumaterial problemlos angeliefert werden kann. Das gilt natürlich auch für Bauplätze in der Ebene.

Der Bebauungsplan

Wenn Sie den Bauplatz Ihrer Träume gefunden haben, sollten Sie sich vor der Unterzeichnung des Kaufvertrages beim Bauamt den Bebauungsplan ansehen. Er informiert verbindlich darüber, ob und wie gebaut werden darf. So können Angaben über Dachneigung, Dachform, Traufhöhe, Firsthöhe, Firstrichtung und so weiter festgelegt sein. Allgemein gilt: Was im Bebauungsplan nicht geregelt ist, wird frei gewählt.

Falls kein gültiger Bebauungsplan existiert, muß sich das Bauvorhaben „nach Art und Maß der baulichen Nutzung ... in die Eigenart der näheren Umgebung" einfügen (§ 34 Baugesetzbuch). Mehr über den Bebauungsplan lesen Sie auf den Seiten 208 und 209.

Welche Kompromisse müssen Sie eingehen?

Die wenigsten Bauherren können ihr Traumhaus auch tatsächlich realisieren. Zum einen liegt es am Budget, zum anderen am Bebauungsplan und den topographischen Verhältnissen. Wenn Sie von einem kleinen Bungalow schwärmen, müssen Sie Kompromisse eingehen, falls der Bebauungsplan eine zweigeschossige Bauweise mit Satteldach zwingend vorschreibt. Will man sich darauf nicht einlassen, muß man sich erneut auf Grundstückssuche begeben.

Auch andere Punkte sollte man vor dem Kaufvertragsabschluß klären: Sind Dachaufbauten (Gauben) zulässig, wo soll die Terrasse plaziert werden? Wie sieht es mit Zufahrt, Garagen und Stellplätzen aus?

Steuerliche Sonderausgaben

Noch vor Ihrer Grundstückssuchaktion sollten Sie bereits an Ihre Steuererklärung denken. Alle Aufwendungen (Telefonate, Fahrtkosten, Schuldzinsen vor dem Einzug ins eigene Haus, Disagio etc.), die in direktem Zusammenhang mit Ihrem Grundstückskauf und Hausbau stehen, sind in dem Jahr, in dem sie anfallen, von der Steuer als Sonderausgaben absetzbar – sofern sie nicht zu den Anschaffungs- oder Herstellkosten gerechnet werden.

Am besten ist, Sie legen ein Bautagebuch an, in dem alle Ereignisse, Kosten und Gesprächsprotokolle festgehalten werden.

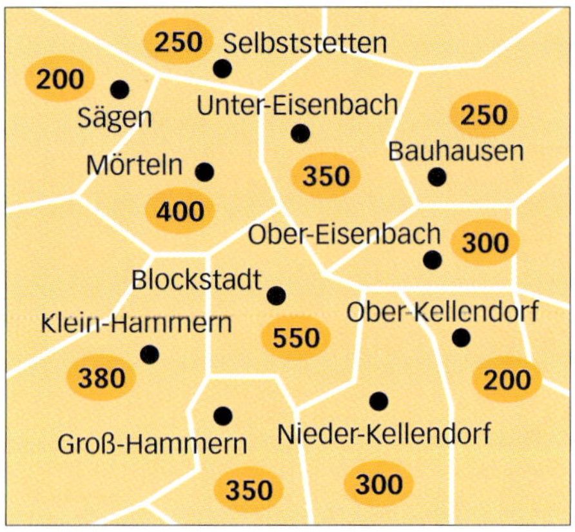

Wieviel kostet ein Quadratmeter Bauland?

Die geforderten Quadratmeterpreise sind häufig arg aus der Luft gegriffen. Das weiß der Verkäufer. Deshalb wird er verhandlungsbereit sein. Informieren Sie sich frühzeitig beim Bauamt oder dem sogenannten Gutachterausschuß über den Bodenrichtwert Ihres Bauplatzes. Sie können auch den Makler nach einem Preisspiegel fragen. Falls Sie merken, daß Sie der einzige ernsthafte Interessent sind, stehen Ihre Chancen für die Preisverhandlung besonders gut. Versuchen Sie, Sympathien aufzubauen. Denn jemandem, den ich mag, komme ich mit dem Preis gern entgegen. Entdecken Sie gemeinsame Hobbys oder Urlaubsziele. Je besser der Grundstückseigentümer auf diese Themen zu sprechen ist, ist um so besser für Sie.

Die Erschließung

Beim Aushandeln des Kaufpreises muß auch der Erschließungszustand berücksichtigt werden. Stehen noch Straßenbaumaßnahmen an und müssen Wasserleitung, Kanal und Stromkabel verlegt werden, entstehen Kosten, die in erster Linie der Grundstückseigentümer zu tragen hat. Und der sind ja dann Sie selbst.

Wenn Ihr zukünftiger Bauplatz noch nicht erschlossen ist, lassen Sie sich beim Gemeindebauamt über die voraussichtlichen Kosten aufklären, ehe Sie einen Kaufvertrag unterschreiben. Eventuell können Sie auch vereinbaren, Teile der Erschließung in Selbsthilfe zu erledigen: zum Beispiel die Erdarbeiten auf Ihrem Grundstück.

Der Kaufvertrag

Ein Grundstückskauf ohne Notar läuft in diesem Lande nicht. Schließlich geht es dabei um beachtliche Summen. Nichts spricht dagegen, daß der Käufer einen Notar nennt, der mit der Beurkundung des Vorganges beauftragt wird. Doch auch der Verkäufer sollte zu dem Notar Vertrauen haben. Denn der ist nicht der Anwalt einer Seite, sondern er ist unparteiisch. Alle Vereinbarungen zwischen Käufer und Verkäufer gehören in den Kaufvertag.

Sobald der Vertrag geschrieben ist, wird zum Termin geladen. Vor versammelter Mannschaft liest dann der Notar jeden Absatz vor und erläutert auf Wunsch einzelne Formulierungen bis ins kleinste Detail. Das ist seine Pflicht, die er ohne Extrakosten erfüllen muß.

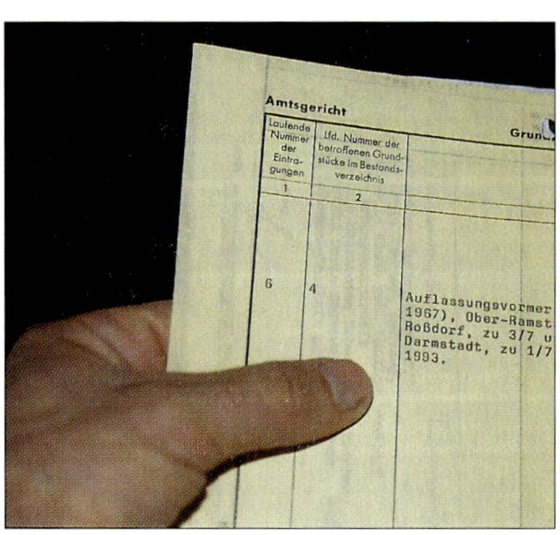

Die Auflassungsvormerkung

Im Grundstückskaufvertrag sollte auch stehen, daß sich der Notar um den Eintrag einer Auflassungsvormerkung ins Grundbuch zu kümmern hat. Das geschieht zur Sicherheit des Käufers. So ist er amtlich vorgemerkt, und es ist sichergestellt, daß er nach der Bezahlung des Grundstücks auch wirklich Eigentümer werden kann.

Erst wenn der Bauplatz bezahlt ist, wird die Eigentumsübertragung vorgenommen. Die Auflassungsvormerkung ist also Ihr Joker. Wenn Sie dieses Papier in der Hand halten, kann der Verkäufer nicht mehr frei über das Grundstück verfügen. Er kann es also keinem anderen zum Kauf anbieten. Nach dem Eintrag der Auflassungsvormerkung bekommt der Verkäufer sein Geld. Nicht früher!

Die Grunderwerbsteuer

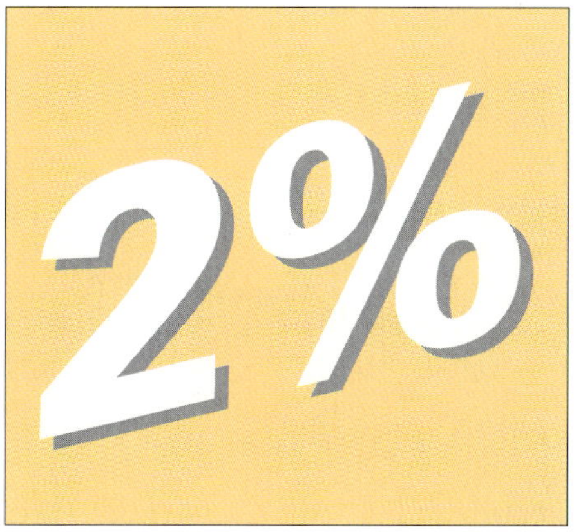

Vater Staat fordert zwei Prozent des Grundstückskaufpreises als Grunderwerbsteuer. Nach Zahlung dieser Summe erhalten Sie eine steuerliche Unbedenklichkeitsbescheinigung. Dieser Zettel ist eine Voraussetzung dafür, daß Ihr Name im Grundbuch eingetragen wird.

Ausnahmen: Wenn Sie vom Ehegatten kaufen oder mit dem Verkäufer in gerader Linie verwandt sind, werden Sie vom Fiskus in Ruhe gelassen. Also von den Eltern, Groß- oder Urgroßeltern, Kindern oder Enkeln, sogar von Schwiegersohn oder Schwiegermutter können Sie ohne Zahlung der Steuer kaufen. Nicht jedoch von Bruder oder Schwester. Schließen Geschwister einen Zwischenerwerber (zum Beispiel den Vater) ein, wird das nicht steuerbefreiend anerkannt.

Das Grundbuch

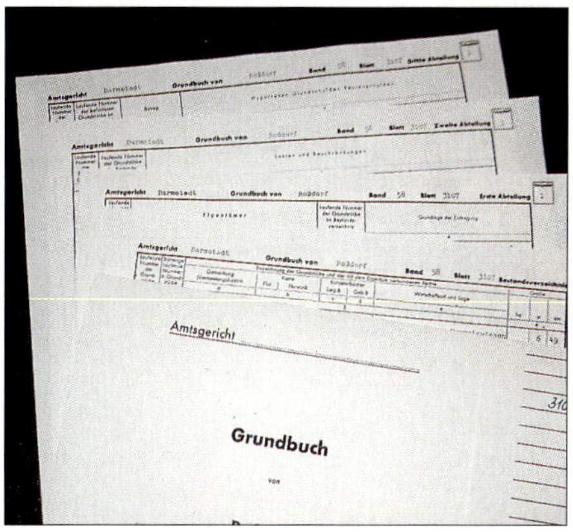

Eigentümer eines Grundstücks ist der, dessen Name im Grundbuch eingetragen ist. Ein unterzeichneter Kaufvertrag oder der Nachweis des gezahlten Kaufpreises macht Sie noch nicht zum Eigentümer.

Die Grundbücher werden in den Amtsgerichten geführt (in Baden-Württemberg wird diese Aufgabe teilweise auch von Notaren erledigt). Das Grundbuch beinhaltet das „Bestandsverzeichnis" (Flurstück, Lage, Wirtschaftsart) und die „Abteilungen" I, II und III. In Abteilung I steht der Name des Eigentümers. Ist der Verkäufer wirklich der Eigentümer? Hier steht's. Abteilung II informiert über Lasten (Nutzungseinschränkungen, auch: Auflassungsvormerkung). Grundpfandrechte (Grundschulden) sind in Abteilung III verzeichnet.

Gebühren für Notar und Grundbuchamt

Die Grundlage für Gebühren ist immer der Geschäftswert (bei Grundstücksgeschäften meist der Kaufpreis, bei Bestellung und Eintragung von Grundpfandrechten die Höhe des Nennbetrages), dem Gebührensätze zugeordnet werden. Je nach Tätigkeit werden Teile oder ein Mehrfaches davon berechnet. Der Notar fordert für einen Kaufvertrag eine doppelte Gebühr, für die Bestellung von Grundpfandrechten den einfachen Satz und für die Auflassungsbeurkundung eine halbe Gebühr. Plus Nebenkosten (Schreibgebühren, Auslagen) und Mehrwertsteuer. Eintragungen ins Grundbuch: Der Name des neuen Eigentümers oder eine Belastung kostet eine volle Gebühr. Für den Eintrag der Auflassungvormerkung wird eine halbe Gebühr verlangt.

Geschäftswert	Eine volle Gebühr
DM 50.000,–	DM 160,–
DM 100.000,–	DM 260,–
DM 200.000,–	DM 410,–
DM 300.000,–	DM 560,–
DM 400.000,–	DM 710,–
DM 500.000,–	DM 860,–
DM 800.000,–	DM 1.310,–
DM 1.000.000,–	DM 1.610,–

Stand 6/94

Die Finanzierung

Welche Form der Finanzierung für Sie die größten Vorteile bringt, kann an dieser Stelle nicht geklärt werden. Ob ein Baudarlehen mit festem oder variablem Zins, ein Bausparvertag oder die Beleihung einer Lebensversicherung (vielleicht auch eine Kombination dieser Möglichkeiten) das Optimum darstellt, hängt von Ihrer individuellen Situation ab: Ersparnisse, Einkommensverhältnisse, Baukosten.

Lassen Sie sich mehrere Angebote ausarbeiten und die Belastungen (monatlich, gesamt bis zur endgültigen Tilgung) ausrechnen. Sinnvoll ist es, die Raten anfangs niedrig zu halten. Später, wenn Sie sich finanziell erholt haben, können Sie immer noch mit Sonderzahlungen oder neuen Bausparverträgen Teile Ihrer Kredite tilgen.

Die Honorarordnung für Architekten und Ingenieure: HOAI

Für die meisten Häuslebauer beginnt die Planungsphase mit dem Gang zum Architekten. Wünsche werden vorgetragen und mehrere Entwürfe angefertigt, bis schließlich mit den endgültigen Plänen die Rechnung überreicht wird. Größenordnung: bis zu 10 000 Mark. Man muß wissen: Architekten- und Statikerhonorare richten sich nach der veranschlagten Bausumme. Je großzügiger gebaut wird, um so mehr bekommen die Planer. Dies kann bedeuten, daß eine geräumige Villa entsteht, wo ein normales Häuschen gereicht hätte. Man kann bereits auf recht einfache Weise viel Geld sparen, wenn man dem Architekten fertige Skizzen liefert. Tip: Besorgen Sie sich die HOAI. So können Sie die abgerechneten Honorare prüfen.

Die Wahl des richtigen Architekten

Bei der Architektenauswahl sollten Sie sehr gewissenhaft vorgehen. Am besten erkundigen Sie sich in Ihrem Bekanntenkreis, oder fragen Sie Bewohner von hübschen Häusern nach deren Planer. Bringen Sie ebenfalls in Erfahrung, wie die Zusammenarbeit mit dem Architekten war. Ist er auf die Wünsche der Baufamilie eingegangen?

Der Architekt sollte möglichst nah an Ihrem Bauplatz etabliert sein. Wenn er die Bauleitung übernimmt, ist er später schneller vor Ort. Bedenken Sie, daß ein junger Architekt frecher im Entwurf, ein „alter Hase" meist besser in der Praxis ist. Falls Sie es sich zutrauen, die ersten Planungsschritte selbständig zu erledigen, müssen Sie einen Architekten finden, der zu so einer Zusammenarbeit bereit ist.

So beginnen Sie mit der Planung Ihres Hauses

Zunächst notieren Sie die Räume, die Sie benötigen: Wohn-, Schlaf- und Kinderzimmer sowie Küche, Bad und WC. Auch an Heizraum (bei Ölheizung mit Tankraum), Waschküche, Hobbykeller und ein Arbeitszimmer (steuerlich sehr interessant) sollten Sie denken.

Der zweite Schritt ist die Überlegung, wie groß die Räume sein sollen. Hinweis: Ein Zwölf-Quadratmeter-Zimmer kann, wenn es gut geschnitten ist, wesentlich besser möbliert werden als ein Schlauch von 15 Quadratmeter. Und das ist auch schon der springende Punkt. Setzen Sie sich zum Ziel, durch einen ausgedehnten Planungsprozeß das Haus so klein wie möglich zu gestalten und bei gleichbleibendem Wohnkomfort die Ausmaße zu optimieren.

Die Kosten im Griff behalten

Jeder unnötig geplante Quadratmeter kostet später unnötig viel Zeit und Geld. Muß ein Wohnzimmer wirklich 40 Quadratmeter haben? Muß ein Elternschlafzimmer größer als 20 Quadratmeter sein? Und das Gästezimmer? Vergessen Sie es, wenn Sie die Baukosten niedrig halten möchten. Ein zehn Quadratmeter kleines Zimmer kostet auch den Selbstbauer noch 10 000 Mark. Wenn Besuch über Nacht bleiben möchte, richten Sie halt ein Quartier im Wohnzimmer ein. Dies ist billiger als ein Gästezimmer.

Planen Sie aber einen Windfang. Der braucht nicht größer als 1,25 mal 1,25 Meter zu sein, spart aber Energie. Große Fenster nach Süden, wenig Glas an der Nordwand: Auch das spart Heizkosten.

Wie werden die einzelnen Räume angeordnet?

Wenn Sie wissen, welche Räume Sie in welcher Größe haben wollen, beginnen Sie mit der Aufteilung der Geschosse. Im Keller bietet sich an, Waschküche, Lager- und Hobbyraum sowie Werkstatt und die Heizung anzuordnen, im Erdgeschoß Wohnzimmer, Eßplatz und Küche sowie den Eingangsbereich mit Gäste-WC. In den oberen Geschossen oder unterm Dach Schlafräume, Kinderzimmer und Bad.

Richten Sie die Wohnräume nach Süden oder Westen, Küche, Bad und Schlafzimmer nach Osten oder Norden aus. Legen Sie die Haustür nicht nach Westen (Wetterseite): Wenn es mal stark regnet, spritzt Ihnen das Wasser bei geöffneter Tür ins Haus. Besser ist ein Zugang von Osten.

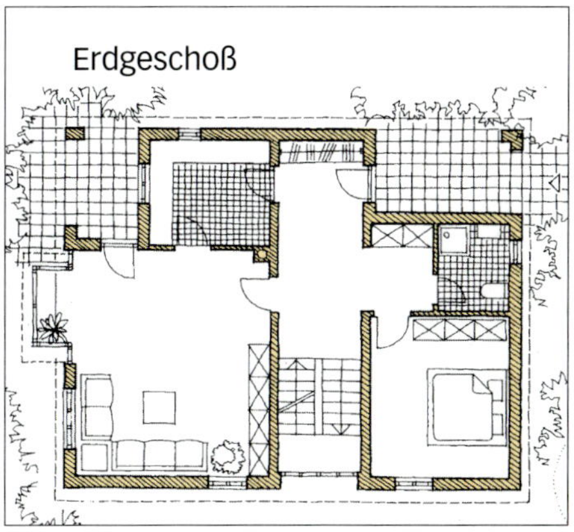

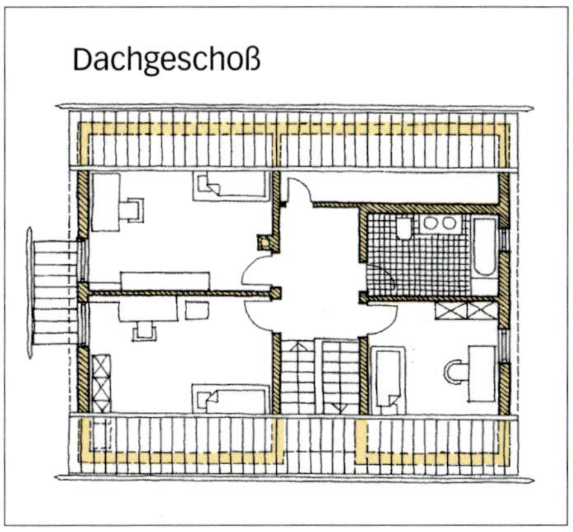

Die ersten Skizzen

Nun geht die Zeichenarbeit los. Auch wenn die eine oder andere Lösung anfangs äußerst genial erscheinen mag, geben Sie sich einen Ruck und legen Sie die geheiligten Pläne zur Seite. Versuchen Sie, die Problematik auch von einer ganz anderen Perspektive aus zu betrachten. Stellen Sie sich vor, Ihnen fällt die wirklich optimale Lösung erst ein, wenn der Rohbau schon steht. Ein Haus umzubauen ist sicher aufwendiger, als ein paar neue Skizzen anzufertigen.

Hilfreich sind in diesem Stadium der Planung auch Spaziergänge durch Neubaugebiete und das Studium von Bauzeitschriften. Zeigen Sie Ihre Entwürfe der Familie und Freunden. Oft kommen Anregungen von Leuten, von denen man das nicht erwartet hätte.

Selbstbaufreundlich planen

Entwerfen Sie einen klar strukturierten Grundriß. Einen Erker können Sie zwar problemlos selbst bauen. Aber bei Dachterrassen oder großen Glasfassaden müssen Experten ran. Denn diese Bauteile sind nur mit Fachkenntnis wirklich wetterfest zu bekommen.

Weitgehend rechteckige Grundrisse bringen dem Selbstbauer in der Ausführung die besten Resultate.

Innentreppen: Wer dort auf Fertigteile verzichtet, sollte einen geraden Treppenlauf wählen. Eine gewendelte Betontreppe zu schalen ist selbst für Profis knifflig. Zum kleinen „Einmaleins" der Hausplanung gehört, daß man Bad und Küche über- oder nebeneinander anordnen sollte. Man braucht dann nur einen Schacht für Rohre.

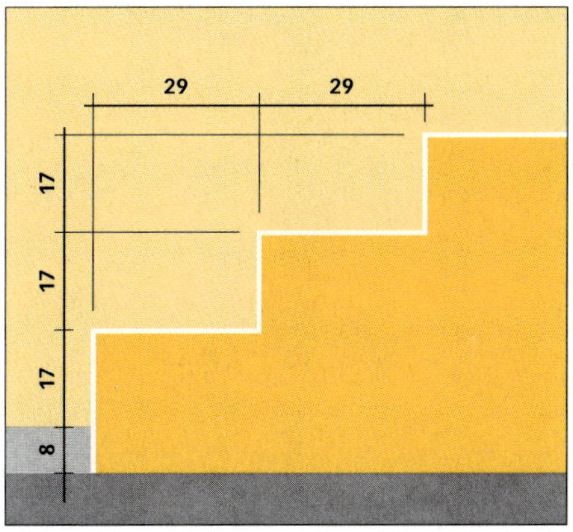

Auf diese Maße sollten Sie achten

Rohbauöffnungen für genormte Innentüren (diese sind preiswerter als Sonderanfertigungen vom Schreiner) haben eine lichte Breite von 1,01 Meter, 0,885 Meter, 0,76 Meter oder 0,51 Meter. Die Normhöhe beträgt 2,01 Meter. Achtung: Im Rohbau darf man die Höhe des Fußbodenaufbaus nicht vergessen. Beispiel (Estrich plus Bodenbelag zehn Zentimeter): lichte Rohbauhöhe 2,11 Meter.

Die Formel für Treppen lautet: Zwei Steigungen plus ein Auftritt gleich 63 Zentimeter. Besonders günstig ist ein Verhältnis von 17 Zentimeter (Steigung) zu 29 Zentimeter (Auftrittsbreite). Bei einer späteren Estrichhöhe von acht Zentimeter muß also die erste Stufe eine Rohbauhöhe von acht plus 17 gleich 25 Zentimeter haben.

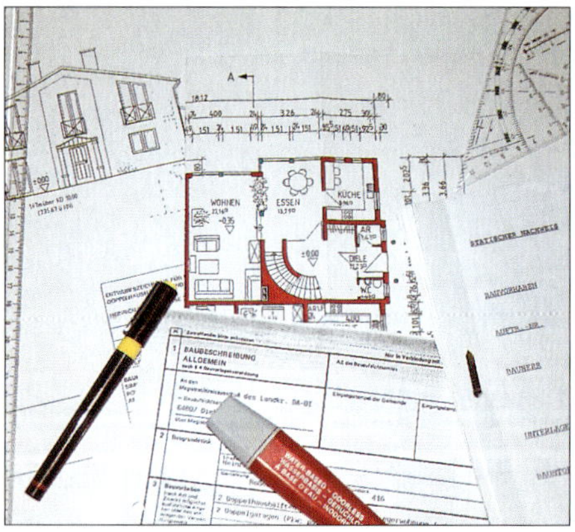

Was machen Architekt und Statiker?

Mit Ihren fertigen Skizzen gehen Sie zum Architekten, der dann die Unterlagen entsprechend den planungsrechtlichen Forderungen ergänzt. Er fertigt Entwässerungspläne und Baubeschreibungen an und nennt Ihnen einen Statiker, falls Sie selbst keinen kennen. Der Statiker berechnet nicht nur die Standsicherheit, sondern auch den Wärme- und Schallschutz des Hauses.

Sagen Sie den Profi-Planern, daß Sie selbst bauen möchten. Für den Statiker gilt dann, selbstbaugerecht zu dimensionieren! Statt einer Betonaußenwand im Keller soll er 36,5 Zentimeter dickes Mauerwerk wählen. Reicht dieses statisch nicht aus, um den Erddruck abzutragen, kann ein Beton-Ringbalken (☞ S. 48) das Problem lösen.

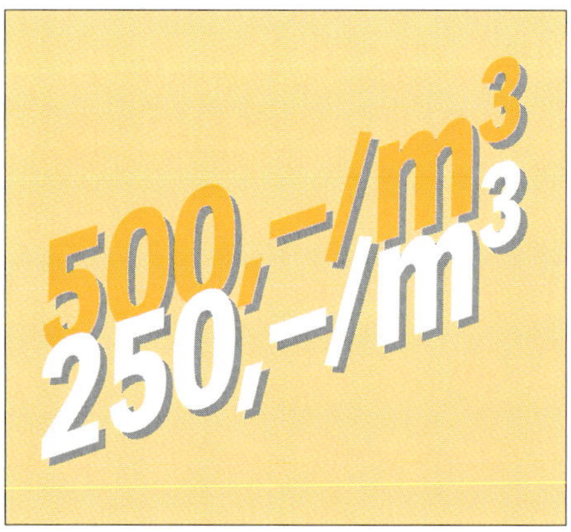

Grobe Kalkulation der Gesamtbaukosten

Um die Baukosten eines Hauses in etwa abzuschätzen, berechnet man den umbauten Raum in Kubikmeter und multipliziert das Ganze mit einem bestimmten DM-Betrag. Für ein schlüsselfertiges Einfamilienhaus, gut ausgestattet, setzt man heute zwischen 480 und 530 Mark je Kubikmeter an. Hinzu kommen noch die Kosten für Planung, Gebühren und Versicherungen. Neben diesen Bauwerkskosten darf man natürlich nicht die Beträge für Grundstück, Erschließung und Außenanlagen vergessen.

Wieviel kann man einsparen? Es ist möglich, durch Eigenleistung die Baukosten auf die Hälfte zu reduzieren. Allerdings muß man dann mindestens 3 000 Stunden Freizeit opfern.

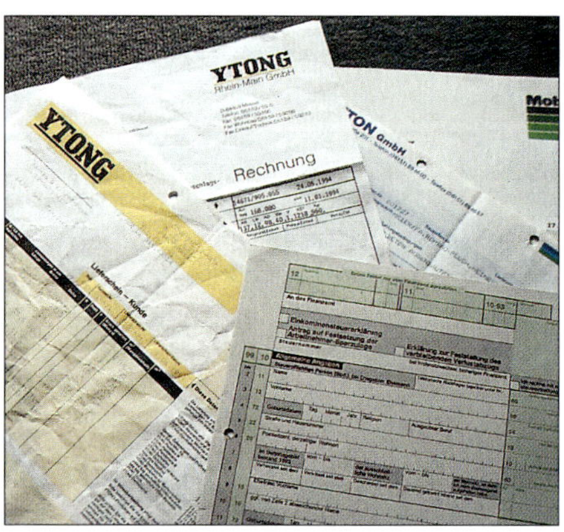

Die Eigenleistung und die Steuern

Lediglich die Belege vom Material sowie Handwerkerrechnungen werden vom Finanzamt als Herstellkosten anerkannt. Für Ihre schweißtreibende Arbeitszeit auf der Baustelle können Sie keine steuerlichen Vorteile bekommen, da Ihnen keine nachweisbaren Kosten entstanden sind.

Die Materialauswahl

Auch hartnäckige Anhänger des Ökobaus sollten Ihr Traumhaus auf ein solides Betonfundament stellen. Die Decken können ruhig mit Holzbalken konstruiert werden. Dies geht aber zu Lasten des Schallschutzes. Besser sind massive Fertigteile.

Als Wandbaustoff gibt's für Selberbauer nur ein Material: Porenbeton. Diese YTONG-PLANBLÖCKE lassen sich kinderleicht sägen, bohren und fräsen, so daß nahezu alle Maße und Formen problemlos möglich sind.

Der Selbstbau-Partner

Für den Hausbau in Selbsthilfe bieten sich Bausätze an. Vorteil: Das Rohbau-Material (oft auch Dach und Fenster) kommt aus einer Hand. Das bedeutet: ein Ansprechpartner, geringer Abrechnungsaufwand, Beratung und Betreuung während der Planungs- und Bauzeit.

Wer noch nicht so recht weiß, ob er seinen Rohbau in Selbsthilfe hochziehen möchte, sollte die Vorführveranstaltungen der Selbstbau-Partner besuchen. Dort kann man sogar selbst ein paar Steine verarbeiten. Auch das zählt zum umfangreichen Selbstbau-Service.

Vermessungsingenieur, Bodengutachter, Behörde

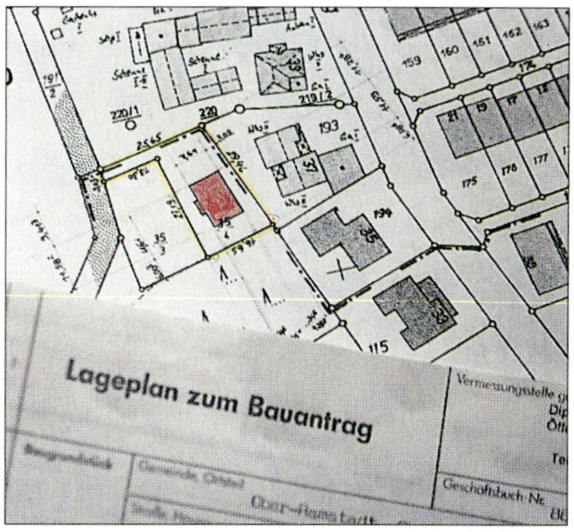

Für die behördlich erforderlichen Planungsunterlagen brauchen Sie einen aktuellen amtlichen Lageplan (auch Flurkarte oder Katasterplan genannt). Fordern Sie diesen beim Katasteramt oder bei einem öffentlich bestellten Vermessungsingenieur an. Bei ungewissen Baugrundverhältnissen müssen Sie sich (oder Ihr Statiker) auch um ein Bodengutachten kümmern, damit die Fundamente standsicher bemessen werden können.

Halten Sie ständig Kontakt zur Genehmigungsbehörde. So gerät Ihr Bauantrag nicht in „Vergessenheit", und Sie können wertvolle Zeit sparen.

Der Bauleiter

Wenn Sie es möchten, stellt Ihr Selbstbau-Partner den Kontakt zu einem Bauleiter her. Zu den Aufgaben des Bauleiters gehören das Begutachten der fertigen Baugrube sowie die Überprüfung von Bewehrungs- und Betonarbeiten für Fundamente und Bodenplatte. Weitere Baustellenbesuche des Bauleiters sind während der Arbeiten an den Geschoßdecken und beim Aufrichten des Dachstuhls vorgesehen. Der Bauleiter steht in Verbindung mit der Behörde. So ist er auch bei Gebäudeabnahmen vor Ort.

Das Anlegen der Ecksteine im Kellergeschoß sowie die Hilfestellung beim Verlegen von Fertigteilen wird vom Selbstbau-Partner auch ohne Bauleitungsauftrag übernommen.

Ihr Haus als Modell

Vorteilhaft kann es sein, die Pläne mit Modellen (Maßstab 1:100 oder 1:50) zu verdeutlichen. Je größer der Maßstab ist, um so besser können problematische Bereiche gefunden und beseitigt werden. Man kann mit Modellen auch den Baufortschritt in verschiedenen Phasen darstellen und auf diese Weise bautechnische Schwierigkeiten schon im Vorfeld erkennen. Dies ist für den, der zum ersten Mal ein Haus baut, sehr nützlich.

Als preiswerte Baustoffe für Modellwände und Decken eignen sich zum Beispiel Wellpappen, die man mit Karton beplankt.

Der Baugrubenaushub

Wer mit Schaufel und Schubkarre seine Baugrube ausheben möchte, tut sich keinen Gefallen. Den Kampf gegen die Erdmassen nimmt man am besten mit Bagger oder Radlader auf. Kleine Erdbaugeräte lassen sich nach einer kurzen Einarbeitungszeit sogar vom Laien bedienen. Dennoch: Auch mit Maschineneinsatz ist diese Arbeit sehr anstrengend. Wer es sich finanziell erlauben kann, sollte den Baugrubenaushub einer Firma überlassen. Achtung: Bei der Kostenkalkulation dürfen eventuell notwendige Deponiegebühren nicht vergessen werden, falls Aushub abgefahren werden muß.

Der Aushub von Fundamentgräben in Handarbeit ist eine typische Selbstbau-Disziplin.

Betonarbeiten und Mauern errichten

Bei Betonmengen von über drei Kubikmeter ist der Einsatz von Fertigbeton (Lieferbeton) und Betonpumpe anzuraten. Das Anrühren mit einer Mischmaschine ist arg mühsam. Hinweis: Selbsthergestellter Beton und Fertigbeton liegen in derselben Preiskategorie. Die Kosten für die Pumpe sind eine sinnvolle Investition, um körperlichem Verschleiß vorzubeugen. Allerdings benötigt man beim Betonieren mit Fertigbeton und Pumpe etwa zwei bis drei erfahrene Helfer, da sehr große Mengen in kurzer Zeit verarbeitet werden müssen.

Der Selbstbau-Partner hilft dem Bauherrn beim Setzen der ersten Kellergeschoß-Steine. Problemloser Weiterbau ist die Regel. Die Kenntnis der Mauerwerks-Ausführungsdetails (☞ S. 210) ist wichtig.

Decken und Dach

Auch eifrige Selbstbauer sollten Fertigteile nehmen und aufwendiges Schalen, Bewehren und Betonieren vermeiden. Der Zeitgewinn durch Fertigteile ist mehr wert als die geringe Einsparung durch mühsame Handarbeit. Unter der Anleitung des Selbstbau-Partners, der auch einen Mobilkran organisiert, ist dieses Gewerk keine Schwierigkeit.

Dagegen ist das Aufstellen das Dachstuhls nichts für Bau-Laien. Die Holzteile wiegen mehrere hundert Kilogramm. Zudem ist viel Erfahrung notwendig, um einen Dachstuhl zu zimmern. Vor allem dann, wenn komplizierte Dachformen (☞ S. 70) errichtet werden sollen.

Beim alternativen YTONG-Massivdach (☞ S. 78) können Sie jedoch bedenkenlos mit den Profis zusammenarbeiten.

Fenster und Haustür

Fenster und Haustür zu montieren ist leichter, als viele Selbstbauer zunächst meinen. Sorgfältiges Arbeiten ist unbedingt erforderlich, damit sich Fensterflügel und Türblätter tadellos öffnen und schließen lassen.

Beim Einbau großflächiger Festglas-Elemente sollte man mindestens zu zweit sein, um die schwergewichtigen Bauteile präzise setzen zu können. Bewegliche Fensterflügel werden zur Montage des Rahmens ausgehängt. Dann geht's leichter.

Angesichts der hohen Ersparnis (etwa 2 000 Mark in zwei bis drei Tagen) sollte sich der kostenbewußte Bauherr an dieses Gewerk heranwagen.

Die Installationen: Heizung, Sanitär und Elektro

Das Hanfen und Löten von Rohren, der Zusammenbau und die Inbetriebnahme von Heizkörpern und Heizkessel sowie das Verdrahten von Steckdosen und Schaltern erfordern sicheren Umgang mit Material und Werkzeug, um ein technisch einwandfreies und vor allem gefahrloses Funktionieren von Heizung, Wasser- und Stromversorgung zu gewährleisten.

Installationsbausätze sind für den Hausbau in Selbsthilfe gut geeignet. Die Einarbeitungszeit kann aber recht langwierig sein. Eventuell ist es von Vorteil, die Installationen zusammen mit einem Fachmann auszuführen. Dieser erledigt manche Handgriffe in wenigen Minuten, für die Sie mitunter Stunden benötigt hätten.

Selbst verputzen: innen und außen

Übung ist beim Verputzen schon fast alles. Deshalb sollten die ersten Versuchswände an „unsichtbarer" Stelle verputzt werden: zum Beispiel im Heizkeller oder im Lagerraum. Da meist viele Quadratmeter an einem Haus zu verputzen sind und die Stunden-Ersparnis im oberen Bereich liegt (verglichen mit anderen Gewerken), läßt sich dort eine hübsche Summe „verdienen". Der Kraftaufwand ist allerdings recht hoch. Gute Kondition ist vor allem beim Außenputz gefragt, da Arbeitsunterbrechungen nicht beliebig möglich sind.

Der Verputz-Test sollte möglichst frühzeitig erfolgen. Am besten, während der Rohbau noch gemauert wird. So ist im Falle des Mißerfolgs noch ausreichend Zeit, einen Handwerker zu suchen.

Der Estrich

Zement-Estrich ist nichts für Selbstbauer. Enormer Krafteinsatz und sehr geringe Ersparnisse charakterisieren diesen Job. Und Trocken-Estrich aus Holzspan- oder Gipsfaserplatten ist auch nicht so günstig, wie vielfach angenommen wird. Allein das Material kann dort fast so teuer sein, wie fertig verlegter Zement-Estrich durch eine Fachfirma kostet. Das heißt: Trocken-Estrich ist nur dort sinnvoll, wo die statischen Verhältnisse nichts anderes zulassen (Altbausanierung) oder wo vom Bauherrn kleine Flächen verlegt werden (Beispiel: nachträglicher Keller- oder Dachausbau), so daß sich der Einsatz einer Estrichmaschine nicht lohnt. In allen anderen Fällen ist es günstiger, im gesamten Rohbau von Fachleuten Zement-Estrich legen zu lassen.

Dachdämmen, Fliesenlegen und Tapezieren

Bei der Wärmedämmung zwischen den Sparren muß auf ausreichende Hinterlüftung und eine raumseitige Dampfsperre geachtet werden. Achtung: Beim Verarbeiten von Mineralfaserdämmstoffen Atemschutz tragen!

Wenn Fliesen im Dünnbettverfahren verlegt werden, ist dieses Gewerk auch für Bau-Amateure empfehlenswert. Mit ein wenig Geschick sind beste Resulate zu erzielen. Profis liefern manchmal sogar schlechtere Ergebnisse ab als Laien. Grund: Fliesenleger arbeiten im Akkord. So ist ein Bauherr mit Muße und Motivation klar im Vorteil.

Tapezierarbeiten sollte man probieren. Besonders einfach sind Rauhfaser-Tapeten zu verarbeiten.

Die Massenermittlung

Eine Terminplanung ist auch auf der privaten Baustelle zweckmäßig. Schließlich will man wissen, wann welche Geldbeträge benötigt werden, wann es sinnvoll ist, seinen Urlaub zum Selbstbau zu nehmen, und wann man die Mietwohnung kündigen muß. Am Anfang der Zeitplanung steht die Massenermittlung. Notieren Sie zunächst alle Materialien, die bei Ihrem Hausbau bewegt werden: Erdaushub, Steine, Dacheindeckung, Fenster, Innenputz und so weiter. Für die anschließende Berechnung der einzelnen Mengen dienen Ihre Baupläne.

Achtung: Quadrat- und Kubikmeter rundet man auf ganze Zahlen auf. Und die Berechnung einzelner Schrauben, Nägel und Dübel entfällt ganz.

Berechnung des Zeitbedarfs

Zu Beginn der einzelnen Kapitel in diesem Buch finden Sie Angaben über den Zeitbedarf aller Baugewerke: wenn ein Freizeit-Handwerker sie ausführt.

Wenn Sie nun wissen möchten, wie lange Ihr Erdaushub dauert, nehmen Sie Ihre errechnete Erdmasse (Beispiel: 220 m³) und multiplizieren diesen Wert mit dem angegebenen Zeitbedarf: 0,2 Std/m³ bei leicht lösbaren Böden, 0,5 Std/m³ bei hartnäckigem Baugrund. Im Zweifel schätzen Sie einen Wert (Beispiel: 0,35 Std./m³). So würden Sie in unserem Fall 220 mal 0,35 gleich 77 Stunden für Ihren Aushub brauchen, wenn Sie Ihre Baugrube mit einem kleinen Radlader in eigener Regie ausheben. Eine Fachfirma erledigt das an einem Tag.

So lange dauert der Rohbau

Zuerst teilen Sie den Rohbau in die Bereiche „Fundament/Bodenplatte", „Kellergeschoß-Mauerwerk und Stürze", „KG-Decke/Treppe", „KG-Außen-Isolierung". Für die folgenden Geschosse bilden Sie die Rubriken „Mauerwerk", „Decke/Treppe". Beispiel (Erdgeschoß): „EG-Mauerwerk", „EG-Decke/Treppe". Fürs Dachgeschoß berechnet man nur das Mauerwerk. Weitere Rohbauschritte: „Dachstuhl" oder „Massivdach", „Dachentwässerung", „Eindeckung", „Fenster/Haustür".

Nachdem Sie alle Massen (m³, m², Stück, lfm) ermittelt und die Zeitbedarfswerte zugeordnet haben, können Sie die Dauer der einzelnen Bauabschnitte errechnen. Beispiel: KG-Mauerwerk und Stürze 35 m³, Arbeitszeit 3,0 Std./m³. Dauer der Arbeit: 105 Stunden.

Wieviel Zeit beansprucht der Innenausbau?

Die Dauer des Innenausbaus läßt sich nicht so einfach bestimmen wie die des Rohbaus. Die Montage einer Heizungsanlage ist beispielsweise von den Handgriffen her wesentlich komplizierter als das Erstellen einer Rohbauwand aus YTONG-PLANBLÖCKEN. Und weil der gesamte Innenbereich eine so komplexe Struktur aufweist, begnügen wir uns an dieser Stelle mit einer groben, aber ausreichend genauen Untergliederung: „Installationen (Heizung, Sanitär, Elektro)", „Innenputz", „Fliesen", „Estrich", „Tapeten", „Bodenbeläge". Bei der Berechnung der Mengen und des Zeitbedarfs gehen Sie nach dem bereits beschriebenen Muster vor. Die Fassade können Sie ausklammern, falls Sie sich erst nach dem Einzug damit beschäftigen.

Kollisionen mit Handwerkern vermeiden

Wenn Sie nur einzelne Gewerke selbst ausführen, achten Sie darauf, daß Sie nicht mit Ihren Handwerkern kollidieren. Bei eventuellen Gewährleistungsansprüchen könnten sich sonst die Fachfirmen leichter rausreden: „Der Herr M. hat ja da auch dran rumgeschraubt ..."

Fragen Sie Ihre Handwerker, wieviel Zeit sie für ihre Tätigkeiten benötigen. Tragen Sie dann diese Tage, Wochen oder Monate in den Balkenplan ein. Extrem wichtig ist, daß Sie alle Vorarbeiten erledigt haben, bevor der Profi kommt. Beispiele: Wenn eine Fertigdecke verlegt werden soll, muß das tragende Mauerwerk des entsprechenden Geschosses komplett fertiggestellt sein. Zum Zeitpunkt der Montage von Waschbecken müssen die Wandfliesen angebracht sein.

Wieviel Zeit können Sie auf Ihrem Bau arbeiten?

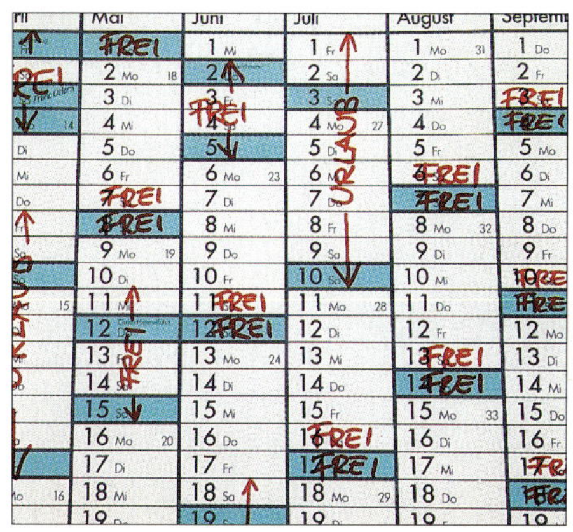

Sie sind berufstätig und wollen selbst ein Haus bauen. Jeden Tag nach Feierabend noch fünf Stunden im „Blaumann" zur Sache zu gehen und auch das Wochenende „durchzumachen", packen wohl nur die wenigsten. Realistisch sind 20, manchmal sogar 30 Stunden pro Woche, die eine Person kontinuierlich „nebenbei" für die Bauarbeit aufbringen kann. Zur Urlaubszeit sind es im Mittel rund 50 Stunden pro Woche, die ein Bauherr auf der Baustelle arbeitet.

So kommt man immerhin auf eine Bau-Jahresleistung von etwa 1 000 bis 1 300 Stunden pro Person. Schlechtwetterperioden und Feiertage sind dabei berücksichtigt.

Der Balkenplan

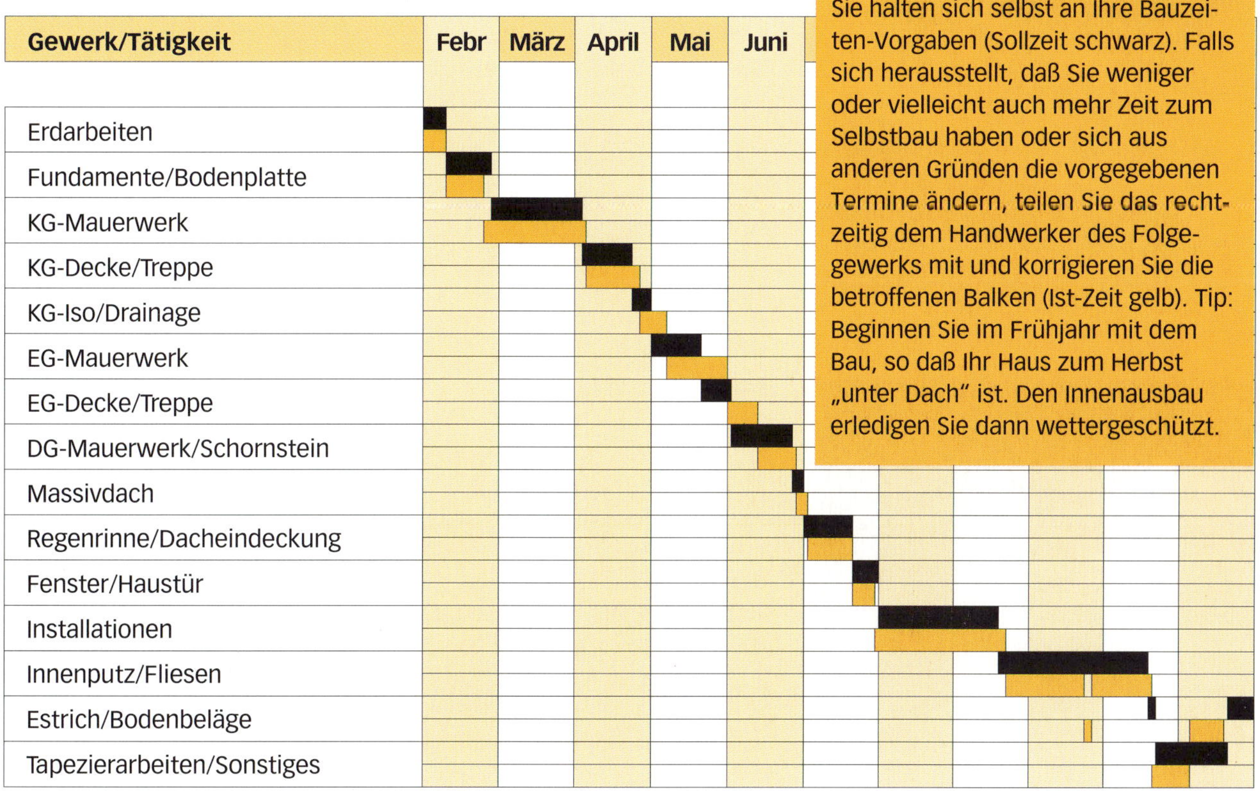

Der Balkenplan ist auch für Ihre Profi-Handwerker nützlich. Voraussetzung: Sie halten sich selbst an Ihre Bauzeiten-Vorgaben (Sollzeit schwarz). Falls sich herausstellt, daß Sie weniger oder vielleicht auch mehr Zeit zum Selbstbau haben oder sich aus anderen Gründen die vorgegebenen Termine ändern, teilen Sie das rechtzeitig dem Handwerker des Folgegewerks mit und korrigieren Sie die betroffenen Balken (Ist-Zeit gelb). Tip: Beginnen Sie im Frühjahr mit dem Bau, so daß Ihr Haus zum Herbst „unter Dach" ist. Den Innenausbau erledigen Sie dann wettergeschützt.

Die erste Steinlieferung

Ihr Zeitplan steht. Um nun alle Termine einhalten zu können, benötigen Sie das Baumaterial zur rechten Zeit – und in der richtigen Menge. Bei diesem baubetrieblichen Management ist Ihre Mitarbeit gefragt. Halten Sie gegenüber Ihrem Selbstbau-Partner die jeweiligen Lieferfristen ein, damit er genug Zeit hat, die Fuhren zusammenzustellen.

Frühestens einen Tag nach dem Betonieren können Sie die Kellermauern auf der Platte markieren. Erst danach lassen Sie sich die Steine anliefern. Achtung: Bei allen Lieferungen müssen Sie (oder ein Helfer) auf der Baustelle sein. Geben Sie dem Lkw-Fahrer Anweisungen, wohin er die Paletten stellen soll, damit Sie später keine Zeit mit Umsetzen vergeuden.

Die Steine für den Keller

Das Steinmaterial für Ihren Keller kommt in mehreren Fuhren. Es sind zwar immer volle Lkw-Ladungen, aber immer nur so viel, wie Sie gerade brauchen und auf der Baustelle lagern können. Würde man Ihnen alle Kellersteine oder sogar das Material für den kompletten Haus-Bausatz auf einmal anliefern, könnten Sie sich auf Ihrer Baustelle wahrscheinlich nicht mehr bewegen.

Halten Sie auch für die zweite und die folgenden Kellersteinlieferungen die vereinbarten Abruffristen ein.

Massivstürze, Bewehrungseisen, Rolladenkästen

Das Zusammenstellen der einzelnen Anlieferungen übernimmt Ihr Selbstbau-Partner. Er kann aus dem Balkenplan recht genau ablesen, wann Sie Stürze, Eisen oder Rolladenkästen als zusätzliche Beiladung zu den YTONG-PLANBLÖCKEN brauchen.

Falls Sie einmal merken sollten, daß Ihnen eine bestimmte Steinsorte ausgegangen ist oder daß von einer Materialposition noch mehr als ausreichend vorhanden ist, teilen Sie dies bei Ihrem nächsten Abruf dem Selbstbau-Partner mit. Tip: Alle Abrufe schriftlich weiterleiten. So vermeidet man Übertragungsfehler, und Ihr Bau kann noch besser organisiert werden.

Die Kellerdecke

Entsprechend Ihren Plänen wird die YTONG-Systemdecke individuell im Werk gefertigt. Um wirklich sicherzugehen, daß die Decke später exakt auf dem Mauerwerk aufliegt, bekommen Sie einen Deckenverlegeplan, den Sie gemeinsam mit Ihrem Bauleiter oder Architekten prüfen müssen. Stimmen alle eingetragenen Maße? Erst wenn Sie Ihr Okay geben, gehen die Platten in die Produktion. Dieses Okay muß etwa sechs Wochen vor dem veranschlagten Verlegetermin erfolgen.

Das genaue Datum, an dem Ihre Kellerdecke angeliefert werden soll, können Sie ein paar Tage vorher mit Ihrem Selbstbau-Partner vereinbaren. Wichtig: Kümmern Sie sich auch rechtzeitig um zwei bis drei Helfer.

Das Material für die oberen Geschosse

Für die Materialanlieferungen der aufgehenden Geschosse gilt dasselbe wie für den Keller: PLANBLÖCKE, Stürze, Rolladenkästen und Bewehrungseisen ordert man entsprechend den Abruffristen.

Die Verlegepläne für die Decken der oberen Geschosse müssen natürlich genauso sorgfältig wie die Kellerdecken-Pläne geprüft werden. Erst dann wird die Produktion veranlaßt. Der Abruf der fertigen Platten muß auch dort ein paar Tage vor dem angepeilten Verlegetermin erfolgen.

Das Dach

Für einen Holzdachstuhl benötigt Ihr Selbstbau-Partner die Pläne und die geprüfte Statik. Diese Unterlagen werden zum Zimmermann weitergeleitet, der in seiner Werkstatt das gesamte Dachgebälk vorbereitet. Dazu braucht er Zeit. Deshalb sind Baupläne und Statik üblicherweise spätestens acht Wochen vor der Dachstuhlmontage einzureichen. Wichtig: Die Betonauflager für die tragenden Holzteile müssen beim Aufschlagen des Dachstuhls bereits voll tragfähig sein. Ihr Bauleiter sagt Ihnen, wieviel Zeit zwischen den Betonierarbeiten für die Auflager und dem Aufrichten des Gebälks vergehen muß.

Falls Sie ein YTONG-Massivdach gewählt haben, gelten die Fristen der Geschoßdecken.

Die Abruffrist für die Fenster

Bei der Fenster-Bestellung muß man sorgfältig vorgehen. Denn Maßkorrekturen sind bei angefertigten Fenstern nicht mehr möglich. Vier bis acht Wochen vor Bedarf muß die endgültige Bestellung vorliegen. Sie müssen also recht früh die Maße, die Fenstertypen (Dreh, Drehkipp oder Festverglasung) und das Rahmenmaterial festlegen.

Da die Fensterliste vor Rohbaufertigstellung angefertigt wird, können Sie nicht alle Maße vor Ort ermitteln. So kann es vorkommen, daß manche Rohbauöffnungen nicht ganz genau stimmen. Mit Porenbeton kein Problem. Ist die Öffnung zu klein, wird sie mit der Handsäge einfach vergrößert. Ist die Öffnung zu groß: dünnes Scheibchen Porenbeton anmörteln und dann das Fenster montieren.

Dacheindeckungspaket, Schornstein, Innen- und Außenputz

Das Dacheindeckungspaket besteht aus Unterspannbahn, Dachpfannen sowie Sonderformteilen wie First-, Lüfter- und Ortgangsteinen. Die Abruffrist für diese Lieferung beträgt etwa vier Werktage.

Den Schornstein läßt man sich meist gemeinsam mit den Steinlieferungen bringen. Die Abruffrist hier: auch etwa vier Werktage.

Die Anfuhr von Innen- und Außenputz veranlassen Sie 14 Tage vor Bedarf. Tip: Lagern Sie den Innenputz gleich in der jeweils richtigen Menge in den einzelnen Räumen. So brauchen Sie später die Putzsäcke nicht noch einmal durchs Haus zu schleppen. Auch für Putz gilt: trocken auf Paletten lagern. Empfohlene Lagerungsdauer nicht überschreiten.

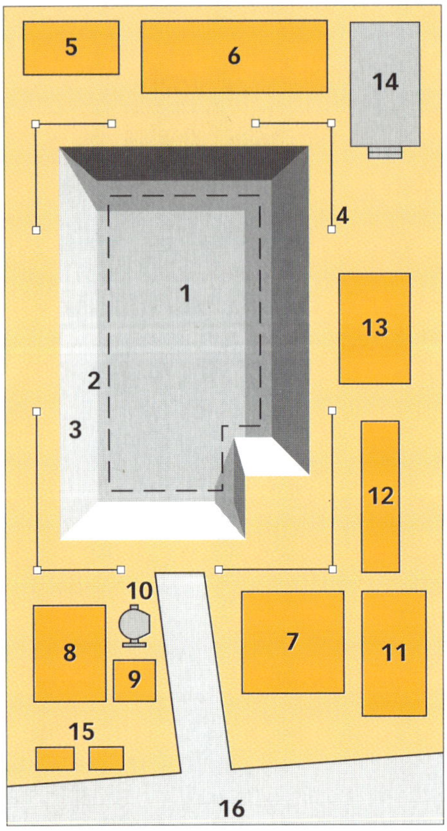

Die Baustellen-Einrichtung

Auch für den privaten Bauherrn ist der Baustelleneinrichtungsplan von großer Wichtigkeit, um einen reibungslosen Bauablauf zu ermöglichen. Die Lagerplätze für den Aushub und das Baumaterial müssen festgelegt, die Standorte für Baubude, Betonmischer und Stromverteiler gewählt werden, noch ehe der erste Lkw anrollt.

Den Wasseranschluß lassen Sie sich vom Wasserwerk einrichten. Zweckmäßig ist es, dieses Provisorium bereits so zu plazieren, daß daraus später der Hausanschluß werden kann. Für den Baustrom ist das örtliche Elektroversorgungs-Unternehmen zuständig. Tip: Fragen Sie doch mal beim Nachbarn, ob Sie dort während der Bauzeit Strom und Wasser zapfen dürfen.

1 Baugrube
2 Arbeitsraum
3 Böschung
4 Schnurgerüst
5 Mutterboden
6 Aushub zum Verfüllen
7 Steinlager
8 Kieslager
9 Zement
10 Betonmischer
11 Baustahlmatten
12 Stabstahl
13 Bauholz
14 Baubude
15 Strom- und Wasseranschluß
16 Öffentlicher Verkehrsraum und Baustellenzufahrt

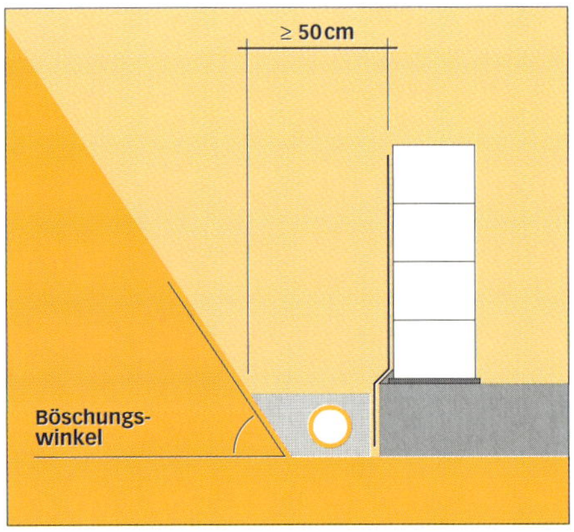

Die Maße der Baugrube

Außerhalb der Kellermauern ist ein Arbeitsraum von mindestens 50 Zentimeter vorzusehen. Die Baugrubenwände müssen entsprechend den Untergrundverhältnissen abgeböscht werden (Höchstwerte: Sand 45°, Ton 60°, Fels 80°).

Am oberen Rand der Baugrube muß ein lastfreier Streifen von wenigstens 60 Zentimeter bleiben. Dort darf nichts stehen: Abruchgefahr!

Mutterboden lagert man so, daß er durch Baumaschinen oder Material nicht verdichtet wird: aus Rücksicht auf die Lebewesen im Boden. Nur so viel Aushub aufheben, wie später zum Verfüllen gebraucht wird. Den Rest gleich abtransportieren!

Die Lagerplätze fürs Material

Für Steinlieferungen sollte man 20 bis 30 Quadratmeter reservieren, falls die Steine nicht gleich auf den Decken plaziert werden können. Beim Einfamilienhausbau benötigt man weiterhin für Kies (Betonzuschlagstoff) eine Fläche von etwa drei mal fünf Meter. Direkt daneben sollte der Betonmischer stehen und auch noch eine Palette Zement Platz finden.

Zusätzlich werden rund 20 Quadratmeter als Holzlager (Schalungsbretter) oder für Fertigteile benötigt. Um Stahlmatten unterzubringen und zu bearbeiten, ist eine Fläche von drei mal fünf Meter das Mindeste.

Die Baubude

Eine abschließbare Baubude als Regenunterschlupf und Magazin für teure Werkzeuge sollte auf Ihrer Baustelle nicht fehlen. Sie können sich natürlich auch gleich einen Wohnwagen hinstellen und von Zeit zu Zeit eine Nacht vor Ort verbringen. Dies ist besonders für jene empfehlenswert, deren Wohnung vom Bauplatz weit entfernt liegt.

Ganz Unerschrockene können ihre Wohnung auch kündigen und es so machen wie Mister Petrocelli. Sie kennen doch sicher den TV-Anwalt, der tagsüber prozessierte, abends baute und nachts im Wohnwagen schlief? Die monatliche Miete während der Bauzeit hat man so auf jeden Fall schon mal gespart.

Welche Hebezeuge brauchen Sie?

Für jemanden, der allein ein Haus baut, dürfte sich ein Kran nur dann lohnen, wenn er billig oder geschenkt zur Verfügung steht. Sonst fällt die teure Miete mehr ins Gewicht, als ab und zu ein paar Steine von Hand umzusetzen. Voraussetzung: Die Lkw können direkt auf Bodenplatte oder Decke abladen. Bei einer großen Mannschaft ist ein Hebegerät von Vorteil, da die Bauzeit (gleich Mietzeit) bei mehr Arbeitern kürzer wird. Alternativ ist auch ein Förderband geeignet.

Ein Kran muß so gestellt werden, daß er das Haus und die Lagerplätze überstreicht. Die Baubude sollte außerhalb des Schwenkbereichs stehen: wegen der Gefahr durch herabfallende Gegenstände. Denn gerade auf Baustellen ist nicht alles gut, was von oben kommt.

Mörtel und Zement richtig lagern!

Der Mörtel- und Zementvorrat auf der Baustelle muß vor Feuchtigkeit geschützt werden. Aber auch fachgerecht gelagerter Zement oder Mörtel ist nur begrenzt haltbar. Mit der Zeit verliert das Material an Qualität. Man sollte sich nur so viel anliefern lassen, wie in etwa vier Wochen verbraucht werden kann.

Zement oder Mörtel mit Klumpen, die sich nicht mehr in der Hand zerdrücken lassen, ist unbrauchbar. Häufig werden Zement- und Mörtellieferungen extrem stiefmütterlich behandelt: Man spart sich die Sekunden, den Vorrat abzudecken. So kann sehr leicht Material im Wert von einigen hundert Mark verderben. Preiswert bauen? So wohl kaum! Achtung: Beim Zementkauf das Auto nicht überladen!

Verkehrswege und Standsicherheit der Lieferfahrzeuge

Eine Zufahrt für Anlieferfahrzeuge muß vorhanden sein und gefahrlos passierbar bleiben. Das gilt auch für die Wege auf dem Baugelände. Große Aufmerksamkeit muß man den Bereichen widmen, in denen später die Betonpumpen-Auslegerfüße abgestützt werden: Die Standsicherheit muß gewährleistet sein. Sprechen Sie mit der Gemeinde, falls Sie öffentlichen Verkehrs- oder Parkraum benötigen, damit der Baustellenverkehr sicher ankommen und wieder abfahren kann.

Zur Baustelleneinrichtung gehört auch eine Absicherung zu angrenzenden Grundstücken und öffentlichen Flächen. Wenn rotweißes Band nicht ausreicht, muß ein Bauzaun her. Wichtig: Schild anbringen mit der Aufschrift „Betreten der Baustelle verboten".

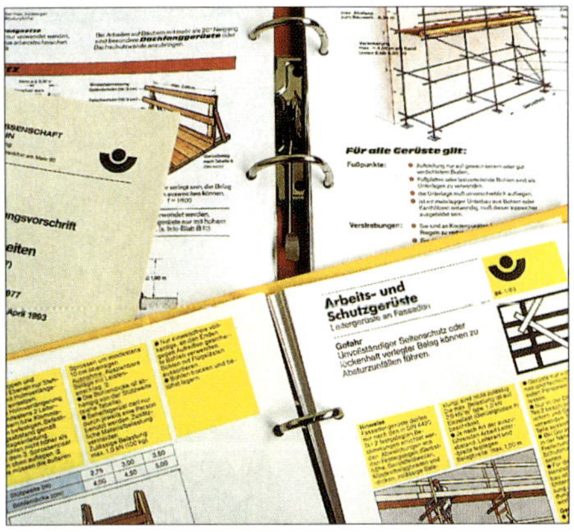

Zu Ihrer Sicherheit

Die Unfallverhütungsvorschriften der Bau-Berufsgenossenschaften gelten für Selbstbauer genauso wie für den gewerblichen Bau. Einige besonders wichtige Angaben sind auf dieser Doppelseite zu finden. Wichtig: Beschäftigen Sie sich noch intensiver mit der Materie, und fordern Sie weitere Informationen zur Unfallverhütung bei der Berufsgenossenschaft an: Die Adresse der zuständigen Stelle nennt Ihnen Ihr Selbstbau-Partner.

Fragen Sie auch Ihren Bauleiter nach entsprechenden Unterlagen. Denn zu seinen Pflichten gehört es, Mißstände in Sachen Unfallverhütung zu erkennen und für einen sicheren Baufortgang zu sorgen.

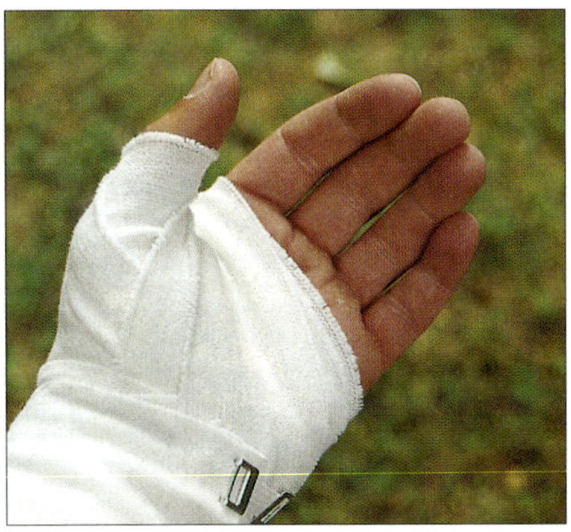

Erste Hilfe

Kleine Verletzungen und große Unfälle passieren leider immer wieder. Deshalb sollten Sie auch auf Ihrer Baustelle Vorsorgemaßnahmen treffen, damit im Fall der Fälle schnellstens Erste Hilfe geleistet werden kann. So brauchen Sie ein ständig betriebsbereites Notruf-Telefon: Mobilfunk, Telefonzelle, Nachbarn. Eventuell lassen Sie sich schon frühzeitig einen Baustellenapparat installieren, der später gegen ein „wohnliches" Modell ausgetauscht werden kann. Angaben im Notruf: Wo ist der Unfallort? Was ist passiert? Wie viele Verletzte? Welche Verletzungen? Wer ruft an? Nummer für Rückruf! Zur Grundausstattung der Baustelle gehört auch ein Verbandskasten und eine Liste mit Notfall-Rufnummern: Rettungsdienst, Notarzt etc.

Verkehrswege und Arbeitsplätze

Meist sind die Baugrundstücke so klein, daß nur schmale Pfade bleiben, die sich zwischen Erdaushub und Baumaterial zum Neubau schlängeln. Ist die Baustelle dann auch noch unaufgeräumt, sind Unfälle kaum auszuschließen. Dabei muß es nicht immer das berühmte Holzbrett sein, aus dem ein Nagel heraussteht. Wichtig: Baustelle säubern. Verkehrswege so herrichten, daß sie bei jeder Witterung auch als Fluchtwege dienen können. Für stabile Laufstege sorgen (zum Überwinden von Gräben und Gruben): Eine einzelne, wippende Holzbohle genügt nicht!

Große Beachtung gilt dem Baugrubenarbeitsraum: Bei zu steil abgeböschten Grubenwänden droht Verschüttungsgefahr (☞ S. 33)!

Ihre persönliche Schutzausrüstung

Schuhwerk soll nicht nur eine durchtrittsichere Sohle haben: Bei kalter Witterung ist auch eine wärmende Fütterung anzuraten. Schutzbrille, Staubmaske und Arbeitshandschuhe sind beim Trennschleifen (Baustahl, Betonteile, Dachpfannen) zu tragen. Arbeitshandschuhe sollen Verletzungen der Hände verhindern: Hautabschürfungen, Holzsplitter. Die Handschuhe dürfen aber nicht behindern (auf die richtige Größe achten!). Schutzhelme bekommen Sie vom Selbstbau-Partner.

Sollte trotz Absturzgefahr eine Absturzsicherung (zum Beispiel Fanggerüst oder Seitenschutz) aus technischen Gründen nicht möglich sein, müssen Sicherheitsgeschirre verwendet werden (☞ S. 73).

Maschinen und Geräte sicher benutzen

Alle Maschinen und Geräte müssen Prüfvermerke (Beispiele: VDE, GS, TÜV) tragen. Auf eine Verkleidung von Antrieben und Motoren achten. Bedienungsanleitungen der Hersteller studieren.

Langes Haar schützen und Schmuck vor Arbeitsbeginn ablegen. Beim Bohren, Sägen, Schleifen, Trennen, Fräsen und Hobeln keine weiten Kleidungsstücke tragen.

Handbohrmaschine mit beiden Händen halten. Beim Arbeiten mit der Trennscheibe Schutzbrille aufsetzen. Wichtig: Die Drehzahl der Schleifmaschine darf nicht höher sein als die zulässige Drehzahl der Trennscheibe. Werkstücke sicher einspannen! Tischkreissäge nur dann benutzen, wenn Spaltkeil und Schutzhaube vorhanden sind.

Absturzsicherungen

Abstürze zählen zu den häufigsten Unfallarten auf Baustellen. Absturzsicherungen sind bereits bei einer Absturzhöhe von einem Meter im Bereich von freiliegenden Treppen und Treppenabsätzen sowie bei Wandöffnungen vorgeschrieben. Andere Arbeitsplätze und Verkehrswege müssen bei mehr als zwei Meter Absturzhöhe gesichert werden. Bodenöffnungen und nicht durchtrittsichere Abdeckungen sind ebenfalls zu sichern.

Abweichungen: Eine Sicherung der Arbeitsplätze auf flach geneigten Dächern (< 20°) ist erst ab drei Meter, beim „Mauern über die Hand" (Beschäftigter arbeitet mit dem Gesicht zur Absturzkante hin) erst ab fünf Meter Absturzhöhe erforderlich.

Leitern und Gerüste

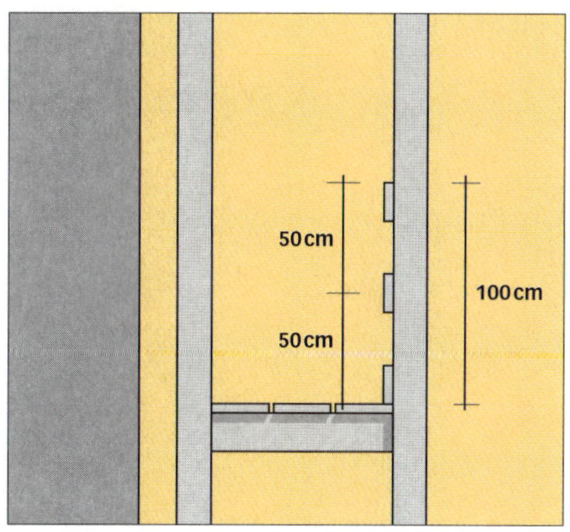

Die Stufen oder Sprossen von Leitern müssen zuverlässig und dauerhaft mit den Holmen verbunden sein und gleiche Abstände haben. Anlegeleitern müssen sicher aufgestellt werden (Gefahr durch Einsinken, Wegrutschen oder Umfallen). Dabei ist der Anlegewinkel zu beachten: 68° bis 75°.

Leitergerüste an Fassaden müssen lotrecht auf tragfähigem Untergrund errichtet werden. Diagonalaussteifungen sowie Verankerungen mit tragfähigen Bauteilen sind vorgeschrieben. Der Seitenschutz besteht aus Geländerholm (oben), Zwischenholm (Mitte) und Bordbrett (unten), wenn der Gerüstbelag mehr als zwei Meter über dem Boden liegt. Mindestbreite der Beläge: 50 Zentimeter (☞ S. 73).

Handwerkzeuge

Schlechtes oder beschädigtes Handwerkzeug kann zu schweren Verletzungen führen. Beschädigte Werkzeuge ersetzen oder fachgerecht reparieren lassen!

Hammerkopf und Hammerstiel müssen unlösbar miteinander verbunden sein. Nur scharfe Meißel mit gratfreiem Meißelkopf verwenden. Schraubendreher nur mit passender Breite und Stärke benutzen, um ein Abrutschen zu verhindern. Schraubendreher nie als Stemmwerkzeug oder Stecheisen zweckentfremden.

Nur Schraubenschlüssel verwenden, die zur jeweiligen Schraubengröße passen.

Feilen und Raspeln müssen festsitzende Griffe haben.

Das Grundstück wird hergerichtet

Nun beginnen Sie damit, Ihr Grundstück herzurichten. Gleicht Ihr Bauplatz einer Wiese? Dann haben Sie nicht allzuviel zu tun. Ist der Bewuchs jedoch üppiger, müssen Sie überall dort Bäume und Büsche entfernen, wo schon bald Ihr Haus stehen wird. Bevor Sie aber mit Heckenschere und Motorsäge loslegen, sollten Sie prüfen, welche Pflanzen stehenbleiben können. Denn zeitgemäßes Bauen bedeutet auch, behutsam mit der Natur umzugehen. Erhaltenswerte Sträucher und Bäume sollten Sie wirksam vor grobem Baugerät schützen: am besten einzäunen.

Falls ein Holzschuppen oder gar ein altes Gemäuer abgerissen werden muß, brauchen Sie eventuell die Zustimmung der Behörde!

Geräte und Maschinen

Nur mit einwandfrei funktionierenden Geräten und Maschinen ist der Erfolg einer Baustelle möglich. So wird man sich zu Baubeginn häufiger die Frage stellen: „Kaufen oder mieten?"

Jeder Haus-Selbstbauer sollte eine Bohrmaschine, eine Stichsäge, einen Trennschleifer sowie eine Tischkreissäge sein eigen nennen. Diese Geräte braucht man ständig. Leihen lohnt kaum. Die Problematik: Sie leihen sich eine alte Maschine von einem Freund und ruinieren diese während der eigenen Bauzeit. Ergebnis: Sie kaufen eine neue und geben diese zurück. Tip: Kaufen Sie sich neue Maschinen, die Sie nach Abschluß Ihres Hausbaus eventuell wieder verkaufen.

Das YTONG-Werkzeug

Gleich zu Beginn der Bauarbeiten sollten Sie sich ein komplettes Werkzeugpaket zulegen, mit dem Sie alle Arbeiten rund um den Porenbeton erledigen können: Plankellen (passend zu allen Mauerdicken) zum Auftragen des YTONG-Mörtels, Widia-Handsäge, Gummihammer, Bohrer, Schleifbrett und Handhobel sowie Sägewinkel, Rillenkratzer, Quirl und einen Baueimer. Und natürlich auch Zollstock, Bleistifte und Wasserwaage.

Empfehlung: Leihen Sie sich die große YTONG-Bandsäge (☞ S. 47), weil dadurch die Arbeitserleichterung gewaltig ist.

Betonmischer und Tischkreissäge

Zum Anrühren von großen Mörtelmengen und Beton brauchen Sie eine Mischmaschine. Achten Sie beim Kauf auf die „VDE"- und „GS"-Zeichen. So ist gewährleistet, daß Sie ein Stück „geprüfte Sicherheit" bekommen. Mischmaschinen mit rund 140 Liter Füllmenge sind für den Eigenbau ausreichend (Kosten: etwa 500 Mark). Hinweis: Maschinen mit Elektroantrieb laufen leiser als solche mit Benzinmotor.

Eine Tischkreissäge brauchen Sie auf der Baustelle meist zum Zimmern von Holzschalungen. Wirksame Schutzausrüstungen (Abdeckhaube und Spaltkeil), Staubabsaugung und scharfe Sägeblätter sind absolute Pflicht. Für Laien gilt: Bitte vom Profi (zum Beispiel Fachhändler) einweisen lassen!

Bohrmaschine, Trennschleifer, Stichsäge

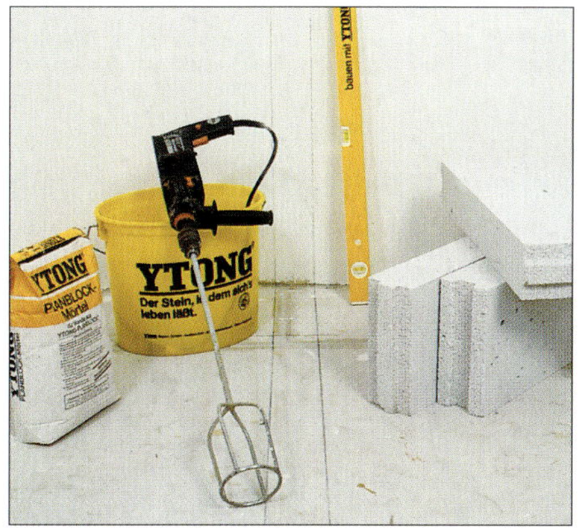

Selbst wenn Sie ein Haus aus YTONG bauen, brauchen Sie eine starke Bohrmaschine: weniger zum Bohren von Löchern ins Mauerwerk, dafür aber häufiger zum Anrühren von Mörtel und Putz.

Zum Durchtrennen von Stahl oder zum Zuschneiden von Dachziegeln und anderen Bauteilen benötigen Sie den Trennschleifer (Winkelschleifer). Dort gilt besonders: Sicherheitsbestimmungen beachten. Auch Einhand-Winkelschleifer mit zwei Händen halten!

Eine Stichsäge läßt sich nahezu unbegrenzt einsetzen. Sei es, um bereits eingebaute Holzteile zu korrigieren oder feine Werkstücke zuzusägen. Tip: Stichsägen mit Knopfgriff lassen sich besser führen als solche mit Bügelgriff.

Das Maurergerüst

Wenn Sie Ihren Rohbau in Selbsthilfe erstellen, kommen Sie um ein solides Maurergerüst nicht herum. Ab etwa anderthalb Meter Mauerhöhe brauchen Sie ein solches Podest, das meist aus zwei Gerüstböcken und drei bis vier kräftigen Holzdielen besteht. In Anbetracht des niedrigen Anschaffungspreises stabiler Böcke (rund 200 Mark) lohnt sich der Kauf.

Ihr Hausbau und der Umweltschutz

Wenn Sie sich für ein Haus aus Porenbeton entscheiden, leisten Sie automatisch aktiven Umweltschutz auch in Sachen Bauschutt. Da Sie nämlich beinahe alle Reststücke noch zu individuellen Paßstücken zusägen können, fallen im Bereich des Mauerwerks äußerst geringe Mengen Schutt an.

Erkundigen Sie sich noch vor Baubeginn bei Ihrer Gemeinde, wie die Müllentsorgung der Baustelle organisiert ist. Denn dort gilt dasselbe wie im Haushalt: Kunststoffteile, Metallstücke, Holzreste und so weiter bitte getrennt sammeln! Auch beim Innenausbau müssen Sie auf die richtige Müllsortierung achten und eventuell sogar ein Sondermüll-Lager für leere Farbdosen einrichten.

Versicherungen für Selbstbauer

Zur guten Bau-Vorbereitung gehören auch einige Versicherungen. Die Bauherren-Haftpflichtversicherung befriedigt Haftpflichtansprüche, die im Zusammenhang mit der Baustelle stehen und von Dritten an den Bauherrn gestellt werden. Versicherungsende: nach Abschluß der Bauarbeiten, spätestens zwei Jahre nach Vertragsabschluß.

Die Unfallversicherung der Bau-Berufsgenossenschaften ist für den Bauherrn, den Ehepartner und die Helfer unter bestimmten Umständen beitragsfrei.

Die Bauleistungsversicherung nützt bei unvorhergesehenen Schäden (durch Unfall, Diebstahl bereits eingebauter Sachen, höhere Gewalt etc.) am Objekt selbst.

Erdarbeiten

Bei den Arbeiten rund um den Baugrubenaushub lohnt sich Eigenleistung nur, wenn das Gelände keine größeren Schwierigkeiten in sich birgt. Dann kann sich der Bauherr sogar selbst ins Führerhaus eines Radladers setzen.

Vor dem „ersten Spatenstich" muß ein Schnurgerüst aufgebaut werden. Dort wird der Vermesser Markierungen anbringen, die bereits die zukünftigen Hausfluchten vorgeben.

Der nächste Schritt ist das Errechnen der Aushubmassen. Zunächst multiplizieren Sie die zu überbauende Fläche mit der mittleren Grabtiefe. Weiterhin dürfen Sie den Baugrubenarbeitsraum (mindestens 50 Zentimeter breit) und die Grubenwandböschung bei Ihrer Berechnung nicht vergessen. Und dann sind noch einige Kubikmeter für eine Rampe abzutragen. Denn der Radlader soll ja während des Aushubs aus der Baugrube herausfahren können. Werden nun die einzelnen Massen addiert, erhält man den auszuhebenden Boden in „festen" Kubikmeter.

Da der Aushub lockerer als im gewachsenen Zustand gelagert wird, kommt noch ein sogenannter Auflockerungsfaktor hinzu. Sand und Mutterboden erhalten einen Aufschlag von etwa 20 bis 30 Prozent. Für kiesige Böden rechnet man 40 Prozent mehr. Grobe Felsbrocken benötigen nach dem Aushub fast das Doppelte ihres ursprünglichen Volumens. Für die Dimensionierung der Aushub-Lagerplätze sind also die Kenntnis der Bodenart und der dazugehörige Auflockerungsgrad von besonderer Bedeutung.

Sobald geklärt ist, daß von behördlicher Seite keine Einwände gegen Ihr Bauvorhaben bestehen, wird die Baugrube ausgehoben. Danach stellen Sie die Gräben für die Streifenfundamente her, falls die Statik solche fordert. Zum Abschluß der Erdarbeiten müssen dann noch die Entwässerungs-Grundleitungen verlegt werden (wenn sie unter dem Kellerboden liegen sollen).

Tip: Lagern Sie soviel wie möglich Erdaushub auf Ihrem Bauplatz, und verwenden Sie ihn später zum Verfüllen der Baugrubenarbeitsräume und zur Gartengestaltung. Oder fragen Sie in der Nachbarschaft, ob dort jemand Ihren Aushub gebrauchen kann. So sparen Sie Transportkosten und Deponiegebühren.

Achtung: Bei steilem Bauplatz, felsigem Baugrund oder hohem Grundwasserstand sollten unbedingt Fachleute ran. Aber auch dann, wenn Erdaushub abtransportiert werden muß, sind Profis gefragt. Denn die Koordination zwischen Bagger und Lkw ist nichts für Laien.

Ihr Zeitaufwand für die Erdarbeiten:

Schnurgerüst mit einem Helfer stellen: 3 bis 5 Std.

Mutterboden abschieben und seitlich lagern: 0,2 Std./m^3*

Baugrubenaushub (leicht lösbarer Boden): 0,2 Std./m^3*

Baugrubenaushub (schwer lösbarer Boden): 0,5 Std./m^3*

Fundamentgräben von Hand ausheben 2 bis 4 Std./m^3

Grundleitungen in Sandbett verlegen: 1,0 Std./lfm

* Kalkuliert wurde, daß die Erdarbeiten mit einem kleinen Radlader (Schaufelinhalt rund 0,3 m^3) ausgeführt werden. Die Kubikmeterangaben beziehen sich jeweils auf „festen" (gewachsenen) Boden. Weitere Annahme: ebenes Gelände mit einer mittleren Fahrtstrecke von 25 Meter bis zum Aushublagerplatz.

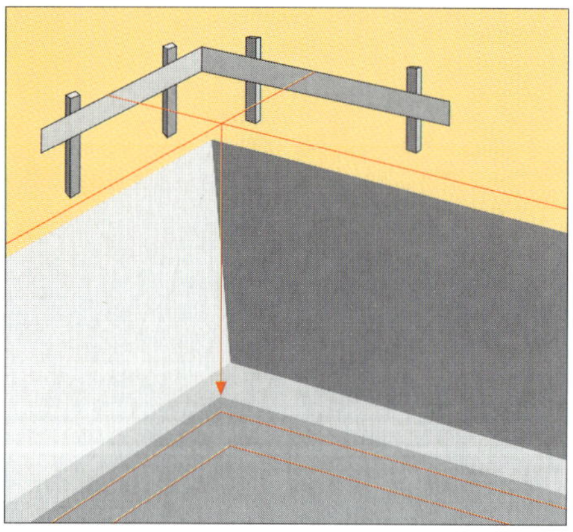

Die Funktion des Schnurgerüsts

Im amtlichen Lageplan ist die genaue Position des neuen Hauses eingezeichnet. Die angegebenen Maße werden ins Gelände übertragen und die Bauwerks-Ecken mit Pflöcken gekennzeichnet. Weil aber Baugruben immer etwas größer sind als das Gebäude selbst, gehen diese abgesteckten Punkte bereits bei den Ausschachtungsarbeiten wieder verloren. Die Lösung des Problems bringt das Schnurgerüst, das außerhalb der Baugrube plaziert wird: An jeder Ecke montiert man einen rechten Winkel aus Latten und Pfosten.

Zwischen die horizontal verlaufenden Bretter werden Schnüre gespannt, die exakt die Hausfluchten (Außenseiten der Hauswände) vorgeben. Die Schnurschnittpunkte zeigen die Hausecken an.

Grenzsteine freilegen

Um die Gebäude-Eckpunkte markieren zu können, braucht man die Grenzsteine. Die Positionen dieser festgelegten Geländepunkte sind dem amtlichen Lageplan zu entnehmen.

Als erstes suchen Sie nun die Grenzsteine und legen diese frei. Manchmal sind sie im Laufe der Jahre von Humus und Pflanzen überwuchert. Also nicht gleich aufgeben, wenn Sie nicht fündig werden. Falls Sie jedoch nach längerem Suchen immer noch keinen Erfolg haben, muß der Vermesser helfen. Eventuell wird er neue Grenzsteine setzen.

Die Abstände zu den Hausecken ausmessen

Die Abstände des geplanten Hauses zu Nachbargrundstücken und Grenzsteinen übertragen Sie vom Lageplan auf Ihren Bauplatz. Dabei kommt es auf ein paar Zentimeter nicht an, weil der Erdaushub sowieso nicht haargenau ausgeführt werden kann. Arbeiten Sie aber trotzdem so sorgfältig wie möglich. Denn bei dieser Meßmethode können sich schnell Fehler einschleichen.

Bei großen Geländedistanzen ist ein langes Maßband (etwa 25 Meter) von Vorteil. Den Bauplatz mit einem Zollstock zu vermessen ist zu mühsam.

Achtung: Bei Hanglagen immer waagerecht messen, nie parallel zur Geländeneigung.

Die Hausecken mit Pflöcken markieren

Sobald Sie Ihre erste Hausecke „gefunden" haben, schlagen Sie an dieser Stelle einen Holzpflock (zum Beispiel ein Dachlattenstück) in den Boden.

Nun messen Sie alle weiteren Distanzen, bis alle wichtigen Gebäudepunkte (dazu gehören auch Erker-Ecken) im Gelände sichtbar sind.

Um bei der nächsten Gelegenheit nicht über die frisch markierten Stellen zu stolpern, sollten Sie die Holzpflöcke deutlich kennzeichnen: zum Beispiel mit leuchtend roter Farbe.

Jedes Maß sorgfältig prüfen

Alle Meßtätigkeiten leben von der Kontrolle. Fertigen Sie zu Hause einen Plan an, in dem Sie auch einige Kontrollmaße notieren.

Beispiel: Das Grundstück ist 16 Meter breit, das Haus hat die Grundfläche eines Quadrats mit neun Meter Kantenlänge, und der Grenzabstand soll auf einer Seite drei, auf der anderen Seite vier Meter betragen. Gemessen wird zunächst die Distanz von drei Meter bis zum Gebäude. Dann wird die Hausbreite (neun Meter) im Gelände festgelegt. Anschließend mißt man den Abstand bis zur gegenüberliegenden Grundstücksgrenze. Beträgt dieser keine vier Meter, liegt ein Fehler vor, der korrigiert werden muß. Sobald die Hausecken feststehen, kontrolliert man noch die Gebäude-Diagonalen.

Die Pfosten fürs Schnurgerüst setzen

Die Standfestigkeit (und damit die Tauglichkeit) des Schnurgerüsts wird hauptsächlich durch solide Holzpfosten bestimmt: zum Beispiel Kanthölzer mit Querschnitt acht mal zehn Zentimeter. Diese Balken müssen so tief eingegraben werden, daß die Konstruktion den rohen Baualltag aushalten kann. Von den Gerüstpfosten sollte etwa ein Meter sichtbar bleiben. Bei Hanggrundstücken ist jedoch darauf zu achten, daß alle Pfosten so weit aus der Boden ragen, daß die Schnüre später weitgehend waagerecht aufgelegt werden können.

Die Schnurgerüst-Markierungslatten sollen parallel zu den Hauswänden einen Abstand von rund drei Meter einhalten. In diesem Bereich liegen später Baugrubenarbeitsraum und Grubenböschung.

Markierungslatten anschrauben

Damit der Vermesser die Hausfluchten am Schnurgerüst markieren kann, benötigt er, unter Berücksichtigung von eventuellen Meßungenauigkeiten Ihrerseits, Schnurgerüstlatten mit einer Länge von rund 3,50 Meter. Der Querschnitt dieser Bretter sollte mindestens 2,4 mal zwölf Zentimeter betragen. Besser sind kräftige Baudielen (3,5 mal 25 Zentimeter). Achten Sie darauf, daß alle Gerüstlatten waagerecht in einer Ebene liegen. Dann können sie während des Erdaushubs gleichzeitig als Höhenmaß verwendet werden.

Alle Pfosten, die mehr als einen Meter aus dem Boden ragen, sollte man diagonal aussteifen. Tip: Werden die Bretter angeschraubt statt angenagelt, vermeidet man Erschütterungen der Konstruktion.

Nun werden die Hausecken amtlich abgesteckt

Nach der Schnurgerüstmontage kommt der Vermessungs-Ingenieur. Seine Adresse nennt Ihnen Ihr Architekt oder der Selbstbau-Partner. Die Gebäudegröße wird nun amtlich festgelegt, und der Baugrubenaushub kann beginnen. Bleibt das Schnurgerüst unverändert stehen, können die Spannschnüre jederzeit entfernt und wieder aufgelegt werden: Die Maße stimmen immer.

Manchmal werden die amtlich abgesteckten Markierungen während der Erdarbeiten vom Bagger zerstört. Deshalb kann es billiger sein, den Vermesser erst nach Fertigstellung der Baugrube zu bestellen. Dann muß man sich allerdings sicher sein, daß die selbst abgesteckten Hausecken weitgehend korrekt sind.

Baugrubenmaße festlegen

Als erstes legen Sie den Abstand der zukünftigen Hausfluchten zu den Baugrubengrenzen fest. Dieses Maß errechnet sich aus Arbeitsraum (50 Zentimeter) plus Böschungsbereich: Der liegt beim Einfamilienhaus zwischen 50 Zentimeter und zwei Meter (je nach Bodenart und Grubentiefe). Kennzeichnen Sie nun die Baugrubenränder mit Pflöcken und rotweißem Markierungsband.

Bevor die Erdarbeiten beginnen, sollten Sie sich beim bisherigen Grundstückseigentümer oder der Bauverwaltung der Gemeinde erkundigen, ob dort, wo später einmal Ihr Keller sein soll, bereits Versorgungsleitungen liegen. Ist dies der Fall, müssen Sie Ihre Aushubarbeiten äußerst vorsichtig angehen.

Mutterboden mit kleinem Radlader abschieben

Um den Mutterboden für den Gartenbau übrig zu haben, wird er vor dem eigentlichen Aushub abgeschoben. Dieser Boden sollte in einer abgelegenen Ecke des Grundstücks separat gelagert werden. Aus Rücksicht auf die vielen Lebewesen in der Erde darf der Humus-Hügel nicht höher als zwei Meter sein. Entfernen Sie aber nicht nur im Baugruben-Areal den wertvollen Mutterboden. Auch die Baustraße und die Material-Lagerplätze sollte man freiräumen. Die Mutterbodenschicht ist meist zwischen zehn und 20 Zentimeter dick

Bei dieser Arbeit wird man schon auf den Baugrubenaushub eingestimmt. Gelangen Sie beim Entfernen des Mutterbodens bereits an Ihre Grenzen, sollten Sie für die Grube selbst eine Firma beauftragen.

Die Baugrube ausheben

Da Sie als Laie nur ein kleines Erdbaugerät bedienen können, ist der Erdaushub eine arg eintönige Arbeit. Stundenlanges Pendeln zwischen Aushubhügeln und der Baugrube führt oftmals zu reduzierter Konzentration. Achtung: Mit schwindender Aufmerksamkeit wächst die Unfallgefahr! Tip: Angebote von Erdbau-Unternehmen einholen. Dann wird deutlich, ob sich der Erdaushub in eigener Regie lohnt.

Wichtig: Zwischen dem gewachsenen Gelände und der Baugrubenböschung muß ein lastfreier Streifen bleiben. Die Mindestbreite beträgt 60 Zentimeter. Dort darf weder Aushub noch Baumaterial gelagert werden. Sonst droht Abbruchgefahr.

Das Planum herstellen

Gehen Sie mit dem Baggerzahn nicht zu tief runter. Das Planum (die Baugrubensohle) stellt man besser in Handarbeit her. Gerade bei weichen oder matschigen Böden könnte sonst der gewachsene Untergrund der Sohle durch das Rangieren des Radladers zerstört werden.

Für die Höheneinmessung der Grubensohle kann man das Schnurgerüst verwenden. Vorausgesetzt, alle horizontalen Latten liegen wirklich auf einer Höhe. Die Distanz zwischen Schnurgerüstbrett und Baugrubenplanum wird mit Hilfe eines Visierkreuzes (Kantholz mit Querlatte) ermittelt. Das Visierkreuz stellt man in die Baugrube. Wenn die Querlatte mit zwei gegenüberliegenden Schnurgerüstbrettern in einer Flucht liegt, stimmt die Höhe.

Streifenfundamente markieren

Sobald das Planum vorhanden ist, werden die Haus-Eckpunkte vom Schnurgerüst in die Baugrube heruntergelotet und die Lage aller Streifenfundamente mit Brettern oder Schnüren gekennzeichnet. Falls Ihr Haus keinen Keller bekommt, markieren Sie die Fundamente direkt nach dem Abschieben des Mutterbodens.

Vor dem Ausheben der Fundamente muß Ihr Bauleiter die Baugrube in Augenschein nehmen (im Zweifel Bodengutachter einschalten!). Sollte der Untergrund nicht den statischen Erfordernissen entsprechen, müssen die Fundamente neu dimensioniert werden. Eventuell verzichtet man auf Streifenfundamente und wählt stattdessen eine dicke Betonbodenplatte als Gebäudegründung (☞ S. 38).

Boden für Streifenfundamente ausheben

Falls Ihr Haus auf Streifenfundamenten stehen soll, müssen Sie die entsprechenden Gräben ausheben. Die Abmessungen der Fundamente sind in der Statik oder in einem separaten Fundamentplan eingetragen. Den Aushub erledigt man am besten im Team: Einer löst den Boden, ein zweiter schaufelt die Erde in eine Schubkarre, und der Dritte im Bund transportiert die Massen aus der Baugrube.

Achten Sie darauf, daß die Fundamente frostfrei gegründet werden. Die Sohle sollte mindestens hundert Zentimeter unter der späteren Erdoberfläche liegen. Bei Häusern mit Keller wird das automatisch erreicht. Im Bereich von Kelleraußeneingängen müssen die Fundamente eventuell abgetreppt werden, um frostfrei zu liegen.

Die Arbeitsraumbreite prüfen

Ihre Bauarbeiten sind bereits in vollem Gange. Noch können Schwachstellen der Baugrube, die später beim Kellerbau stören würden, relativ leicht korrigiert werden. Dazu gehört meist, daß der Arbeitsraum außerhalb der zukünftigen Außenwände zu eng geworden ist.

Zu Ihrer eigenen Sicherheit sollte ein 50 bis 60 Zentimeter breiter Bereich auf der Grubensohle rund um den Rohbau führen. Abgesehen davon kann die Kelleraußenabdichtung wesentlich sauberer aufgetragen werden (☞ S. 56). Auch das Verlegen der Drainage erfolgt bei breitem Arbeitsraum bequemer (☞ S. 58).

Die Unfallverhütung in der Baugrube

In abgeböschten Baugruben besteht die Gefahr, daß der Bauarbeiter durch abrutschende Erdmassen verschüttet wird. Solche Unfälle gehen nur selten glimpflich aus. Die Berufsgenossenschaften schreiben folgende Böschungswinkel vor: bei Sand und Kies 45°, bei Ton und Lehm 60°, bei Fels 80° (die Zahlen sind Höchstwerte!).

Wenn Baugruben in der Nähe des öffentlichen Straßenverkehrs liegen, muß der Baugrubenrand zwei Meter vor der Absturzkante abgesichert werden. Baufahrzeuge oder Kranstützen (auch Betonpumpenfüße) müssen bei einem Gesamtgewicht von bis zu zwölf Tonnen einen Meter Abstand zur Baugrube einhalten. Bei mehr als zwölf Tonnen sind es sogar zwei Meter.

Der Entwässerungsplan

Vor dem Betonieren von Fundamenten und Bodenplatte muß man die Abwasserrohre in der Baugrube verlegen. Diese Arbeit kann später nicht mehr nachgeholt werden. Selbst wenn die Sohle des Straßenkanals über Ihrem geplanten Kellerfußboden liegt, müssen zumindest die Kellerbodenabläufe unterhalb der Betonplatte verlegt werden. Später pumpt eine Hebeanlage das Kellerabwasser so hoch, daß es in den Straßenkanal abfließen kann. Die Entwässerung der oberen Geschosse erfolgt dann durch die Kellerwand.

Verlauf, Lage, Querschnitt und Gefälle der Grundleitungen sind im Entwässerungsplan eingezeichnet. Diese Angaben müssen bei der Montage des Leitungsnetzes unbedingt eingehalten werden.

Gräben für die Grundleitungen herstellen

Beim Schaufeln der Gräben für die Entwässerung sollte man bereits das Rohrgefälle berücksichtigen. Außerdem muß man darauf achten, daß um die Leitung herum noch genügend Platz für ein Sandbett bleibt. Dieses schützt den Strang vor spitzen Steinen, die im ungünstigsten Fall das Rohr beschädigen könnten. Wichtig: Auch die Grundleitungen müssen frostfrei verlegt werden. Die Gräben müssen also überall, gerade auch außerhalb des Gebäudes, mehr als einen Meter unterhalb der Geländeoberfläche liegen.

Übrigens: Die Frischwasserzufuhr wird vom Wasserversorger durch die Wand geführt, wenn der Keller längst steht. An diese Leitung braucht man also jetzt noch nicht zu denken.

Die Rohrbettung vorbereiten

Wird im Entwässerungsplan ein Gefälle von zwei Prozent (alternative Schreibweise 1:50) gefordert, bedeutet dies, daß die Leitung pro Meter zwei Zentimeter fallen muß. Unsauberes Verlegen der Abwasserleitungen kann Schäden verursachen. Falsches Gefälle könnte zu Rohrverstopfung führen! Ganz unangenehm ist es, wenn der Kanalstrang nicht fällt, sondern ansteigt. Dann fließt von Anfang an kein Tropfen Wasser ab. Deshalb sollte Ihr Bauleiter vor den Betonierarbeiten das Rohrleitungsnetz überprüfen. Tip: Abflußtest durchführen!

Die Rohrbettung wird vorbereitet, indem man eine Lage Sand (etwa fünf Zentimeter dick) in den Grundleitungsgraben einbringt und sie mit einem kräftigen Kantholz verdichtet.

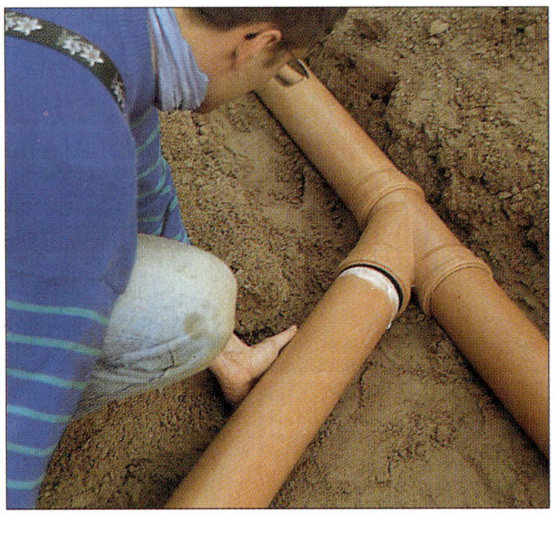

Abwasserrohre zusammenfügen

Es ist schwierig, große Rohrquerschnitte gefühlvoll zusammenzufügen. Auf keinen Fall darf die Gummidichtung weggelassen werden. Um die Arbeit ein wenig zu erleichtern, streicht man das Rohrende mit einem Gleitmittel ein. So lassen sich die Teile noch eine gewisse Zeit bewegen und eventuell auch korrigieren.

Wichtig: Lesen Sie vor dem Verlegen der Grundleitungen die Seiten 124 und 125 („52. Schritt: Abwasserrohre verlegen").

Verwenden Sie für die Verlegung unter der Bodenplatte und im Erdreich nur die stabilen orangen oder rotbrauen KG-Rohre (Kanal-Grundleitung). Die grauen HT-Rohre (hoch-temperaturbeständig) verlegt man innerhalb des Hauses.

Grundleitungen einbauen und Sandbett verdichten

Wenn Sie einzelne Rohrstücke kürzen müssen, achten Sie darauf, daß die Schnittkante entgratet und ein wenig abgerundet wird. Dann rutscht dieses Rohr leichter in das nächste. Beim Zusammenstecken der Stränge dürfen Sie die Sandbettung nicht verändern: Das gleichmäßige Gefälle muß durchgehend erhalten bleiben.

Achtung: Damit die Rohrleitung später auch Temperaturschwankungen schadlos überstehen kann, dürfen die Rohrstücke nicht bis zum Anschlag zusammengeschoben werden. Es sollte etwa ein Zentimeter Spiel in jeder Rohrverbindung bleiben. Die fertig verlegten Grundleitungen werden mit Sand, den man stampfend verdichtet, voll abgedeckt.

Bodenablauf, Reinigungsöffnung, Rückstauventil

Der Bodenablauf des Kellers (meist liegt er in der Waschküche) muß auf dem Baugrubenplanum so plaziert werden, daß er mit dem späteren Fußboden bündig abschließt. Beispiel: Bodenplatte (zwölf Zentimeter), Estrich (zehn Zentimeter) und Fliesenbelag (ein Zentimeter) erfordern hier also eine Höhe der Ablaufoberfläche von 23 Zentimeter.

Eine Reinigungsöffnung sollte später jederzeit zugänglich sein. Tritt wirklich mal eine Rohrverstopfung auf, können Sie mit so einer Öffnung besser diagnostizieren und sanieren. Wenn die Gefahr besteht, daß vom übervollen Straßenkanal Wasser in den Keller fließen kann, schützt ein Rückstauventil vor bösen Überraschungen. Achtung: Den Regenrinnenanschluß nicht über das Rückstauventil führen.

Grundleitungen sorgfältig verschließen

Die Grundleitungen sollten bereits während der Verlegearbeiten wirksam verschlossen werden. Am besten mit den dafür vorgesehenen Deckeln. Achtung: Hier keine (!) Gummidichtung einbauen. Sie bekommen sonst die Deckel später nicht mehr ab. Oft wird vorgeschlagen, die Öffnungen mit Papier oder Plastiktüten zu schließen. Das taugt aber meist nichts. Zumal die stabilen Deckel nur ein paar Mark kosten.

Es muß vermieden werden, daß grober Baustellenschmutz in die Grundleitungen gerät und schon vor der Inbetriebnahme das Leitungssystem lahmlegt. Die Verschlußdeckel sind aber auch dafür da, unangenehmes Getier am Zugang ins unterirdische Labyrinth zu hindern.

Arbeiten in Rohrleitungsgräben

Kanalgräben haben außerhalb des Gebäudes meist eine Tiefe von mehr als einem Meter. Schließlich müssen sie frostfrei liegen und direkt in den Straßenkanal geführt werden.

Für Rohrgräben gilt dasselbe wie für Baugruben: Eine Abböschung ist notwendig, um die Unfallgefahr zu reduzieren. Ausnahme: Bei standfesten Böden darf der Rohrleitungsgraben bis zu einer Tiefe von 1,25 Meter senkrecht ausgeschachtet werden. Ist der Graben tiefer, muß er im oberen Bereich verbaut oder (was für den Selbstbauer leichter ist) abgeböscht werden.

Weiterhin ist oberhalb der Gräben ein lastfreier Streifen (Breite mindestens 60 Zentimeter) einzuhalten.

Das Kellergeschoß

Die Erdarbeiten sind beendet, der Hausbau kann beginnen. Nach dem Betonieren von Fundamenten und Bodenplatte werden die ersten Steine gesetzt. Und das macht großen Spaß: Denn endlich fängt der Rohbau an zu wachsen.

Zwar ist der Keller das aufwendigste aller Geschosse, doch mit dem richtigen Bausatz meistert man auch das kniffligste Problem. So sorgt ein komplettes Abdichtungspaket dafür, daß Ihr Haus niemals nasse Füße bekommen kann, und Fertigteil-Kellerfenster helfen Ihnen, daß Sie beim Bau keine Minute verschwenden. Sogar statische Probleme lassen sich elegant lösen. Wenn zum Beispiel ungünstige Erddrücke einen Stahlbeton-Ringbalken als Verstärkung des Mauerwerks fordern, ist das mit YTONG ein Kinderspiel. Man setzt einfach in der vorgesehenen Schicht sogenannte U-Steine, die man armiert und anschließend ausbetoniert.

Ein großes Erlebnis ist das Verlegen der Kellerdecke. Die Fertigteile werden in wenigen Stunden per Mobilkran aufs Mauerwerk gehievt. Sie können sofort durch Ihren Keller spazieren: ohne störende Sprieße, ohne lästige Stützen. Und noch einen Vorteil bringt die Fertigdecke: Nach dem Ausbetonieren der Fugen und des umlaufenden Deckenringankers haben Sie weitgehend geschützte Lagerräume.

Achtung: Das Verfüllen der Baugrubenarbeitsräume darf aus statischer Sicht erst erfolgen, wenn das Dach auf dem Gebäude liegt. Es ist leichtsinnig, bei gemauerten Außenwänden nach dem Verlegen der Kellerdecke bereits voll zu verfüllen. Der mitunter hohe Erddruck könnte Risse im Mauerwerk verursachen!

Ihr Zeitaufwand für das Kellergeschoß:

Sauberkeitsschicht auf der Baugrubensohle 0,2 Std./m²

Bodenplatte seitlich einschalen 1 Std./m²

Bodenplatte mit Stahlmatten bewehren 12 Std./t

Fundamenterder aus Bandstahl verlegen 2 min/lfm

Bodenplatte mit 4 Helfern betonieren 0,1 Std./m³

Kellermauerwerk aus Porenbeton errichten 3,0 Std./m³

Stahlbeton-Ringbalken herstellen 1 Std./lfm

Sturz mit Sturzschale herstellen 1,5 Std./lfm

Sturz in konventioneller Bauart herstellen 2,7 Std./lfm

Treppe aus Porenbeton-Fertigstufen 1,5 Std./Stufe

Treppe schalen, bewehren, betonieren 2,5 Std./Stufe

Fertigteildecke mit 4 Helfern verlegen 2,5 min/m²

Deckenrandsteine auf Außenmauern setzen 0,2 Std./lfm

Deckenringanker bewehren und betonieren 12 Std./m³

Drainage im Kiesbett verlegen 0,8 Std./lfm

Bitumenspachtelmasse auftragen 1 Std./m²

Diese Angaben dienen nur der Orientierung. Der eigene Zeitbedarf kann in beide Richtungen abweichen.

Plattengründung oder Streifenfundamente?

Ein Haus kann unterschiedlich gegründet werden. In Abhängigkeit von den statischen Erfordernissen wird entweder eine dicke, gut bewehrte Bodenplatte gegossen, oder man baut Fundamente unter tragenden Wänden (Streifenfundamente) und Stützen. Dann braucht die Bodenplatte nur zehn bis 15 Zentimeter dick zu sein.

Bei solidem Baugrund genügen Streifenfundamente. Nachteil: Die Erdarbeiten für die Fundamentgräben sind anstrengend. Tip: Den Statiker fragen, ob eine Plattengründung möglich ist. Die benötigt zwar mehr Beton und Stahl, ist aber einfacher in der Ausführung.

Bodenplatte schalen

Mit dicken Kanthölzern (zum Beispiel Querschnitt zwölf mal zwölf Zentimeter bei einer dünnen Platte) oder mit Baudielen, die solide im Grund verankert werden, schalt man die Bodenplatte. Das Bauholz sollte so verlegt werden, daß es später als Höhenmaß dient und der frische Beton darüber plan abgezogen werden kann. Die äußeren Abmessungen der Bodenplatte entnehmen Sie dem Fundamentplan.

Bei dieser Arbeit müssen Sie sorgfältig vorgehen, wenn Sie bereits die Gräben der Streifenfundamente ausgehoben haben. Falls der Boden nicht besonders standfest ist, könnte die seitliche Grabenwand ausbrechen. Sie müßten dann noch mal zur Schaufel greifen und den Bodenbruch entfernen. Nicht darüber hinwegbetonieren!

Feuchteschutz unterhalb der Bodenplatte

Als Maßnahme gegen aufsteigende Feuchtigkeit verteilt man auf dem Baugrubenplanum eine kapillarbrechende Kiesschicht. Der Kies wird anschließend sorgfältig verdichtet und mit einer kräftigen Kunststoff-Folie und einer dünnen Sauberkeitsschicht aus Beton abgedeckt. Darauf werden später die Bewehrungseisen ausgerichtet. Auf der Sohle der Fundamentgräben (bei Streifenfundamenten) wird nur eine Sauberkeitsschicht betoniert: ohne Kies und Folie. Der Bauleiter sagt Ihnen, welche Sorte Kies für Ihren Baugrund geeignet ist.

Der beschriebene Aufbau stellt die beste, aber auch die aufwendigste Lösung dar. Oft kann auf die Folie oder auf die Beton-Sauberkeitsschicht verzichtet werden.

WU-Beton: wasser-undurchlässig

Wer in Sachen Bauwerksabdichtung ganz sichergehen möchte, sollte als Zusatzmaßnahme WU-Beton für Fundamente und Bodenplatte anfordern.

Bei weitgehend trockenem Baugrund können Sie auf das mühevolle Anlegen einer kapillarbrechenden Kiesschicht verzichten. Dann sollten Sie aber eine dicke Kunststoff-Folie nehmen und zusätzlich WU-Beton wählen. Auf diese Weise ist der Feuchteschutz relativ bequem eingebaut.

Bodenplatte bewehren

Die Bewehrung von Fundamenten und Bodenplatte wird entsprechend der Statik eingebaut. Den Stahl dafür bestellt man beim Baustoffhändler zusammen mit den Abstandhaltern.

Wenn der Baugrund so problematisch ist, daß mit sehr großen Mengen armiert werden muß, sollte man zumindest diese Arbeit an eine Firma vergeben. Wird jedoch nur eine Lage Stahlmatten gefordert, können Sie ruhig selbst ans Werk gehen.

Achten Sie bei den Bewehrungsarbeiten darauf, daß später jedes Stahlstück mindestens zwei Zentimeter mit Beton überdeckt werden kann: Abstandhalter einbauen!

Der Fundamenterder

Ein Fundamenterder aus Bandstahl wird als geschlossener Ring auf dem Bodenplattenunterbau oder in den äußeren Fundamentgräben verlegt. Anschlußfahnen werden in jenen Ecken hochgebogen, an denen die Metallfallrohre der Regenrinne und der Blitzableiteranschluß vorgesehen sind.

Auch im geplanten Hausanschlußraum muß so ein Eisenstück aus der Bodenplatte herausragen. Später werden dort alle metallenen Innenbauteile (zum Beispiel Wasserleitungen und Badewanne) sowie die Elektroinstallation geerdet (☞ S. 137).

Die Höhe im Bereich der Platte festlegen

Es ist nicht einfach, eine wirklich ebene Bodenplatte „freihändig" zu betonieren. Am Rand hat man zwar eine Hilfshöhe in Form der seitlichen Schalung: Aber im Mittelfeld ist schnell eine Hügel-Landschaft betoniert. Damit man einige Kontrollmöglichkeiten hat, schlägt man über die ganze Platte verteilt einige Stabstahlstücke so tief in den Boden, daß deren Spitzen die Oberfläche der Bodenplatte markieren.

Falls Sie das Betonieren der Bodenplatte einer Profi-Kolonne überlassen, können Sie eventuell auf die Höhenmarkierungen verzichten. Voraussetzung: Die Firma kontrolliert die Höhe mit einem Nivelliergerät.

So lesen Sie die Statik

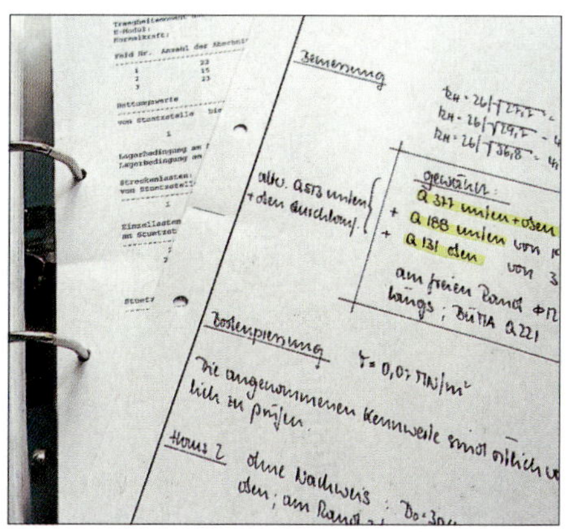

Stahlmatten werden in der Statik mit einem Buchstaben und drei Ziffern bezeichnet. Beispiel: „Q 188". Das „Q" steht für eine quadratische Stabstahlanordnung und gleiche Stahlquerschnitte in Mattenlängs- und -querrichtung. „188" weist auf einen Querschnitt von 1,88 Quadratzentimeter je Meter Matte hin. Wird eine Matte mit einem „R" gekennzeichnet, bedeutet das eine rechteckige Stabstahlanordnung. Dann ist der angegebene Querschnitt nur in Längsrichtung vorhanden. Quer ist die Matte schwächer ausgebildet.

Die Bezeichnung „4 ⌀ 14" (Beispiel) verlangt, daß an der betreffenden Stelle vier runde Stabstahlstücke mit einem Durchmesser von 14 Millimeter eingebaut werden.

Die Betonmassen errechnen

Bevor Sie zum Telefonhörer greifen, um den Beton für Fundamente und Bodenplatte zu bestellen, müssen Sie die Betonmassen ermitteln. Dabei sollten Sie so genau wie möglich vorgehen. Fehlt Ihnen letztlich ein Kubikmeter, müssen Sie diesen eventuell teuer nachbestellen. Und jeder Kubikmeter, der zuviel angeliefert wird, bringt ebenfalls unnötige Zusatzkosten.

Die Berechnung ist eigentlich recht einfach: Für die Bodenplatte multiplizieren Sie die überbaute Fläche mit der geplanten Plattendicke. Sind Streifenfundamente vorgesehen, kommen noch exakt die Kubikmeter dazu, die Sie für die Fundamentgräben ausgehoben haben (☞ auch S. 213).

Erst die Fundamente, dann die Platte

Bei Gebäudegründungen, die besonders viele Armierungseisen benötigen, kann es arbeiterleichternd sein, in zwei Etappen zu arbeiten. Zunächst werden die Fundamente bewehrt und ausbetoniert. Später baut man dann die Stahlmatten für die Platte ein und stellt die seitliche Schalung auf. Das bringt zum einen den großen Vorteil, daß man beim Betonieren der Fundamente nicht über eine unwegsame Stahlunterlage turnen muß. Zum anderen beugt man der Gefahr vor, daß beim Schalen der Bodenplatte die Fundamentgräben ruiniert werden.

Beton mit Pumpe oder Kübel einbringen?

Nun ist es soweit. Die ersten Betonlieferfahrzeuge rollen an, und die große Pumpe ist startbereit, um Kubikmeter für Kubikmeter den Bodenplattenbeton in die Baugrube zu befördern. Dies ist sicherlich der bisher aufregendste Moment Ihres Hausbaus.

Weil beim Betonieren mit der Pumpe sehr große Mengen in sehr kurzer Zeit verarbeitet werden müssen, sollten Sie wenigstens zu dritt sein. Dabei muß Ihrem Team ein erfahrener Baumensch angehören, der schon einmal einen Betonpumpenrüssel geführt hat. Das ist nämlich gar nicht so einfach.

Mit einem Kübel zu betonieren ist langwieriger als mit einer Pumpe. Zudem braucht man einen Kran.

Beton verdichten

Gleich nach dem Einbringen wird der Beton verdichtet. Üblich ist der Einsatz eines vibrierenden Flaschenrüttlers. Diesen gibt's beim Baumaschinenverleih. Wichtig: Ein Stromanschluß muß vorhanden sein.

Den Beton durch Stochern von Hand zu verdichten ist viel zu mühsam und bringt wesentlich schlechtere Resultate.

Weitere Informationen zum Thema „Stahlbeton" finden Sie auf den Seiten 212 und 213.

Bodenplatte eben abziehen

Das waagerechte Abziehen der Betonoberfläche sollte der Profi in Ihrer Crew erledigen. Denn es ist auch mit eingebauten Hilfshöhen eine kleine Kunst, die Bodenplatte sauber abzugleichen. Dabei führt man ein Holzbrett, das an einer Art Besenstiel befestigt ist, mit leicht zitternden Bewegungen über den frischen Beton.

Recht schnell wird überschüssiges Wasser aus dem Beton austreten und zu kleinen Pfützen zusammenlaufen.

Die seitliche Bodenplattenschalung kann bereits am nächsten Tag entfernt werden.

Beton nicht selbst herstellen!

Die körperliche Anstrengung beim Selbstanrühren von Beton sollte man nicht unterschätzen. Fundament- und Bodenplattenbeton für ein Einfamilienhaus mit dem eigenen Betonmischer anzurühren ist unsinnig, da Lieferbeton kaum teurer ist als selbsthergestellter. Durchschnittlich benötigte Menge: 15 bis 25 Kubikmeter.

Nur bei kleinen Mengen ist es günstiger, selbst zu mischen. So können die Pumpenkosten gespart werden. Außerdem müßte ein Mindermengenzuschlag gezahlt werden, wenn das Betonlieferfahrzeug (Fassungsvermögen etwa fünf bis acht Kubikmeter) nicht vollgeladen ist. Hinweis: Die Qualität von selbstgemischtem Beton ist nicht so gleichmäßig wie von Lieferbeton.

Der Standort für die Betonpumpe

Enorm wichtig ist, daß die Betonpumpe einen sicheren Standplatz hat. Weicher Boden kann nur dann als Unterlage dienen, wenn die Stützfüße der Betonpumpe mit lastverteilenden Holzstücken unterbaut werden.

Die Bau-Berufsgenossenschaften schreiben vor, daß die Betonpumpen-Stützfüße bei einem Fahrzeug-Gesamtgewicht von mehr als zwölf Tonnen mindestens zwei Meter Abstand bis zum Beginn der Baugrubenböschung einhalten müssen; bei einem Gesamtgewicht bis zwölf Tonnen mindestens einen Meter. Außerdem muß auf einen Sicherheitsabstand zu elektrischen Freileitungen geachtet werden.

So lesen Sie die Statik

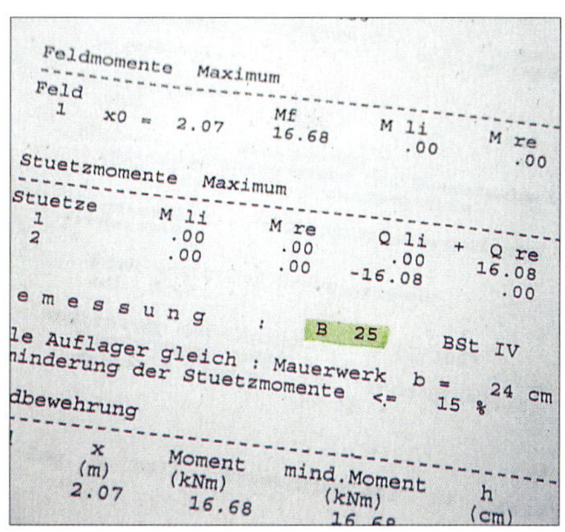

Wenn in der statischen Berechnung Beton „B 25" angegeben ist, deutet dies auf die geforderte Betondruckfestigkeit hin. Ein „B 25" hält 28 Tage nach dem Betonieren mindestens dem Druck von 25 MN/m^2 stand (Mega-Newton pro Quadratmeter). Das entspricht einer Belastung von etwa 2 500 Tonnen je Quadratmeter. Hohe Zugkräfte steckt Beton jedoch nicht so locker weg.

Bei Ihrer Betonbestellung müssen Sie neben der benötigten Menge und den eventuell gewünschten Zusätzen (zum Beispiel für WU-Beton) auch die Druckfestigkeit angeben (☞ auch S. 213).

Die Hausecken markieren

Bevor der erste Stein gesetzt werden kann, muß man die Hausecken auf der Bodenplatte kennzeichnen. Dazu wird das Schnurgerüst benötigt. Im Schnurschnittpunkt hängen Sie ein Senkblei auf, dessen Spitze dann genau auf die jeweilige Hausecke zeigt. Dort wird ein Nagel in die Bodenplatte eingeschlagen.

Nachdem alle Hausecken markiert sind, spannt man Schnüre von Nagel zu Nagel. Dies sind die Außenkanten des Kellermauerwerks, die nun mit Kreide oder Bleistift auf die Bodenplatte gezeichnet werden. Als Lineal eignet sich ein Richtscheit. Es ist ratsam, gleich alle Wände aufzuzeichnen. Die Steinpaletten plaziert man dann so, daß sie griffbereit neben den zukünftigen Mauern stehen.

Den höchsten Bodenplattenpunkt ermitteln

Eine Betonbodenplatte ist nie absolut plan. Um diese Unebenheiten zu überwinden, kommt die unterste Steinreihe in ein ausgleichendes Mörtelbett. Man setzt den ersten YTONG-Stein in jener Ecke, die dem höchsten Bodenplattenpunkt am nächsten liegt. An dieser Höhenmarke werden später alle weiteren Ecksteine ausgerichtet. Dort, wo die Bodenplatte ihren tiefsten Punkt hat, sitzen die Steine in einem entsprechend dickeren Mörtelbett.

Man kann den höchsten Bodenplattenpunkt mit Hilfe einer Schlauchwaage oder eines Nivelliergerätes ermitteln. Für den Laien sind beide Verfahren nicht ganz einfach. Deshalb erledigt diese Arbeit Ihr Selbstbau-Partner.

Die erste Mörtelschicht auftragen

Die aufgezeichneten Außenkanten der Kellermauer dienen als Leitlinie für das Auftragen der ersten Mörtelschicht. Am besten geeignet ist Zementmörtel (Mörtelgruppe III, feuchtigkeitsunempfindlich). Kaufen Sie fertig gemischten Werktrockenmörtel in Säcken, dem Sie nur noch Wasser hinzufügen müssen. So ist eine homogene Zusammensetzung des Materials gewährleistet. Verbrauch: Für das Mörtelbett eines YTONG-PLANBLOCKS werden durchschnittlich zehn Kilogramm Trockenmörtel benötigt.

Auf der ersten Mörtellage wird Bitumenpappe ausgerollt: als Sperrschicht gegen aufsteigende Feuchtigkeit.

Die Pappe überlappen lassen

In Ihrem Bausatzpaket ist reichlich Bitumenpappe enthalten. An Ecken und überall dort, wo sich Anschlußstellen nicht vermeiden lassen, sollten sich die Sperrbahnen mindestens zehn Zentimeter überlappen.

Wichtig: Die Bitumenpappe muß breiter als die dazugehörige Mauer sein. Nur dann ist der Schutz vor aufsteigender Feuchtigkeit gewährleistet (☞ S. 196).

Die zweite Mörtelschicht auftragen

Nun bringt man in der Ecke, die am höchsten liegt, den Mörtel für den ersten Stein auf. Dabei sollte man die Oberfläche des Mörtels nicht glattstreichen, sondern ruhig etwas schuppig auftragen.

Gehen Sie an dieser Stelle noch recht sparsam mit dem Mörtel um. Alle anderen Steine müssen ja in ein entsprechend dickeres Mörtelbett gesetzt werden. Zuviel des Guten am Anfang könnte bedeuten, daß Sie dann andere Steine unnötig dick unterfüttern müssen.

Die Ecksteine setzen

Jetzt wird der erste Eckstein in den frischen Mörtel gesetzt und mit Gummihammer und Wasserwaage ausgerichtet. Die äußere Steinecke muß sich exakt über dem zuvor eingeschlagenen Nagel befinden. Bei trockener und warmer Witterung sollte der YTONG-PLANBLOCK von unten angefeuchtet werden. So erhält man einen noch besseren Verbund zwischen Stein und Ausgleichsschicht.

Bevor wir's vergessen: Herzlichen Glückwunsch, die Maurerarbeiten für Ihr Haus haben soeben begonnen. Übrigens: Während der ganzen Prozedur vom Verteilen des Mörtels bis zum Plazieren der Ecksteine hilft Ihnen der Baustelleninstrukteur des Selbstbau-Partners.

Stein an Stein

Sobald die Ecksteine höhengleich an Ort und Stelle eingebaut sind, werden von Hausecke zu Hausecke Richtschnüre gespannt und die erste Mauerreihe vervollständigt. Dabei lernen Sie bereits die Vorzüge der YTONG-Steine kennen: Durch das Prinzip der „Doppel-Nut-und-Feder" können Sie die Stoßfugen trocken aneinanderfügen. Nur die Lagerfuge benötigt die bereits beschriebene Mörtelausgleichsschicht.

Das sorgfältige Ausrichten jedes einzelnen Steins ist die Voraussetzung für lotrechtes und solides Mauerwerk.

Achtung: Berücksichtigen Sie bereits bei der ersten Reihe alle Schlitze für Abwasserrohre und Wasserleitungen (☞ S. 47).

Die erste Reihe steht

Oft werden zuerst die Außenmauern errichtet und später die Innenwände. Stellt man dann jedoch fest, daß der höchste Punkt der Bodenplatte im Bereich der Innenwände liegt, müssen dort die Steine abgeschnitten werden, um die Reihen der Außen- und Innenwände wieder auf gleicher Höhe zu haben. Deshalb sollten Sie beim Anlegen der ersten Reihe auch gleich an die Innenmauern denken.

Meist genügen zwei bis drei Tage, um die gesamte erste Reihe ins Mörtelbett zu setzen. Damit sind bei einem Kellergeschoß schon mehr als zehn Prozent der Maurerarbeiten erledigt. Und ab der zweiten Reihe wird mit Dünnbett-Mörtel gearbeitet. Dann geht's noch schneller.

Dünnbett-Mörtel anrühren

Zusammen mit den Porenbeton-Steinen bekommen Sie auch gleich den PLANBLOCK-Mörtel angeliefert. Dieser Fertigmischung braucht man nur noch Wasser zuzugeben. Dann wird mit dem Bohrmaschinen-Quirl gerührt: Dabei bitte auf eine niedrige Drehzahl achten. Um Dosierungsfehler zu vermeiden, sollte man den Mörtel nur sackweise anmachen.

Wichtig: Lagern Sie den Mörtel trocken!

Dünnbett-Mörtel mit der Zahnkelle aufziehen

Der erste Stein der zweiten Mauerwerksreihe wird wieder in der Ecke gesetzt. Welche Ecke Sie wählen, bleibt Ihnen diesmal frei überlassen. Da die gesamte erste Reihe im Mörtelbett höhengleich ausgerichtet wurde, gibt es ab jetzt keine Höhendifferenzen mehr.

Ziehen Sie nun mit der für die Wanddicke passenden Zahnkelle so viel Mörtel auf, wie für einen Eckstein benötigt wird. Die Zahnung der Kelle sorgt automatisch für die richtige Schichtdicke (etwa einen Millimeter). Die Konsistenz des Mörtels stimmt, wenn die Furchen beim Aufziehen sichtbar bleiben und nicht zerlaufen. Bei extremer Hitze ist leichtes Vornässen der Steine vorteilhaft, damit der Mörtel nicht zu schnell aushärtet.

Ecksteine setzen und ausrichten

Setzen Sie die Ecksteine möglichst exakt, und vermeiden Sie Verschiebungen im Mörtelbett. Kleine Korrekturen sind möglich, aber nur für kurze Zeit. Doch paßgenaues Arbeiten ist mit Porenbeton sowieso kein Problem, da die Grifftaschen eine leichte Handhabung des Blocks gewährleisten.

Tip: Sägen Sie die herausstehende Nut-und-Feder-Profilierung der Ecksteine sofort ab. Das erspart Ihnen lästiges Nacharbeiten beim Außenputz. Und überschüssigen Mörtel sollten Sie ebenfalls gleich entfernen. So haben Sie für die Wandverkleidungen (Fliesen, Innenputz und so weiter) eine saubere Oberfläche. Späteres Abklopfen ist recht mühsam.

Richtschnur spannen

Sobald Sie alle Ecksteine eingebaut haben, spannen Sie zwischen zwei Haus-Ecken eine Richtschnur, mit der Sie die Mauerwerksaußenkante markieren.

Leider kommt es immer wieder vor, daß Selbstbauer meinen, sie bräuchten keine Richtschnur. Das Resultat sind „ausgebeulte" Wände. Wer jedoch kontinuierlich an der Schnur entlangmauert, stellt exakte Hausfluchten her. Eine Richtschnur ist schnell gespannt und sollte schon deshalb nicht zur Diskussion stehen.

Die zweite Reihe komplett ausmauern

Ziehen Sie nicht zuviel Dünnbett-Mörtel auf. Das gilt besonders an heißen Tagen. Für einen ordentlichen Verbund zwischen den Steinen darf sich noch keine Haut gebildet haben. Test: Drücken Sie die Fingerkuppe vorsichtig in die frische Masse. Bleibt nichts an den Fingern haften, ist der Mörtel schon zu fest. Dann müssen Sie die komplette Mörtellage entfernen und erneut Material aufziehen. Im Extremfall nimmt man nur so viel Mörtel, wie für einen Stein gebraucht wird.

Bei YTONG-PLANBLÖCKEN, die mit Nut und Feder profiliert sind, wird nur für die Lagerfuge Mörtel benötigt. Lediglich im Bereich der Eckverbindungen berücksichtigt man auch die Stoßfuge.

Steine setzen und an der Schnur ausrichten

Setzen Sie nun jeden Stein möglichst genau in seine Position, und richten Sie ihn mit Gummihammer und Wasserwaage aus. Vorteil der YTONG-Blöcke: Wegen der bequemen Grifftaschen sitzt nahezu jeder Stein von Anfang an richtig, und man vermeidet automatisch größere Korrekturen. So kann auch der Laie ein sauberes Mauerwerk erstellen.

Achtung: Mauern Sie im Verband. Das bedeutet, daß die Stoßfugen übereinanderliegender Schichten um mindestens acht Zentimeter zueinander versetzt sein müssen (☞ S. 210).

Der letzte Stein einer Reihe

Da in den unteren Mauerreihen noch keine Fensteröffnungen sind, muß man von Eckstein zu Eckstein durchmauern. Manchmal ist es schwierig, den letzten Stein einzupassen, weil die Öffnung von zwei Seiten begrenzt wird. Trick: Man sägt diesen letzten Stein leicht schräg in der Mitte durch und schiebt die zweite Hälfte dann von der Seite ein.

Auch für dieses letzte Porenbeton-Stück gilt: Ein Blick auf die Wasserwaage, ein paar Schläge mit dem Gummihammer, und der Stein sitzt millimetergenau auf der Stelle.

Unebenheiten abschleifen

Trotz modernster Produktionstechnik kann es vorkommen, daß manche YTONG-Blöcke geringe Höhendifferenzen haben. Die daraus resultierenden Unebenheiten der Lagerfuge sind aber nicht weiter problematisch. Mit dem Handhobel oder mit dem Schleifbrett sind sämtliche Ungenauigkeiten schnell entfernt. Danach den Schleifstaub einfach abfegen und die nächste Reihe setzen.

Hinweis: Der Handhobel wird für Steine der Festigkeitsklasse „P 4" genommen, das Schleifbrett ist für Steine der Festigkeitsklasse „P 2" (Steinfestigkeitsklassen: ☞ S. 62). Tip: Immer die Steine, die auf einer Palette untereinanderliegen, nebeneinander vermauern.

Erst die Ecken hochziehen, dann die Wände ausmauern

Wenn die ersten Paletten vermauert sind, kommt bereits die Routine. Sie können es sich jetzt ohne Weiteres zutrauen, die Ecken ein paar Reihen hochzuziehen und dann die einzelnen Reihen gleich hintereinander auszumauern. So geht die Arbeit noch zügiger voran. Achten Sie aber bitte darauf, daß die Ecksteine abwechselnd bis nach außen durchlaufen.

Und nicht vergessen: Auch wenn die Arbeit so richtig flott von der Hand geht, Unebenheiten abschleifen, Schleifstaub abfegen und Richtschnur spannen!

Innenwände einbinden

Ob man die Innenwände gleichzeitig mit den Außenmauern herstellt (Verzahnung) oder sie später mit der Stumpfstoßtechnik einfügt, ist reine Geschmackssache (☞ S. 210: „Regeln für korrektes Mauern“). „Verzahnung“ bedeutet hier, daß jede zweite Steinlage in das Anschlußmauerwerk geführt wird.

Nichttragende Innenwände

Tragende Wände trennen Räume voneinander ab und müssen (der Name verrät es) alle Lasten aus Decken, Dach und Mauerwerk bis aufs Fundament abtragen.

Nichttragende Innenwände sind nur als Trennwände zu verstehen. Die Steine der obersten Schicht nichttragender Wände stutzt man um zwei Zentimeter. So können von oben keine Lasten eingeleitet werden, und die nichttragende Wand bleibt das, was sie ist: eine Trennwand. Den Spalt zwischen Wand und Decke später ausschäumen.

Fensteröffnungen herstellen

Die Brüstungshöhe von Kellerfenstern hängt von der gewählten Fensterhöhe ab. Von der lichten Raumhöhe werden der Sturz (meist 25 Zentimeter) und die Fensterhöhe abgezogen. Das verbleibende Maß ist die Brüstungshöhe. Vorteilhaft ist es, die Fensterhöhe so zu wählen, daß man beim Bau der Brüstung im YTONG-Raster (20 Zentimeter) bleiben kann.

Wohnraumfenster haben oft eine Brüstungshöhe von einem Meter. Das entspricht genau fünf YTONG-Reihen. Natürlich ist jede andere Fensterbrüstung genauso machbar. Am einfachsten ist es immer, wenn man sich an das Mauerwerksraster hält.

Ab Reihe sieben: Gerüstböcke verwenden!

Die ersten Steinreihen setzen Sie noch bequem vom Boden aus. Bei der siebten Schicht wird dann die Oberarm-Muskulatur schon spürbar angespannt, und danach ist bei den meisten Maurern Schluß.

Lassen Sie es erst gar nicht bis zum anstrengenden Muskelspiel kommen. Kaufen Sie sich ein paar solide Maurerböcke (Kosten: rund 200 Mark), und legen Sie dort drei bis vier Dielenbretter drauf. Dann haben Sie ein sehr solides Gerüst, auf dem man weiterhin so bequem arbeiten kann wie bei den unteren Steinreihen.

Tip: Studieren Sie die Zeitungsanzeigen. Oft werden dort gebrauchte Bauhilfsmittel günstig angeboten.

Die YTONG-Bandsäge

Viele Bauherren entscheiden sich auch deshalb für Porenbeton, weil er sich so schön leicht bearbeiten läßt. Bau-Newcomer sind immer wieder verblüfft, wie leicht sich der Stein mit der Handsäge teilen läßt.

Noch schneller, bequemer und sauberer geht es allerdings mit der Elektro-Bandsäge, die Selbstbauer leihweise zur Verfügung gestellt bekommen (alternativ: Elektro-Fuchsschwanz mit Sägeständer). In Sekundenschnelle lassen sich präzise Paßstücke in jeder Form zuschneiden. Ob millimeterdünn, keilförmig oder rund: Mit dem richtigen Werkzeug ist das nun wirklich kein Problem.

Schlitze sägen

Große Schlitze für Abwasserrohre oder Heizungssteigleitungen (auch Öltankentlüftung) und Nischen für Strom- und Wasserverteiler sollte man während des Mauerns berücksichtigen. Markieren Sie auf den entsprechenden Steinen die Schlitzposition, und führen Sie beidseitig die Schnitte so tief wie notwendig aus. Mit einem gezielten Hammerschlag trümmern Sie nun das Steinstück aus dem Block. Bruchkante säubern, ehe der Stein eingebaut wird! Nachträgliches Fräsen ist eine sehr aufwendige und staubige Arbeit.

Kleine Schlitze (etwa für Stromkabel) können Sie recht einfach auch später mit dem Rillenkratzer ins Mauerwerk ziehen (Hammer und Meißel sind ungeeignet).

Die Schlitze und die DIN 1053

Durch Schlitze und Aussparungen können die Tragfähigkeit und die bauphysikalischen Eigenschaften der Wand deutlich beeinträchtigt werden. Beachten Sie deshalb die Schlitzpläne, die Sie vom Installateur oder dem Lieferanten Ihrer Installations-Bausätze bekommen haben. Diese Ausführungspläne sollte man auf jeden Fall mit dem Statiker besprechen! Die DIN 1053 nennt Grenzwerte für Querschnittsschwächungen von Mauerwerk, die ohne statischen Nachweis in tragenden Wänden zulässig sind (siehe Tabelle auf Seite 211).

Tip: Wenn es geht, sollten Sie Ihre Leitungen bündeln und in wenigen großen Schlitzen durchs Haus führen.

Massive Betonwände sind nichts für Bau-Laien

Hoher Grundwasserstand und große Erddrücke sind für Kelleraußenwände nur dann kein Problem, wenn sie aus Stahlbeton konstruiert werden. Allerdings ist es für den Selbstbauer fast unmöglich, eine massive Betonwand herzustellen. Allein schon, um eine stabile Schalung aufzubauen, braucht man sehr viel Erfahrung und geeignetes Schalmaterial. Bewehren und Betonieren sind dann noch einmal große Aufgaben für sich.

Steht das Haus im Grundwasser, hilft nur eine Wanne (Wände und Bodenplatte) aus wasserundurchlässigem Stahlbeton. Dann muß man Profis einschalten. Sind lediglich hohe Erddrücke aufzunehmen, kann ein Stahlbeton-Ringbalken die Lösung für den Selbstbauer sein.

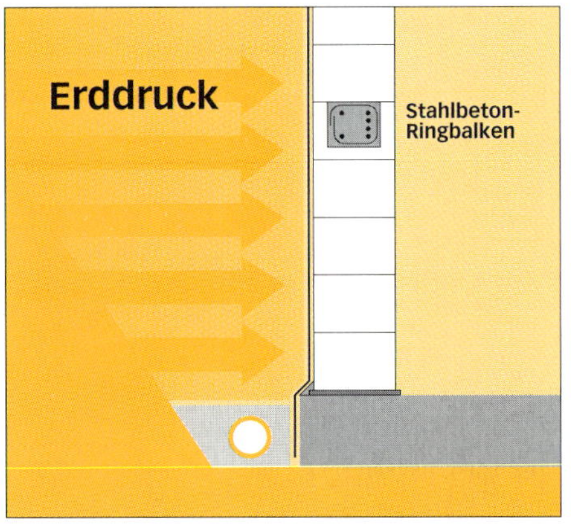

Die Alternative: der Ringbalken

Sagen Sie Ihrem Statiker frühzeitig, daß Sie Ihr Haus in eigener Regie erstellen möchten. Dann wird er im Falle hoher Erddrücke statt massiver Betonwände einzelne Ringbalken in den betroffenen Kelleraußenwänden dimensionieren.

Zweck dieser Bauteile ist es, seitliche Erdrücke aufzunehmen. Gemauerte Wände könnten sonst reißen. Und dieser Stahlbeton-Balken verhindert das.

Seiten abmauern

Wer sein Haus aus YTONG baut, hat auch beim Ringbalken gute Karten. Anstatt mühsam mit Holzbrettern zu schalen, nimmt man sogenannte L-Steine (☞ S. 192) oder schmale YTONG-Platten (7,5 Zentimeter dick) und mörtelt sie außen und innen aufs 36,5 Zentimeter dicke Kellermauerwerk. Weiterer Vorteil: Man hat beim Verputzen eine einheitliche Oberfläche und braucht keine Extrabehandlung der sonst üblichen Betonoberfläche vorzunehmen.

Ringbalken mit U-Steinen schalen

Besonders einfach gehen die Schalungsarbeiten für den Ringbalken, wenn man U-Steine verwendet. Diese werden einfach wie ein normaler PLANBLOCK mit Dünnbett-Mörtel in der vorgesehenen Position befestigt.

Manchmal sind Ringbalken nur in ein oder zwei Kellerwänden notwendig. Bei der Ausführung ist dann besonders darauf zu achten, daß die Ringbalken von Hausecke zu Hausecke durchgezogen werden: so, daß diese Bauteile bis in die angrenzenden Außenwände führen. Hinweis: Zur Vergrößerung des Stahlbetonquerschnitts können auf die Schenkel der U-Schalen schmale Planplatten aufgemörtelt werden.

Bewehrung vorbereiten

Die Eisenstücke der Ringbalken-Bewehrung knüpft man oberhalb oder außerhalb des Bauteils zusammen und hebt dann den ganzen Korb in die Schalung. Achtung: Dabei sind Helfer notwendig, da die Bewehrung über hundert Kilogramm wiegen kann.

Ein Bewehrungskorb besteht aus Längseisen und Bügeln. Die langen Eisenstangen legt man zunächst lose aus und schiebt dann Bügel für Bügel längs zur Bauteilachse an Ort und Stelle. So, daß die Bügel die Stabstahlstücke umschließen.

Bewehrungskorb knüpfen

Jetzt werden Längseisen und Bügel miteinander verbunden. Dazu eignet sich Draht, den man mit einer Zange verdrillt. Wichtig ist, daß die Bügel zueinander den in der Statik geforderten Abstand haben und daß die Längseisen übereinander angeordnet werden. Sprechen Sie vor den Bewehrungsarbeiten mit Ihrem Bauleiter. Er sagt Ihnen dann genau, wo der Stahl liegen muß.

Überlappende Stöße der Stabstahlstücke sollten nicht auf einer Linie liegen. Es gilt, Stöße versetzt über die gesamte Bauteillänge zu verteilen. Abstandhalter sorgen für eine korrekte und solide Lage der Ringbalken-Armierung in der Schalung.

Ringbalken ausbetonieren

Bevor Sie nun Ihren Betonmischer in Gang setzen oder (bei größeren Mengen) Fertigbeton kommen lassen, feuchten Sie die gemauerte Schalung von innen kräftig an.

Den Beton lagenweise einbringen und sofort gut verdichten! Auch am Schalungsboden muß der Beton den Stahl massiv umhüllen. Mehr über die Betonarbeiten (Rezeptur, Verarbeitung, Nachbehandlung) lesen Sie auf den Seiten 212 und 213.

Die nächste Schicht ausrichten

Die Oberfläche des frisch betonierten Ringbalkens sollten Sie sehr sauber abziehen. Betonreste sofort entfernen und herausstehende Kieselsteine des Betonzuschlags in die Oberfläche einreiben oder herausnehmen!

Nach dem Erhärten des Betons (etwa ein bis drei Tage später) tragen Sie eine Lage Dünnbett-Mörtel auf und setzen die Steine der nächsten Schicht so, wie Sie es bisher auch getan haben.

Sturzauflager vorbereiten

Bevor ein Sturz eingebaut wird, müssen die Auflager auf beiden Seiten hergestellt werden. Auflagertiefe bei lichten Öffnungen bis 1,35 Meter: 20 Zentimeter je Seite. Bei größeren Öffnungen: 25 Zentimeter Auflagertiefe.

Die lichte Einbauhöhe beträgt bei Außenbauteilen (Fenstern und Haustür) oft 2,25 Meter. Bei Innentüren muß bereits der spätere Estrich berücksichtigt werden. Lichte Türhöhe dort: etwa 2,11 Meter.

Oft genügt es, das Mauerwerksauflager rechts und links neben der Wandöffnung mit der Wasserwaage zu überprüfen und dann kleine Differenzen mit dem Schleifbrett abzutragen.

Die Steinfestigkeitsklasse der Sturzauflager

Manchmal reicht die Druckfestigkeit der Steine (üblich sind die Klassen „P 2" und „P 4") im Bereich der Sturzauflager nicht aus. Zum Beispiel bei großen Fenstern, wenn auf den Stürzen zusätzlich hohe Lasten ruhen werden.

Die kritischen Auflager-Positionen hat der Statiker genau berechnet, so daß Sie diese etwas heiklen Mauerwerkspunkte im Standsicherheitsnachweis erkennen können. Dann müssen zum Beispiel hochfeste Steine (Festigkeitklasse „12", „20" oder „28") als Sturzauflager eingebaut werden, damit es in den oberen Ecken der Mauerwerksöffnung nicht zu Steinabplatzungen kommt. Alternativ sind auch Auflager aus Beton („B 25") möglich.

Fertigsturz oder U-Schale zum Ausbetonieren?

Stürze sind dazu da, um Tür- und Fensteröffnungen zu überbrücken. Früher wurden Stürze vor Ort aus Beton gegossen. Inzwischen haben sich aber Fertigteile durchgesetzt. Auch im YTONG-Bausatz sind diese rationellen Bauteile enthalten. Technisch ist es möglich, Fertigstürze bis zu einer lichten Weite von 1,75 Meter einzubauen.

Für Selbstbauer ohne Kran ist es jedoch sinnvoll, nur über Türöffnungen in nichttragenden Wänden die dort noch relativ leichten Massivstürze einzubauen. Im tragenden Mauerwerk bringen U-Schalen, die man einfach ausbetoniert, mehr Vorteile. Aufwendiges Schalen mit Brettern entfällt sowieso, und die Gewichte, die bewegt werden (U-Schale, Bewehrung, Beton), halten sich in Grenzen.

Massivsturz und U-Schale setzen

Ob YTONG-Massivsturz oder U-Schale: Gesetzt werden diese Bauteile genau wie YTONG-PLANBLÖCKE. Den Mörtel mit der zur Mauerwerksdicke passenden Zahnkelle einen Millimeter dünn aufziehen und den Sturz mit dem Gummihammer an der Schnur ausrichten. Achtung: U-Schalen mit der Öffnung nach oben auflegen! Bei Massivstürzen die Kennzeichnung („unten") berücksichtigen!

Für eine konventionelle Holzschalung nimmt man solide Baudielen. Die Schalung alle 60 bis 80 Zentimeter nach unten hin abstützen! Zur Vermeidung von Wärmebrücken in Außenwandstürzen wird die Schalung mit Leichtbau-Dämmplatten aus Hartschaum und zementgebundener Holzwolle (Putzgrund) ausgelegt (☞ S. 65).

Bewehrungskorb vorbereiten

Nach den Angaben in der Statik knüpft man nun einen Bewehrungskorb. Der ist (verglichen mit der Armierung eines Ringbalkens in der Kellerwand) recht leicht. Auch er wird außerhalb des Bauteils hergestellt. Zunächst legt man die Stabstahlstücke einer Lage über zwei Steinen aus und knüpft die einzelnen Bügel daran fest.

Tip zur Arbeitserleichterung: Nicht jeder Schnittpunkt von Stabstahl und Bügel bekommt eine Drahtverbindung. Es sind nur so viele Befestigungen nötig, wie die ganze Konstruktion braucht, um in Form zu bleiben.

Bewehrungskorb fertigstellen

Nachdem die eine Lage des Längsstahls befestigt ist, drehen Sie den Korb um und knüpfen die zweite Lage der Stabstähle an den Bügeln fest. Anschließend wird das Gerippe so in die U-Schale (alternativ: Holzschalung) gestellt, daß die Seite mit der höheren Stabanzahl unten liegt. Beispiel: Drei Eisen liegen unten, zwei Eisen liegen oben.

Beim Einbau des Bewehrungskorbes müssen Sie darauf achten, daß der Stahl überall einen ausreichenden Abstand (1,5 Zentimeter) zur Schalwand hat. Bauen Sie Abstandhalter ein, um einen sicheren Sitz der Armierung zu gewährleisten. Denn beim Ausbetonieren darf das Eisen nicht verrutschen.

Sturzschale ausbetonieren

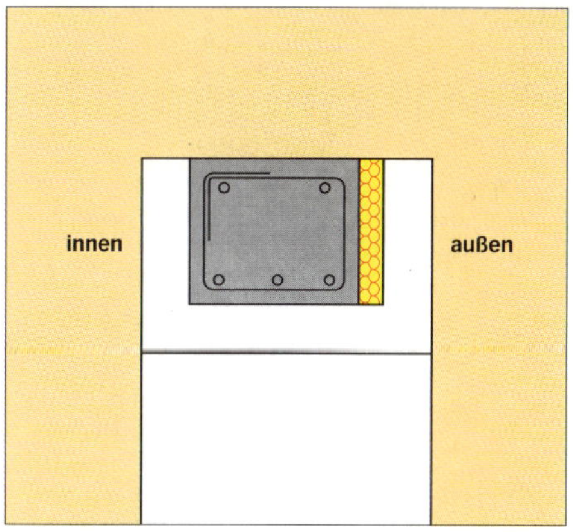

Bevor Sie nun den Beton einfüllen, müssen Sie, wie immer beim Betonieren, die Schalung (hier: U-Schale) annässen. Erst dann wird der Beton lagenweise eingefüllt. Dabei durch Stochern mit der Kelle sofort gut verdichten!

Bei konventionell geschalten Stürzen kann die seitliche Schalung nach drei Tagen entfernt werden. Die unteren Schalbretter und die Stützen darf man aber erst nach drei bis vier Wochen demontieren.

Lesen Sie vor dem Betonieren auf den Seiten 212 und 213 „Wissenswertes über Stahlbeton".

Die Stürze und die Statik

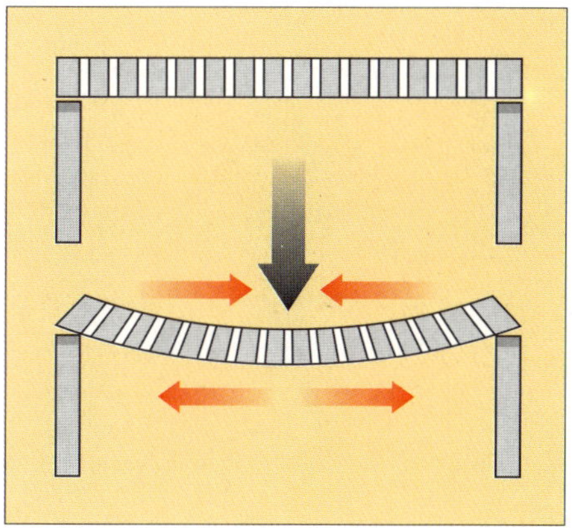

Balken (Stürze), seitlich gelagert und von oben belastet, biegen sich (genau wie auch Decken) ein wenig durch. Das bedeutet, daß die Bauteilunterseite gezogen und die Oberseite zusammengedrückt wird. Oben braucht der Beton keine oder nur wenige Verstärkungseisen (wegen seiner Fähigkeit, Druck aufzunehmen). Im Zugbereich dafür um so mehr. Deshalb bekommen Balken und Decken für diesen Lastfall im unteren Teil eine genau berechnete Stahlzulage.

Wußten Sie, daß es verschiedene Stahlsorten gibt? Stabstahl wird als „BSt 420 S" (Kurzzeichen „III S") oder „BSt 500 S" („IV S") angeboten. Die Zahlen „420" und „500" weisen auf die Festigkeit des Betonstahls hin. „BSt" bedeutet „Betonstahl", das „S" steht für „Stab".

Deckenauflager vorbereiten

Ein ganzes Geschoß einzuschalen und dann die komplette Decke auszubetonieren wird nur noch sehr selten gemacht. Die Gründe: Beim Baugewerbe reduziert man durch den Einbau von Fertigteilen die hohen Lohnkosten, und der Selbstbauer spart sich auf diese Weise die Schwierigkeiten mit der komplizierten Schaltechnik.

Problem bei Fertigteilen: Die Elemente können nur dann flächig aufliegen, wenn die Mauerwerkskrone wirklich plan ist. Bei Porenbeton ist die Lösung kinderleicht. Mit dem Schleifbrett tragen Sie alle Unebenheiten in kürzester Zeit ab.

Ob Feuchteschutz-Maßnahmen (Bitumenpappe) am Deckenauflager notwendig sind, müssen Sie mit Ihrem Bauleiter vor Ort klären.

Die komplette Decke kommt per Lkw

Entsprechend den Bauplänen werden Deckenverlegepläne gezeichnet. Diese sind gleichzeitig auch die Grundlage für die Fertigung im Werk.

Pünktlich zum vereinbarten Termin wird Ihre maßgeschneiderte Kellerdecke angeliefert und direkt vom Lkw aus verlegt. Wenn auf Ihrer Baustelle kein Kran steht, ist das nicht weiter schlimm. Im Servicepaket Ihres Haus-Bausatzes ist für solche Fälle der Einsatz eines Mobilkrans enthalten. So werden dann Stück für Stück die Deckenelemente aufs Mauerwerk gehievt.

Die Deckenplatten werden ineinandergeschoben

Unter der Anleitung des YTONG-Baustellen-Instrukteurs verlegen Sie zusammen mit zwei weiteren Helfern Ihre Decke selbst. Dabei ist es ganz egal, ob Sie einen einfachen Rechteckgrundriß haben oder zum Beispiel schräg zugeschnittene Teile auf Erkerwänden positionieren müssen.

Auf dem Lkw wird ein Mann benötigt, der die Fertigteile am Greifer des Krans befestigt. Zwei Personen plazieren dann die Platten maßgenau auf dem Mauerwerk: Die Mindestauflagertiefe beträgt sieben Zentimeter. Der letzte Handgriff: Mit dem Spannbügel werden die Platten zusammengezogen. So rutschen Nut und Feder ineinander, und es entsteht eine Decke, die sofort begehbar ist.

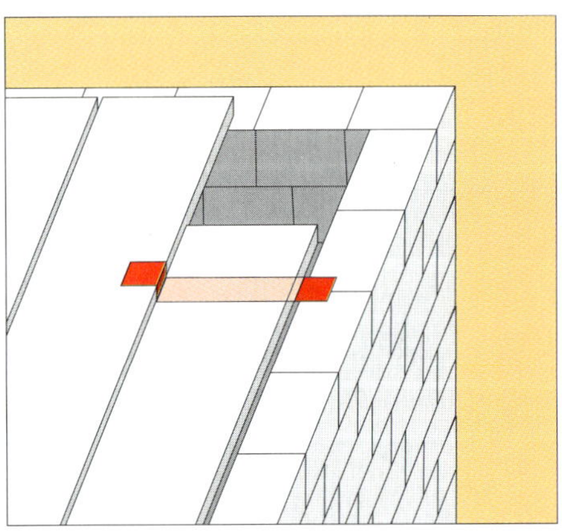

Eine Auswechselung für den Schornstein einbauen

Aussparungen in Ihrer YTONG-Decke dürfen höchstens einen Durchmesser von 15 Zentimeter haben. Dabei darf die Querschnittsschwächung der einzelnen Platte 25 Prozent nicht überschreiten. Durch so eine Öffnung paßt natürlich kein Schornstein, so daß man sich mit einem Formteil aus Stahl helfen muß. Im Normalfall genügt eine kleine Auswechselung, die auf durchlaufenden Deckenplatten oder tragenden Wänden ruht. Dieses Stahlteil trägt eine gekürzte Platte: So entsteht eine Öffnung. Bei Aussparungen, die breiter als 62,5 Zentimeter sind, braucht man große Rahmen aus Stahl, um die gekürzten Platten solide auflagern zu können. Alle Formteile verlaufen deckengleich. Das heißt, sie sind später nicht mehr sichtbar.

Deckenrand abmauern

Sobald die Deckenplatten komplett verlegt sind, werden zur Vorbereitung des umlaufenden Betonringankers auf den Außenmauern sogenannte Deckenrandsteine gesetzt, deren Höhe genau der Dicke Ihrer Fertigteildecke (20 oder 24 Zentimeter) entspricht. Sie brauchen die Steine vor dem Einbau also nicht extra zu bearbeiten.

Darüber hinaus bringen die Randsteine noch den Vorteil, daß man für den späteren Außenputz sofort einen homogenen Untergrund hat. Wichtig: Damit die Bauteilbewegungen der Decke keine Risse im angrenzenden Mauerwerk verursachen können, werden Dämmstreifen (Mineralwolleplatten) von innen an die Deckenrandsteine gestellt. So wird zugleich die erforderliche Wärmedämmung erreicht.

Ringankerstahl einbauen

Da aus den einzelnen YTONG-Elementen eine homogen tragende Deckenplatte werden soll, müssen Sie einen umlaufenden Ringanker aus Stahlbeton herstellen. Die Bewehrung besteht normalerweise aus zwei Stabstahllagen (Durchmesser jeweils zehn Millimeter). Die Stöße der einzelnen Stabstähle muß man gegeneinander versetzt einbauen.

Auch über tragenden Wänden wird die Armierung verlegt. Im Bereich der Außenecken und überall dort, wo tragende Innenwände eingebunden sind, braucht man zusätzlich mindestens drei Bügel (Stabdurchmesser sechs Millimeter) als Verstärkung (☞ S. 199).

Nicht vergessen: Abstandhalter einbauen!

Ringanker betonieren

Nach dem Verlegen der Ringankerbewehrung kann betoniert werden. Als Vorbereitungsmaßnahme bitte das angrenzende Mauerwerk und die Deckenplatten im Bereich der Auflager gut vornässen!

Besonders wichtig ist, daß der Beton mit der Bewehrung einen bautechnisch einwandfreien Verbund bildet. Damit der Stahl vollständig vom Beton umhüllt wird, sollte man ihn in zwei oder drei Lagen einbringen und jede Lage durch Stochern (zum Beispiel mit der Kelle) gut verdichten. Betonqualität: mindestens „B 15".

Porenbeton-Decken benötigen in bestimmten Fällen einen dünnen, mit Stahlmatten bewehrten Überbeton auf der gesamten Fläche. Sprechen Sie Ihren Statiker darauf an!

Fugen ausmörteln

Zwischen den einzelnen Deckenplatten befinden sich schmale Fugen, die ebenfalls ausgefüllt werden müssen. Dazu nimmt man fertig gemischten Zement-Trockenmörtel, dem man nur noch Wasser hinzugibt. Für diesen Längsverguß Beton zu nehmen funktioniert meist nicht, da die Kieselsteine des Betonzuschlags einen größeren Durchmesser haben, als die Fugen breit sind.

Einen Tag nach dem Einbringen von Fugenmörtel und Ringankerbeton ist die YTONG-Kellerdecke bereits voll belastbar.

Bei Decken mit Überbeton ist darauf zu achten, daß der Verfüllmörtel der Fugen und der Überbeton in einem Arbeitsgang, zumindest jedoch „frisch auf frisch" aufgebracht werden.

Die Schalung für einen geraden Treppenlauf

Während man die Treppe zwischen Erd- und Obergeschoß oft in Leichtbauweise aus Holz oder Stahl herstellt, wählen die meisten Bauherren für die Kellertreppe eine massive Betonkonstruktion.

Die wenigsten Schwierigkeiten bringt ein gerader Beton-Treppenlauf, wenn die Breite etwas mehr als einen Meter beträgt (meist 1,01 Meter). So kann die Unterseite der Schalung besonders leicht aus einem dünnen Holzbrett (zum Beispiel Spanplatte oder Sperrholz) gezimmert werden, das mit leeren YTONG-Paletten ausgesteift wird.

Die Positionen der Schalbretter für die Treppenstufen werden zunächst an die Mauern gezeichnet. Die Bretter schraubt man anschließend beidseitig an den Wänden fest.

Eine gewendelte Treppe schalen

Die Schalungsmontage für gewendelte Treppen ist kompliziert. Deshalb sollte dabei ein Profi helfen. Hinzu kommt, daß man den Druck von flüssigem Beton nicht unterschätzen darf! Denn die Unterseite von gewendelten Treppen wird mit einer Vielzahl von schmalen Latten geschalt, und nur erfahrene Bauleute können beurteilen, wie viele Aussteifungen nötig sind, damit die Schalung den Betondruck sicher aufnehmen kann.

Ob gerade oder gewendelte Treppe: Die vorderen Schalbretter für die einzelnen Stufen müssen mindestens 2,4 Zentimeter dick sein, um bei einer Treppenbreite von rund einem Meter dem Betondruck standzuhalten. Eventuell Zusatzversteifungen anbringen!

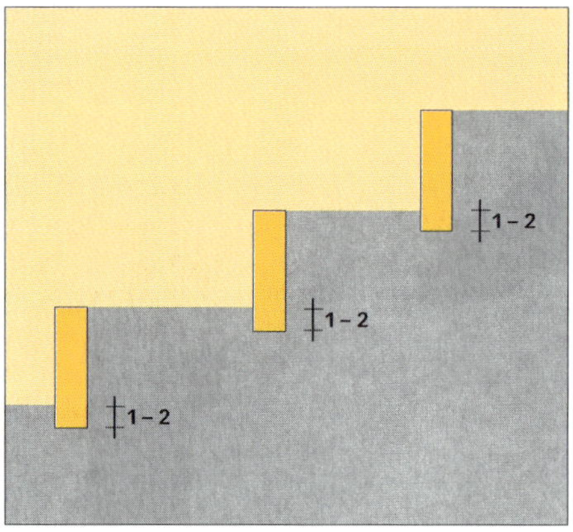

Was Sie beim Schalen einer Treppe noch beachten müssen

Bergauf zu betonieren ist nicht ganz einfach. Vermeiden Sie, daß die Betonmassen, die oben in die Schalung gekübelt werden, aus der untersten Stufe wieder herausfließen. Ordnen Sie dazu die einzelnen Stufenschalbretter leicht versetzt an: Die Unterkante von „Stufe zwei“ wird ein bis zwei Zentimeter unterhalb von der Oberkante der „Stufe eins“ gesetzt. Nach diesem Prinzip wird die gesamte Treppe geschalt. Die Differenz genügt, so daß kein Beton unter den Brettern hindurchrutscht. Zudem sollte der Beton nicht zu flüssig sein. Gegebenenfalls wird man Stufe für Stufe betonieren und zwischendurch einige Minuten Pause einlegen. In dieser Zeit steift der Beton so weit an, daß er den Druck der nächsten Stufe schon ertragen kann.

Treppe bewehren

In der Statik können Sie nachlesen, wieviel Eisen in die Treppe gehört. Große Beachtung gilt dabei dem Auflager. Liegt die Treppe rechts und links im Mauerwerk auf, sind Schlitze notwendig, in die man die Bewehrung führt. Es muß garantiert sein, daß die Treppenlasten in die Wände abgetragen werden können.

Existieren keine seitlichen Wände, dann liegt die Treppe oben und unten auf. Im Bereich der Bodenplatte dürfte das immer problemlos sein (trotzdem dort unten einige Anschlußeisen vorsehen!). An der Decke wird eine Verstärkung in Form eines Stahlprofils oder eines Stahlbetonstreifens hergestellt. Anschließend muß Ihr Bauleiter die Armierung begutachten.

Treppe betonieren

Sie wissen es längst: Vor dem Betonieren müssen Sie Schalung und angrenzendes Mauerwerk anfeuchten und den eingebrachten Beton Lage für Lage gut verdichten. Ziehen Sie dann die einzelnen Stufen sauber ab. Denn das ergibt schon die endgültige Oberfläche, auf der später die Bodenbeläge liegen werden.

Tip: Berechnen Sie die Betonmenge, die Sie insgesamt für den Deckenringanker und die Kellertreppe benötigen. Es kann günstiger sein, ein Betonlieferfahrzeug zu bestellen, als diese Kubikmeter mühsam mit der eigenen Mischmaschine anzurühren. Bereiten Sie die Schalung und Armierung von Ringanker und Treppe vor, ehe Sie Beton bestellen. Betonieren Sie dann beide Bauteile in einem Rutsch.

Eine Treppe aus Porenbeton-Stufen

Eine Alternative zur Stahlbeton-Treppe stellen Fertigstufen aus Porenbeton dar. Weil diese ein Auflager auf beiden Seiten brauchen, sind zwei Wände notwendig, die den Treppenraum begrenzen.

Während Ihre Kellerwände wachsen, entsteht gleichzeitig die Treppe. Dies ist die bequemste Art des Treppenbaus. Sie bestreichen einfach das Mauerwerk mit Dünnbett-Mörtel und positionieren jede Stufe millimetergenau. Besonders einfach geht das bei geraden Treppenläufen. Sie können aber auch für eine gewendelte Treppe individuell hergestellte Fertigstufen bekommen.

Weiterer Vorteil: Bereits beim Verlegen der Kellerdecke haben Sie einen sicheren Zugang zu den Kellerräumen.

Massive Stahlbeton-Treppe als Fertigteil

Selbstbauer, denen der Treppenbau zu kompliziert erscheint, können auch den ganzen Treppenlauf als fertiges Stahlbeton-Teil gemeinsam mit der Kellerdecke verlegen lassen. Allerdings haben Fertigteile ihren Preis.

Achtung: Die Vermaßung muß von Anfang an feststehen. Korrekturen sind später nicht mehr möglich. Bestehen Sie darauf, daß Ihr Bauleiter oder der Selbstbau-Partner eine ganz genaue Vermaßung der Treppe vornimmt und den Einbau vor Ort überwacht. Denn es kommt leider immer wieder vor, daß komplette Fertigteiltreppen eben doch nicht genau passen, weil Kleinigkeiten übersehen wurden.

Die Vermaßung der Kellertreppe

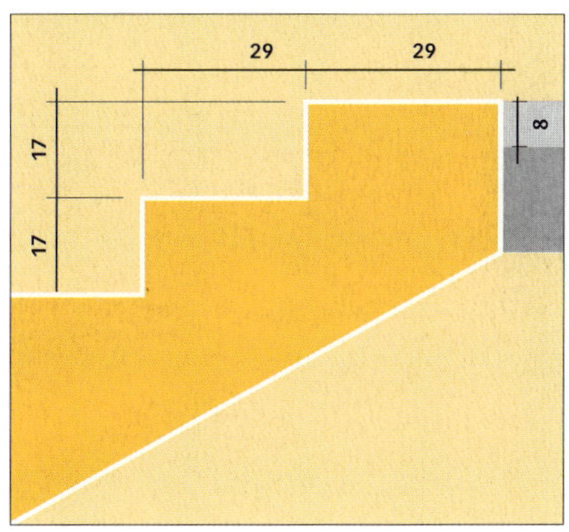

Beim Treppenbau müssen schon der zukünftige Estrich sowie der Bodenbelag berücksichtigt werden. Das bedeutet, daß sich die Höhe der untersten Rohbaustufe aus Treppensteigung plus Estrichdicke errechnet (☞ S. 13). Der Belag der obersten Stufe muß mit dem endgültigen Fußboden im Erdgeschoß in einer Ebene liegen. Deshalb wird man dort zu Rohbauzeiten eine Stolperschwelle haben, braucht dafür aber später den Belag nicht zu unterfüttern.

Übrigens: Das Verlegen des endgültigen Treppenbelags sollte eine der letzten Arbeiten beim Innenausbau sein, da vorher permanent Beschädigungsgefahr droht.

Mauerwerk vorbereiten

Kelleraußenwände müssen vor Bodenfeuchtigkeit und nichtdrückendem Wasser geschützt werden. Früher war es üblich, das Mauerwerk mit Zementmörtel zu verputzen und durch spezielle Anstriche wasserdicht zu machen. Heute kommen Bitumen-Spachtelmassen (Dickbeschichtung) oder Bitumen-Dichtungsbahnen zum Einsatz.

Vor dem Aufbringen der Abdichtung werden überstehende Mörtelreste vom Mauerwerk entfernt und schadhafte Stellen (auch Grifftaschen und Stoßfugen-Nuten) gespachtelt. Die Oberfläche muß fest, staub- und frostfrei sein. Der Übergang von Wand zu Fundament wird als „Hohlkehle" ausgebildet. Dabei ist eine gewöhnliche Flasche ein hilfreiches Werkzeug (☞ S. 196).

Voranstrich aufbringen

Wer zur Bauwerksabdichtung die Bitumen-Spachtelmasse YTONG „dichter Keller" wählt, muß zunächst eine Grundierung auftragen. Entsprechend den Hersteller-Angaben rührt man die beiden Komponenten der Bitumen-Masse mit einem auf die Bohrmaschine aufgesetzten Rührpaddel an und verdünnt sie mit Wasser im Verhältnis eins zu acht: ein Teil Spachtelmasse, acht Teile Wasser. Dieses Gemisch wird mit einem Quast satt aufs Mauerwerk aufgetragen.

Bei warmer Witterung kann schon nach ein bis zwei Stunden mit der eigentlichen Kellerabdichtung begonnen werden. Bei kühlen Temperaturen sollte man damit bis zum nächsten Tag warten. Mindesttemperatur beim Verarbeiten: 2 °C.

Die erste Bitumen-Schicht

Mit einer Traufel (Glättkelle) trägt man nun die erste Lage der Bitumen-Spachtelmasse auf. Das Material muß dabei auch über das Fundament gezogen werden (mindestens 15 Zentimeter unter die Fundamentoberkante). Die Schichtdicke muß mindestens zwei Millimeter betragen.

In die noch frische Masse wird sofort eine Glasgewebearmierung gebettet (mit der Traufel andrücken). Die einzelnen Gewebebahnen müssen sich mindestens zehn Zentimeter überlappen.

Die Deckschicht auftragen

Nach dem vollständigen Abtrocknen der ersten Spachtelmassenschicht wird die zweite Lage aufgezogen. Diese muß so dick sein, daß von der Gewebearmierung nichts mehr zu sehen ist.

Hinweis: Verwenden Sie bei Zweikomponenten-Spachtelmassen nie die volle Menge Härterpulver. Das Material bindet sonst viel zu schnell ab. Gerade an warmen Tagen ist es ausreichend, nur etwa die Hälfte bis zwei Drittel der angegebenen Dosis zu nehmen.

Noch ein Tip: Den Hersteller-Hinweis „Arbeitsgeräte mit Wasser reinigen" kann man vergessen. Die Bitumenmasse ist so hartnäckig, daß sie von keinem Werkzeug zu entfernen ist. Beruhigend: Auf dem Mauerwerk haftet sie genauso gut.

Rohrdurchgänge abspachteln

An Rohrdurchführungen (Abwasser, Frischwasser, Strom etc.) muß die Bitumen-Masse besonders sorgfältig aufgetragen werden. Dort schneiden Sie die Gewebearmierung auf, ziehen die erste Bitumen-Schicht bis auf das Rohr und betten in diesem Bereich einen schmalen Gewebestreifen zusätzlich ein, der um das Rohr herumgeführt wird. Stöße zehn Zentimeter überlappen lassen. Nach Trocknung der ersten Lage wird die zweite Schicht aufgetragen. Darauf achten, daß an jeder Stelle das Wasser ungehindert nach unten abfließen kann!

Wichtiger Hinweis: Alle Abdichtungsarbeiten müssen sehr sauber ausgeführt werden. Nehmen Sie sich deshalb viel Zeit dafür: Schadhafte Abdichtungen können schnell zu Bauschäden führen.

Alternativ: die YTONG-Dichtungsbahn

Die Vorbereitung des Mauerwerks erfolgt wie bereits beschrieben: Mörtelreste entfernen, Löcher spachteln. Die Oberfläche muß völlig eben, fest, staub- und frostfrei sein.

Nach dem Aufmörteln der Hohlkehle und dem Grundanstrich schneidet man die erste Dichtungsbahn zu.

Tip: Bauen Sie sich einen Abroller. Beim Zuschnitt aller Bahnen müssen Sie den zusätzlichen Bedarf für Hohlkehle und Fundamentplattenüberstand berücksichtigen.

Das Schutzpapier noch nicht abziehen!

Die erste Dichtungsbahn ankleben

Für eine wirklich exakte Verlegung muß die erste Bahn eingelotet werden. Markierung an der Wand anbringen! Nun wird das Schutzpapier auf einer Länge von etwa einem Meter abgezogen und die Dichtungsbahn am oberen Ende festgeklebt (eventuell mit Dachpappstiften oder Porenbeton-Nägeln sichern).

Anschließend befestigt man den Rest der Bahn unter kräftigem Andrücken mit der Nahtrolle am Mauerwerk (dabei das Schutzpapier stückweise entfernen).

Die nachfolgenden Bahnen werden mit einem Überlappungsstoß von jeweils zehn Zentimeter zur vorherigen Bahn am Mauerwerk angebracht.

Ecken und Rohrdurchgänge

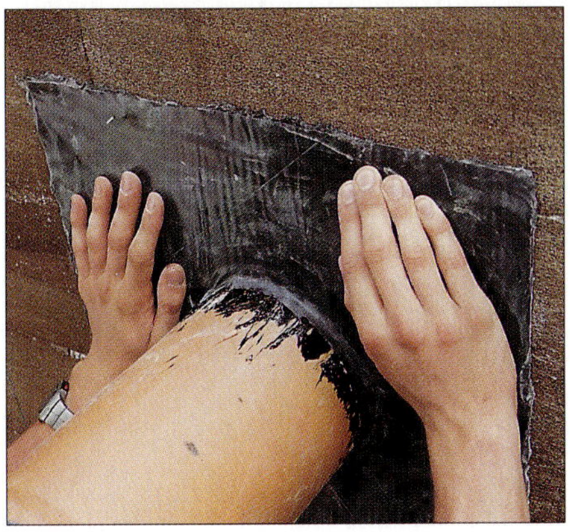

An Innenecken und Hohlkehlen bringt man ein 20 Zentimeter breites Stück an, ehe die Dichtungsbahn darübergeklebt wird. Um Außenecken muß die Bahn mindestens zehn Zentimeter herumlaufen.

Für Rohrdurchgänge schneidet man ein Quadrat (Kantenlänge etwa 40 Zentimeter) zurecht. Der Durchmesser des Ausschnitts muß rund zwei Zentimeter kleiner sein als das Rohr selbst. Dieses Dichtungsbahnstück wird über den Rohrstutzen geführt und fest angedrückt. Den Übergang mit einem zusätzlichen Streifen sichern!

Die gezeigten Abdichtungsmaßnahmen sind für drückendes Wasser (etwa Grundwasser) nicht geeignet. Steht drückendes Wasser an, muß der Keller als Betonwanne ausgebildet werden.

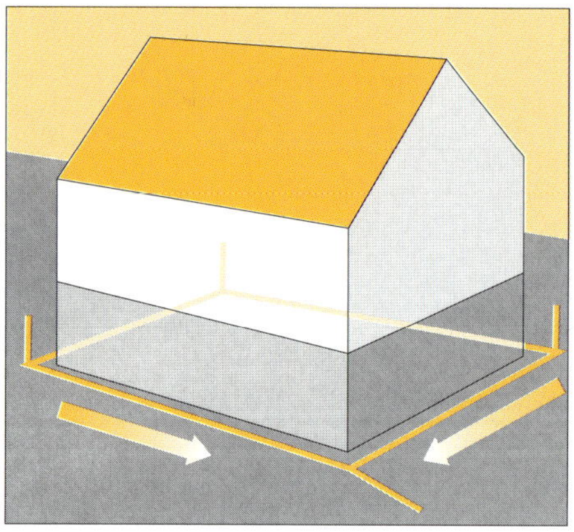

Die Funktionsweise der Drainage

Die Drainage ist eine weitere Einrichtung, die das Haus vor Feuchtigkeitsschäden schützt. Ihre spezielle Aufgabe ist es, große Wassermengen, die am Fundament anfallen, sicher abzuleiten.

Doch wie kommt es zu solchen Wasseransammlungen? Gerade im Sommer, wenn der Boden hart und nahezu wasserundurchlässig ist, kann das Wasser nach einem starken Regen nicht versickern. Es fließt zum Haus und wird dort durch Drainageplatten (☞ S. 60) an den Außenwänden entlang zu den Fundamenten geführt. Die kleinen Schlitze der Drainage lassen das Wasser ins Rohr hinein. Das Gefälle dieser Leitung sorgt dafür, daß die anfallende Wassermenge vom Haus wegfließt. Und schon stellt sich die nächste Frage:

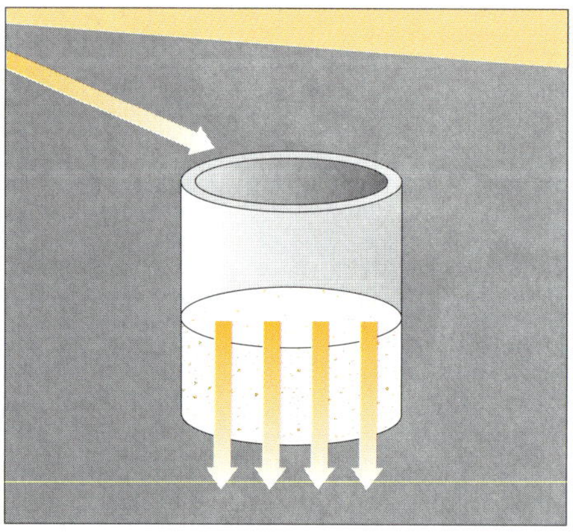

Wohin mit dem Drainagewasser?

Ein Anschluß an den Straßenkanal wird oft praktiziert. Umweltfreundlicher ist es, das Wasser in einem mit Kies gefüllten, unterirdischen Becken zu sammeln und dort versickern zu lassen. Solch ein Becken kann aus vorgefertigten Beton-Kanalringen gebaut werden. Beim Ausschachten der Grube Unfallverhütungsvorschriften beachten! Die Grubensohle sollte etwa einen Meter unter der Drainagebettung liegen.

Alternativ ist auch ein Tank denkbar, in dem sich das Drainagewasser (eventuell auch das Regenwasser) sammelt. Per Pumpe wird es zur Gartenbewässerung nach oben befördert.

Drainagebettung vorbereiten

Nachdem nun die Wasserentsorgung geklärt ist, kann man mit dem Verlegen der Drainage beginnen. Zunächst muß die Unterlage hergestellt werden. Dabei ist Handarbeit angesagt. Mit einer Schaufel wird rund ums Gebäude entlang den Fundamenten der Baugrubenarbeitsraum gesäubert. Dabei können einige Schubkarren voll Erdaushub anfallen. Denn man muß darauf achten, daß die Drainage später auf ihrer ganzen Länge unterhalb der Bodenplattenoberfläche verläuft.

Natürlich ist es von großem Vorteil, gleich das endgültige Gefälle zu berücksichtigen: 0,5 bis ein Prozent (0,5 bis einen Zentimeter pro Meter Leitung).

Filtervlies auslegen

Die Drainage kann nur dann einwandfrei funktionieren, wenn die winzigen Sickerschlitze der Leitung wasserdurchlässig sind – und es auch bleiben. Eine Verstopfung durch feinkörnige Bodenteilchen muß verhindert werden. Deshalb packt man die Drain-Leitung komplett in ein Filtervlies ein.

Jetzt müssen Sie eine solche Filtermatte auslegen. Die Breite sollte man so wählen, daß man das Filtervlies zum Schluß über den gesamten Drainageaufbau (Rohr plus Kies) umschlagen kann.

Kiesschicht einbringen

Sobald die Filtermatten auf der Baugrube ausgelegt sind, tragen Sie eine rund fünf Zentimeter dicke Lage aus grobem Kies auf. Bitte sorgfältig verdichten! Weil auf dieser Schicht anschließend die Drainageleitung verlegt wird, dürfen sich keine Mulden bilden.

Das Gefälle muß spätestens bei diesem Arbeitsgang exakt eingerichtet werden.

Drainagerohr verlegen

Nun wird die Drain-Leitung auf der Kiesschicht ausgerollt. Wichtig: Man muß ständig das Gefälle überprüfen.

Im Bereich der Hausecken empfiehlt es sich, Winkelstücke einzubauen. Manche Hersteller bieten spezielle Eck-Formteile an, auf die man auch eine senkrechte Verlängerung als Revisionsschacht aufstecken kann.

Unterhalb der geplanten Keller-Lichtschächte baut man T-Stücke ein. Von dort führen zur Schacht-Entwässerung entsprechend abgelängte Drainagerohre nach oben. Alternativ sind dafür auch Abwasserrohre geeignet.

Drainrohr mit Kies überdecken

Wenn die Drainage genau ausgerichtet ist, wird eine weitere Lage Kies eingebracht. Mindestdicke zehn Zentimeter. Um nun das Drainrohr auch von oben vor Verstopfung zu sichern, wird das Filtervlies umgeschlagen. Falls es von der Breite doch nicht ausreicht, kann auch eine Abdeckung mit einer zweiten Filtermatte erfolgen. Die Stöße dabei mindestens zehn Zentimeter überlappen lassen.

Übrigens: Drainagerohre mit werksseitiger Kokosfaser-Ummantelung sollten auch mit Kies und Vlies eingebaut werden. Betrachten Sie die Kokosfaser-Schicht als zusätzliche Maßnahme gegen ein Verschlämmen der Drainage.

Die Revisionsöffnungen: zum Kontrollieren und Reinigen

Vor oder während der Verfüllarbeiten (☞ S. 61) werden die Revisionsleitungen verlegt. Wenn Sie es besonders luxuriös haben möchten, können Sie solche Öffnungen an jeder Hausecke anbringen. Bei durchschnittlichem Drainagewasseranfall reicht jedoch eine Revisionsleitung am höchsten Drainagepunkt völlig aus. Dieses Rohr ziehen Sie dann bis zur Geländeoberkante hoch. Die Öffnung muß man verschließen.

Sollte jemals die Drainage in Ihrer Wirkung nachlassen, können Verunreinigungen mit einem kräftigen Wasserstrahl herausgespült werden. Die Drainrohr-Hersteller empfehlen, etwa alle zwei Jahre so eine Spülung durchzuführen.

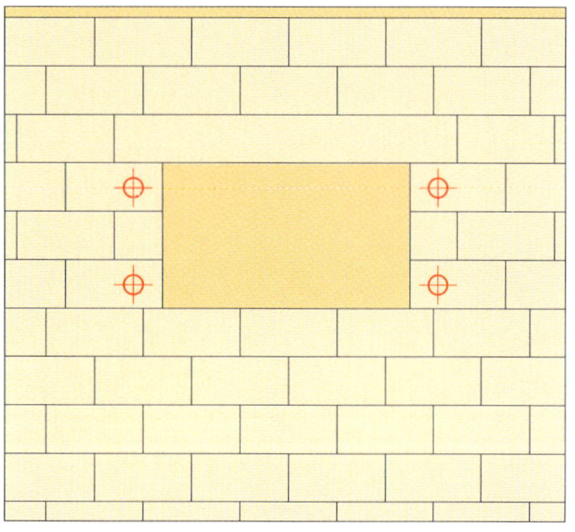

Montage der Lichtschächte vorbereiten

An allen Kellerfenstern, die unter der späteren Geländeoberfläche liegen, müssen vor dem Verfüllen der Baugrubenarbeitsräume Lichtschächte montiert werden. Besonders einfach sind Schächte aus glasfaserverstärktem Polyester anzubringen.

Zur Montagevorbereitung richten Sie den Lichtschacht in der gewünschten Position probeweise an der Außenwand aus und markieren die Löcher für die Schrauben.

Lichtschacht montieren

Nachdem Sie alle notwendigen Löcher gebohrt haben, werden Dübel gesetzt. Anschließend schrauben Sie den Lichtschacht an der Hauswand fest. Stellen Sie nun einen Anschluß an die Drainage her (☞ S. 59), oder verfüllen Sie später den Baugrubenarbeitsraum unterhalb der Lichtschächte mit Kies. So kann bei einem starken Regen der Lichtschacht nicht vollaufen.

Tip: Falls Sie vorhaben, den Gitterrost einbruchsicher am Lichtschacht anzuschrauben, sollten Sie das noch vor der Wandmontage erledigen. So ersparen Sie sich später mühsames Hantieren unter beengten Bedingungen.

Drainageplatten an der Kellerwand befestigen

Drainageplatten sind dazu da, um anfallendes Wasser im Bereich der Hauswände zuverlässig zur Drainage abzuleiten. Diese Platten bringen aber zusätzlich noch zwei weitere Vorteile: Sie dienen als Schutz vor mechanischer Beschädigung der Abdichtung (zum Beispiel durch spitze Steine), und sie erhöhen die Wärmedämmung des Kellergeschosses.

Die Drainageplatten klebt man mit kleinen Batzen Bitumen-Masse an der Kellerwand fest. So können sie während der Verfüllarbeiten nicht verrutschen.

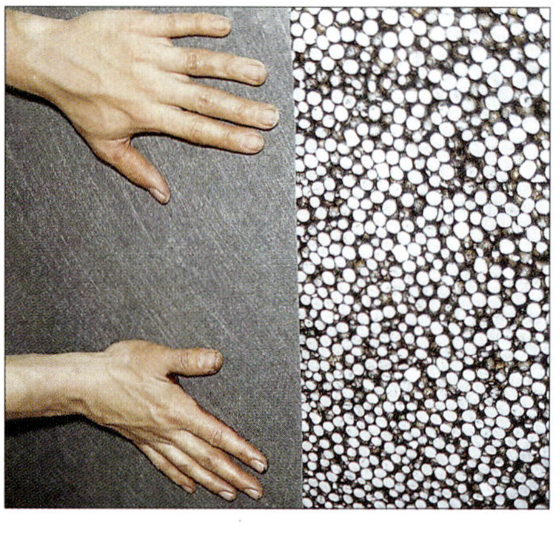

Nicht vergessen: Auch Drainplatten brauchen ein Filtervlies

Um die Wirksamkeit der Drainageplatten für lange Zeit zu sichern, müssen Filtervlies-Bahnen vor die Elemente gespannt werden. Dabei sind Überlappungsstöße von mindestens zehn Zentimeter zu berücksichtigen.

Gerade bei feinkörnigen Böden (Ton, Schluff) sollte diese Arbeit sorgfältig ausgeführt werden, da dort die Verschlämmungsgefahr besonders groß ist.

Details: Rohrdurchgänge, Hohlkehle

Die Drainageplatten können sehr leicht mit einem scharfen Messer zugeschnitten werden. So stellt man an Rohrdurchgängen (aber auch an Lichtschächten) passende Platten her, die direkt an diese herausstehenden Bauteile angrenzen und dabei die Kellerwandabdichtung komplett abdecken.

Ein kritischer Punkt ist der Übergang vom Mauerwerk zum Fundament. Die Drainplatten auf dem Fundamentvorsprung (hier: Hohlkehle) einfach nur abzustellen genügt nicht. Sie müssen für eine funktionstüchtige Verbindung zur Drainage sorgen, indem Sie diesen Fundament-Hohlkehlenbereich ebenfalls mit einer dicken Kiesschicht zuschütten und darauf dann die Filtervliesbahnen legen.

Arbeitsräume verfüllen

Verfüllen Sie die Baugrubenarbeitsräume lagenweise. Bringen Sie zunächst eine etwa 30 bis 50 Zentimeter dicke Schicht aus Sand oder aus einem Sand-Kies-Gemisch ein. Achtung: Ein Verdichten des Bodens durch zu kräftiges Stampfen könnte die Drainage zerstören!

Sobald der Arbeitsraum breiter wird, können Sie zusätzlich auch Baugrubenaushub zum Verfüllen nehmen. Von Vorteil ist aber, direkt an der Außenmauer eine rund 20 Zentimeter dicke Schicht aus Kies oder Sand aufzubauen. Achtung: Füllen Sie die Baugrubenarbeitsräume noch nicht bis oben zu. Erst wenn der komplette Rohbau steht, können die Kellerwände den hohen Erddruck verkraften.

Arbeitsräume von Hand oder mit Kleinbagger verfüllen?

Das Verfüllen der Baugrube ist auf jeden Fall eine Arbeit, die Sie selbst erledigen können. Extra dafür einen Bagger samt Baggerfahrer anrollen zu lassen lohnt meist nicht. Eventuell mieten Sie sich einen kleinen Radlader und nehmen bei dieser Gelegenheit schon größere Geländekorrekturen in Sachen Gartengestaltung vor. Auf Handarbeit sollte man sich nicht einlassen. Denn mit Schaufel und Schubkarre ist man auch bei kleinen Häusern mindestens ein bis zwei Tage voll beschäftigt, bis die Baugrube zugeschüttet ist.

Welche Verfüllmethode Sie auch wählen: Verdichten Sie den Boden lagenweise! Und bringen Sie möglichst wasserdurchlässiges Material ein. Das erhöht den Feuchtigkeitsschutz.

Querschnitt durch den verfüllten Baugrubenarbeitsraum

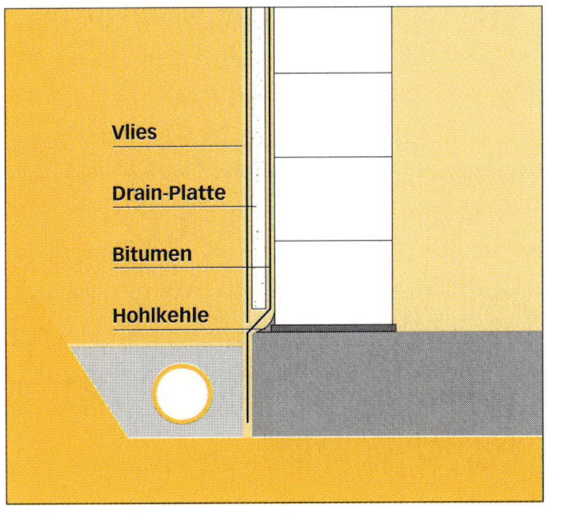

Die nebenstehende Skizze veranschaulicht noch einmal alle wichtigen Details, die Sie beim Abdichten, Drainagelegen und Verfüllen beachten müssen.

Wichtig: Vor den Verfüllarbeiten sollten bereits alle Anschlüsse (Kanal, Wasser, Strom, Gas, Telefon etc.) hergestellt sein.

Warnung: Beginnen Sie auf gar keinen Fall mit dem Verfüllen des Baugrubenarbeitsraums, bevor die Kellerdecke verlegt und der Ringanker ausbetoniert ist. Risse im Mauerwerk könnten die Folge sein.

Die Bitumenabdichtung und die Drainage können Sie jedoch bedenkenlos vorher einbauen.

Das Erdgeschoß

Wenn der Keller erst einmal steht, hat man eigentlich schon gewonnen. Eine Aussage, die jeder Selbstbauer bestätigen wird. Denn oberhalb des Erdniveaus gehen die Bauarbeiten tatsächlich noch zügiger voran.

Erdarbeiten und Fundamentierung, Drainage und Bitumenabdichtung sind Gewerke, die bei einem Hausbau lediglich einmal anfallen und jetzt bereits der Vergangenheit angehören. Von nun an wird im Rohbau fast nur noch gemauert. Und das geht noch schneller als im Keller, da die PLANBLÖCKE für die Erdgeschoß-Außenwände wegen der notwendigen Wärmedämmung leichter sind als Kellersteine: Ein hoher Luftporenanteil erhöht bei gleicher Bauteildicke die Wärmedämmung und reduziert das Gewicht. Doch auch die Tatsache, daß Sie im Erdgeschoß wesentlich mehr Fenster haben als im Keller, wirkt sich auf das schnelle Wachstum der Wände aus. Schließlich müssen deshalb deutlich weniger Steine verarbeitet werden. Wundern Sie sich also nicht, wenn die Nachbarn staunend vor Ihrem Rohbau stehen. Denn das Bautempo ist ab jetzt für jedermann erkennbar.

Innenwände sollen die Schallübertragung zwischen den einzelnen Räumen dämmen. Guter Schallschutz wird mit Steinen einer hohen Rohdichte erreicht. Genau anders herum funktioniert der Wärmeschutz: Dort sind Steine einer niedrigen Rohdichte gefragt.

An dieser Stelle ein wenig Baustoffkunde: Beim Bau von YTONG-Häusern kommen hauptsächlich die Steinfestigkeitsklassen „P 2" (niedrige Rohdichte) und „P 4" (höhere Rohdichte) zum Einsatz. Dabei werden die Außenmauern der Geschosse oberhalb des Erdniveaus mit „P 2"-Steinen gemauert, das gesamte Kellergeschoß sowie die Innenwände von Erd-, Ober- und Dachgeschoß mit „P 4"-Steinen. Lediglich die Auflager von hochbelasteten Stürzen müssen mit einer noch höheren Steinfestigkeitsklasse hergestellt werden. Die kennzeichnende Zahl gibt die Mindestdruckfestigkeit des jeweiligen Steins in „N/mm^2" (Newton pro Quadratmillimeter) an. Ein Newton kann mit rund 100 Gramm gleichgesetzt werden.

Um auf der Baustelle Verwechslungen der Steinfestigkeitsklassen zu vermeiden, werden die Steine mit Farben markiert: grün (P 2), blau (P 4) und rot (P 6). Achtung: Die Mindestdruckfestigkeit des einzelnen Steins ist nicht mit der zulässigen Belastbarkeit des kompletten Mauerwerks gleichzusetzen! Dessen Tragfähigkeit kann sogar deutlich geringer sein.

Ihr Zeitaufwand für das Erdgeschoß:

Mauerwerk aus Porenbeton errichten 2,8 Std./m³

Zweischaliges Mauerwerk vorbereiten 0,4 Std./m²

Sturz mit Sturzschale herstellen 1,5 Std./lfm

Sturz in konventioneller Bauart herstellen 2,7 Std./lfm

Nichttragenden Fertigsturz setzen 0,3 Std./Stück

Tragenden Fertigsturz setzen 0,5 Std./Stück

Tragenden Rolladenkasten einbauen 0,5 Std./Stück

Treppe aus Porenbeton-Fertigstufen 0,5 Std./Stufe

Treppe schalen, bewehren, betonieren 1,5 Std./Stufe

Fertigteildecke mit 3 Helfern verlegen 2,5 min/m²

Deckenrandsteine auf Außenmauern setzen 0,2 Std./lfm

Dcckcnringanker bewehren und betonieren 10 Std./m³

Schornsteinbau 2 Std./lfm

Alle Angaben und Arbeitsschritte dieses Kapitels können auch auf ein eventuelles Obergeschoß angewendet werden. Fürs Dachgeschoß sind jedoch teilweise andere Zeitangaben sowie einige zusätzliche Hinweise zu beachten (☞ S. 70 ff.).

Die Steine fürs Erdgeschoß auf der Kellerdecke plazieren

Obwohl Ihre Kellerdecke jetzt voll belastbar ist, dürfen Sie die neuen Steinpaletten nicht wahllos übereinanderstapeln. Das hält die Decke nicht aus. Paletten plaziert man in der Nähe von tragenden Wänden. Achten Sie darauf, daß die Steine nicht beim Weiterarbeiten behindern. Sie sollten griffbereit neben den zukünftigen Mauern stehen.

Deswegen wird man, bevor der Lkw anrollt, alle Wände auf der Kellerdecke aufzeichnen. Sollte sich herausstellen, daß die Außenmaße nicht ganz mit dem Plan übereinstimmen, muß man den Fehler sofort ausgleichen. Von kleinen Mauerwerksüberständen oder Rücksprüngen brauchen Sie sich aber nicht irritieren zu lassen. Solche Schönheitsfehler können Sie leicht mit dem Schleifbrett korrigieren.

Da capo: die erste Reihe setzen

Sie werden es bereits gemerkt haben: Die Arbeitsschritte, die Sie vom Keller her kennen, wiederholen sich nun ständig. Allerdings, und das ist das Schöne, in vereinfachter Form. So braucht das Höhenniveau der Kellerdecke nicht untersucht zu werden. Wer ganz sichergehen will, sollte aber ruhig einen Check mit der Schlauchwaage vornehmen. Auch auf das Einlegen einer absperrenden Dachpappenbahn in der Ausgleichsmörtelschicht kann man oft verzichten.

Ansonsten legen Sie die erste Schicht in gewohnter Technik an: Ecksteine in ein ausgleichendes Mörtelbett setzen, Schnüre spannen und die komplette Reihe ausmauern. Achtung: Ecksteine so mit Mörtel unterfüttern, daß keine Höhendifferenzen entstehen!

Die Mauern wachsen

Und weiter geht's: Dünnbett-Mörtel mit der zur Mauerwerksdicke passenden Zahnkelle aufziehen, Ecken hochmauern und Reihe für Reihe ausmauern. Dabei bitte das Einbinden der tragenden Innenwände nicht vergessen (☞ S. 46) und gleich die Schlitze für die Installationsleitungen berücksichtigen (☞ S. 47). Das Herstellen von Fenster- und Türöffnungen sowie der Einbau von Stürzen geschieht ebenfalls in gewohnter Weise (☞ S. 50). Wichtig: Unebenheiten abschleifen und Richtschnur spannen!

Heizkörpernischen: ja oder nein?

Heizkörper werden meist unter Fenstern montiert. Früher hat man, weil es sich ja geradezu aufdrängte, die Fensterbrüstungen schmaler als das übrige Außenmauerwerk ausgeführt, um die teilweise recht wuchtigen Heizkörper ein wenig zu verstecken.

Heute spricht längst nicht mehr soviel für die Nischen, zumal moderne Wohnheizkörper keine unansehnlichen Gebilde mehr sind. Zwar ist es problemlos, aus Porenbeton-Steinen ein Heizkörperversteck herzustellen, doch die verbleibende dünne Mauer bräuchte dann eine zusätzliche Innendämmung (bauphysikalisch ungünstig: Gefahr von Tauwasserbildung!). Tip: Auf Nischen verzichten, flache Wohnheizkörper und entsprechend breite Fensterbänke wählen.

Sturz in konventioneller Bauart herstellen

Manchmal reicht der vorgesehene Stahlbetonquerschnitt der YTONG-U-Schale nicht aus. Zum Beispiel bei großen Öffnungen im Wohnzimmer bleibt oft nichts anderes übrig, als einen Stahlbetonsturz konventionell zu betonieren. Der Nachteil ist dabei, daß man nun eine aufwendige Schalung aus Brettern zimmern muß. Besonders wichtig: Die Konstruktion muß nach unten hin sehr solide abgestützt werden.

Zur Vermeidung von Wärmebrücken kleidet man die Schalung mit Holzwolle-Leichtbauplatten aus. Danach wird der Bewehrungskorb (☞ S. 51) eingebaut. Vor dem Betonieren Schalung und angrenzendes Mauerwerk anfeuchten. Achtung: Die stützenden Sprieße frühestens erst nach drei bis vier Wochen entfernen.

Tragende Rolladenkästen einbauen

Falls Sie Ihr Haus mit Rolläden ausrüsten (☞ S. 100), kann Ihnen der Selbstbau-Partner ein raffiniertes Bauteil liefern: den tragenden Rolladenkasten, der zugleich die Funktion eines Sturzes übernimmt. Vorteil: Die Montage des Kastens erfordert keinen Extra-Handgriff.

Man bereitet das Auflager genauso vor, als würde man einen massiven Fertigsturz einbauen. Anschließend wird der Sturoka (Abkürzung für **Stu**rz mit **Ro**lladen**ka**sten) trocken aufgesetzt.

Die Kehrseite der Medaille: Diese Rolladenkästen sind sehr schwer (der Kern besteht aus massivem Stahl).

Die Alternative: der nichttragende Rolladenkasten

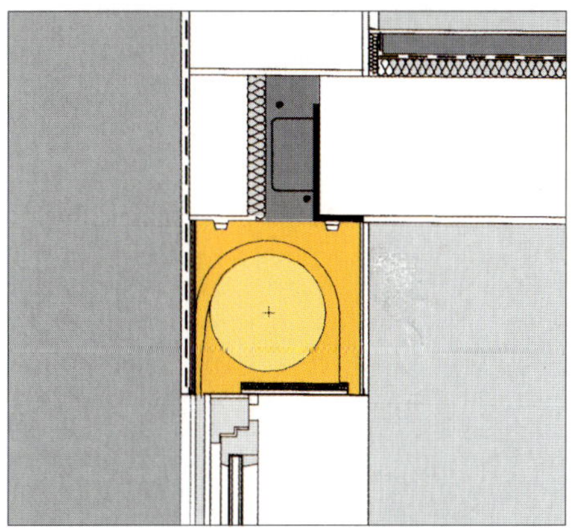

Wem der Sturoka zu schwer ist, sollte sich für den nichttragenden Rolladenkasten entscheiden (☞ S. 201).

Nachdem das Bauteil positioniert ist, muß die tragende Funktion mit einem zusätzlichen Sturz (ausbetonierte U-Schale, YTONG-Massivsturz) oder mit einem Stahlprofil hergestellt werden. Vorteil des Stahls: Die Bauhöhe des Sturzes entfällt, so daß der nichttragende Rolladenkasten direkt unter der Decke angeordnet werden kann.

Zweischaliges Mauerwerk vorbereiten

Die einschalige Wand ist meist die beste Konstruktion. Sie ist einfach und weitgehend risikofrei herzustellen. Doch es gibt Aufgaben, die Monolithmauern nur selten erfüllen können: gute Wärmedämmung in Verbindung mit optimalem Schallschutz bei ständiger Schlagregenbeanspruchung. Dieses Beispiel ist ganz klar „Ein Fall für zwei".

Eine dicke Innenschale, kombiniert mit einer dünneren Außenschale, ist die Lösung in Extremregionen. Die Verblender werden durch nichtrostende Drahtanker mit der Innenmauer verbunden.

Zur Vorbereitung mörtelt man also schon jetzt diese Stahlstücke in die Lagerfuge ein. Anzahl: fünf Stück pro Quadratmeter Wandfläche. Weitere Ausführungsdetails sind ab Seite 182 dargestellt.

Höhe der Deckenauflager prüfen

Nun nimmt Ihr Haus langsam Gestalt an. Die Erdgeschoßwände sind komplett hochgemauert, und die nächste Decke kann angeliefert werden. Doch bevor es soweit ist, sollten Sie auch diesmal wieder prüfen, ob die Mauerwerkskrone absolut plan ist. Peilen Sie doch einfach mal über das Mauerwerk. So erkennen Sie sofort jede Unebenheit, die dann mit Hobel oder Schleifbrett zu entfernen ist.

Tip: Führen Sie diese Prüfung ruhig mehrmals durch. Am besten, während Ihre Wände noch wachsen. Dann erkennen Sie vielleicht die eine oder andere Holprigkeit schon im Anfangsstadium.

Eine Lkw-Ladung YTONG-Deckenplatten

Die Prozedur der Deckenverlegung kennen Sie ja noch vom Kellergeschoß. Per Lkw wird die gesamte Decke zu Ihrer Baustelle transportiert und dort mit einem Mobilkran (falls kein festinstallierter Kran vorhanden ist) gemäß Verlegeplan zusammengesetzt.

Zu Ihren Aufgaben gehört, daß Sie mit drei Helfern (inklusive Ihrer selbst) vor Ort sind und tatkräftig mit anpacken. Auch an diesem Tag wird Ihnen ein Baustellen-Betreuer zur Koordination des Arbeitsablaufs zur Seite stehen.

Jede Deckenform ist möglich

Kein Selbstbauer muß auf gemütliche Erker-Eckchen verzichten. Ganz gleich, wie verwinkelt Ihr Grundriß auch ist: Es gibt abgeschrägte Deckenplatten, die genau auf Ihr Mauerwerk passen. Dabei ist jeder Winkel möglich, da die Platten individuell zugesägt werden. So bekommen Sie selbst in solch einem Fall eine homogene Decke.

Balkon, Galerie? Kein Problem!

Auch das gibt's: ein Balkon aus Porenbeton (☞ S. 200). Dieser wird aus Deckenplatten gebaut, die man über die Wand herausführt. Im Werk wurde die zusätzliche Balkonbewehrung eingegossen, so daß Sie gleichzeitig mit der Decke Ihren Balkon verlegen. Während andere Balkonfertigteile eine komplizierte Dämmung benötigen (damit durch die Balkonplatte keine Wärme nach außen wandert), braucht Porenbeton keine: weil er von Natur aus hoch wärmedämmend ist. Und wenn Sie im Haus eine Galerie geplant haben? Kein Problem: Dann lassen Sie die Balkonplatten eben nach innen zeigen.

Wichtig: Der Schriftzug „Kragarm", der auf den Deckenplatten zu lesen ist, markiert den überstehenden Deckenteil.

Doppel-T-Träger als deckengleicher Unterzug

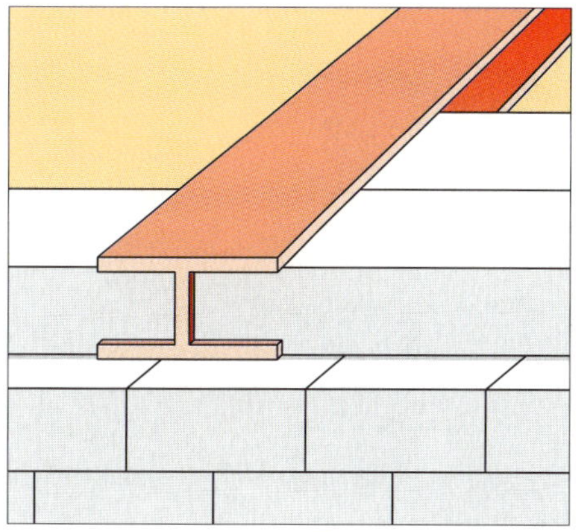

Fertigteildecken haben ihre Grenzen: Bis 4,50 Meter Spannweite ist alles machbar. Ist die Distanz zwischen den Auflagern größer, muß eine dickere Decke her. Aber auch dort ist bei 5,50 Meter Schluß. Man muß wissen: Decken werden immer über die kurze Raumseite gespannt. Im Klartext: Ein Zimmer, 8,20 Meter mal 4,35 Meter groß (Beispiel), bereitet keine Sorgen, weil die Deckenplatten über die kurze Seite (4,35 Meter) gelegt werden können.

Doch auch ein Raum mit den Maßen 6,00 Meter mal 6,20 Meter (Beispiel) kann eine Fertigteildecke erhalten. Trick: Man verlegt mittig einen Stahlträger und lagert dort die Platten auf.

Randsteine setzen und Ringanker bewehren

Jetzt wird die Erdgeschoßdecke seitlich abgemauert. Nicht vergessen, Dämmstreifen gegen die Deckenrandsteine zu stellen. Die Ringankerbewehrung besteht aus zwei durchlaufenden Eisen (Durchmesser zehn Millimeter) über Außenmauern und tragenden Innenwänden. An Ecken und Abzweigen mindestens drei Bügel (☞ S. 199) setzen!

Falls über dem Erdgeschoß schon das Dach kommt, müssen sogenannte Anschlußeisen im Deckenringanker verknüpft werden. Diese herausstehenden Stahlstücke verbindet man später mit der Armierung von Giebelringankern (wenn die Statik solche fordert) und Dachauflagern. Auch Stahlbetondrempel (☞ S. 204) brauchen eine Anschlußbewehrung; nicht jedoch solche aus Mauerwerk.

Ringanker betonieren und Fugen ausmörteln

Nun dauert es nicht mehr lange, und Sie haben die nächste große Etappe auf dem Weg zu Ihrem Traumhaus geschafft. Sie brauchen nur noch den Ringankerbeton einzubringen (☞ S. 53) und die Fugen zwischen den Deckenplatten mit Zementmörtel auszufüllen: Und schon ist das Erdgeschoß fertig.

Bevor es jedoch mit den Arbeiten für die nächste Etage weitergeht, steht erst einmal die Treppe auf dem Hausbau-Stundenplan.

Treppe einbauen

Hat man eine freitragende Holz- oder Stahlkonstruktion als Treppe zwischen Erd- und Obergeschoß vorgesehen, so kann eventuell bereits im Rohbau die tragende Konstruktion montiert werden. Alle Teile, die später sichtbar sind, sollten Sie in Wellpappe oder Schaumstoff einpacken, um sie vor dem rohen Bau-Alltag zu schützen.

Wenn Sie eine massive Betontreppe (schalltechnisch besser als eine Leichtbautreppe) eingeplant haben, beginnen nun wieder die Arbeiten an Schalung und Bewehrung (☞ S. 54). Sofern Sie keine Fertigteile nehmen.

Die Vermaßung entspricht der Kellertreppe (☞ S. 55). Lesen Sie auch die Hinweise auf Seite 13: „Auf diese Maße sollten Sie achten."

Welcher Schornsteintyp ist der richtige?

Ob der Schornstein einzügig oder zweizügig ist, hängt von der Anzahl der Feuerstätten ab. Für einen kleinen Heizkessel genügt ein einzügiger Schornstein. Ein offener Kamin braucht ein eigenes Abgasrohr. Ein separater Heizraum-Entlüftungsstrang zusätzlich zu den Abgasleitungen ist beim Einfamilienhaus nur selten notwendig.

Die Maße des Schlots werden vom Heizungshersteller oder vom zuständigen Schornsteinfeger berechnet. Die Fachleute wissen auch, welches Material Sie wählen müssen. Meist besteht ein Schornstein aus Mantelstein, Wärmedämmung mit Hinterlüftung und Schamotte-Innenrohr. Verfolgen Sie nun den Bau eines solchen Isolierschornsteins (System Schiedel).

Sockel bauen und ersten Mantelstein plazieren

Der Schornstein braucht einen Sockel. Höhe: zehn bis 30 Zentimeter. Weil dadurch der Schlot oberhalb der Bodenplattenebene beginnt, kann man später die Wartungsarbeiten recht bequem durchführen. Den Sockel errichtet man aus Beton. Einfacher: Man entscheidet sich für das Schnellbau-Fundament (Mantelstein plus Fundament-Formteil).

Nun flext man in einen Mantelstein für jedes Abgasrohr eine Öffnung zur Hinterlüftung der Wärmedämmung. Anschließend wird dieser Mantelstein in Mörtel auf den Sockel gesetzt und mit der Wasserwaage ausgerichtet. Wichtig: Der Schornstein darf keine feste Verbindung zur Wand haben. Abstand einhalten (etwa zwei Zentimeter)!

Schamotte-Sockelstein setzen und Dämmplatte einfügen

Der Schamotte-Sockelstein ist so ausgebildet, daß er anfallendes Tauwasser auffangen und ableiten kann. Dieses Rohrstück wird jetzt auf einem Mörtelbatzen ausgerichtet.

Anschließend biegt man die erste Dämmplatte im notwendigen Radius und kleidet damit den Schornsteinmantel von innen aus. Herausstehendes Dämmstück auf Mantelsteinhöhe abschneiden!

Die Dämmplatten sind trapezförmig geschlitzt, so daß sie sich sehr einfach biegen lassen. Beim Einbau müssen die Schlitze nach innen (zum Schamotterohr) zeigen.

Wichtig ist, daß die Stöße der Dämmplatten nicht im Bereich der Lüftungszellen liegen.

Formteil für Reinigungsöffnung einbauen

Die nächste Arbeit ist das Ausschneiden der Reinigungsöffnung im zweiten Mantelstein. Sobald dieser Stein sitzt, werden Dämmung und Schamotte-Formstück eingebaut. Im Wechsel werden nun Mantelsteine, Dämmung und Schamotterohre gesetzt.

Die Verbindung der Schamotterohre erfolgt mit speziellem Fugenkitt. Man stellt das neu einzubauende Rohrstück auf den Kopf und trägt den Kitt auf. Danach wird das Rohr umgedreht und vorsichtig durch die ausgekleidete Öffnung geschoben. Dabei muß der äußere, umlaufend hochstehende Rand der Schamotterohr-Verfalzung nach oben zeigen. So kann später keine Feuchtigkeit in die Schornsteinkonstruktion fließen.

Anschlüsse zum Abgasrohr der Heizung herstellen

Die Öffnung für das Abgasrohr der Heizung wird ebenfalls mit der Trennscheibe in den entsprechenden Mantelstein geschnitten. Ist ein offener Kamin (zum Beispiel im Erdgeschoß) vorgesehen, muß das dazugehörige Schornsteinrohr bis zum Kamin hochgeführt werden, ehe dort der Abgasanschluß eingebaut wird. Nach dem Setzen des Mantelsteins wird die Dämmung eingelegt und danach das Schamotte-Formteil mit Kitt befestigt.

Übrigens: Zum Lieferumfang des Schornsteins gehört eine Mörtelschablone. So ist garantiert, daß zwischen allen Mantelsteinen der Mörtel in immer derselben Dicke aufgetragen wird.

Aussparungen in den Decken vorsehen

Eine besondere Eigenschaft des Schornsteins ist, daß ständige Temperaturänderungen große Materialdehnungen verursachen. Deshalb dürfen keine anderen Bauteile mit dem Schornstein starr verbunden werden. Gerade bei Decken muß der Anschluß elastisch bleiben: den Ringankerbeton nicht bis an den Mantelstein fließen lassen!

Planen Sie rund um Schornstein-Deckendurchgänge einen mindestens zwei bis drei Zentimeter breiten Spalt ein. Dieser Schlitz ist mit Mineralwolle oder einem ähnlichen nicht brennbaren Dämmstoff so auszufüllen, daß der Schornstein nicht wackeln kann. Die temperaturbedingte Längenausdehnung des schlanken Bauteils muß aber ungehindert möglich sein.

Die Schornsteinkopfabdeckung einbauen

Oben am Schornsteinkopf ist eine Abdeckung aus einem massiven Betonfertigteil vorgesehen. Selbstbauer, die ihr Haus ohne Kran errichten, haben jedoch regelmäßig die Schwierigkeit, das gewichtige Teil aufs Dach zu wuchten. Da hilft nur eins: Schornsteinkopf schalen und die Abdeckung dann eimerweise in Ortbeton herstellen.

Wichtig: Die endgültige Höhe des Schornsteins über der Dachhaut müssen Sie rechtzeitig mit Ihrem Schornsteinfeger besprechen.

Die Schornsteinkopfverkleidung

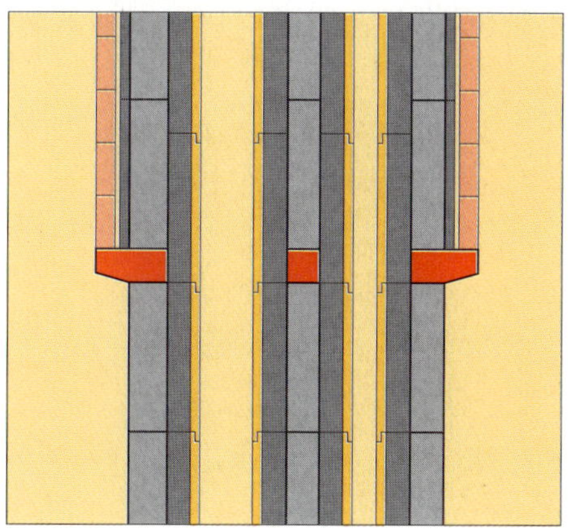

Die Schornsteinkopfverkleidung wird als Leichtbaukonstruktion im Zuge der Dachdeckerarbeiten (☞ S. 85) entweder an die Betonkopfplatte gehängt oder an einem Holzrahmen befestigt. Achtung: In die Mantelsteine dürfen keine Löcher gebohrt werden.

Wer sich für eine gemauerte Schornsteinkopfverkleidung entscheidet, muß unterhalb der Dachhaut zwischen zwei Mantelsteinen eine sogenannte Kragplatte einbauen (siehe nebenstehende Skizze). Auch diese gibt's als Betonfertigteil. Auf dieser Kragplatte, die wieder ein anständiges Gewicht mitbringt, wird dann die Vormauerschale errichtet.

Das Dachgeschoß

Wer selbst gemauert hat, wird auch beim Dach nicht untätig bleiben. Ein Dach zu decken ist jedoch nicht ganz so einfach, wie „Stein auf Stein" zu setzen. Viele Details müssen beachtet werden, will man sein Haus wirklich wetterdicht bekommen. Auch hier gilt: je einfacher die Konstruktion, um so unkomplizierter die Ausführung.

Ein normales Dach gibt es nicht. Die möglichen Kombinationen aus Dachform und Eindeckungsmaterial multiplizieren sich zu unzählbaren Dachvarianten wie das rustikale Mansardendach mit Biberschwanzziegeln, das moderne Pultdach aus Kupferblech oder das urige, mit Reet gedeckte Walmdach. In dieser kleinen Auswahl verbirgt sich bereits eine solche Fülle von Konstruktionsdetails, daß der Selbstbau-Ratgeber eben doch ein ganz normales Dach definieren muß: das Satteldach mit Betonpfannen. Wenn der Bebauungsplan keine Einschränkungen diktiert, ist dieser Dachtyp sowieso Favorit. Er ist relativ einfach in der Herstellung und deshalb auch kostengünstig.

Dennoch: Das Dach muß zur Architektur des Hauses und auch zu seiner Umgebung passen, es soll Wind und Wetter abschirmen und guten Wärmeschutz bieten. Darüber hinaus müssen Wohnräume unter der Dachschräge auch genügend Kopffreiheit gewähren. Eine intensive Architektenberatung ist unumgänglich, will man eine solide Dachkonstruktion haben, die diese Anforderungen erfüllt. Der Ingenieur berechnet dann die Standsicherheit (Statik), der Zimmermann berät über Ausführungsdetails und erledigt den Aufbau des Gebälks.

Auf den Zimmermann wird verzichtet, wenn Sie ein massives Dach aus YTONG-Platten wählen. So entsteht ein homogener Baukörper, der den Schall- und Brandschutz weitaus besser erfüllt als eine Konstruktion aus Holz und Dämmstoff. Außerdem wird durch die Wärmespeicherfähigkeit des Massivdachs verhindert, daß unterm Dach das unangenehme Barackenklima entstehen kann.

Wie auch immer Sie sich entscheiden: Bei den schweren Bauteilen wie Holzbalken oder Massivdachplatten steht Ihnen der Selbstbau-Partner mit Handwerkern und Mobilkran zur Seite.

Dank dieser professionellen Unterstützung erhalten auch die Gewerke rund ums Dach das Prädikat „selbermachertauglich"!

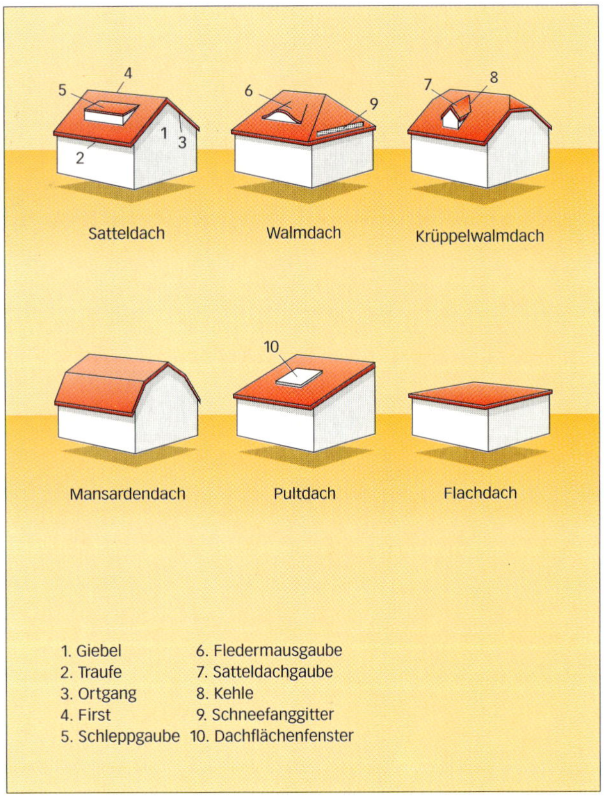

Ihr Zeitaufwand für das Dachgeschoß:

Gerüst rund ums Haus aufstellen
0,2 Std./m² Fassadenfläche

Giebel aus Porenbeton errichten 3,6 Std./m³

Holzbalkendachstuhl aufrichten lassen 4 bis 8 Std.

Massivdachplatten mit 4 Helfern verlegen 3,5 min/m²

Richtfest feiern 4 bis 8 Std.

Giebelringanker mit Bohlen oder Steinen schalen
0,3 Std./lfm

Giebelringanker bewehren und betonieren 18 Std./m³

Regenrinne montieren
1,5 Std./lfm

Regenfallrohr montieren
0,5 Std./lfm

Verschalung von Traufe und Ortgang 1 Std./m²

Dacheindeckung mit Betonpfannen inklusive Lattung
0,8 Std./m²

Gauben: Dach, Wände, Anschlüsse je nach Ausführung und Typ* 10 bis 40 Std./Stk.

Dachflächenfenster einbauen
8 Std./Stk.

* Den geringsten Aufwand verursachen kleine Fertigteilgauben. Große Satteldachgauben kosten dagegen viel Zeit, da die Übergänge der senkrecht zueinander verlaufenden Dachflächen sorgfältig ausgebildete Kehlen erfordern, um das Dach regendicht zu bekommen.

Gerüst als Absturzsicherung

Während beim Außenputz ein Gerüst als Arbeitsbühne dient, benötigen Sie bei den Arbeiten auf dem Dach das Gerüst hauptsächlich als Absturzsicherung (Dachfanggerüst). Nur bei flachgeneigten Dächern (< 20°) mit einer Absturzhöhe von weniger als drei Meter (gemessen von der Traufe) dürfen Sie auf ein Gerüst verzichten.

Die Bau-Berufsgenossenschaften fordern, daß die Gerüstbauarbeiten von fachlich geeigneten Personen geleitet werden. Da aber auch Sie als Benutzer das Gerüst auf augenfällige Mängel zu überprüfen haben, sind auf dieser Doppelseite einige wichtige Gerüstbauregeln zusammengefaßt. Beachten Sie in jedem Fall zusätzlich die DIN-Norm 4420 (Teil 1 bis 4): „Arbeits- und Schutzgerüste".

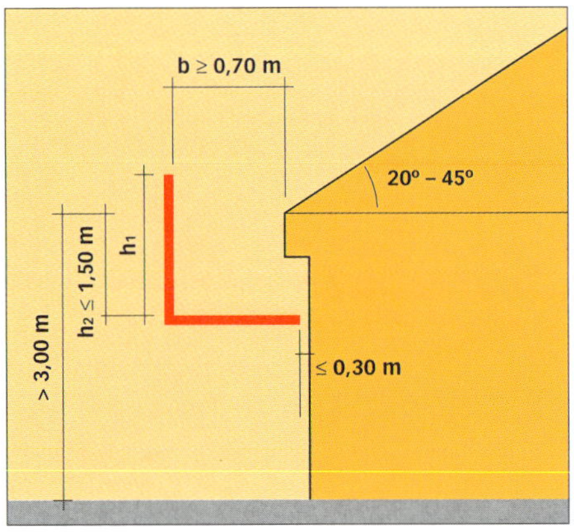

Anforderungen an Dachfanggerüste

Die Gefahr, daß ein Arbeiter von einer geneigten Fläche abrutscht und verunglückt, darf man nicht unterschätzen. Deshalb muß ab einer möglichen Absturzhöhe von drei Meter ein Fanggerüst vorhanden sein. Der Seitenschutz muß herabstürzende Personen sicher halten können. Ist kein Seitenschutz möglich, müssen Auffangnetze angebracht werden.

Die Abmessungen der nebenstehenden Skizze gelten für Dächer mit 20° bis 45° Neigung: $h_{1\,min} = h_2 + 1{,}5\ m - b$. Es wird empfohlen, auch bei flacheren Dächern diese Maße anzuwenden. Bei steileren Dächern benötigen Sie auf der Dachfläche eine zusätzliche mobile Arbeitsplatzsicherung, die ein Abrutschen weitgehend ausschließt.

Systemgerüst aus Metallrohren oder ein Holz-Leitergerüst?

Selbstbauer stellen oft rund um den Rohbau ein Holz-Leitergerüst auf. Ob vom Bekannten gratis ausgeliehen oder vom Gerüstverleiher billig gekauft, kann es aber nur als Arbeitsbühne (zum Beispiel beim Außenputz), nicht jedoch als Fanggerüst dienen. Wichtig ist, daß alle Bauteile technisch einwandfrei sind und daß die Standsicherheit jederzeit voll gewährleistet ist. Hinweis: Falls Sie bei Ihrem Gerüst unbrauchbare Teile entdecken, müssen Sie diese ersetzen.

Ein Dachfanggerüst kann am einfachsten aus einem Metallsystemgerüst gebaut werden. Möglich: Systemgerüst an der Traufe als Fang- und Arbeitsgerüst, an den Giebelwänden ein Holzleitergerüst als Arbeitsbühne.

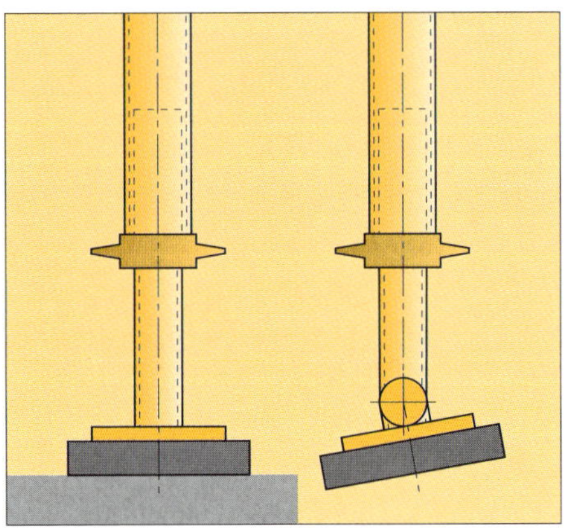

Der Untergrund: sicherer Stand für das Gerüst

Fußplatten und Fußspindeln müssen vollflächig auf tragfähigem Untergrund abgestellt werden, um ein Kippen oder Verrutschen des Gerüsts zu verhindern.

Ist die Tragfähigkeit des Untergrundes nicht ausreichend (Beispiel: Gerüst auf frischverfülltem Baugrubenarbeitsraum), legt man zunächst lastverteilende Bohlen oder Kanthölzer aus. Geneigte Grundflächen werden mit Keilen ausgeglichen. Oder man verwendet Spindeln mit schwenkbarer Grundplatte. Bei Neigungen über 5° ist die örtliche Lastableitung vom Fachmann nachzuweisen.

Holz-Gerüstleitern brauchen einen waagerechten Untergrund. Höhendifferenzen können mit Holzstücken eingeebnet werden.

Leitern aufstellen und an festen Bauteilen verankern

Nun werden die Gerüstleitern aufgestellt. Stahlrohr-Systemgerüste sind recht einfach zu handhaben, da die Leitern Ebene für Ebene mitwachsen. Werden die Leitern jedoch bereits haushoch angeliefert (dies ist bei Leitergerüsten aus Holz der Fall), braucht man schon Übung, um die langen Elemente an Ort und Stelle zu bringen. Bitte jede Leiter mit tragfähigen Bauteilen verankern (Dübel setzen, Haken einschrauben). Höchstabstand der Halterungspunkte: vier Meter.

Verstrebungen werden (bei Holzgerüsten kreuzweise) in Endfeldern und in in jedem zweiten Gerüstfeld durchgehend bis oben montiert. Die Verstrebung muß in Endfeldern an den Fußpunkten beginnen, in den übrigen Feldern höchstens 5,25 Meter über dem Boden.

Gerüstbohlen auflegen

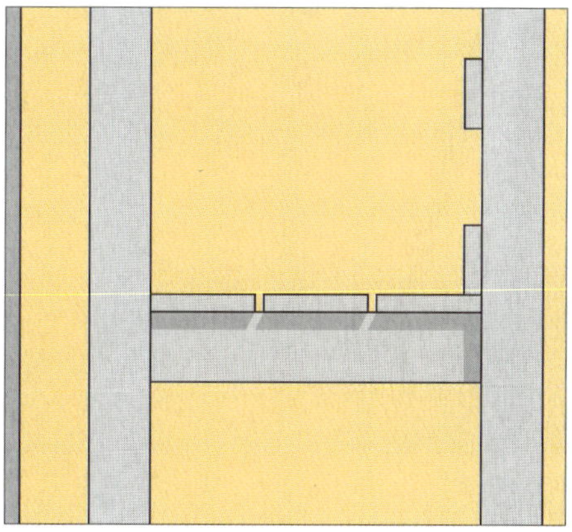

Die Abstände der Leitern untereinander (Feldweite) ergeben sich aus den Gerüstbohlen, die zur Verfügung stehen. Bei Bohlen mit Querschnitt 4,5 mal 24 Zentimeter beträgt die zulässige Gerüstfeldweite bei Doppelverlegung 2,20 Meter. Ist die Laufbohle 28 Zentimeter breit, darf sie 2,50 Meter überspannen. Dient der Gerüstbelag nur als Arbeitsbühne (nicht als Fanggerüst), genügt eine einfache Belegung.

Wichtig: Jede Ebene muß voll ausgelegt werden. Keine Balancierstrecken mit 25 Zentimeter Breite bauen! Außerdem darf der Gerüstbelag nicht wippen oder wackeln. Die Brettüberdeckung muß an Stößen mindestens 40 Zentimeter betragen. Achten Sie bitte darauf, daß auch die Aufstiege gefahrlos zu benutzen sind.

Den Seitenschutz montieren

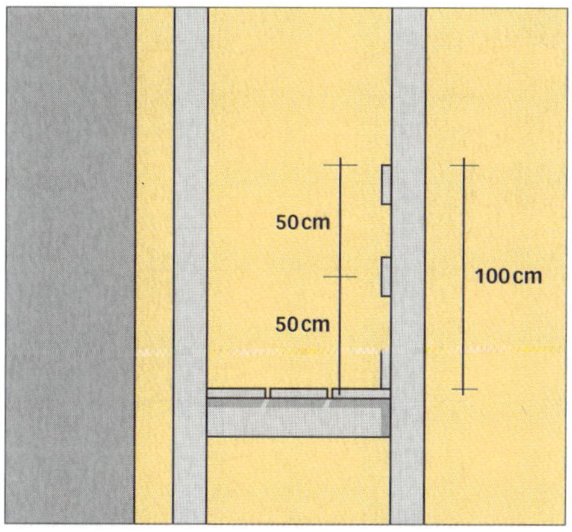

Wenn die Gerüstbohlen mehr als zwei Meter über dem Boden liegen, muß man einen Seitenschutz montieren. Dieser besteht aus dem Geländerholm (oben), dem Zwischenholm (Mitte) und dem Bordbrett (unten). Die Holme sind gegen unbeabsichtigtes Lösen, das Bordbrett gegen Kippen zu sichern. Dachfanggerüste erhalten einen Seitenschutz aus Brettern, Rohren oder Auffangnetzen. Vor Inbetriebnahme ist das Gerüst durch den verantwortlichen Unternehmer zu prüfen und an sichtbarer Stelle ein Schild anzubringen mit Angaben über die Einhaltung der DIN 4420, die Gerüstgruppe und den Gerüstaufsteller.

Bitte beachten Sie, daß Überlastungen der Laufflächen verhindert werden. Und: Springen Sie niemals auf Gerüstbeläge ab.

Sicherheitsgeschirre

Aus Bequemlichkeit verzichten viele Selbstbauer auf die lebensrettenden Absturzsicherungen. Das ist extrem leichtsinnig. Vermeiden Sie, sich zum Erledigen bestimmter Arbeiten „mal eben schnell" an ungesicherte Stellen zu begeben: Sicherheitsgeschirre verwenden!

Die Unfallverhütungsvorschrift „Bauarbeiten" erlaubt, daß dann ein Anseilschutz benutzt werden darf, wenn für die auszuführenden Arbeiten tragfähige Anschlagpunkte vorhanden sind und wenn das Verwenden von Auffangeinrichtungen unzweckmäßig ist (bei geringfügigen Arbeiten). Dabei muß ein fachlich geeigneter Vorgesetzter (zum Beispiel der Bauleiter) die Anschlagpunkte festlegen und dafür sorgen, daß ein geprüfter Anseilschutz (TÜV, GS) zum Einsatz kommt.

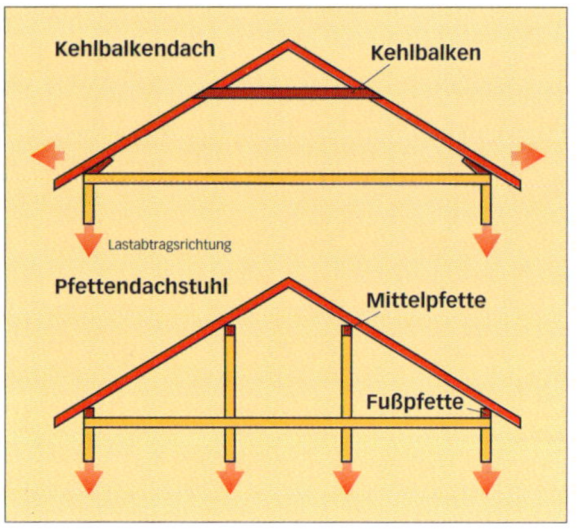

Pfetten- oder Sparrendach?

Die gebräuchlichsten Konstruktionen für Satteldächer sind Gespärredachstühle (Sparrendach und Kehlbalkendach) sowie Pfettendachstühle. Vorteil bei Sparrentragwerken: Der komplette Dachraum wird frei überspannt. Ab einer Sparrenlänge von rund 4,50 Meter wird ein aussteifender Kehlbalken eingezogen. Bei Gespärredächern treten neben vertikalen auch horizontale Kräfte auf, die von einer Decke oder einem Stahlbetondrempel aufgenommen werden müssen.

Beim Pfettendachstuhl gibt's nur vertikale Lasten, die auch über Pfosten und tragende Innenwände abgeleitet werden. So sind Lage der Pfetten und Hausgrundriß voneinander abhängig. Doch das ist kein Nachteil: Eine Holzkonstruktion im Innenraum ist sehr reizvoll.

Höhe der Auflager einmessen

Die Höheneinmessung der Auflager fürs Dachgebälk verlangt besondere Sorgfalt. Sinnvoll ist es, die Maße mit dem Zimmermann rechtzeitig abzustimmen.

Im Zweifel baut man die Auflager nicht ganz hoch. Denn eine Pfette zu unterfüttern ist schneller erledigt, als Beton und Steine abzumeißeln.

Wenn die unteren Dachbalken direkt auf dem Ringanker der Fertigteildecke aufliegen, ist die Einbauhöhe automatisch vorgegeben.

Das Auflager der Fußpfette vorbereiten

Sollen die Fußpfetten später direkt auf der Decke aufliegen, sollte man das bereits während der Betonierarbeiten des Deckenringankers berücksichtigen und dort Metallbänder einbauen. An denen wird später die Fußpfette befestigt. So ist das Gebälk fest mit dem Rohbau verbunden (☞ S. 205).

Alternativ können auch Löcher in Holz und Betonauflager gebohrt werden. Die Verankerung erfolgt dann durch Schrauben und Dübel. In diesem Fall brauchen im Deckenringanker keine vorbereitenden Maßnahmen getroffen zu werden.

Das Auflager für die Mittelpfetten

Sobald die Höhe der Mittelpfetten festgelegt ist, errichtet man die Innenwände. Die erste Reihe kommt wie gewohnt ins Mörtelbett. Besonders sauber wird das Pfettenauflager, wenn man die oberste Reihe mit U-Steinen mauert, die man gemäß Statik bewehrt und ausbetoniert. Problem: Nur ganz selten wird das Auflager der Mittelpfetten genau im 20-Zentimeter-Raster des PLANBLOCKS liegen.

Wie geht man nun vor, falls die Pfetten in einer Höhe von 2,54 Meter (Beispiel) liegen? Zunächst zieht man 20 Zentimeter für die U-Steine und zwei Zentimeter fürs Mörtelbett ab. Es bleiben noch 2,32 Meter. Man mauert elf Reihen plus einen zugeschnittenen Stein mit der Höhe zwölf Zentimeter. Dann U-Steine setzen und betonieren.

Einen Drempel errichten

Dachgeschosse, die zum Wohnraum ausgebaut werden, erhalten oft einen Drempel (Kniestock). Bei Pfettendächern reicht es statisch aus, dieses Außenwandstück zu mauern und das Fußpfettenauflager mit U-Steinen herzustellen, die man ausbetoniert. Auf der Stahlbetonkrone des Drempels wird dann die Fußpfette an vorher einbetonierten Metallbändern oder mit Schrauben und Dübeln verankert (☞ S. 205).

Bei Sparren- und Kehlbalken-Dächern wird man wegen der horizontalen Kräfte am Fußauflager nur selten um einen Stahlbetondrempel herumkommen. Da dieses massive Betonteil zusätzlich in die Decke eingebunden werden muß, ist es bei Fertigteildecken nur schwer zu realisieren. Tip: Möglichst ein Pfettendach wählen.

Das Giebelmauerwerk treppenartig hochziehen

Es ist nicht ganz einfach, die Giebelwände im richtigen Winkel hochzumauern: Später sollen sie mit den Sparren genau in einer Flucht liegen. Eine gute Hilfe ist ein Brett, das man so ans vorhandene Mauerwerk dübelt, daß die Spitze den Scheitel der Sparren markiert. Von dort zieht man Schnüre zu den Hausecken und erhält auf diese Weise die Flucht der noch nicht vorhandenen Sparrenoberkanten.

Nun werden die einzelnen Steinreihen treppenartig bis kurz vor die Schnüre gemauert. Später, wenn das Gebälk auf dem Rohbau ruht, baut man die letztem Porenbeton-Stücke paßgenau ein.

Falls die Statik einen umlaufenden Giebelringanker fordert, setzt man später schmale Schalsteine aufs Mauerwerk (☞ S. 76).

Ein gemauertes Auflager fürs alternative YTONG-Massivdach

Da beim Massivdach die schrägen Giebelwände als Auflager dienen, sind die vorbereitenden Arbeiten etwas aufwendiger als beim Zimmermannsgebälk. Während der Holzdachstuhl im ungünstigsten Fall unterfüttert werden kann und die Giebelwände erst nachträglich ihre endgültige Form erhalten, gibt es beim Massivdach später kaum noch Korrekturmöglichkeiten. Deshalb sollte man alle Vorbereitungen geradezu pedantisch erledigen. Das ist beim Rechteck-Grundriß schon ziemlich aufwendig. Wenn aber schiefe Winkel und Erker das Gebäude charakterisieren, ist es absolut notwendig, die Winkel der Dachschrägen und die Lage des Firstscheitels mit mathematischer Genauigkeit mehrmals zu überprüfen.

Ein Stahlbeton-Ringanker als Massivdach-Auflager

Der Statiker entscheidet, welches Auflager beim individuell geplanten Massivdach erforderlich ist (☞ S. 202). Wenn das Mauerwerk als Unterlage ausreicht, sägt man die Steine entsprechend der Dachneigung zu und gleicht kleine Unebenheiten mit Mörtel aus.

Falls ein stabilisierender Ringanker als Auflager notwendig ist, wird mit U- oder L-Steinen geschalt. Anschließend knüpft man die Ringankerbewehrung und bringt den Beton ein (Mauerwerk vorher annässen!).

In diesen Stahlbetonring werden Anschlußeisen einbetoniert, die man später in die Fugen zwischen den einzelnen Dachplatten hineinbiegt.

Der Dachstuhl wird aufgeschlagen

Das Aufrichten des Dachgebälks ist eine Arbeit für Fachleute. Man braucht sehr viel Erfahrung, Kraft und einen Kran, will man in luftiger Höhe aus wuchtigen Holzbalken einen Dachstuhl zimmern. Deshalb bietet Ihr Selbstbau-Partner den Aufbau dieses Gewerks mit an.

Die Zimmerleute verbinden die Pfetten mit den Stahlbetonauflagern und befestigen mit kräftigen Nägeln die Sparren. Zur räumlichen Aussteifung bringen die Handwerker sogenannte Rispenbänder an, die diagonal über den Sparren verlaufen. Dort, wo Mittel- und Fußpfetten Unterstützungen brauchen (weil keine tragenden Innenwände vorhanden sind), werden Holzpfosten als lastabtragende Bauteile montiert. Auch das Errichten von Gauben erledigen die Profis.

Richtfest feiern

Sobald der Dachstuhl steht, wird erst mal gefeiert. Das Richtfest kann der fleißige Bauherr, so wird unterstellt, auch ohne große Ratschläge ausrichten.

Wenn dann Familie und Freunde (Ihre Helfer zählen wir an dieser Stelle einfach dazu) den Rohbau bevölkern, wird so mancher ungläubig Ihr Werk begutachten: Wirklich selbstgebaut? Deren Anerkennung wird sicherlich auch dann nicht geringer sein, wenn Sie schildern, wie einfach es im Grunde war, mit dem Bausatz Ihren Rohbau zu errichten. Auch wenn die eine oder andere Schwierigkeit auf dem Weg zum Richtfest zu bewältigen war: Sie haben jetzt die größte Etappe geschafft.

Giebelmauerwerk beenden

Je nach Party-Intensität wird nach ein, zwei oder auch drei Tagen am Bau weitergearbeitet. Mit Porenbeton-Steinen, die man entsprechend der Dachneigung abschrägt und einpaßt, werden die Giebelwände so weit hochgezogen, daß sie bündig mit den Sparrenoberkanten abschließen.

Falls ein Ringanker gefordert ist, geht's nicht ganz so schnell. Geschalt wird mit Baudielen oder schmalen Steinen, die mit der Oberkante der Sparren in einer Flucht liegen.

Als Ringankerschalung sind auch Sparren geeignet, die direkt ans Mauerwerk angrenzen.

Giebelringanker bewehren und betonieren

Der Giebelringanker läuft über die Schräge und bindet in die Auflager der Pfetten ein. Deshalb muß man schon bei den Bewehrungsarbeiten der Balkenauflager den Ringanker berücksichtigen und Anschlußeisen herausragen lassen. Diese Stabstahlstücke werden dann mit der Bewehrung des Giebelringankers verknüpft.

Im Regelfall genügen zwei oder vier durchlaufende Stabstähle mit Durchmesser zehn oder zwölf Millimeter. An den Hausecken und dort, wo die Mittelpfettenauflager einbinden, sollte man einige Bügel anordnen: auch deshalb, um die Ringankerarmierung ein wenig in Form zu bekommen. Danach wird das Mauerwerk angenäßt und der Ringanker betoniert. Betongüte: „B 25".

Den Dachüberstand an der Traufe verschalen

Die erste Arbeit auf dem Weg zum regendichten Rohbau ist das Verschalen der Dachüberstände. Beginnend an den Sparrenköpfen werden wetterfest lasierte Nut-und-Feder-Bretter aufgenagelt (die Nut muß nach unten zeigen!). Anschlußbretter stößt man auf den Sparren. Ausklinkungen sorgen dafür, daß die Profilschalung und die Sparrenoberkante im nicht verschalten Bereich in einer Ebene sind. So kann die Lattung später ohne Versatz über die Dachfläche laufen.

Für Schalbretter bis 22 Millimeter Dicke eignen sich Drahtnägel (Durchmesser 3,1 Millimeter) der Länge 70 Millimeter. Nagelabmessung bei 24 Millimeter Holzdicke: 3,4 mal 90 Millimeter. Schalbretter werden mit mindestens zwei Nägeln an jedem Anschluß fixiert.

Ortgangverschalung: von oben oder von unten

Die Holzverkleidung am Ortgang wird nur dann von oben verlegt, wenn sich je Seite mindestens ein Sparren außerhalb der Außenwand befindet. Andernfalls befestigt man später die Brettchen an den auskragenden Dachlatten von unten.

Was bei der Verkleidung von unten unumgänglich ist, sollte man auch bei der Von-oben-Montage tun: die Bretter vorher zuschneiden. Oft begrenzen diese zunächst in wilder Zackenstruktur die Dachfläche. Beim späteren Absägen mit der Stich-, Kreis- oder Motorsäge lassen sich aber unschöne Zersplitterungen der Holzkanten nicht vermeiden. Tip: Mit der Richtschnur äußere Dachbegrenzung markieren, Maß nehmen, Brettchen am Boden zusägen und annageln.

Die Unterspannbahn verlegen

Nach der Profilholzmontage wird die Unterspannbahn verlegt. Man beginnt an den Sparrenköpfen, rollt die Kunststoffplane bahnenweise quer über das gesamte Dach und fixiert sie mit imprägnierten Holzlatten. Diese Latten, die durchgehend auf jedem Sparren verlaufen, bilden die Konterlattung. Sollte jemals Regen oder Schnee vom Wind unter die Dachhaut gepustet werden, kann das Wasser leicht zur Regenrinne abfließen. Die Querlattung, auf der die Dachpfannen sitzen, behindert dank der Konterlattung den Abfluß nicht.

Bahnenstöße läßt man zehn Zentimeter überlappen. Dort, wo die Folie an eine Gaubenwand oder an den Schornstein grenzt, zieht man sie ein Stück hoch und befestigt sie mit Bitumenklebeband.

In windiger Region: Unterdach aus Brettern und Dachpappe

In windigen Gegenden und bei flachgeneigten Dächern (< 20°) empfiehlt es sich, ein Unterdach aus Brettern auf den Sparren aufzubringen. Brettdicke: mindestens 2,4 Zentimeter. Bei großen Sparrenabständen (mehr als 65 Zentimeter) müssen Sie die Holzabmessungen mit Ihrem Statiker absprechen. Die Bretter werden bei einer Dicke von 2,4 Zentimeter mit Nägeln (3,1 mal 80 Millimeter) befestigt.

Auf der Holzverschalung verlegt man besandete Dachpappe (Typ „V 13" oder „500"). Darüber kommt die Konterlattung. Tip: Entscheidet man sich für ein Unterdach aus gehobelten Brettern und verlegt die Wärmedämmung des Dachs oberhalb der Verschalung, ist bereits der 63. Schritt „Die Dachschräge verkleiden" erledigt (☞ S. 148).

Dachplatten verlegen

Sobald Sie die Auflager für die Massivdachplatten fertiggestellt haben (☞ S. 75), ist der aufwendigste Abschnitt schon erledigt. Denn nun kommt wieder das Profi-Team vom Selbstbau-Partner und verlegt gemeinsam mit Ihnen die massiven Dachplatten.

Mit einem Mobilkran wird (falls auf Ihrer Baustelle kein stationärer Kran vorhanden ist) innerhalb weniger Stunden das Dach zugedeckt.

Die Dachplatten bestehen aus bewehrtem Porenbeton, der bereits bei Anlieferung seine volle Tragfähigkeit besitzt. So sind auch bei diesem Gewerk Schalungen und Stützen überflüssig.

Mit Stahlträgern ist nahezu jede Spannweite möglich

Porenbeton-Massivdachplatten werden auf Giebelmauern und tragenden Innenwänden aufgelegt. Jede Dachneigung und fast jede Spannweite sind machbar. Produktionsbedingt können die Fertigteile jedoch nur eine Maximal-Länge von rund sechs Meter haben.

Sollen größere Distanzen überbrückt werden, benötigt man Stahlbeton-Unterzüge („großer Sturz") oder Stahlträger („Doppel-T-Träger"), die unterhalb vom Dach den Raum überspannen. Vorteil des Stahls: Er kann auch in der Dachplattenebene eingebaut werden, so daß er später nicht mehr sichtbar ist.

Für nahezu jeden Wohnhausgrundriß lassen sich passende Massivdach-Konstruktionen herstellen.

Dachflächenfenster im Massivdach berücksichtigen

Die Öffnungen für Dachflächenfenster können mit individuell angefertigten Stahlrahmen hergestellt werden. So ein Stahlbauteil stützt sich meist auf seitlichen Wänden ab und gibt jenen Dachplatten sicheren Halt, die für das Dachflächenfenster durchtrennt wurden. Je größer das Fenster sein soll, um so aufwendiger wird der Rahmen.

Dachflächenfenster in der Nähe von tragenden Innenwänden, die parallel zum Giebel verlaufen, können dann ohne Stahlrahmen realisiert werden, wenn die durchtrennten Dachplatten jeweils mindestens zwei Auflager haben (auf dem Giebel und auf einer Innenwand). Dann bildet man die Platten als Kragarm aus, die keinen Stahlrahmen brauchen. Ihr Selbstbau-Partner hilft bei der Planung.

Eine Luke für den Schornsteinfeger

Eine Luke als Schornsteinfeger-Ausstiegsöffnung wird mit einem Wechsel hergestellt, der sich nur auf den angrenzenden, durchlaufenden Dachplatten abstützt.

Wichtig: Der nachträgliche Einbau von Dachfenstern in ein Massivdach ist so gut wie ausgeschlossen. Auf gar keinen Fall dürfen eigenmächtig Öffnungen in die Dachplatten gesägt werden. Das Massivdach ist (genau wie eine Geschoßdecke) ein Bauteil, dessen Tragfähigkeit nur im statisch berechneten Gesamtsystem garantiert ist.

Dachrand abmauern

Diese Arbeit kennen Sie noch von den Fertigteildecken. Zwar müssen Sie diesmal die seitliche Abmauerung auf den Giebelschrägen anbringen, doch mit Porenbeton und einer Bandsäge heißt's auch hier: kein Problem.

Mit Steinen, die zur Dachplattendicke passen, komplettieren Sie nun also Ihr Außenmauerwerk (☞ S. 202).

Ein letztes Mal: Ringanker bewehren und betonieren

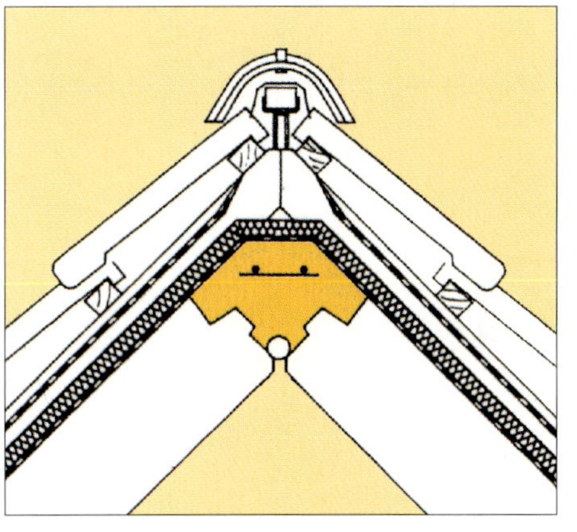

Auch in der Disziplin „Ringanker bauen" dürften Sie längst Experte sein. Gemäß Statik wird nun nach den bekannten Regeln (Stöße der Stabstähle überlappen lassen, Abstandhalter benutzen, Mauerwerk annässen und so weiter) die Bewehrung eingebaut und anschließend der Beton („B 25") eingebracht und lagenweise verdichtet.

Hinweis: In die Fugen zwischen den Dachplatten legt man dünne Stabstahlstücke (Durchmesser acht Millimeter), die in den Ringanker einbinden müssen (falls sie nicht sowieso schon aus dem Betonauflager herausragten).

Auch am First wird der Ringanker entlanggeführt (☞ S. 203). So bekommen die Massivdachplatten rundherum einen sicheren Halt.

Konterlattung aufbringen

Wenn eine zusätzliche Wärmedämmung notwendig ist, weil der Dachraum später als Wohnraum genutzt werden soll, kommen zunächst Kanthölzer (Querschnitt sechs mal acht Zentimeter) hochkant auf die Dachplatten. Pro Meter Kantholz sollten ein bis zwei Verbindungen hergestellt werden.

Dabei genügt es zur Arbeitserleichterung, jeweils nur jeden dritten Anschluß mit Schrauben (Durchmesser sechs, Länge 120 Millimeter) und Dübeln (Durchmesser acht Millimeter) auszuführen. Die anderen Verbindungen werden genagelt (Nagelgröße: 5,5 mal 160 Millimeter). Tip: Vorbohren. Nicht nur die Schraubenlöcher (6-Millimeter-Bohrer), sondern auch die für die Nägel (5-Millimeter-Bohrer).

Wärmedämmung und Unterspannbahn verlegen

Zwischen den Kanthölzern werden Hartschaumplatten (Dicke: acht oder mehr Zentimeter) zur Wärmedämmung verlegt. Die nächsten Handgriffe sind mit denen beim gewöhnlichen Holzdachstuhl vergleichbar. Über der Holzkonstruktion wird eine Kunststoff-Unterspannbahn abgewickelt (☞ S. 77), die man mit Konterlatten befestigt. Darauf kommt die Querlattung (☞ S. 84).

Massivdächer, unter denen sich nur Speicherraum befindet, brauchen nicht zusätzlich gedämmt zu werden. Dort genügt es, direkt auf die Porenbeton-Platten dünne Dachlatten (24 mal 48 Millimeter) aufzunageln, über denen man dann die Unterspannbahn verlegt.

Schlitze für die Rinneisen sägen

Bevor die Pfannen aufs Dach kommen, sollte die Regenrinne montiert werden. Zunächst schraubt man auf beiden Dachseiten jeweils die unterste Dachlatte an, auf der später die erste Pfannenreihe liegen wird. Achtung: Diese Querlatte muß in doppelter Stärke ausgeführt werden. Nur so bekommen die ersten Pfannen dieselbe Neigung wie alle anderen Dachsteine (☞ S. 84).

Damit nun die Rinneisen bündig mit der untersten Dachlatte verlaufen (dann können die Pfannen später exakt in einer Flucht liegen), werden kleine Schlitze gesägt und das Holz dazwischen ausgestemmt. Abstand der Rinneisen: etwa 50 bis 70 Zentimeter.

Anhaltswerte für die Regenrinnendimensionierung: ☞ S. 215.

Äußere Rinneisen setzen

Am Schraubstock oder mit einem speziellen Biegewerkzeug werden die Rinneisen entsprechend der Dachneigung geformt. Dabei muß man bereits das Gefälle berücksichtigen: rund drei Millimeter pro laufenden Meter. Bei einer Dachrinnenlänge von zehn Meter (Beispiel) beträgt der Gesamthöhenunterschied also drei Zentimeter. Der verbleibende, abgeknickte Schenkel des ersten Rinnenhalters muß demnach drei Zentimeter kürzer sein als der Schenkel des letzten.

Nun bringt man die äußeren Rinnenhalter so in Position, daß die Dachpfannen rund fünf Zentimeter in die Rinne ragen können.

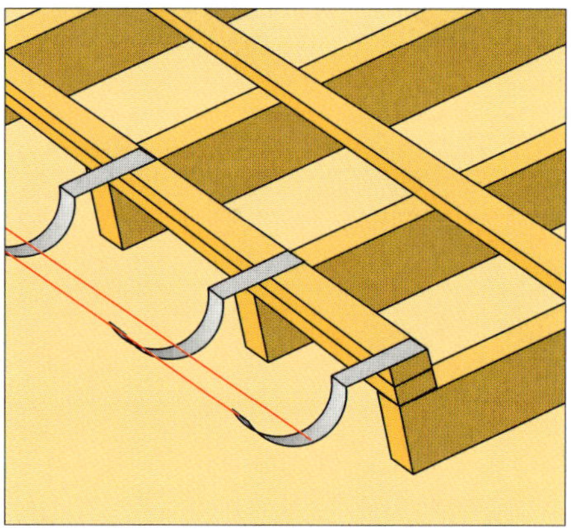

Rinneisen an der Doppelschnur ausrichten

Spannen Sie nun zwei Schnüre: eine entlang der späteren Rinnenvorderkante, eine zweite am Boden. Richten Sie nun alle Rinneisen an diesen Schnüren aus: Die Halter sollten nach Möglichkeit auf (nicht zwischen) den Sparren sitzen. Und achten Sie bitte darauf, daß der hintere Rinnenrand etwa einen Zentimeter unterhalb des vorderen Wulstes liegt. Wichtig: Metallrinnen müssen mit gleichwertigen Befestigungsmitteln montiert werden: bei Kupferrinnen also Kupfernägel verwenden. Alternativ sind auch Edelstahlschrauben in Verbindung mit speziellen Unterlegscheiben geeignet.

Tip: Sobald alle Rinneisen an Ort und Stelle sind, sollten Sie eine Peilung vornehmen und sofort notwendige Korrekturen durchführen.

Öffnung für den Ablaufstutzen herstellen

Das erste Rinnenstück wird an der Seite montiert, an der das Fallrohr vorgesehen ist. Man legt nun dieses Rinnenstück testweise so auf die Halter, daß die Rinne mit dem seitlichen Dachüberstand am Ortgang bündig abschließt. Jetzt markieren Sie die Position des Ablaufstutzens, an dem das Fallrohr angeschlossen werden soll, und schneiden mit Säge oder Blechschere das Loch für den Ablauf aus: den Durchmesser etwas kleiner als den des Ablaufrohres wählen.

Mit gefühlvollen Hammerschlägen bördeln Sie die Schnittkante nach unten. So kann das Regenwasser später nicht an der Rinnenunterseite entlangfließen: Es wird auch bei schwachem Regen ins Fallrohr tropfen.

Ablaufstutzen montieren

Jetzt wird das Rinnenstutzen-Formteil an den vorderen Wulst der Rinne gehängt. Anschließend klappt man den Stutzen nach hinten um. Doch bevor man die überstehenden Befestigungslaschen des Stutzens nach innen über die Rinnenhinterkante umknickt, müssen jene Stellen an Rinne und Stutzen mit Stahlwolle gereinigt und mit Flußmittel (Lötfett oder Lötwasser) bestrichen werden, die man im nächsten Arbeitsgang durch Löten dauerhaft verbindet.

Nachdem der Ablaufstutzen sitzt, wird die Lötstelle mit der Flamme des Lötbrenners gleichmäßig erhitzt. Sobald sich die Kupferoberfläche verfärbt, dreht man den Brenner ein Stück zur Seite und läßt das Lötzinn in den Spalt zwischen Rinne und Stutzen fließen.

Rinnenendstück anlöten

Jetzt wird das Rinnenendstück auf die Rinne gesteckt. Vorher wieder die Berührbereiche beider Teile gründlich reinigen und mit Flußmittel bestreichen. Man erwärmt die Lötstelle auf der Rinnen-Innenseite mit dem Brenner und läßt nach dem bereits bekannten Verfärben das Lötzinn loslaufen. Das zweite Endstück wird später montiert.

Achtung: Bitte niemals die Flamme direkt aufs Lötzinn richten.

Regenrinne einbauen

Die Dachrinne wird auf die Rinneisen gelegt und genau so ausgerichtet, daß sich der Stutzen über dem zukünftigen Fallrohr befindet und daß das Rinnenende mit dem zukünftigen Stirnbrett am Ortgang abschließt. Zwischen dem Schenkel des Giebelsteins (Ortgangstein) und dem Rinnenendstück soll später nur ein millimeterdünner Spalt bleiben.

Durch Umbiegen der Rinneisenfedern wird das erste Rinnenstück fixiert. Danach baut man die weiteren Rinnenstücke ein. Die Überlappungsstellen werden jeweils gesäubert, mit Flußmittel bestrichen und zusammengelötet. Das letzte Rinnenstück dann passend zuschneiden, Endstück anlöten und alles einbauen.

Fallrohr befestigen

Zunächst werden die Rohrschellen im Mauerwerk festgedübelt. Die obere Schelle muß wenige Zentimeter unter dem Übergang zum Rohrbogen sitzen. Der Höchstabstand der Rohrschellen untereinander sollte nicht größer als zwei Meter sein. Jetzt kann bereits das Fallrohr befestigt werden. Anschließend lötet man am Verbindungsstück zwei gegenläufige Bögen an und baut es zwischen Stutzen und senkrechtem Fallrohr ein.

Weil die Fallrohre meist einen kleineren Durchmesser als die Kunststoffrohre der Grundleitungen haben, entsteht nun am Übergang in den Boden ein Freiraum zwischen den Rohren. Dieser wird mit einer Standrohrkappe verschlossen.

Rinneisen biegen und an der Traufe anschrauben

Dachrinnensysteme aus Kunststoff sind für Selbstbauer recht einfach zu verarbeiten. Es gibt sogar Kunststoffrinnen, die nicht einmal mehr zu verkleben sind. An diese einfache Steckmontage kann sich jeder Laie heranwagen.

Doch erst heißt es, die Rinneisen zu montieren. Wie auf Seite 80 ausführlich beschrieben, werden Schlitze für eine bündige Montage in die unterste Dachlatte gesägt sowie die äußeren Rinnenhalter gebogen und angeschraubt. Anschließend richtet man die übrigen Rinneisen an einer Doppelschnur aus. Das Gefälle sollte auch bei Kunststoffrinnen etwa drei Millimeter pro Meter betragen.

Ablaufstutzen befestigen

Das erste Rinnenstück legt man testweise auf die Halter und markiert die Position des Ablaufstutzens. Dann schneidet man mit einer Metallsäge oder einer Blechschere die Öffnung heraus und läßt anschließend den Kunststoff-Ablaufstutzen über die Rinne schnappen. Seitliche Korrekturen sind möglich (falls der Stutzen nicht sofort so sitzt, wie er soll).

Übrigens: Der Ablauf wird sich nur selten genau am Rinnenende befinden. Damit nun auch das Wasser aus dem überstehenden, kurzen Regenrinnenbereich abfließen kann, sollte dort der Rinnenhalter so gebogen werden, daß ein Gegengefälle in Richtung Ablauf entsteht. Das gilt natürlich auch für Rinnen aus Metall.

Rinnenendstück aufstecken

Beim Befestigen des Rinnenendstücks zeigt es sich besonders, wie kinderleicht die Kunststoff-Regenrinnen-Montage sein kann. Das Rinnenendstück wird einfach über das freie Rinnenende geschoben. Ein werksseitig aufgeklebter Dichtungsstreifen sorgt für ein zuverlässiges, tropffreies Funktionieren der Rinne.

Bei Kunststoffrinnen, die nicht im praktischen Klemm-Steck-Verfahren zusammengebaut werden, muß man Rinne und Endstück mit Kleber bestreichen, ehe man die Teile zusammenfügt.

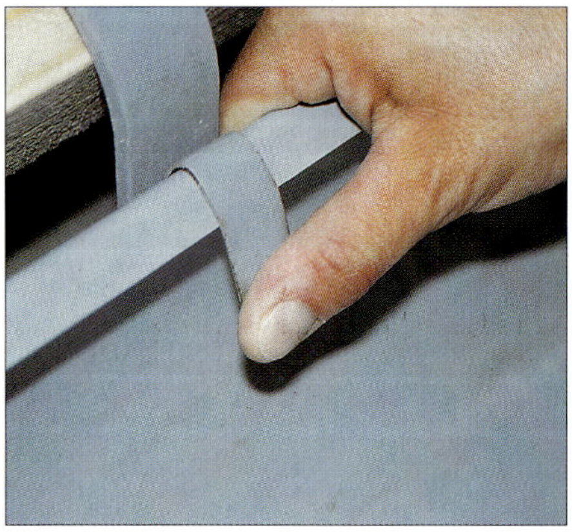

Das erste Rinnenstück setzen

Nachdem nun Stutzen und Endstück befestigt sind, wird das erste Rinnenstück an den Rinnenhaltern befestigt. Dazu hängt man die Rinne am vorderen Wulst der Rinneisen ein und dreht sie nach hinten in die richtige Stellung. Durch Umbiegen der Rinneisenfedern (bei Kunststoffrinnen ist nur jeweils eine Lasche an der hinteren Kante der Halter vorhanden) wird die Rinne in ihrer endgültigen Lage fixiert.

Hinweis: So leicht und problemlos sich Kunststoffrinnen verarbeiten lassen, so bringen sie doch einen großen Nachteil mit. Kunststoff reagiert im Gegensatz zu Metall auf Temperaturdifferenzen mit beträchtlicher Längenänderung. Wärme bewirkt eine Verlängerung, Kälte ein Zusammenziehen des Materials.

Die Verbindungen zwischen den Rinnenstücken herstellen

Um die temperaturbedingten Materialbewegungen schadensfrei aufnehmen zu können, werden die Rinnenstücke nicht starr verbunden. Spezielle Ausgleichsverbindungsbauteile, in die man von beiden Seiten die Rinnen einschiebt, ermöglichen eine ungehinderte Längenänderung, wenn sich die Rinnenenden im Einbauzustand nicht berühren. Erforderlicher Abstand: etwa zwei Zentimeter.

Zum Schluß der Montage das zweite Rinnenendstück anbringen. Tip: Damit die Rinne durch die ständigen Bewegungen nicht aus der Form geraten kann, muß ein Festpunkt angeordnet werden. Dazu wird aus dem hinteren Rinnenfalz ein dünnes Stück herausgeschnitten und dort die Feder eines Rinnenhalters eingedrückt.

Fallrohr montieren

Auch bei Kunststoff-Klebe-Rinnen werden die Fallrohre mit den dazugehörigen Bögen nur zusammengesteckt, um auch dort keine ausdehnungsbedingten Spannungen zu erzeugen. Zunächst befestigt man das Fallrohr an der Hauswand. Dabei muß die obere Schelle direkt unter der oberen Fallrohrmuffe angeschraubt werden. Auch dort gilt dann: Schellenabstand nicht größer als zwei Meter wählen.

Als nächstes werden die Bögen aufgesteckt: einer am Ablaufstutzen, der zweite auf dem Fallrohr. Anschließend nimmt man Maß für das Verbindungsstück. Da sich dieses später zwischen den Bögen noch bewegen können muß, zwei Zentimeter kürzer ablängen, als die Verbindung tatsächlich ist. Dann wird alles zusammengesteckt.

Fallrohr erst nach den Außenputzarbeiten anbringen

Erst nach Abschluß der Außenputzarbeiten sollte das Fallrohr endgültig fixiert werden. Für den Anfang reicht es, das Rohr provisorisch zusammenzustecken. So können bei der Demontage für die Putzarbeiten Beschädigungen am Rohr vermieden werden.

Kupferrinne zum Zusammenkleben

Bauherren, die Kunststoffrinnen nicht mögen, sich aber das Verlöten einer Kupferrinne nicht zutrauen, brauchen trotzdem nicht auf Eigenleistung bei der Montage einer Metallrinne zu verzichten. Es gibt auch Kupferrinnen, die einfach verklebt werden. Die Montage erfolgt zunächst wie beschrieben: Rinneisen setzen, das Loch für den Ablaufstutzen ausschneiden und Stutzen auf die Rinne stecken (☞ S. 80).

Nun wird jede Verbindung (Stutzen an Rinne, Endstück an seitlichem Rinnenabschluß, Rinnenstücke untereinander) mit Kleber bestrichen und zusammengefügt. Die Verbindungen stabilisiert man zusätzlich dadurch, daß die hinteren Falze von jeweils zwei Bauteilen eingeschnitten und mit der Zange fest zusammengedrückt werden.

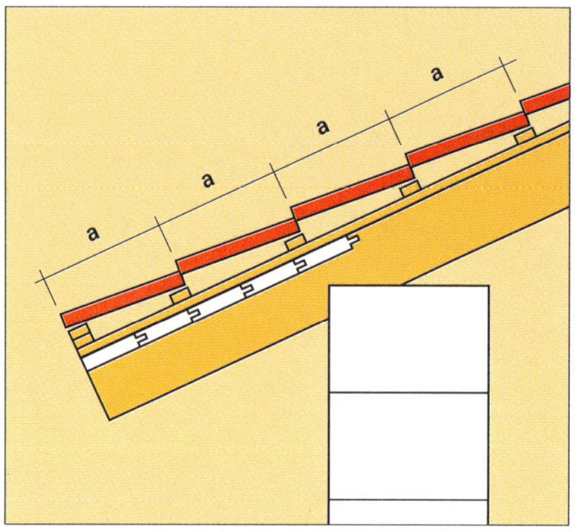

Die Abstände der Dachlatten berechnen

Die unterste Dachlatte verläuft bündig mit den Sparrenköpfen. Vom First hält man einen Abstand von etwa fünf Zentimeter. Die Distanz zwischen der Oberkante der oberen Latte und der Unterkante der Sparrenkopflatte wird gemessen und durch eine volle Anzahl Reihen geteilt, bis ein Wert herauskommt, der zwischen 33 und 34 Zentimeter liegt (entspricht Abstand „a" in der Skizze).

Beispiel: gemessene Distanz 7,57 Meter. Geteilt durch 23 ergibt 32,9 Zentimeter, geteilt durch 22 sind das 34,4 Zentimeter. Man wählt 23 Reihen mit je 33 Zentimeter Abstand und setzt die oberste Reihe einen Zentimeter näher an den First und läßt die untersten Pfannen einen Zentimeter weiter in die Rinne ragen. Dann paßt's.

Seitlichen Dachüberstand bemessen

Auch beim Festlegen der Dachbreite geht es nicht ohne höhere Mathematik. Aus den Bauplänen liest man zunächst die gesamte Deckbreite (Hausbreite plus zwei Dachüberstände am Ortgang) ab.

Beispiel: 8,40 Meter. So, und jetzt wird's kompliziert: Von den 8,40 Meter zieht man die Breite der beiden Giebelpfannen ab (Beispiel: zwei mal 27 Zentimeter) und teilt den Rest durch 30 Zentimeter (Deckbreite einer normalen Pfanne. Falz nicht mitrechnen!). Ergebnis: 26,2. Es müßten zusätzlich zu den Randsteinen 26 oder 27 Normalsteine in einer Reihe verlegt werden. Die Dachbreite wäre dann 8,34 oder 8,64 Meter, bei Verwendung einer halben Pfanne 8,49 Meter. Wer 8,34 Meter wählt, liegt statisch betrachtet auf der „sicheren Seite".

Die Lattung aufnageln

Hinweis: Bevor Sie die beschriebenen Formeln anwenden, kontrollieren Sie bitte die Maße Ihrer Dachsteine. Eventuell Werte korrigieren!

Mit Nägeln (Abmessung: 3,1 mal 80 Millimeter bei einem Lattenquerschnitt von 24 mal 48 Millimeter) wird Latte für Latte auf der Konterlattung befestigt. Um nicht ständig die Distanzen beim Annageln messen zu müssen, baut man sich eine Abstands-Schablone. Es ist jedoch ratsam, hin und wieder (etwa jede fünfte Reihe) an mehreren Punkten die verbleibende Entfernung zum First zu überprüfen, damit die Hölzer auch immer schön waagerecht verlaufen. Wichtig: Untere Latte in doppelter Dicke ausführen. So hat die unterste Pfannenreihe die gleiche Neigung wie alle übrigen.

Stirnbrett montieren und Unterspannbahn am First öffnen

Ein Stirnbrett, das man jetzt an den seitlich auskragenden Dachlatten befestigen kann, sorgt für eine saubere Ortgang-Optik.

Falls eine hinterlüftete Wärmedämmung zwischen oder unter den Sparren geplant ist, muß die Unterspannbahn am First aufgeschnitten werden, ehe das Dach gedeckt wird. Erforderliche Breite dieser Öffnung: fünf bis zehn Zentimeter. Natürlich muß auch unten an der Traufseite eine Öffnung vorhanden sein. Nur dann kann ein Luftstrom entstehen, der eventuell anfallendes Kondensat herausträgt. Siehe auch Seite 148: Wärmedämmung beim Holzdachstuhl.

Auch beim Massivdach gilt: Unterspannbahn am First öffnen und traufseitige Luftzufuhr ermöglichen.

Jetzt kommen die ersten Pfannen aufs Dach

Ein Dach deckt man prinzipiell von unten nach oben. Nachdem die unterste Reihe in Position gebracht ist, wird eine komplette Ortgangreihe senkrecht bis hoch zum First verlegt (eventuell Richtschnur spannen). So entsteht ein „Koordinatensystem", an dem die weiteren Dachsteine ausgerichtet werden. Auf welcher Dachseite Sie beginnen, ist im Grunde egal: „Das können Sie machen wie ein Dachdecker." Hat diese Redewendung dort Ihren Ursprung?

Formsteine setzen

Vergessen Sie im Eifer des Gefechts nicht, die Formsteine an den entsprechenden Stellen einzubauen. Ober- und unterhalb des Schornsteins sorgen zum Beispiel Lüftersteine dafür, daß die Luftzirkulation unter dem Dach nicht behindert wird.

Besprechen Sie vor dem Dachdecken mit dem zuständigen Schornsteinfeger, wo er seinen Standplatz haben möchte. An dieser Stelle setzen Sie dann vorgefertigte Standsteine, auf die später ein Metallgitter montiert wird.

Darüber hinaus gibt es noch eine ganze Menge anderer Dachstein-Sonderformate, die die Arbeit erleichtern. Auswahl: Antennendurchgang, Dunstrohraufsatz, Schneestoppstein.

Den Trockenfirst einbauen

Wurden früher die Firststeine im Mörtelbett verlegt, so setzt sich heute immer mehr die selbstbaufreundliche Trockenbauweise durch.

Auf Blechformteilen wird die Firstlatte befestigt, über die ein regendichtes, aber luftdurchlässiges Kunststoffelement gestülpt wird. Mit Klammern fixiert man anschließend die Firststeine, die dann diese Konstruktion komplett überdecken.

Der Übergang zwischen Schornsteinkopf und Dachhaut

Der Übergang zwischen Schornstein und Dachdeckung erfordert besondere Aufmerksamkeit. Um diesen heiklen Punkt wirklich wetterfest zu bekommen, wird oft eine Bleischürze eingezogen, die unter der Schornsteinkopfverkleidung beginnt.

Oben liegt sie unter den Pfannen, seitlich und unterhalb des Schornsteins wird sie auf die umliegenden Dachsteine gelegt. Dabei sollte die Bleibahn so ausgebildet sein, daß von oben ankommendes Wasser rechts und links am Schornstein vorbeigeleitet wird. Die seitliche Überlappung muß mindestens eine Welle der Pfannenstruktur überdecken. Unten führt man das Blei zehn bis 15 Zentimeter auf die Pfannen. Denn starker Wind kann den Regen auch aufwärts drücken.

Gaubenwände verschalen

Die Zimmerleute stellen nicht nur die Sparren und Pfetten des Dachgebälks auf, sie richten auch die Gaubenbalken. Die erste Aufgabe für den Selbstbauer ist dann das Verkleiden der Gaubenwände.

Aus Brettern (Materialstärke 2,4 bis drei Zentimeter) wird diese Gaubenwand-Unterkonstruktion gezimmert. Will man die Fläche später mit Schindeln oder mit wetterfest lasiertem Profilholz verkleiden, befestigt man auf der Bretterverschalung zusätzlich eine Lage Dachpappe (Typ „333" unbesandet). Soll verputzt werden, müssen auf die Holzverschalung Leichtbauplatten als Putzträger genagelt werden.

Weiterhin gibt es die Möglichkeit, die Gaubenseitenwände mit passend angefertigten Fenster-Elementen zu verglasen.

Bei geringer Neigung: auch das Gaubendach verschalen

Oft sind Gaubendächer flacher als das Hauptdach. Bei Neigungen unter 20° muß ein Unterdach aus Brettern und Dachpappe (☞ S. 77) dafür sorgen, daß die gesamte Konstruktion langfristig regendicht ist: auch dann, wenn auf dem steileren Hauptdach nur eine Unterspannbahn unter Lattung und Pfannen liegt. Im Falle eines Unterdachs wählt man möglichst dicke Profilbretter für die Ortgang- und Traufschalung. Dann brauchen die Sparren nicht ausgeklinkt zu werden.

Auf dem Gauben-Unterdach wird eine Lage Dachpappe verlegt (Typ „V 13" oder „500"). Darüber kommen Konterlattung und Lattung. Die Montage der Regenrinne und die Eindeckung der Fläche erfolgen wie bereits beschrieben (☞ S. 80 ff.).

Unterspannbahn vom Hauptdach an der Gaube anschließen

Eine weitere Maßnahme auf dem Weg zur wetterfesten Gaube ist das Hochführen der Hauptdach-Unterspannbahn an der Gaubenwand. Seitlich und vorn unter dem zukünftigen Fenster zieht man die Kunststoff-Folie mindestens zehn Zentimeter hoch. Sicherer Halt wird durch Antackern erreicht. Anschließend den gesamten Übergangsbereich mit wasserdichtem Bitumenklebeband schützen.

Wichtig ist, daß die Dachpappe oder die Leichtbauplatte (je nach gewünschter Verkleidung für die Gaubenwand) über die Verbindungsnaht zwischen Folie und Bretterverschalung gelegt wird. Eventuell erst die Wand verschalen, dann die Unterspannbahn hochziehen und zum Schluß die Dachpappe (Leichtbauplatte) anbringen.

Kehlbleche befestigen

Am Übergang zwischen Haupt- und Gaubendach werden oberhalb der Unterspannbahnüberlappung Kehlbleche montiert. Diese Blechteile gibt es bereits fertig geformt zu kaufen.

Mit dem Verlegen beginnt man unten und läßt das folgende Blech (falls die Kehle länger als ein Blechstück ist) etwa zehn Zentimeter übergreifen. So kann von oben kommendes Regenwasser problemlos ablaufen. Die Kehlbleche werden möglichst weit außen am Schenkel über einer Konterlatte mit Nägeln befestigt. Die Dachlatten selbst zieht man über das Blech.

Wichtig: Die Bleche müssen zur Metall-Regenrinne passen. Kupferrinne mit Kupferblech, Zinkrinne mit Zinkblech kombinieren.

Dachpfannen zuschneiden

Beim schrägen Abtrennen der Dachpfannen mit dem Winkelschleifer ist Maßarbeit angesagt. Dabei gibt es zwei Vorgehensweisen. Man deckt das Gaubendach komplett zu und läßt die einzelnen Pfannenreihen bis weit in den Kehlblechbereich ragen. Dann wird mit der Trennscheibe parallel zum Kehlblech die gesamte Eindeckung schräg abgeschnitten (Schutzbrille und Staubmaske tragen!). Abstand der schrägen Pfannen von der Blechmitte: rund fünf Zentimeter. Passen Sie auf, daß Sie mit der Trennscheibe das Kehlblech nicht zerstören!

Die zweite Methode dauert etwas länger: Man läßt zunächst die abzuschrägenden Pfannen beim Dachdecken weg. Anschließend mißt man jeden Dachstein aus und schneidet ihn am Boden zu.

Anschluß zwischen Gaubenwand und Hauptdach herstellen

Sobald das Hauptdach gedeckt ist, werden Bleibahnen von der Gaubenwand-Unterkonstruktion auf die Pfannen gezogen. Auch hier gilt wie beim Schornstein: Die Bleischürze muß eine Welle der Pfannen komplett überdecken. Nach unten hin wird die Bleibahn zehn bis 15 Zentimeter auf die angrenzende Pfannenreihe geführt.

Übrigens: Am besten verwenden Sie Walzblei, das mit einer dünnen Zinnschicht veredelt ist. So vermeiden Sie unschöne Spuren auf darunterliegenden Pfannen und eine Schlierenbildung auf dem Blei, da es kein ablaufendes Bleikarbonat gibt. Weiterer Vorteil: Oberflächenveredeltes Walzblei läßt sich sofort streichen, so daß die Regenschutz-Schürze leicht kaschiert werden kann.

Gaubenwand verkleiden

Die seitliche Verkleidung wird oft mit Schindeln ausgeführt. Dies ist recht einfach, da es bereits vorgefertigte Platten in unterschiedlichen Farben und Formen zu kaufen gibt. Sogar Schiefer-Imitate sind zu bekommen, die gar nicht mal schlecht aussehen.

Man beginnt auch beim Verschindeln unten. Die seitliche Überdeckung ist so auszuführen, daß starker Wind den Regen nicht zwischen die Platten drücken kann. Nach Möglichkeit sollte die Überdeckung von der Wetterseite (Westen) abgewendet werden.

Will man die Gaube verputzen, bringt man zunächst Eckprofile auf den Leichtbauplatten (äußere Wandverkleidung) an. Anschließend wird ein gewebearmierter Putz aufgetragen (☞ auch S. 174 ff.).

Die Massivdach-Gaube

Wer sich für ein Massivdach entschieden hat, braucht auf Gauben nicht zu verzichten. Ihr Selbstbau-Partner sagt Ihnen, welche konstruktiven Details bei einer gemauerten Gaube zu beachten sind. Seitlich werden Massivgauben entweder verputzt oder verkleidet. Dabei Schindeln oder Holzprofile auf einer Lattung montieren.

Besonders rationell sind Fertigteilgauben, die zerlegt angeliefert werden und die man zu zweit innerhalb eines halben Tages montieren kann: auch auf einem Massivdach. Die Gaube wird über einer Dachflächenfenster-Öffnung aufgestellt. Man ist übrigens nicht an eine bestimmte Form gebunden. Fertigteilgauben sind mit Satteldach, als Schleppgaube (☞ S. 70) oder mit Flachdach zu bekommen.

Vorbereitungen fürs Dachflächenfenster

Wer Fenster in der Dachschräge haben möchte, die breiter als der lichte Sparrenabstand sind, sollte das frühzeitig dem Zimmermann sagen. Der baut dann von vornherein sogenannte Wechsel ins Gebälk, mit denen die Lasten der durchtrennten Sparren aufgenommen werden können. So ist es dann problemlos möglich, auch große Dachflächenfenster zu montieren.

Geübte Handwerker bringen die Wechsel auch nachträglich ein. Wichtig ist, daß diese Arbeit ein Fachmann ausführt. Schließlich geht es dabei um eine statische Veränderung der tragenden Dachkonstruktion. An dieser Stelle also ausnahmsweise der Hinweis: Nichts für Laien!

Einbaulatte annageln

Während der Dachdeckerarbeiten hat man das zukünftige Dachflächenfenster bereits berücksichtigt. Die Unterspannbahn wurde über die Fensteröffnung gezogen und dann so aufgeschnitten, daß noch etwa 20 Zentimeter breite Folienlappen übrigblieben. Die Lattung hat man bis zum Balkenrahmen geführt und die Pfannen so weit verlegt, wie es ging.

Die ersten Handgriffe beim Dachflächenfenster-Einbau des hier gezeigten Typs sind dann: knapp zehn Zentimeter oberhalb der Dachlatte, die am unteren Wechsel verläuft, eine Einbaulatte annageln (gleicher Querschnitt wie die Dachlatten).

Futterrahmen einlegen

Jetzt bringt man seitlich am Futterrahmen Befestigungslaschen so an, daß sie später nach innen zeigen. Weiterhin werden Einbaustifte in den Rahmen gesteckt, die ein gleichmäßig hohes Aufliegen des Rahmens garantieren. Dann wird der Fenster-Futterkasten in die Öffnung gehoben und auf der zuvor montierten Einbaulatte abgestellt.

Anschließend zieht man die überstehenden Folienlappen straff und legt sie von außen auf den Rand des Rahmens.

Rahmen provisorisch fixieren

Durch die Längsschlitze der Befestigungslaschen schlägt man Nägel (Abmessung: 2,5 mal 60 Millimeter), die den Rahmen provisorisch in seiner Stellung fixieren. Die langen Schlitze lassen später ein Feinjustieren des Rahmens zu.

Doch dann werden erst einmal die umlaufenden Unterspannbahnlappen am Fensterrahmen befestigt und abgedichtet.

Unteres Rahmenblech einpassen

Nun beginnt die Montage des Eindeckrahmens. Das untere Profilblech wird am Holz-Futterkasten angelegt und dort durch ein vorgestanztes Loch angenagelt. Danach setzt man die seitlichen Eindeckrahmenteile an.

Eindeckrahmen fertigstellen

Sobald die seitlichen Eindeckrahmenteile montiert sind, wird das Oberteil des Eindeckrahmens aufgesteckt. Darauf achten, daß der Dichtungsgummi die Übergänge von Eindeckrahmen zu Fensterfutter sauber überlappt.

Fensterfunktion prüfen

Nun können die Dachpfannen bis an den Stehfalz des Metall-Eindeckrahmens gelegt werden. Sollen einzelne Dachsteine mit der Trennscheibe zugeschnitten werden, bestimmt man vor Ort lediglich die entsprechenden Maße. Das Zuschneiden wird aber entfernt am Boden erledigt. Sonst ist die Gefahr der Rahmenbeschädigung zu groß. Und natürlich dürfen Sie auch nicht vergessen, Ihre Schutzbrille sowie eine Staubmaske aufzuziehen!

Wenn die Pfannen verlegt sind, brauchen Sie nur noch die umlaufende, flexible Dichtungsschürze formvollendet auf die Dachhaut zu drücken. Dann können Sie den Fensterflügel einbauen und seine Funktion überprüfen.

Fenster endgültig befestigen

Wenn alle Fensterfunktionen (Schließen, Kippen, Flügel halboffen Fixieren) reibungslos ausgeführt werden können, nagelt man die Befestigungslaschen endgültig an. Diesmal die runden Laschenlöcher nehmen. Der Fensterfunktions-Test klappt meist dann einwandfrei, wenn der Blendrahmen bereits während der Montage nach dem Wohndachfensterflügel korrekt ausgerichtet wurde.

Wichtiger Hinweis: Manche Hersteller von Dachflächenfenstern geben nur dann Garantien, wenn die Fenster ein Fachmann montiert hat!

Fenster und Haustür

Lichtdurchlaß, Schutz vor den Launen des Wetters und Barriere für Bösewichte sind nicht die einzigen Aufgaben von Fenstern und Haustür. Auch die Bedeutung für die Fassadenoptik sowie die Anforderungen an Wärme- und Schallschutz sind nicht zu unterschätzen. Zusätzlich soll man Fenster und Türen leicht bedienen können.

Mit nur einem Handgriff müssen sich Fenster und Türen problemlos öffnen und zuverlässig schließen lassen. Mehrmals am Tag, zehntausendmal in 20 bis 30 Jahren. Dies ist eine sehr hohe Anforderung an das Rahmenmaterial und die Verglasung. Achten Sie beim Fenster- und Haustürkauf auf das RAL-Zeichen. Es signalisiert die Einhaltung von Herstellungsnormen und Güteanforderungen. RAL-geprüfte Fenster und Eingangstüren erledigen ihre Pflichten problemlos.

Für welches Rahmenmaterial und für welche Verglasung Sie sich entscheiden, hängt auch vom persönlichen Geschmack und von Ihrem Sicherheitsbedürfnis ab. Die folgenden Hinweise sollen Ihnen die Entscheidung ein wenig erleichtern.

Kunststoff. Die Spitzenreiter in der Katgorie „Kunststoff-Fenster" sind weiße Rahmen aus schlagzähem Hart-PVC, die entsprechend der statischen Anforderungen mit innenliegenden Metallprofilen verstärkt werden.

Holz. Längst lassen sich auch aus heimischer Ware (Fichte) oder aus nordamerikanischen sowie skandinavischen Nadelhölzern stabile Fensterrahmen herstellen. Man muß also nicht mehr Exotenholz (zum Beispiel Meranti) wählen, um solide Fenster zu bekommen. Nachteil von Holzfenstern: Die schützenden Lasuren verwittern mit der Zeit. Anstriche an der Wetterseite (Westen) sind nach drei bis fünf Jahren, an den übrigen Wänden nach fünf bis zehn Jahren zu erneuern.

Aluminium. Fenster aus Aluminium sind sehr teuer. Sie sind aber auch sehr beständig gegen Wind und Wetter. Eine thermische Trennung zwischen innen und außen ist bei modernen Alufenstern üblich, so daß Tauwasser auf dem Rahmen vermieden wird.

Verbundrahmen. Einen besonderen Stellenwert nehmen Verbundfenster ein. Hierbei handelt es sich um eine Kombination verschiedener Werkstoffe: Holz mit Aluminium oder Kunststoff mit Aluminium. Vorteile: Aluminium an der Außenseite ist besonders witterungsbeständig, Holz an der Innenseite vermittelt ein angenehmes Erscheinungsbild.

Verglasung. Wärmeschutzverglasungen sind im Wohnbereich eine Selbstverständlichkeit. Inzwischen wird aber das Standard-Doppelglas (k-Wert ca. 2,9 W/m²K. ☞ S. 220 „Der k-Wert") zunehmend von der beschichteten Zweifachscheibe (k-Wert ca. 1,6 W/m²K) verdrängt, die neben Energieeinsparungen auch zu einem angenehmeren Raumklima beiträgt. Zusätzlich ist es möglich, die Verglasung schalldämmend und einbruchhemmend auszuführen oder (je nach Anspruch) verschiedene Eigenschaften zu kombinieren. Welche Verglasungsart bei Ihrem Haus die beste Lösung ist, erläutert Ihnen Ihr Selbstbau-Partner oder Ihr Architekt.

Ihr Zeitaufwand für Fenster und Haustür:

Holzfenster mit Metallankern einbauen 1 Std./Stück

Kunststoff-Fenster mit Dübeln einbauen 1,5 Std./Stück

Glasfassade mit Holzunterkonstruktion bauen und fertig verglasen 1,8 Std./m²

Haustüreinbau 6 Std./Stück

Rolladen mit Gurtkasten montieren 2,5 Std./Stück

Fensterladen aus Holz selbst bauen 3 Std./m²

Fensterladen an der Hauswand montieren 1 Std./Stück

Fensterplanung

Manchmal bekommen Häuser putzig kleine Fenster. Bei der Planung muß man darauf achten, daß die Relation von Glas zu Rahmen nicht zu einem seltsamen Mißverhältnis ausartet. Denn die Rahmenbreite ist bei großen wie kleinen Fenstern nahzu gleich.

Achtung: Die Aufpreise für dreieckige oder runde Fenster können leicht 100 Prozent ausmachen (umgerechnet auf den einzelnen Quadratmeter Fensterfläche). Festverglasungen liegen dagegen bis zu 40 Prozent günstiger als gleich große Fenster mit den üblichen Dreh-Kippflügeln.

Schiebetür-Elemente stellen beim Einbau hohe Anforderungen an den Selbstbauer: Abmessung, Gewicht! Einfacher geht's mit mehreren Einzeltüren, die man zu einer großen Glasfläche zusammenstellt.

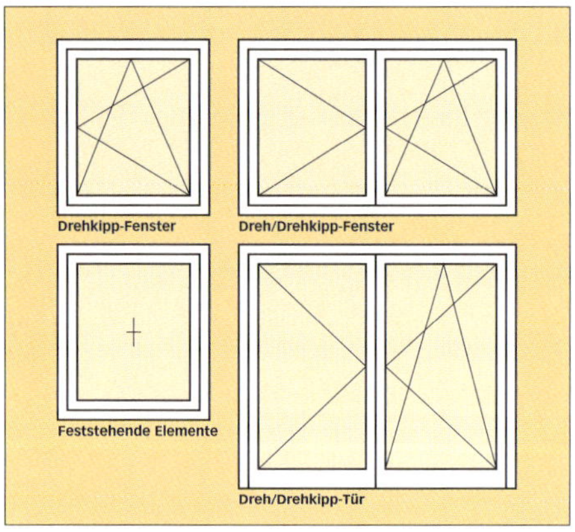

Abkürzungen und ihre Bedeutungen

Fenster ist nicht gleich Fenster. Damit Sie verstehen, welche Fenstertypen sich hinter welchen Abkürzungen verbergen, lesen Sie bitte folgende Beispiele, die jedoch nur eine Auswahl darstellen.

Einflügelige Fenster und Türen: Kipp-Fenster (K), Drehkipp-Fenster (DK), Drehkipp-Tür (DKT), Beistell-Element für Türen (BT), feststehendes Element (F), Schwingfenster (S).

Zweiflügelige Fenster und Türen: Dreh-Drehkipp-Fenster, asymmetrisch geteilt (DKZA), Dreh-Drehkipp-Fenster, mittig geteilt (DKZ), Dreh-Drehkipp-Tür (DKTZ). „Dreh-Drehkipp" bedeutet: Ein Flügel kann voll geöffnet und gekippt werden, der zweite Flügel ist nur voll zu öffnen.

Die Maße der Maueröffnung prüfen

Oft vergehen mehrere Monate zwischen Fensterbestellung und Anlieferung. Deshalb kann es von Vorteil sein, alle Fenster schon zu Beginn der Maurerarbeiten zu ordern. Denn nach dem Dachdecken wollen Sie ja sofort die Rohbauöffnungen schließen. Problem: Manchmal stimmen die gemauerten Öffnungen nicht ganz genau mit denen im Plan überein. Was muß man in so einem Fall tun?

Ganz einfach: Ist die Öffnung zu schmal geraten, greifen Sie zur Handsäge und nehmen in wenigen Minuten die Korrektur vor. Ist die Öffnung zu groß, mörteln Sie einfach einen schmalen YTONG-Streifen an. Erfreulich: Bereits beim ersten Ausbau-Gewerk profitieren Sie erneut von der kinderleichten Bearbeitbarkeit des Porenbetons.

Befestigungsanker an den Rahmen nageln

Zunächst werden die Fenster ausgepackt und auf eine weiche Unterlage (Pappe oder Hartschaumplatte) gelegt. Dann montieren Sie den Fenstergriff (Olive), öffnen den Flügel und hängen diesen aus. Meist genügt es, an einem Ecklager den Haltesplint herauszuschlagen, um Flügel und Blendrahmen voneinander zu trennen. Nun ist das Bauteil für die Montage leicht zu handhaben. Lediglich bei Festglas-Elementen muß man hin und wieder mit recht schweren Brocken hantieren.

Als nächstes werden an den seitlichen Rahmenholmen von außen Metallanker (Krallen oder Lochband) so befestigt, daß sie später zur Raumseite zeigen. Abstand: 50 bis 60 Zentimeter. Krallen werden mit dem Hammer eingeschlagen, Lochband wird angeschraubt.

Rahmen im Mauerwerk abstellen

Zwischen Rahmen und Mauerwerk muß an allen vier Seiten etwa ein bis zwei Zentimeter Luft sein. Der Abstand zwischen Außenkante Mauerwerk und Fensterrahmen sollte zehn bis zwölf Zentimeter betragen, sofern keine Rolladenkästen dieses Maß vorgeben (☞ S. 100).

Für die folgenden Montagehandgriffe sind zwei Kanthölzer hilfreich, die so in die Laibung genagelt werden, daß man von innen das Fenster daran anlehnen kann. Vorteile: Die Einbauposition ist von vornherein unverrückbar festgelegt, und der Rahmen kann während der Arbeiten nicht aus der Öffnung stürzen.

Nun wird der Fensterrahmen auf zwei Holzklötzchen gestellt, die höhengleich auf dem Mauerwerk aufliegen.

Rahmen mit Keilen fixieren

Sobald der Fensterrahmen weitgehend lot- und waagerecht in der Mauerwerksöffnung steht, wird er mit vier Keilen fixiert, die man in die senkrechten Schlitze zwischen Rahmen und Mauerwerk schlägt. Um ein Verbiegen der Holme nach innen zu verhindern, müssen die Keile möglichst nahe an den Ecken sitzen.

Korrekturen vornehmen

Durch leichtes Heraus- oder Hereinschlagen der Keile wird nun der Fensterrahmen ausgerichtet. Dabei sollte man ständig alle drei Dimensionen (eine waagerechte, zwei senkrechte) mit der Wasserwaage prüfen.

Fensterflügel einhängen

Nun wird der Fensterflügel wieder eingehängt (Splint ins Lager drücken!). Anschließend vorsichtig die Funktion des Fensters testen. Werden keine Beanstandungen festgestellt, befestigt man die freien Enden der Montageanker mit speziellen Porenbeton-Nägeln.

Anmerkung: Holzfenster können auch mit Metallrahmendübeln (☞ S. 94) in der Maueröffnung eingebaut werden. Genauso ist es möglich, Kunststoff-Fenster mit Befestigungsankern zu montieren. Diese müssen aber in den Blendrahmen geschraubt werden. Lochband nehmen! Nageln funktioniert nicht. Bei Festglas-Elementen hat man keine Auswahl. Diese lassen sich nur mit den Metallankern anbringen, da man dort keine Dübel durch den Rahmen führen kann.

Fugen ausschäumen

Meist wird der Spalt zwischen Mauer und Rahmen mit Montageschaum ausgefüllt. Dabei bitte auf Ozonverträglichkeit achten! Ehe es losgeht, Mauerwerk vornässen und Gummihandschuhe anziehen. Das Fenster muß geschlossen bleiben, da sich sonst der Rahmen verbiegen könnte. Denn der Schaum dehnt sich nach dem Einbringen auf ein Mehrfaches seines ursprünglichen Volumens aus.

Alternativ kann der Luftspalt auch mit Glas- oder Steinwolle ausgestopft werden. Aber keine starre Verbindung (zum Beispiel aus Mörtel) zwischen Fensterrahmen und Mauerwerk herstellen: Bereits kleinste Bauwerksbewegungen (zum Beispiel Setzungen) könnten sonst die Fensterfunktionen zerstören.

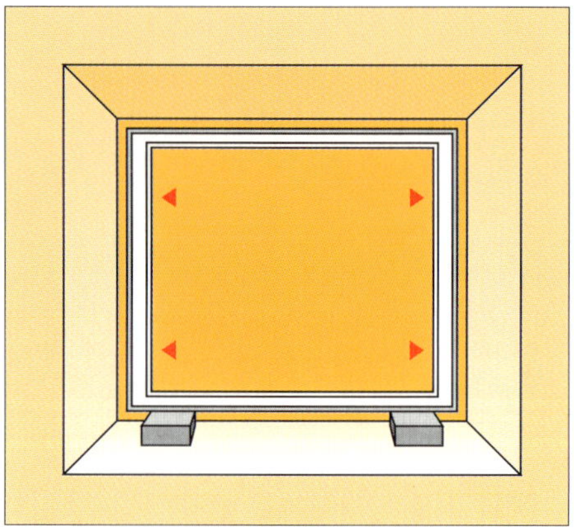

Fensterrahmen in der Maueröffnung ausrichten

Die vorbereitenden Arbeiten sind mit denen der Holzfenstermontage gleich (☞ S. 92): Fenster auspacken, auf eine weiche Unterlage legen und Flügel aushängen. Danach wird der Rahmen auf zwei Klötzchen gestellt, die man zuvor höhengleich in der Maueröffnung plaziert hat. Senkrecht verlaufende Kanthölzer in der Laibung sorgen dafür, daß der Rahmen während des Einbaus sicher sitzt.

Anschließend werden in den verbleibenden schmalen Schlitzen zwischen Rahmen und Mauerwerk vier Holzkeile hineingeschlagen: an jeder Ecke einer. Durch weiteres Hereinhämmern oder durch leichtes Herausziehen der Keile wird der Rahmen ausgerichtet. Dabei ständig mit der Wasserwaage kontrollieren.

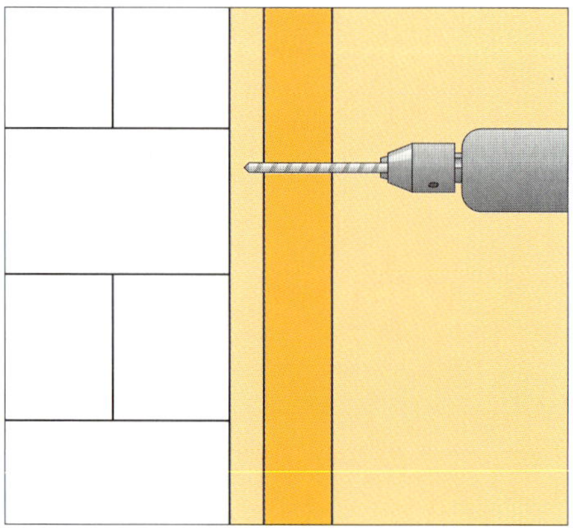

Löcher durch Rahmen bohren

Das Fenster ist jetzt bereits in der endgültigen Position. Nun markiert man die Bohrlöcher auf der Innenseite der senkrecht verlaufenden Holme: Abstand von fünf bis zehn Zentimeter zu den Rahmen-Innenecken einhalten. Passend zum gewählten Befestigungsmittel (geeignet sind Metallrahmendübel, Durchmesser zehn Millimeter) werden die Löcher mit einem Universalbohrer in den Fensterrahmen gebohrt.

Bei Fenstertüren oder raumhohen Fenstern werden beidseitig zwei zusätzliche Bohrungen in den Drittelspunkten vorgesehen. Der Abstand der Löcher sollte 70 Zentimeter nicht übersteigen. Bei Fenstern, die breiter als 1,20 Meter sind, werden auch Dübellöcher in den waagerechten Rahmenhölzern notwendig.

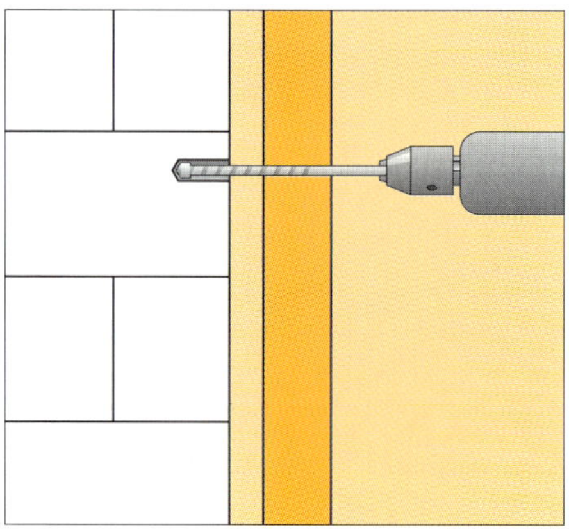

Löcher ins Mauerwerk bohren

Die Löcher im Porenbeton-Mauerwerk müssen so weit gebohrt werden, daß später zwischen Bohrlochende und Rahmendübel ein gut zwei Zentimeter tiefer Hohlraum bleibt. Die Dübel sollten mindestens fünf Zentimeter in den Stein ragen.

Hinweis: Auch wenn der Universalbohrer bequem im Porenbeton verschwindet, wird er dennoch schnell stumpf und unbrauchbar. Deshalb auch bei YTONG einen Steinbohrer nehmen!

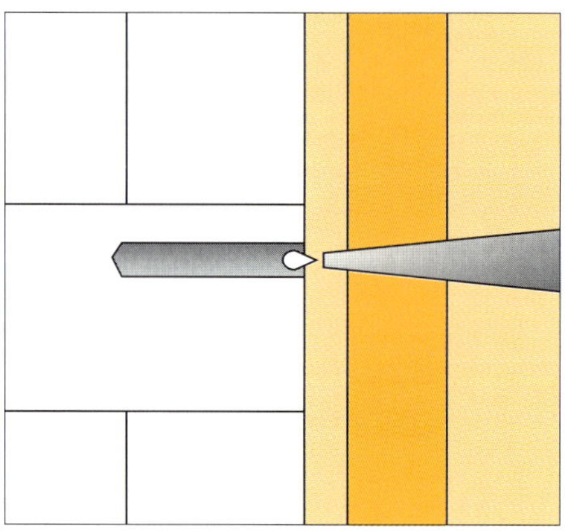

Silikonmasse ins Bohrloch pressen

Der spezielle Selbstbau-Tip: Um den Rahmendübeln einen dauerhaft soliden Sitz im Porenbeton-Mauerwerk zu geben, wird als nächstes ein wenig Silikonmasse ins Bohrloch gepreßt. Doch oft paßt die Düse der Silikonkartusche nicht durch das Loch im Fensterrahmen. In so einem Fall kann man sich die erforderliche Silikonmenge (rund zwei Kubikzentimeter) auch auf den Finger drücken und den Spalt zwischen Rahmen und Mauer dazu nutzen, das Silikon direkt ins Loch zu schmieren.

Dübel einbringen

Bevor die Dübel gesetzt werden, sollte man die Löcher im Rahmen so weit ansenken, daß die Schraubenköpfe bündig mit dem Holm abschließen. Dann werden die Dübel mit gefühlvollen Hammerschlägen eingeklopft. Hinweis: Zwischen dem Einpressen der Silikonmasse und dem Einbringen der Dübel sollten höchstens zehn Minuten vergehen. Dauert die Arbeit länger, hat sich die Masse bereits zu sehr verfestigt.

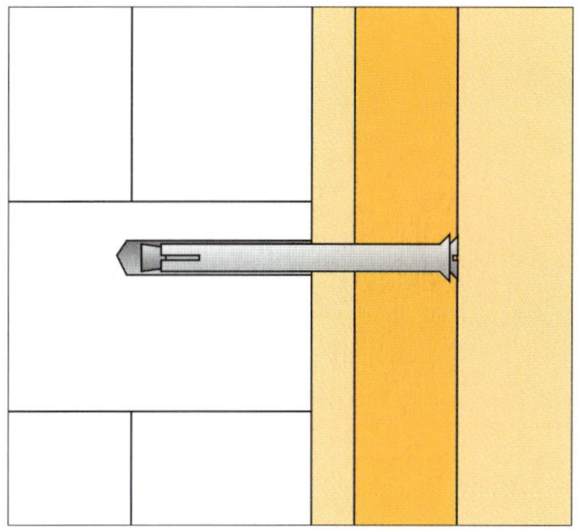

Dübel festschrauben

Der große Vorteil von Metallrahmendübeln ist, daß man bereits mit wenigen Schraub-Umdrehungen eine feste Verbindung herstellen kann.

Weiteres Plus: Ganz gleich, wie weit Sie die Schraube auch anziehen, die Distanz zwischen Rahmen und Mauerwerk bleibt exakt erhalten. Der Metallrahmen des Dübels schließt ein Verziehen des Fensterrahmens aus.

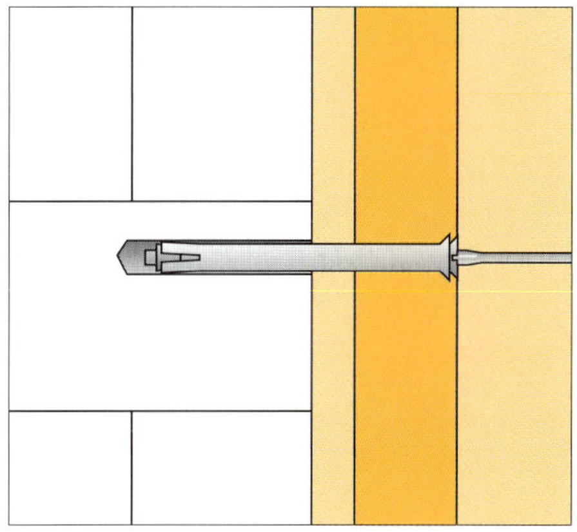

Fensterflügel einhängen

Nachdem Sie nun den Rahmen in der Mauerwerksöffnung fixiert haben, können Sie den Fensterflügel wieder einhängen. Führen Sie nun einen Funktionstest durch, ehe Sie ans Verfüllen der Fugen zwischen Rahmen und Stein gehen.

Hinweis: Schwer zu bewegende und klemmende Fensterflügel können an den Scharnieren durch Verstellschrauben wieder gangbar gemacht werden. Das gilt natürlich auch für Holzfenster.

Zwischenräume ausschäumen

Lassen Sie das Fenster geschlossen, wenn Sie die Fugen zwischen Rahmen und Mauerwerk ausschäumen (☞ S. 93).

Weil dem Montageschaum während des Verarbeitens nicht ganz ungefährliche Stoffe entweichen können, sollten Sie nach Möglichkeit alle Fugen von außen zuschäumen. So wird die Konzentration der üblen Gifte herabgesetzt.

Tip: Den Fensterrahmen vorher abkleben. Denn ein restloses Entfernen von Schaumspritzern auf der Rahmenoberfläche ist später so gut wie unmöglich.

Übrigens: Der Schaum wird später vom Innen- und Außenputz überdeckt (☞ S. 140 und S. 172 ff.).

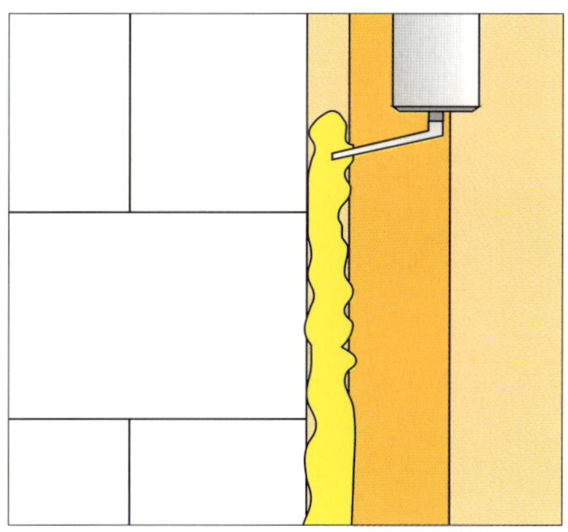

Holzrahmen zimmern

Auffällig viele Neubauten bekommen heute einen Wintergarten. Bedauerlich ist dabei oft, daß dieser Glasanbau vom eigentlichen Wohnraum abgetrennt ist und daß er dazu noch enorme Kosten verursacht. 50 000 Mark sind schnell verbaut. Wesentlich preiswerter und für den Selbstbauer noch recht einfach zu realisieren ist dagegen eine Glasfassade, die gleich in den Wohnraum integriert wird.

Die Konstruktion kann man aus Brettschichtholz (normale Holzbalken können sich verziehen!) bauen. Den Balkenquerschnitt muß der Statiker berechnen.

Die seitlichen Randbalken werden im Mauerwerk festgedübelt, die Balken untereinander verbindet man mit Blechformteilen.

Festglas-Elemente ausrichten

Bei der Planung der Glasfassade ist es wichtig, daß im oberen Bereich Fenster (etwa 20 Prozent der Gesamtfläche) zum Lüften vorgesehen werden. Den größten Teil kann man also fest verglasen.

Und so geht man vor: Wie auf Seite 92 gezeigt, bringt man an den vertikalen Rahmenholmen Befestigungsanker an. Dabei ist es unerheblich, ob Kunststoff- oder Holzfenster eingebaut werden. Die Metallanker-Methode ist die günstigste Montagemöglichkeit. Wegen der Festverglasung funktioniert eine Befestigung mit Metallrahmendübeln (☞ S. 94) nicht.

Nun werden die Fenster in die Öffnungen der Holzkonstruktion gestellt. Auf Holzklötzen ausrichten und gegen Herauskippen sichern!

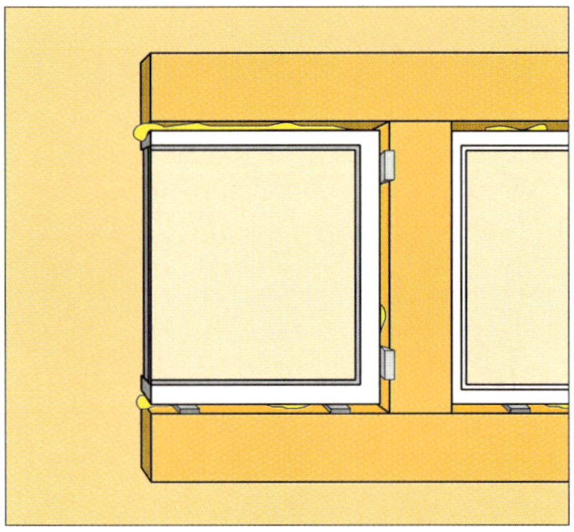

Fenster fixieren und ausschäumen

Genau wie beim Einbau der Fenster im Mauerwerk müssen nun die Fenster mit Keilen im Rahmentragwerk fixiert werden. Bei Festglas-Elementen hat man die richtige Stellung erreicht, wenn die Wasserwaage in allen Richtungen einen korrekten Sitz anzeigt.

Fenster, die zu öffnen sind, werden ausgerichtet und dann auf ihre Funktionstüchtigkeit geprüft. Anschließend schraubt man die freien Enden der Befestigungsanker an der Holzbalken-Unterkonstruktion fest und schäumt die Zwischenräume aus.

Achtung: Bitte verbinden Sie die Fenster nicht starr mit den tragenden Holzbalken. Gerade bei Festglas-Elementen könnten schon geringste Bewegungen des Aufbaus zu Glasbruch führen.

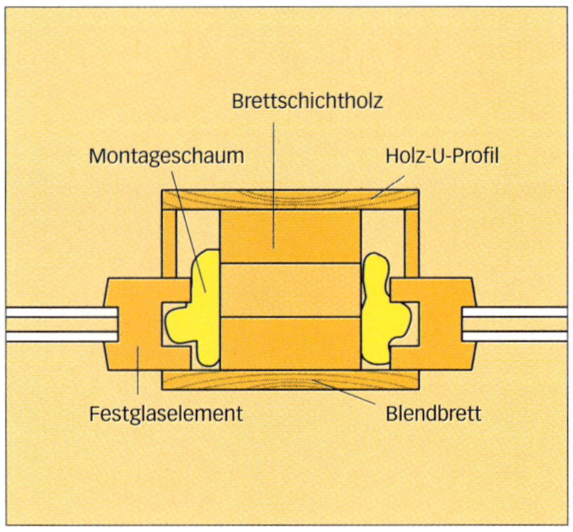

Blendprofile anbringen

Die Befestigungsanker und der Montageschaum sind die Ursache dafür, daß man auch innen die tragende Konstruktion mit Profilen verkleiden muß, um die Montagemittel zu verstecken. Diese Arbeit ist besonders in Kreuzbereichen sehr aufwendig, da nur saubere Handwerksarbeit ein zufriedenstellendes Resultat bringt.

Weniger mühsam ist dagegen die Verkleidung der Konstruktion von außen. Dort genügt es, ein gutgewachsenes Holzbrett (vorher witterungsbeständig lasieren) anzuschrauben. Zusätzlich muß darauf geachtet werden, daß die natürlich Brettkrümmung eine Beulung nach außen (konvex) anstrebt. Andernfalls liegen die Holzkanten nicht dauerhaft auf den Fensterrahmen auf.

Alternativ: Glasfassade im Stahlbetonrahmen

Wegen der aufwendigen Blendprofile sollte man überlegen, die Fenster statt in eine Holzkonstruktion in einen Stahlbeton-Rahmen zu setzen. Das YTONG-Rohbausystem (☞ S. 192) hält dafür eine schöne Lösung parat: Aus U-Steinen oder Sturzschalen können Sie eine Schalung bauen, die man nur noch bewehren und ausbetonieren muß. So wird ohne große Mühe ein recht filigranes Tragwerk errichtet, das man nur noch verputzen muß (☞ S. 140 und 172 ff.).

Wenn Sie sich dennoch für einen Holzbalken-Rahmen entscheiden, sollten Sie Dichtungen vermeiden, wo Sie können. Besser sind Überlappungen und Profile, die auch Schlagregen sicher ableiten. Profile sind dauerhaft, Dichtmassen verschleißen mit der Zeit.

Beschattungsvorrichtung anbringen

Unterschieden werden innenliegende und außenliegende Beschattungsanlagen. Es ist einleuchtend, daß der außerhalb liegende Sonnenschutz wirkungsvoller ist, da er die Wärme erst gar nicht ins Haus kommen läßt. Nachteil: Die Stoffbahnen und die Mechanik sind dem Wetter ausgesetzt. Wegen der recht aufwendigen Konstruktion (windfeste Führungsprofile, fernsteuerbarer Antrieb) sollten außenliegende Sonnenschutzanlagen vom Fachbetrieb montiert werden. Das ist natürlich recht kostspielig. Selbstgebaute Innenrollos sind (in Verbindung mit einer gutfunktionierenden Lüftung) in jedem Fall die billigere Lösung. Tip: Elektro-Antrieb des Sonnenschutzes bei der Elektroinstallation berücksichtigen (☞ S. 134 ff.).

Dach mit Pfannen decken

So schön verglaste Dachflächen auch sind, so müssen sie sich doch einige Kritik gefallen lassen. Nur durch teure Beschattungsvorrichtungen kann verhindert werden, daß sich der Wohnraum im Sommer, wenn die Sonne hoch steht, unerträglich aufheizt. Und im Winter kann die aufsteigende Heizungswärme recht leicht verlorengehen.

Wer aus diesen Gründen verglaste Dachschrägen ablehnt und eine konventionelle Eindeckung wählt, hat während der kalten Mona te keine Nachteile, da die Wärme der tiefstehenden Wintersonne ohnehin fast nur durch senkrechte Glasflächen ins Haus dringt.

Die Arbeitsschritte: Sparren anbringen, Verschalung und Folie verlegen, Regenrinne montieren, Dach decken (☞ S. 76 ff.).

Das Glas und die Sicherheit

Fenster haben, obwohl sie für Licht und Helligkeit sorgen, auch eine große Schattenseite: Sie sind für Dunkelmänner recht leicht zu überwinden. Deshalb sollten Fenster und Türen entsprechend den individuellen Sicherheitsanforderungen hochwertiger ausgestattet sein.

Neben speziellen Sicherheitsbeschlägen, die ein Aushebeln des Rahmens verhindern sollen, spielt die Verglasung die entscheidende Rolle. Sicherheitsgläser stehen in vier Kategorien zur Auswahl: Sie hemmen Durchwürfe, Durchbrüche, Schüsse oder Sprengungen. Beim „normalen" Wohnhaus reichen die durchwurf- und durchbruchhemmenden Fenster aus. Spar-Tip: Nur die Fenster sichern, durch die auch ein Einbrecher einsteigen könnte.

Die Haustür auswählen

Haustüren müssen extrem formstabil konstruiert sein, um tadellos zu funktionieren. Zusätzlich hat die Eingangstür auch eine repräsentative Aufgabe zu erfüllen. Doch nicht alle Haustüren sind eine gelungene Kombination aus massivem Innenleben und attraktivem Nobeldesign: Die „billige" Haustür ist leicht zu identifizieren.

So spielt neben den Beschlägen (aushebelsicher) und der Verglasung (einbruchhemmend) auch das Erscheinungsbild von Rahmen und Türblatt eine wichtige Rolle. Dabei muß die Tür nicht zwangsläufig die Farbe der Fenster haben: Kontraste können an der Fassade sehr interessant wirken.

Die Haustür aus Holz

Wer sich für eine Haustür aus Holz entscheidet, sollte vorher den Aufbau von Rahmen und Tür aufmerksam prüfen. Faustformel: Je aufwendiger die Verarbeitung (mehrschichtige Verleimung, stabilisierende Metalleinlagen), um so zuverlässiger wird sich die Tür im strapaziösen Alltag bewähren.

Die Haustür aus Kunststoff

Kunststoff-Fenster gewinnen zunehmend an Bedeutung. Kein Wunder also, daß auch Haustüren aus Kunststoff immer beliebter werden. Wenn man Fenster und Eingangstür in einem Paket kauft, sollte man die Tür trotzdem ein wenig kritischer begutachten und nicht als „Beipack" auf die Schnelle mitbestellen.

Zwar sind auf dem Sektor der Kunststofftüren alle Formen und Farben denkbar, doch die einbruchhemmende Wirkung läßt oft zu wünschen übrig. Da macht es keinen Sinn, durchbruchhemmendes Glas zu wählen, wenn das Türblatt selbst kein Hindernis darstellt. Tip: Falls Sie keine angriffssichere Kunststofftür bekommen, kann eine farblich passende Tür aus Holz oder Aluminium die Lösung sein.

Die Haustür aus Aluminium

Die Zeiten der ärgerlichen Tauwasserbildung auf der Innenseite von Aluminiumhaustüren sind längst vorbei. Der Wärmetransport von der warmen Raumseite zum kalten Außenklima ist bei modernen Eingangstüren durch die sogenannte thermische Trennung unterbrochen.

So ist es in vielen Fällen nur eine Frage des Preises, ob man sich für eine Aluminiumtür entscheidet. Allerdings muß man hier zwischen den Aluminiumrahmen-Haustüren und denen mit einem vollflächigen Aluminium-Türblatt unterscheiden. Letztere bieten im Hinblick auf Wärmedämmung, Stabilität und Einbruchschutz die größte Sicherheit.

Haustürrahmen in der Maueröffnung ausrichten

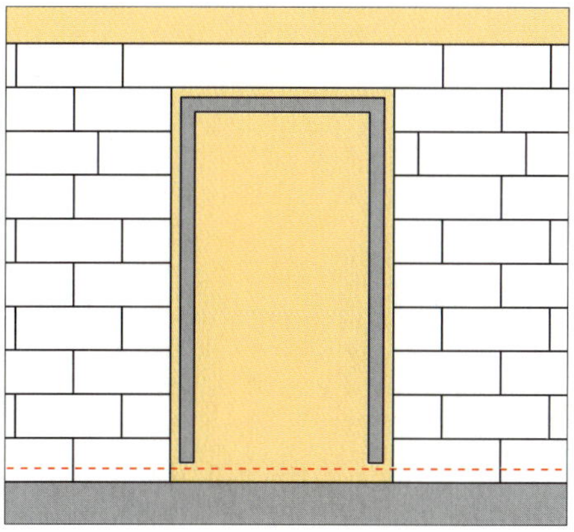

Weil Haustüren sehr schwer sind, sollten zwei bis drei Helfer zum Transport bereitstehen, wenn das gute Stück angeliefert wird. Wie beim Fenstereinbau werden zunächst Tür und Rahmen getrennt. Zeichnen Sie aber vorher die Unterkante des Türblatts auf dem Rahmen an. Beim anschließenden Ausrichten des Blendrahmens müssen Sie genau darauf achten, daß die Türblattmarkierung zum fertigen Fußboden einen halben Zentimeter Abstand hält. Die endgültige Höhe des Fußbodenaufbaus (☞ S. 152 ff.) muß also in diesem Stadium bereits bekannt sein. Im Zweifel die Tür ein paar Millimeter höher setzen: So reduziert man die Gefahr, daß sich später beim Öffnen und Schließen Steinchen zwischen Tür und Boden einklemmen.

Türblatt einhängen

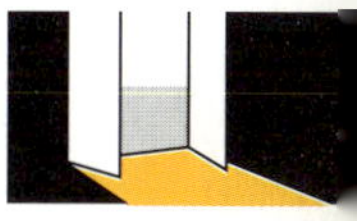

Sobald der Rahmen im Mauerwerk fest verkeilt und ausgerichtet ist (mit der Wasserwaage mehrfach kontrollieren!), hängt man das Türblatt ein. Wegen des enormen Gewichts sollten Sie sich dabei helfen lassen. Auf jeden Fall ist zu empfehlen, die Tür wenigstens an Kanten und Ecken mit Wellpappe oder Schaumstoff zu schützen. Denn gerade beim Einhängen und Justieren der Tür passiert es schnell, daß sie einen Kratzer bekommt. Und das ist ärgerlich.

Prüfen Sie nun die Funktionen: Läßt sich die Tür problemlos öffnen und schließen? Laufen die Sicherheitsbolzen und Schließprofile beim Zuschließen sauber in den Führungsnuten? Erst wenn diese Tests erfolgreich durchgeführt wurden, geht die Montage weiter.

Rahmen mit Dübeln befestigen

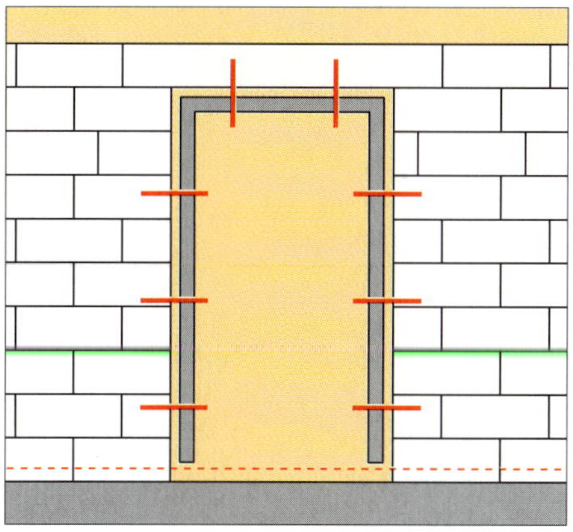

Die nächsten Handgriffe kennen Sie bereits von der Fenstermontage in Dübeltechnik (☞ S. 94): In den exakt ausgerichteten Türrahmen werden Löcher gebohrt (Abstand höchstens 70 Zentimeter). Nicht vergessen, die Bohrstelle anzusenken, damit der Schraubenkopf bündig im Blendrahmen liegt. Anschließend geht es mit einem Steinbohrer bis tief ins Mauerwerk weiter. Silikonmasse, die Sie sparsam ins Bohrloch pressen, gibt den Dübeln zusätzlichen Halt.

Nun bringen Sie die Metallrahmendübel ein und fixieren den Türrahmen mit wenigen Schraubumdrehungen.

Tip: Die geöffnete Tür bei dieser Arbeit nicht frei im Raum hängen lassen, sondern auf einem Unterbau abstützen.

Fugen ausschäumen

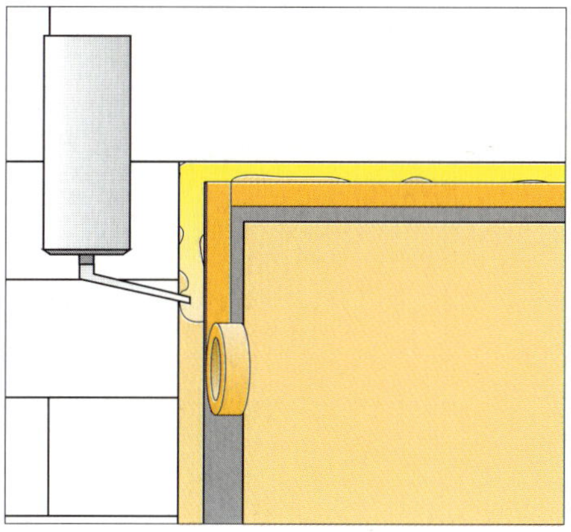

Jetzt schließen Sie die Tür, kleben Rahmen und Türblatt ab und schäumen die umlaufende Fuge zum Mauerwerk aus. Den großen Spalt zwischen Türrahmen und Rohbauboden (meist fünf bis acht Zentimeter hoch) füllen Sie am besten mit YTONG-Resten.

Die Einbauanleitung für die Haustür gilt sinngemäß auch für Fenstertüren (zum Beispiel zu Terrasse und Balkon). Allerdings muß man dort nicht unbedingt mit Dübeln montieren. Denn Balkontüren werden auch von Metallankern ausreichend sicher festgehalten.

Rolladen selbst einbauen?

Rolladen, Rolladenkasten und Fenster sind drei Gewerke, die eng zusammengehören. Material und Abmessungen der einzelnen Bauteile müssen aufeinander abgestimmt sein. Deshalb bieten viele Fachfirmen die Rolladen- und Fenstermontage im Komplettpaket an. Nur jene Fenster, die keine Rolläden bekommen, können problemlos selbst eingebaut werden (☞ S. 92 ff.).

Wer sich dennoch an die Rolladen-Fenster-Trilogie wagt, muß auf viele Feinheiten achten. So wird zum Beispiel der Abstand der Fenster von der Mauerwerksaußenkante so gewählt, daß zwischen Rolladenkasten, Führungsschiene und Fenster fugenlose Übergänge entstehen. Tip: Vor der Fenstermontage alle Bauteile einkaufen.

Rolladenführungsschiene anbringen

Die Rolladenführungsschienen werden so weit hochgeführt, daß die Blende des Rolladenkastens den Trichter der Schiene um zwei bis drei Zentimeter überdeckt.

Am unteren Ende der Rolladenführung muß man die Form der Außenfensterbank (☞ S. 174) berücksichtigen: die Führungsschiene entsprechend dem Fensterbankgefälle schräg abschneiden!

Nachdem Sie die Rolladenschienen zugesägt haben, schrauben Sie diese auf dem Fensterrahmen fest. Manche Kunststoffschienen sind so profiliert, daß man sie an den Kunststoffrahmen anstecken kann. Zusätzliche Sicherheit geben Klebeverbindungen. Spezialkleber im Fachhandel besorgen!

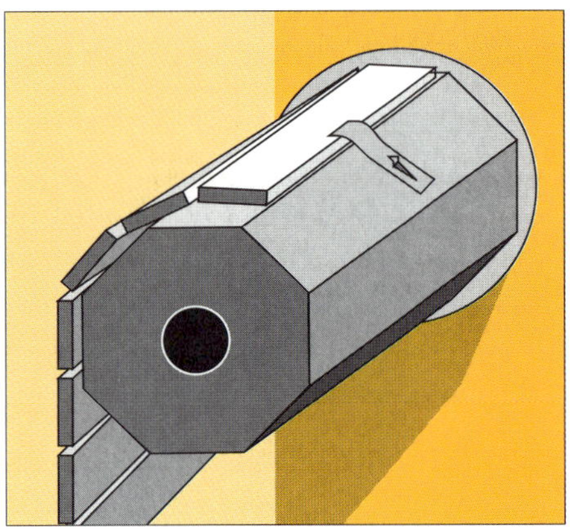

Rolladenpanzer und Gurt auf der Walze befestigen

Zunächst werden die Walzenlager beidseitig im Rolladenkasten angeschraubt. Diese Arbeit kann man sich sparen, wenn der Kasten bereits komplett mit Walze gekauft wurde. Bitte darauf achten, daß dann auch die Gurtscheibe (auf dieser wird der Gurt im Rolladenkasten aufgewickelt) mitgeliefert wird. Prüfen Sie vor der Rolladenkastenbestellung, daß Walze, Gurt und Rolladen zusammenpassen.

An der obersten Lamelle des Rolladenpanzers befestigen Sie nun Haltegurte, die dann an der Walze angeschraubt werden. Das Ende des Rolladengurtes schlagen Sie ein paar Zentimeter um. Eine Schraube, die durch die Gurtschlaufe und die Gurtscheibe hindurch in die Walze gedreht wird, sorgt für eine dauerhafte Verbindung.

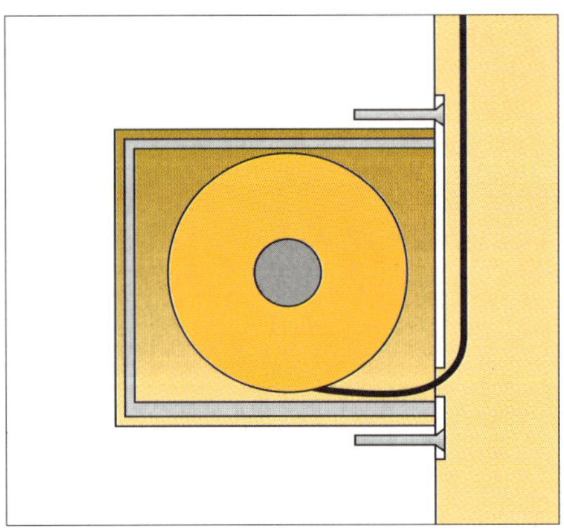

Gurtwickelkasten im Mauerwerk einbauen

Um den Rolladengurt im Mauerwerk verschwinden lassen zu können, benötigen Sie einen Gurtwickelkasten. Entsprechend seiner Größe müssen Sie eine Aussparung im Mauerwerk vorsehen. Auch das ist mit YTONG problemlos. Sie können den Porenbeton herausbohren oder herausfräsen.

Nun wird ein Leerkasten in der Nische mit Mörtel befestigt. Gurtwickel und Blende werden anschließend darübergesetzt und mit Schrauben gesichert. Übrigens: Ein Nachrüsten auf Elektroantrieb ist mit Modulen möglich, die in den Gurtwickelkasten passen.

Klappläden kaufen oder selbst bauen?

Auch Fenster und Fensterläden bilden eine Einheit. Und weil Klappläden Ihrem Haus einen ganz besonderen Charakter geben, sollten Sie sich in jedem Fall das vielfältige Sortiment der Fensterladenhersteller ansehen. Auch wenn Sie letztlich dort keine Läden kaufen, so haben Sie wenigstens wertvolle Anregungen bekommen.

Falls Sie zwar stilvolle Optik möchten, sich aber Ihre Ansprüche auf funktionelle Details (Lüftungslamellen, Bedienung von innen) in Grenzen halten, können Sie die Fensterläden auch selbst zimmern. Voraussetzung: Sie haben einige Schreinerfähigkeiten. Aber bitte keine Holzmöbeltüren aus dem Baumarkt als Fensterläden zweckentfremden: Diese sind Wind und Wetter nicht gewachsen.

Klappläden aus Profilbrettern bauen

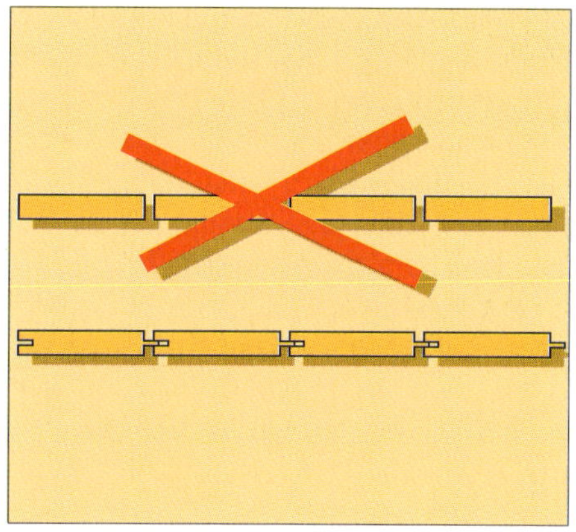

Als Selbstbauwerkstoff kommt im Grunde nur Holz in Frage. Fensterladenbau aus Kunststoff oder Aluminium ist wohl nur etwas für professionelle Handwerksbetriebe.

Bei Holz haben Sie jedoch das Problem, daß der große Witterungseinfluß starke Materialbewegungen verursachen kann. Mehrere Bretter stumpf aneinanderzustoßen wird mit der Zeit zu lästigen Lichtspalten führen. Da sind Profilbretter besser geeignet. Denn im Bereich von Nut und Feder findet das Holz ausreichend Spielraum.

Stecken Sie die einzeln zugesägten Bretter (Materialdicke mindestens 18 Millimeter, senkrechter Brettverlauf) zu den gewünschten Flächen zusammen.

Das stabilisierende große „Z"

Jetzt müssen Sie die Nut-und-Feder-Bretter mit waagerechten Querhölzern verschrauben (eine Schraube je Verbindung). Querschnitt der Querhölzer: 24 mal 80 Millimeter (Beispiel). Der Abstand zu Ober- und Unterkante des Fensterladens beträgt etwa zehn Zentimeter. Der Abstand zwischen den aussteifenden Querhölzern sollte einen Meter nicht übersteigen. Fenstertüren bekommen also noch eine zusätzliche Querverstrebung in der Mitte.

Damit der Fensterladen nicht durchhängen kann, wird noch eine Diagonal-Aussteifung montiert. Diese läuft vom unteren Scharnier bis zum außenliegenden Ende des oberen Querbrettes. Diagonale und Querhölzer gleichen in ihrem Verlauf einem großen „Z".

Lasieren und Scharniere montieren

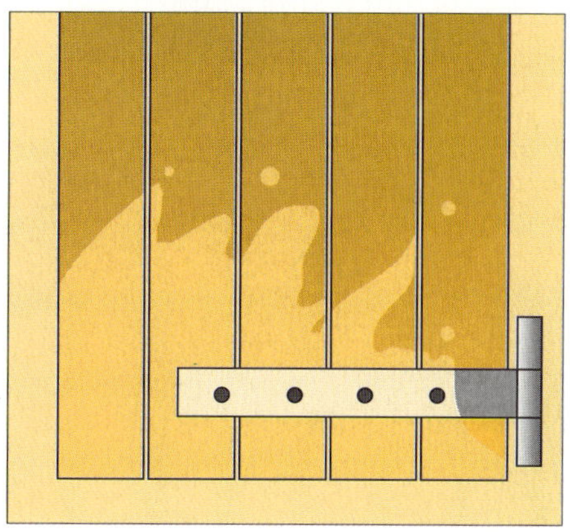

Falls Sie Holzfenster haben und Ihre Holz-Fensterläden farblich keinen Kontrast darstellen sollen, müssen Sie sich die originale Lasur beim Fensterhersteller kaufen. Die Scharniere befestigen Sie an den Querhölzern und am Fensterrahmen (alternativ sind auch Verbindungen mit dem Mauerwerk möglich).

Es muß jedoch ausdrücklich darauf hingewiesen werden, daß nicht alle Beschläge einbruchhemmend sind. Falls erhöhte Sicherheit gefordert ist, muß man bei der Montage einen Profi hinzuziehen.

Tip: Schlagen Sie die Fensterläden so an, daß das große „Z" bei geöffnetem Laden sichtbar ist. Dann wirken die mitunter recht großen Flächen bestimmt nicht langweilig.

Die Installationen

Nicht nur für den Rohbau, sondern auch für die Installationen (Heizung, Sanitär und Elektro) gibt es erstaunlich simple Selbstbau-Systeme. Die individuell zusammengestellten Bausätze seriöser Anbieter enthalten neben dem kompletten Material auch Beratung, Planung und Betreuung auf der Baustelle sowie die Einweisung und die Endabnahme durch den werkseigenen Kundendienst.

Der große Trick bei Installationsbausätzen ist, daß komplizierte Bauteile, wie zum Beispiel die Armaturen einer Heizungsanlage, schon komplett vormontiert geliefert werden. Das erleichtert vieles. Aber leider nicht alles! Deshalb sollten Selbstbauer in diesem Stadium des Hausbaus unbedingt mit einem zuverlässigen Fachmann zusammenarbeiten. Die geringen Mehrkosten ersparen eine Menge Zeit, Ärger und Frust. Denn jeder auch noch so ausgeklügelte Installations-Bausatz führt irgendwann einmal in eine Sackgasse, aus der sich der Laie nicht allein herausmanövrieren kann.

Gerade beim Heizungsselbstbau wird deutlich, daß es eben nicht ohne Fachleute geht. Die Fragen, ob Sie lieber mit Öl oder mit Gas heizen wollen (☞ S. 218) oder ob Sie statt Heizkörpern lieber eine Fußbodenheizung möchten, können Sie sich zwar noch selbst beantworten. Wenn es aber darum geht, die Leistung des Kessels zu dimensionieren oder die einzelnen Komponenten (Kessel, Brenner, Heißwasserspeicher, Ausdehnungsgefäß und so weiter) zusammenzustellen, ist professionelle Unterstützung unumgänglich. In Ihrem eigenen Interesse sollten Sie nur mit solch einem Bausatzlieferanten einen Vertrag abschließen, der neben dem Material auch ein umfassendes Servicepaket anbietet und Ihnen auch kurzfristig bei der Installationsarbeit helfen kann, falls Sie sich doch ein wenig überschätzt haben. Darüber hinaus sollte das Liefern von ausführlichen Montageanleitungen und notwendigen Spezialwerkzeugen genauso selbstverständlich sein wie das Überprüfen und Abnehmen der fertigen Anlage. Wenn der Bausatzanbieter von seinem System überzeugt ist (und davon gehen wir mal aus), wird er letztlich auf Ihre selbstmontierte Anlage eine Garantie geben: mindestens ein Jahr. Tip: Prüfen Sie, ob der Bausatzlieferant eine Service-Niederlassung in Ihrer Nähe hat und die Wartung der Heizung regelmäßig durchführen kann.

Auch die Wasserversorgung im Haus läßt man sich am besten als Bausatz anliefern. Weil die Warmwassererzeugung meist mit der Heizung gekoppelt ist, wird man das Heizungs- und Sanitär-Material aus einer Hand beziehen.

Die jüngste Errungenschaft auf dem Bausatzsektor betrifft die Elektroinstallation. Die Verkabelung erfolgt dabei nach dem kinderleichten Code „Zahl auf Zahl" und „Farbe auf Farbe". Der Clou ist ohne Zweifel ein komplett vorverdrahteter Zentralverteiler mit Sicherungen, so daß der Selbstbauer in diesem speziellen Fall die Elektroinstallation allein erledigen darf. Wichtig: Wählt man keinen Bausatz mit Komplett-Service, muß ein Elektroinstallateur her. Der sagt Ihnen dann, welche Arbeiten Sie erledigen dürfen und welche nicht. Deshalb hier eine deutliche Warnung: „Hochspannung – Vorsicht, Lebensgefahr" gilt auch bei Ihrer Elektroversorgung. Gehen Sie nur mit professioneller Unterstützung ans Werk.

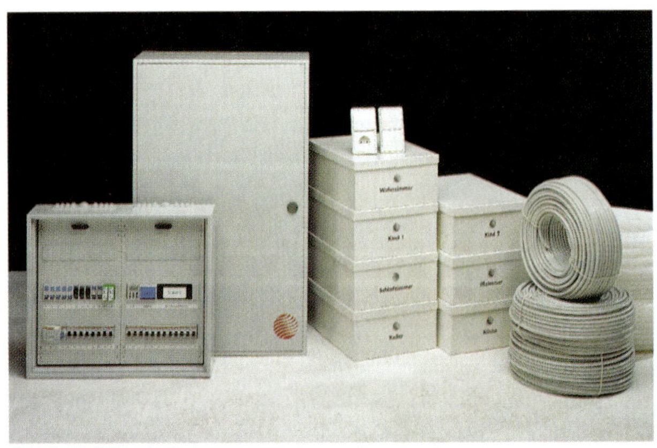

Achtung: Die in diesem Kapitel vorgestellten Arbeitsschritte können nur die Montageprinzipien, nicht jedoch die Ausführungsdetails Ihrer individuell gewählten Installations-Bausätze zeigen.

Ihr Zeitaufwand für die Installationen:

Heizkessel und Brenner montieren 4 Std.

Armaturenblock anschrauben 0,5 Std.

Etagenverteiler an der Wand befestigen 0,5 Std./Stück

Heizkörper zusammenbauen und befestigen 3 Std./Stück

Fußbodenheizung komplett verlegen 0,2 Std./m²

Öltank aufstellen und anschließen 6 Std.

Sanitär-Kellerstation montieren 5 Std.

Sanitär-Wandabgang montieren 0,5 Std./Stück

Steckdose oder Lichtschalter montieren 0,5 Std./Stück

Nebenarbeiten (Rohre und Kabel verlegen, Schlitze herstellen, Waschbecken und Armaturen montieren etc.): 250 bis 300 Stunden beim durchschnittlichen Einfamilienhaus

Wichtiger Hinweis: Das Hanfen und Löten von Rohrfittings, der Zusammenbau von Heizkörpern und Heizkessel sowie das Verdrahten von Steckdosen und Sicherungskästen erfordern einen geübten Umgang mit Material und Werkzeug. Es wird empfohlen, die Installationsarbeiten gemeinsam mit einem Profi auszuführen. Zudem ist die Einarbeitungszeit für den Laien meist recht lang. Bei Profi-Mitarbeit wird die angegebene Arbeitszeit deutlich reduziert.

Ein Podest für den Heizkessel betonieren

Beim Podest für den Heizkessel macht man sich das Prinzip des „schwimmenden Estrichs" (☞ S. 154) zunutze: Eine Dämmplatte dämpft die späteren Betriebsgeräusche wirksam ab.

Und so gehen Sie vor: Zunächst zeichnen Sie genau den Standort des Kessels auf den Rohbauboden und legen eine Hartschaum- oder Mineralfaserunterlage aus. Größe der Podestfläche: drei bis vier Quadratmeter. Anschließend wird seitlich geschalt. Damit der Beton die Schalung nicht umdrücken kann, stützen Sie die Bretter mit Steinen ab. Die Betonplatte (Dicke etwa acht Zentimeter) wird mit einer Stahlmatte armiert (geeignet: Mattenrest aus Rohbauzeiten). Den Beton gut verdichten!

Heizkessel waagerecht ausrichten

Frühestens drei Tage nach den Podest-Betonierarbeiten stellen Sie den Heizkessel auf. Plazieren Sie ihn so, daß er von allen Seiten gut zugänglich ist und daß der Schornstein-Anschluß problemlos erfolgen kann. Schraubbare Kesselfüße ermöglichen ein exaktes Ausrichten. Mit der Wasserwaage prüfen. Sind keine schraubbaren Füße vorhanden, Kessel mit Blechstreifen ausrichten.

Nun beginnen schon die ersten Installations-Handgriffe, bei denen Sie sich vom Profi helfen lassen sollten: den Kugelhahn (Entleerungs-Armatur) am Kessel anschrauben und den Anschluß zum Ausdehnungsgefäß vorbereiten. Die Ausführungsdetails entnehmen Sie der Bauanleitung Ihrer individuellen Heizungsanlage.

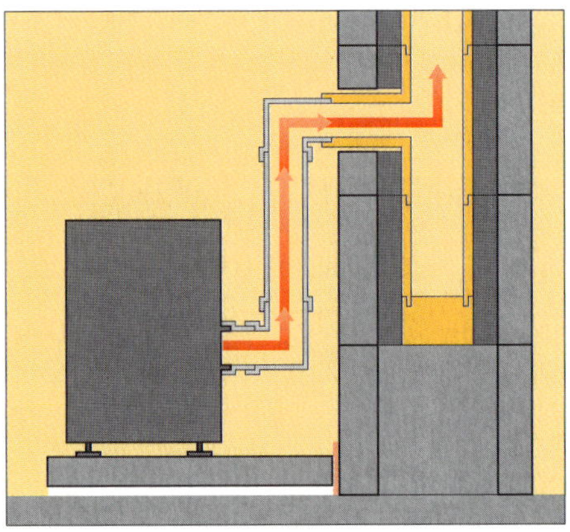

Rauchrohranschluß herstellen

Die Verbindung vom Heizkessel zum Schornstein (☞ S. 68) soll möglichst kurz sein. Dabei muß man die Abgasrohre entgegen der Strömungrichtung zusammenstecken. Nur so ist gewährleistet, daß kein Rauch aus dem Rohr austritt. Verlegen Sie die Rohre genau nach Plan. In unserem Beispiel benötigt der Kessel erst ein waagerechtes Rohrstück, ehe die Abgasleitung nach oben abknickt. Hinweis: Waagerechte Rohre mit geringer Steigung (niemals fallend) einbauen.

Achtung: Den genauen Verlauf des Rauchrohres mit dem Schornsteinfeger abstimmen! Die Schornstein-Reinigungsöffnung muß zugänglich bleiben. Anschlußstück nur so weit einführen, daß der Querschnitt des Schornsteins nicht reduziert wird.

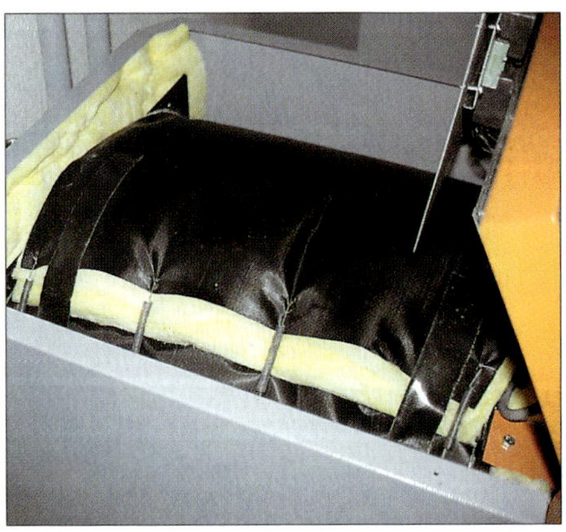

Wärmedämmung am Kessel anbringen

Zur Vermeidung von Wärmeverlusten muß der Kessel komplett eingepackt werden. Zuerst wickeln Sie rund um den Kesselkörper eine Dämmschicht, die mit Spannbändern gesichert werden kann.

Für Rückseite, Front und die beiden Kesselseiten sind vorbereitete Verkleidungsplatten im Bausatz enthalten, die man anschraubt oder ansteckt. Manche Systeme sind auch mit Magnetschnäppern ausgerüstet. In diesem Fall werden die gedämmten Außenflächen mit einem „Klick" befestigt.

Die elektronische Regelung der Heizungsanlage

Bevor die wärmegedämmte Kessel-Abdeckung mit eingebautem Schaltfeld montiert werden kann, wird die Verkabelung vorbereitet. Die Temperaturfühler steckt man in die Brennkammer und installiert die elektronische Regelung (eine ausführliche Montageanleitung liegt Ihrem Heizungsbausatz bei).

Temperatur-Außenfühler an der nach Norden zeigenden Hauswand befestigen und mit der Regelung verbinden.

Achtung: Die VDE-Bestimmungen und die Elektroversorgungsunternehmen schreiben vor, daß der elektrische Anschluß der Heizung nur von örtlich zugelassenen Fachfirmen ausgeführt werden darf.

Brenner montieren

Zunächst wird der Brennerflansch mit einer feuerfesten Dichtung an der Kesseltür angeschraubt. Die Schrauben aber nur „handfest" anziehen. Erst nachdem der Brenner mit dem Flammrohr in die Öffnung des Brennerflansches geschoben wurde, zieht man alle Schrauben fest an und steckt das Anschlußkabel der Regelung auf das entsprechende Kupplungsstück am Brenner. Worauf Sie bei der Verbindungsleitung zwischen Öltank und Brenner achten müssen, lesen Sie auf Seite 107. Falls Sie einen Gaskessel gewählt haben, übernimmt ein Fachmann den Anschluß.

Übrigens: In Zukunft wird sich der fix und fertig montierte Heizkessel durchsetzen. Komplett gedämmt, verkabelt und mit Brenner.

Das Ausdehnungsgefäß befestigen

Das Wasser in Ihrer Heizung unterliegt einem Aufwärmungs- und Abkühlungsprozeß. Nicht nur Physiker wissen, daß mit der Temperaturänderung eine Volumenänderung verbunden ist. Im geschlossenen Heizkreislauf würde das zu ungesunden Druckunterschieden führen. Diese auszugleichen ist die Aufgabe des Ausdehnungsgefäßes.

Man dübelt ein Formteil an die Wand, durch das ein Spannband gezogen wird. Das Ausdehnungsgefäß selbst wird also nicht festgeschraubt, sondern lediglich festgespannt. Die Verbindung zum Heizkessel stellt man mit Kupferrohr her (Lötanleitung ☞ S. 109).

Achtung: Kein Absperrorgan in die Leitung einbauen! Ab einem Volumen von 35 Liter: Ausdehnungsgefäß auf dem Boden aufstellen.

Armaturenblock anschrauben

Der vormontierte Armaturenblock mit Pumpe und Thermometern wird bei der hier gezeigten Anlage mit Überwurfmuttern an den Kesselanschlußstutzen festgeschraubt. Die Flachdichtungen, die zwischen die Bauteile kommen, mit Fermit (Dichtungspaste) bestreichen! Ausnahme: Gummidichtungen. Am Armaturenblock muß nun ein Sicherheitsventil befestigt werden. Dieses Ventil öffnet sich automatisch bei einem Überdruck.

Verschiedene Armaturenblöcke stehen zur Auswahl. Das einfachste Modell wird bei einer Heizung mit Heizkörpern ohne Brauchwassererwärmung eingesetzt. Dort gehen zwei Stränge (Vor- und Rücklauf) ab. Siehe auch S. 112: Fußbodenheizung verlegen.

Erdtank oder Kellertank?

Moderne Kellertanks benötigen längst nicht mehr so viel Fläche wie früher. Fünf Quadratmeter genügen. Die Gründe: Es sind raumhohe Behälter lieferbar, und die Heizungsanlagen sind so sparsam geworden, daß eine Lagermenge von 4 000 Liter für mindestens zwei Heizperioden reicht: beim durchschnittlichen Einfamilienhaus.

Um jedoch einen echten Vergleich zwischen Keller- und Erdtank anstellen zu können, müssen zu den Kosten der Kellertankanlage die Rohbaukosten des Tankraums sowie der Betrag für die Tankraumbeschichtung hinzugerechnet werden.

Hinweis: Beim Erdtank ist in aller Regel keine Eigenleistung möglich. Die Anlage wird komplett vom Lieferanten montiert.

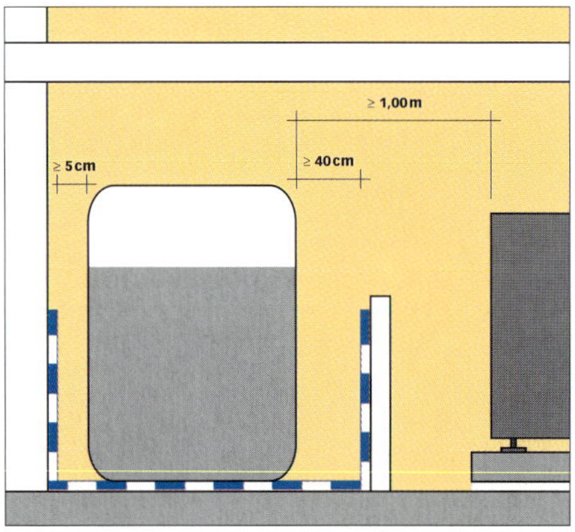

Batterietank im Keller aufstellen

Für Aufstellräume gilt, daß an je einer Stirn- und Längsseite der Tankanlage der Abstand zur Wand 40 Zentimeter betragen muß, zu den beiden anderen Wänden fünf Zentimeter. Der Deckenabstand bei zweireihiger Aufstellung: mindestens 60 Zentimeter. Auf den Deckenabstand kann verzichtet werden, wenn zu beiden Längswänden eine Distanz von 40 Zentimeter besteht. Das Aufstellen der Tanks erfolgt gemäß Montageanleitung und Bauartzulassung.

Den Tankraum muß man als Auffangwanne ausbilden: Beschichtung mit Zementputz und dreimaligem, ölfestem Anstrich. Bis zu einem Volumen von 5 000 Liter dürfen Tanks im Heizraum aufgestellt werden. Der Heizkessel muß außerhalb des Auffangraumes stehen!

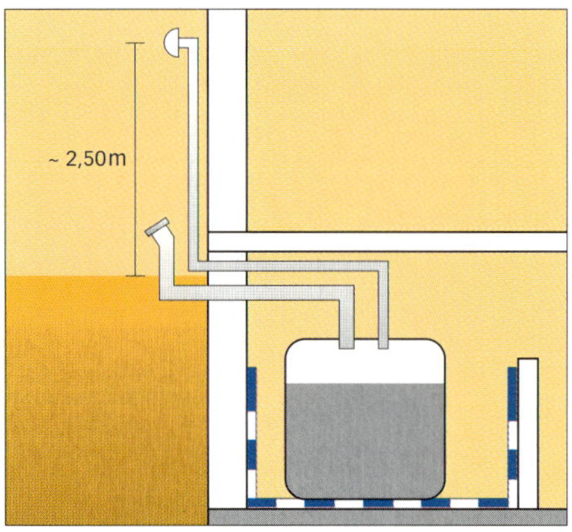

Montage der Füll- und Entlüftungsleitung

Füllstutzen und Entlüftungsleitung werden an der Außenwand installiert. Wenn bei den Rohbauarbeiten noch keine Schlitze vorgesehen wurden, müssen diese jetzt nachträglich hergestellt werden. Die verzinkten Rohre mit Schellen im Mauerschlitz so befestigen, daß nur der Einfüllstutzen und die Entlüftungskappe über die Außenwand hervorspringen. Tip: Abschließbaren Füllstutzen in einer Nische einbauen und die Entlüftungsleitung rund 2,50 Meter über die Geländeoberfläche nach oben führen. Die Lüftung sollte nicht in der Nähe eines Fensters liegen (Geruchsbelästigung).

Hinweis: Der Tankraum selbst muß über eine Raumentlüftung (Mindestquerschnitt 400 Quadratzentimeter) verfügen.

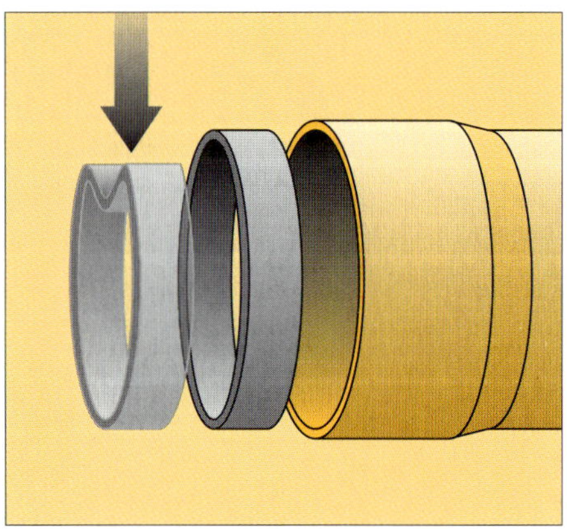

Auf die Dichtungen kommt es an

Die Füll- und Entlüftungsleitungen müssen dicht sein. Nur so können permanenter Ölgeruch und Ölaustritt während des Füllens verhindert werden. Deshalb sämtliche Verbindungen mit Dichtungen ausführen!

Die Muffe des ersten Rohres wird innen mit Kleber (zum Beispiel „Loro-X") eingepinselt. Anschließend setzt man die Dichtung schräg in die Muffe ein. Nun wird der Dichtring mit dem Finger nach unten gedrückt und in die richtige Stellung gedreht. Wenn Sie den Finger wegziehen, springt das Dichtelement hoch und füllt das Rohr aus. Auf gleichmäßigen Sitz achten! Danach bestreichen Sie die Dichtung von innen und das nächste Rohr von außen mit Kleber und stecken beide Teile unter leichter Drehung bis zum Anschlag zusammen.

Muffenverbindungen der Füll-Leitung sichern

Die Muffenverbindungen der Füll-Leitung müssen zusätzlich mit Sicherungsschellen stabilisiert werden. Dann ist gewährleistet, daß das Rohr auch kurzzeitig hohen Druck beim Befüllen der Tanks problemlos aufnehmen kann.

Wichtig: Bei Verlegung in der Erde muß auch die Lüftungsleitung mit Rohrschellen gesichert werden. Weiterhin ist darauf zu achten, daß die verzinkten Rohre im Erdreich mit einem Korrosionsschutz versehen sind.

Verarbeitungstips: Beim Ablängen der Rohre das Einschubende entgraten. Rohre, die in Wandschlitzen verlegt wurden, können ohne Zusatzmaßnahme einbetoniert oder eingemörtelt werden.

Öl-Leitungen zum Brenner legen

Die Verbindung vom Öltank zum Heizkessel besteht oft aus einer Saugleitung und einem Öl-Rücklauf. Beide Leitungen werden in Kupfer ausgeführt (Durchmesser zehn Millimeter).

Am Tank wird eine Entnahmearmatur montiert, an der man die Kupferleitungen mit Quetschverschraubungen anschließt. Die Verbindungsrohre sollte man etwa alle fünfzig Zentimeter mit einer Doppelschelle an Wand oder Decke befestigen.

Zwischen dem Kupfer-Öl-Zulauf (Saugleitung) und den flexiblen Ölschläuchen am Brenner wird ein Ölfilter gesetzt.

Achtung: Vor- und Rücklauf nicht vertauschen. Alle Verbindungen müssen dicht sein, da der Ölbrenner sonst Luft anziehen kann.

Grenzwertgeber einbauen

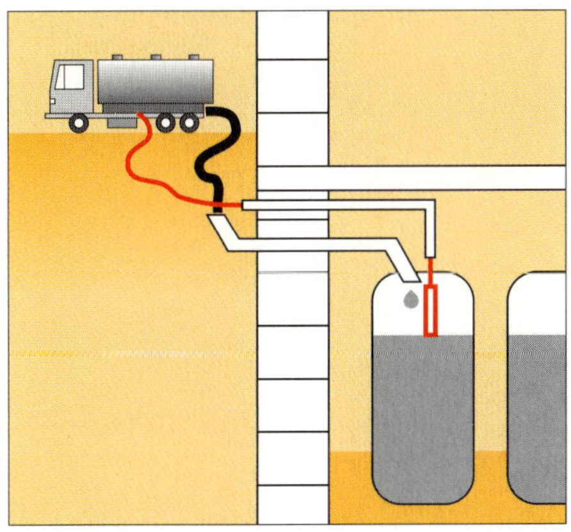

Ihr Kellertank darf nur zu 95 Prozent gefüllt werden. Die Aufgabe des Grenzwertgebers ist es nun, ein Überfüllen der Tanks zu verhindern.

Der Grenzwertgeber wird im ersten Tank (vom Einfüllstutzen aus betrachtet) eingebaut. Die Anschlußdose, über die der Impuls an das Öl-Lieferfahrzeug weitergeleitet wird, sollte in direkter Nähe des Einfüllstutzens liegen.

Wichtig: Beim Einbau des Grenzwertgebers sind die Montageanleitung und die Bauartzulassung zu beachten!

Zusatzausrüstung: Notschalter und Feuerlöscher

Die Stromzufuhr zum Heizkessel muß über einen Notschalter geführt werden, den man außerhalb des Heizraums installiert. So kann im Notfall die Heizungsanlage von einem sicheren Ort aus ausgeschaltet werden. Die Elektro-Arbeiten sind vom Fachmann auszuführen!

Eine weitere Sicherungsmaßnahme ist, vor dem Heizraum einen „A-B-C"- Feuerlöscher aufzustellen. Dieser Pulver-Feuerlöscher kann bei Bränden der Klasse „A" (feste, glutbildende Stoffe), der Klasse „B" (flüssige Stoffe) und der Klasse „C" (gasförmige Stoffe, auch unter Druck) eingesetzt werden. Bei bis zu 5000 Liter Tank-Nenninhalt genügt ein Löscher bis sechs Kilogramm Inhalt. Ab 5000 Liter Nenninhalt benötigen Sie einen 12-Kilo-Löscher.

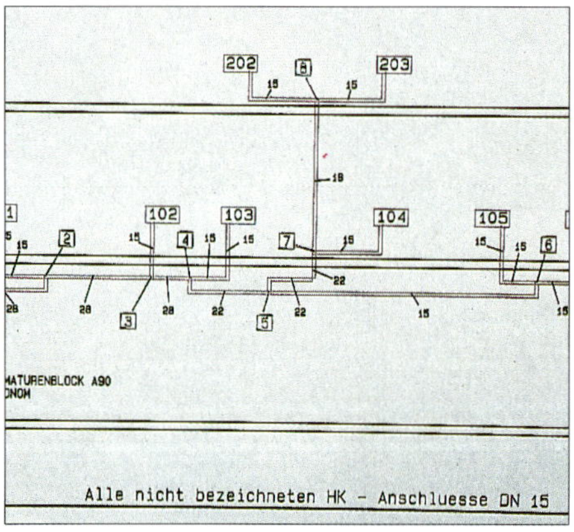

Der individuelle Schlitzplan

Zu den Service-Leistungen des Heizungs-Anbieters sollte auch die Erstellung von Schlitz- und Durchbruchplänen gehören. Falls diese schon vor Beginn der Maurerarbeiten vorliegen, können Sie Schlitze und Nischen bereits berücksichtigen, während der Rohbau errichtet wird. Falls noch keine Hohlräume für Leitungen und Etagenverteiler existieren, wird es nun höchste Zeit. Achtung: Wegen der mitunter recht hohen Staubentwicklung sollten Sie alle Installations-Bauteile sorgfältig abdecken.

Wichtig: Stimmen Sie die Rohrführung (Strangschema) mit dem Bausatzanbieter rechtzeitig ab. Ziel sollte immer ein kurzer Rohrleitungsverlauf sein.

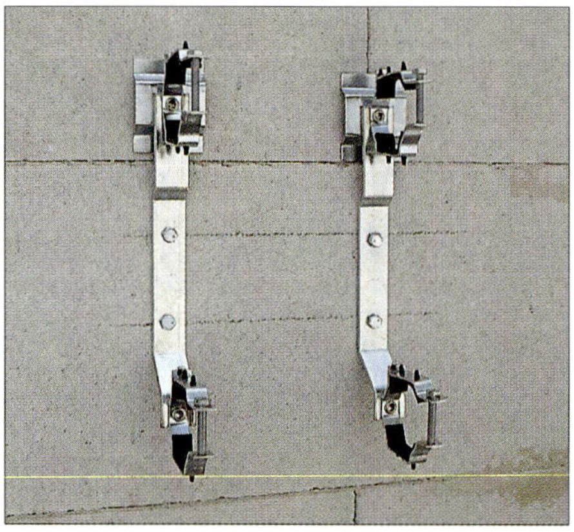

Bügel für Verteilerleisten im Mauerwerk festdübeln

Die Etagenverteiler werden entsprechend der Schlitzplanung montiert: entweder in ausgesparten Mauernischen (die Größe hängt von der Anzahl der Rohrabgänge ab) oder direkt auf der Wand. In beiden Fällen sorgen Einbaukästen mit Tür für eine saubere „Verpackung" der Verteilergruppe und für einen jederzeit möglichen Zugriff.

Schrauben Sie zunächst die Haltebügel für die Vor- und Rücklaufverteiler mit Dübeln (Durchmesser zehn Millimeter) und Schrauben (Durchmesser acht Millimeter, Länge sechs Zentimeter) an der Wand fest.

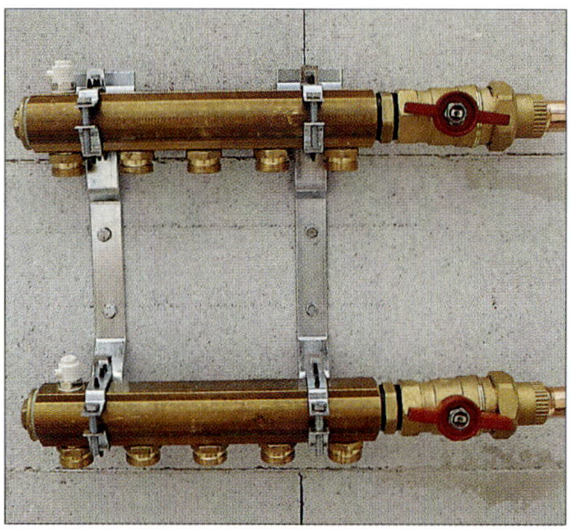

Verteilerleisten anschrauben

Nun ist es eine Kleinigkeit, die Verteilerleisten anzuschrauben. Achten Sie darauf, daß die Absperrventile mit den Rohranschlüssen zu den Mauerschlitzen zeigen, in denen die Steigleitungen verlegt werden.

Rohrbefestigung im Mauerwerk

Die Leitungen von Vor- und Rücklauf verlegt man parallel vom Heizkessel zu den Etagenverteilern. Nach Möglichkeit sollten die Verteiler der einzelnen Geschosse übereinander angeordnet werden. So ist es möglich, einen durchgehenden senkrechten Wandschlitz vom Keller bis unter das Dach zu führen. Doppelrohrschellen, die in Ihrem Heizungs-Bausatz enthalten sind, werden etwa alle zwei Meter an Wand und Decke mit jeweils einer Dübelverbindung montiert. Dübeldurchmesser zehn Millimeter, Schraubenlänge sechs Zentimeter. Tip: Nur schalldämmende Schellen (Rohr läuft durch Gummiring) verwenden.

Achtung: Rohrschellen nicht in Ecken, sondern im Abstand von etwa einem Meter vor und hinter jeder Richtungsänderung setzen.

Kupferrohr zuschneiden und säubern

Meist werden die Vor- und Rücklaufleitungen zwischen Heizkessel und Etagenverteiler in Kupfer ausgeführt. Grund genug, einmal den detaillierten Ablauf der Lötarbeiten zu zeigen.

Das Kupferrohr wird zunächst mit einem Rohrschneider oder mit einer Metallsäge rechtwinkelig abgelängt. Die Schnittstelle entgraten und darauf achten, daß keine Metallspäne im Rohr zurückbleiben.

Sie erleichtern sich die Längenermittlung der Rohre erheblich, wenn Sie die einzelnen Rohrstücke provisorisch zusammenstecken. Die Rohrstränge eventuell testweise in die Halterungen legen.

Die Rohrenden werden nun mit Stahlwolle gründlich gereinigt. Ebenso auch die Fittings (von innen!).

Flußmittel auftragen

Auf die gesäuberten Kupferflächen wird nun das Flußmittel (Lötwasser oder Lötfett) aufgetragen. Dann das Form- oder Verbindungsstück (Fitting) aufstecken und die Lötstelle gleichmäßig erwärmen.

Tip: Bauen Sie möglichst viele Einzelteile des Heizungsstranges im Schraubstock zusammen. Das bringt den Vorteil, daß an schlecht zugänglichen oder kritischen Stellen (zum Beispiel in der Nähe von brennbaren Stoffen) nicht gelötet werden muß. Setzen Sie die vorgefertigten Elemente in die Halterungsschellen, und stellen Sie die wenigen noch übriggebliebenen Verbindungen vor Ort her.

Achtung: Vermeiden Sie Hautkontakt mit dem Lötwasser!

Auch die angrenzende Rohrleitung erwärmen

Um zu verhindern, daß die Wärme der Lötflamme zu schnell von der Lötstelle abgeführt wird, muß auch das angrenzende Rohrstück erhitzt werden.

Wichtig: Beim Löten von Kupferleitungen niemals die Flamme direkt auf die Lötnaht richten.

Lötzinn in den Spalt fließen lassen

Sobald sich die Kupferoberfläche unter der Flamme verfärbt, Brenner wegdrehen und das Lötzinn in den Spalt zwischen Fitting und Rohr fließen lassen. Das Lötzinn zieht von allein in den Spalt und bildet einen silbrigen Ring rund um das Bauteil. In dieser Phase muß das Rohr absolut ruhig gehalten werden. Nach dem Erstarren mit Wasser abkühlen.

Tip: Selten gelingen dem Laien die Löt-Arbeiten auf Anhieb. Da es jedoch zu großem Ärger und aufwendigen Nacharbeiten führen kann, wenn die Verbindungen nicht ordnungsgemäß ausgeführt wurden, sollte man sich beim Löten (genau wie beim Arbeiten mit Hanf, ☞ S. 110) von einem Installations-Experten helfen lassen.

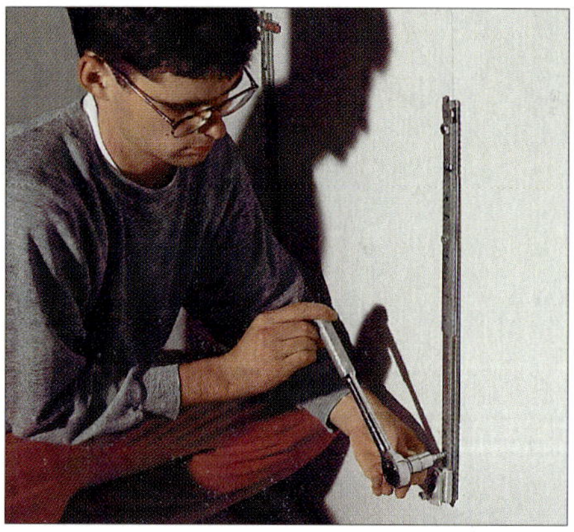

Montageschienen an der Wand befestigen

Alle Wände, an denen später Heizkörper hängen, werden nun verputzt (☞ S. 140). In diesen Wänden sollten alle Leitungen (Heizung, Strom, Wasser etc.) bereits verlegt sein. So kann man sich später sparen, die Heizkörper zum Verputzen wieder zu demontieren.

Auf der verputzten Wand markiert man den Heizkörper. Bitte beachten, daß zwischen einem Standardheizkörper und dem fertigen (!) Fußboden mindestens zwölf Zentimeter Platz bleibt. Über dem Heizkörper müssen mindestens acht Zentimeter Freiraum bleiben.

Messen Sie jetzt die Abstände der Halterungen an der Heizkörperrückseite aus, und übertragen Sie diese Maße an die Wand. Anschließend werden die Halteschienen festgedübelt und ausgerichtet.

Kunststoff-Stopfen entfernen

Die Gewindeöffnungen (Anschlußmuffen) des Heizkörpers sind oft mit Kunststoff-Stopfen verschlossen. Diese müssen nun herausgedreht werden.

Tip: Endlackierte Heizkörper werden vor der Auslieferung in kräftige Folien verpackt. Heben Sie diese Folien auf. So können Sie nach der Rohrmontage den Heizkörper wieder zuhängen und ihn vor dem weiteren rohen Baualltag schützen.

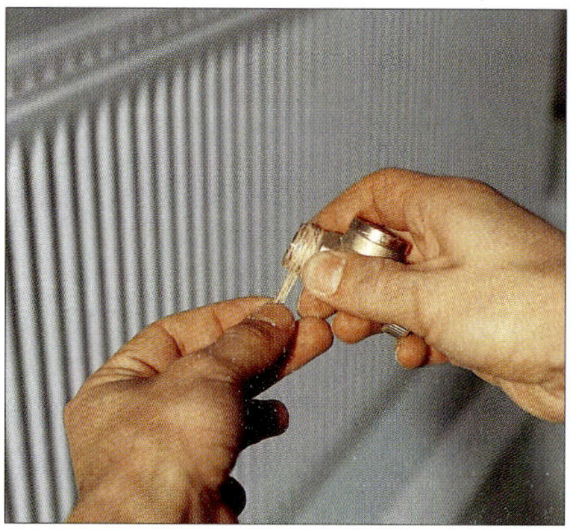

Armaturen einhanfen

Bevor der Heizkörper an die Wand gehängt wird, muß unten die Vorlauf-Rücklauf-Kombination montiert werden (Heizkörper auf den Kopf stellen). An derselben Seite (oben) wird das Thermostatventil eingehanft. Auf der gegenüberliegenden Seite (oben) setzt man einen Stopfen mit Entlüftungsvorrichtung.

Wichtig: Messinggewinde rauht man mit einem Metallsägeblatt auf, damit der Hanf beim Einschrauben nicht wegrutscht. Dann wird der Hanf vom Gewindeende nach vorn gewickelt. Nicht zu dicke „Schnüre" nehmen. Anschließend das vorbereitete Gewinde gleichmäßig mit Dichtungspaste (Fermit) bestreichen und das Bauteil einschrauben. Überstehenden Hanf mit dem Metallsägeblatt entfernen.

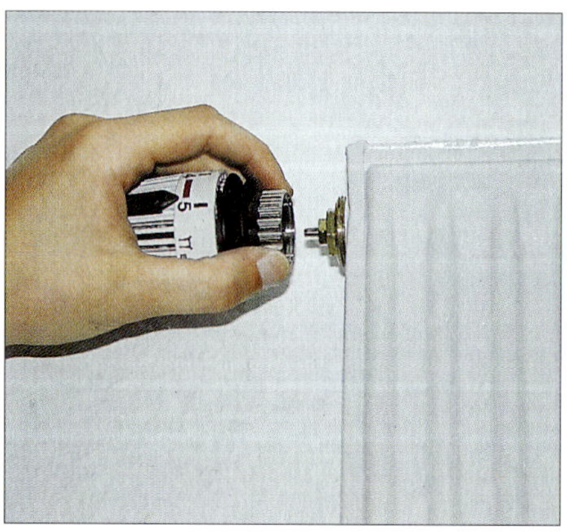

Regelungsknopf auf das Thermostatventil setzen

Sobald das Thermostatventil eingeschraubt ist, wird der Regelungsknopf darübergesetzt.

Hinweis: Wer vorher noch nie mit Hanf gearbeitet hat, wird trotz ausführlicher Beschreibungen mehrere Anläufe brauchen, bis die Verbindungen dicht sind.

Tip: Wenn auch der x-te Hanf-Versuch nur zum Mißerfolg führt, sollten Sie sich von einem Profi unter die Arme greifen lassen.

Erfreulich: Manche Bausatzhersteller haben inzwischen die Hanf-Problematik erkannt und bieten komplett vormontierte Heizkörper an.

Heizkörper anschließen

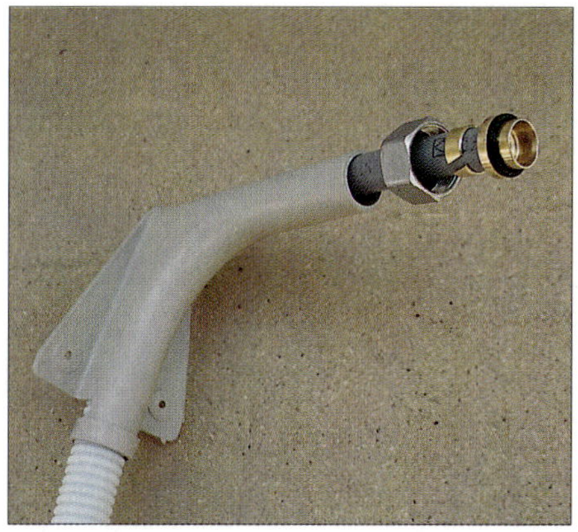

Die Schraubanschlüsse an Etagenverteiler und Heizkörper stellen für den Selbstbauer keine besondere Herausforderung dar, wenn moderne Kunststoffrohre (Rohr-im-Rohr-System) zum Einsatz kommen.

Zunächst werden die Rohrleitungen mit einer Spezialschere (sollte im Lieferumfang enthalten sein) rechtwinkelig und gratfrei zugeschnitten. Die Leitungslängen großzügig wählen! Nun schiebt man das Schutzrohr ein wenig zurück und führt das Druckrohr durch den Schutzrohrbogen. Danach kommen Überwurfmutter, Klemmring und Stutzrohr auf das Rohrende. Den Dichtring mit Fermit bestreichen und den Anschluß an die Vorlauf-Rücklauf-Kombination im Heizkörper herstellen. Überwurfmuttern gefühlvoll festziehen!

Rohre zum Etagenverteiler legen

Die Schutzrohrbögen werden mit Schrauben und Dübeln auf dem Rohbau-Boden senkrecht unter dem Anschluß befestigt. Auf möglichst direktem Weg führt man nun die Kunststoffrohre zum Etagenverteiler. Rohrmindestradius beachten: meist zehn Zentimeter.

Die biegsamen Rohre können auf dem Boden mit Rohrschellen oder Lochband fixiert werden. Dabei braucht man bestimmte Abstände nicht einzuhalten. Setzen Sie nur dort Schellen, wo das Rohr nicht so will, wie Sie wollen.

Am Verteiler wird das Schutzrohr gekürzt. Achtung: Schieben Sie eine metallene Ablänghülse zwischen Schutz- und Druckrohr. So können Sie beim Abschneiden das Druckrohr nicht beschädigen.

Anschluß an Verteiler herstellen

So, wie der Anschluß an den Heizkörpern ausgeführt wurde, funktioniert auch die Verbindung zu den Etagenverteilern: Überwurfmutter, Klemmring und Stutzrohr auf das Druckrohr (Innenrohr) schieben, Dichtring mit Fermit bestreichen und die Schraubverbindung herstellen. Auch dort gilt: Schrauben nicht zu fest anziehen!

Achtung: Vor- und Rücklaufleitungen nicht vertauschen! Etwa vier Wochen nach der Inbetriebnahme der Heizung müssen die Überwurfmuttern an Heizkörpern und Etagenverteilern nachgezogen werden.

Die Inbetriebnahme der Heizung

Es ist soweit: Der erste Testlauf Ihrer selbstmontierten Heizungsanlage steht bevor. Füllen Sie über den Füllanschluß am Armaturenblock die Heizung mit Wasser. Während des Füllvorgangs müssen Sie nacheinander die Heizkörper und Etagenverteiler entlüften.

Sobald der gesamte Heizungskreislauf frei von eingeschlossener Luft ist, drehen Sie das Füllventil zu. Der Druck muß zu diesem Zeitpunkt etwa 2,5 bar betragen. Beobachten Sie nun den Druckmesser (Manometer) am Armaturenblock. Nach 24 Stunden sollte sich der Wasserdruck nicht wesentlich verändert haben. Dann ist alles dicht.

Jetzt können Sie Öl bestellen (alternativ: Gasanschluß herstellen) und die Heizung mit dem Bausatzlieferanten in Betrieb nehmen.

Der doppelte Armaturenblock

Manchmal will man nur in einigen Räumen (Beispiel: Wohnzimmer oder Bad) eine Fußbodenheizung, während der Rest des Hauses konventionell mit Heizkörpern bestückt wird. Eine solche Mischheizung (Fußbodenheizung plus Heizkörper) erfordert einen doppelten Armaturenblock. Dieser vormontierte Verteiler wird mit Überwurfmuttern an den beiden Kessel-Anschlußstutzen festgeschraubt (☞ S. 105).

Wer sein Haus komplett über die Fußbodenheizung erwärmt, benötigt jedoch nur einen einfachen Armaturenblock mit einem Vorlauf und einem Rücklauf. Die genaue Ausführung des Armaturenblocks sollten Sie unter Berücksichtigung des Haus-Wärmebedarfs mit dem Bausatzlieferanten besprechen.

Ein Stellmotor statt manueller Mischung

Die Vorlauftemperatur der Fußbodenheizung liegt deutlich unter der Vorlauftemperatur von Heizkörpern. Da der Heizkessel jedoch nur eine Wassertemperatur erzeugt (und zwar die des Heizkörper-Kreislaufs), muß das Wasser für die Fußbodenheizung wieder abgekühlt werden. Dazu nimmt man Wasser aus dem Rücklauf, das genau dosiert für die richtig temperierte Mischung sorgt.

Am Armaturenblock gibt's einen Hebel, mit dem das Mischungsverhältnis eingestellt werden kann. Weil diese Dosis aber auch von der Außentemperatur abhängig ist, müßte man strenggenommen ständig von Hand nachregulieren. Diesen Job übernimmt der Stellmotor, so daß die Heizung immer mit optimaler Wirkung arbeitet.

Fußbodenheizungs-Verteiler montieren

Die Handgriffe für die Installation des Etagenverteilers haben Sie bereits kennengelernt (☞ S. 108). Entsprechend der Schlitzplanung plaziert man die Verteilerleisten in vorgesehenen Nischen oder Einbaukästen. Vorher Blindstopfen und Kugelhahn einbauen.

Die Anzahl der Abgänge hängt von der zu beheizenden Fläche ab. Ein Strang, von der Vorlaufleiste durch den Raum zur Rücklaufleiste geführt, kann eine Fläche von rund zehn Quadratmeter beheizen. Für ein 30-Quadratmeter-Wohnzimmer muß man also jeweils drei Abgänge auf der Vorlauf- und der Rücklaufleiste reservieren.

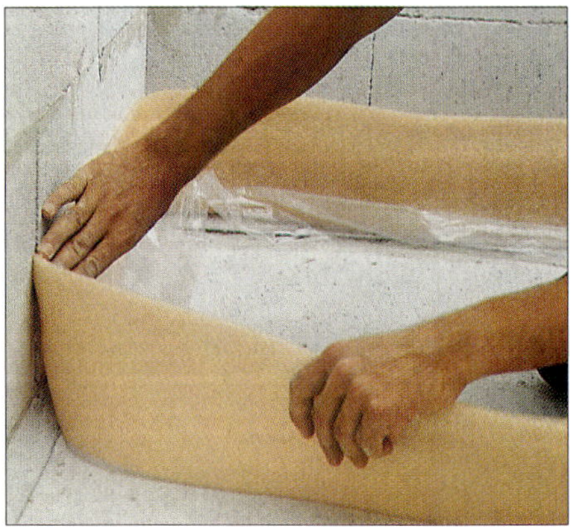

Dämmstreifen legen

Die Fußbodenheizung stellt schon einen Teil des späteren Fußbodens dar (☞ S. 152 ff.). Deshalb müssen bereits jetzt in den Räumen, die über die Bodenfläche beheizt werden, Maßnahmen gegen die Trittschallübertragung getroffen werden (☞ S. 154): Der Fußboden darf keinen starren Übergang zu Wänden oder Roh-Decke haben. Dies wird mit einer elastischen Lagerung erreicht.

Wickeln Sie zunächst sogenannte Randdämmstreifen von der Rolle ab, und legen Sie diese an allen Wänden aus. Auch andere Bauteile (Beispiel: Säulen, Pfosten, Treppenstufen), die eine starre Verbindung zum Gebäude haben, mit Dämmstreifen bekleiden.

Wichtig: Die angeschweißte Folie muß in den Raum zeigen.

Die Fußbodenunterkonstruktion herstellen

Profilierte Hartschaumplatten, in die man die Kunststoffrohre der Fußbodenheizung einklemmen kann, stellen eine besonders zeitsparende Lösung dar. Manche Räume benötigen jedoch zusätzlich noch eine trittschalldämmende Unterlage (Beispiel: Kinderzimmer über Wohnzimmer) oder eine Wärmedämmung, die man unter die Fußbodenheizungs-Elemente legt. So zum Beispiel in Wohnräumen, die an unbeheizte Keller grenzen, oder im Keller selbst (mit zusätzlicher Polyäthylenfolie als Feuchtigkeitsschutz). Besprechen Sie dieses Thema in jedem Fall mit Ihrem Selbstbau-Partner.

Die Schnellbauplatten werden innerhalb weniger Minuten verlegt. Ein ausgeklügelter Steckmechanismus macht's möglich.

Die Kunststoffrohre verlegen

Führen Sie ein Rohrende zur Vorlauf-Leiste des Etagenverteilers. Dann das Rohr senkrecht abschneiden und am vorgesehenen Abgang anschließen (☞ S. 111). Nun wird diese erste Leitung entsprechend dem Verlegeplan direkt an den Zimmerwänden entlanggeführt. Wichtig: Das Rohr drallfrei auslegen. Durch Drehen der Rolle kann man Verwerfungen verhindern. Tip: Zu zweit arbeiten!

Die Schneckenform für eine gleichmäßige Temperatur

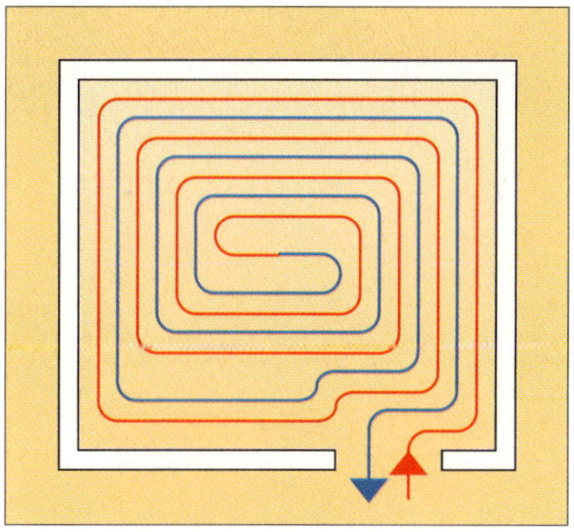

Verlegen Sie das Rohr schneckenförmig bis zur Raummitte, und führen Sie es nach einem Schlenker in entgegengesetzter Richtung zurück: Dann wechseln sich auf dem Fußboden Vor- und Rücklauf ab. So wird der Raum später gleichmäßig temperiert. Der Heizrohrabstand sollte zwischen zehn und 25 Zentimeter liegen.

Das zweite Rohrende wird jetzt am Rücklaufverteiler montiert.

Schnitt durch eine naßverlegte Fußbodenheizung

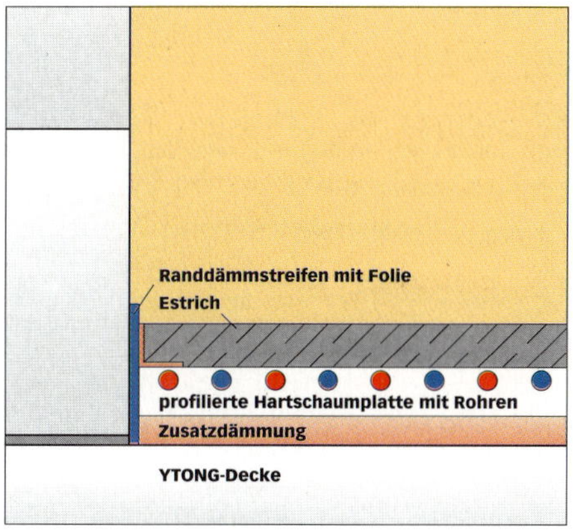

Im Neubau wird man eine Fußbodenheizung nur im Naßverlege-Verfahren einbauen: Das ist die preiswerteste Lösung. Nachteil gegenüber Trockensystemen: Der Fußbodenaufbau liegt bei rund neun Zentimeter. Zum Vergleich: Trocken eingebaute Fußbodenheizungen sind schon ab einer Bauhöhe von vier Zentimeter möglich.

Naßverlegung bedeutet, daß die Rohre in einen speziellen Heiz-Estrich gebettet werden. Achtung: Der Unterbau (Hartschaumplatten, Rohrleitungen) kann vom Bauherrn selbst montiert werden. Das Einbringen des Estrichs ist aber eine Sache für Fachleute.

Hinweis: Informationen über Bodenbeläge, die für Fußbodenheizungen geeignet sind, bekommen Sie auf Seite 161.

Vorbereitende Maßnahmen

Solarkollektoren bilden zusammen mit der Heizungsanlage und der Sanitärinstallation eine Einheit. Deshalb müssen jene Bauherren, die sich zwar für eine Solaranlage erwärmen können, die Investition zunächst aber zurückstellen möchten, einige Überlegungen anstellen, um später problemlos die Sonne anzapfen zu können. Zur Vorbereitung gehört, von vornherein einen solartauglichen Warmwasserspeicher (effektiver: ein Wärmespeicher) aufzustellen.

Meist werden Sonnenkollektoren auf dem Dach montiert. Die günstigste Energieausbeute wird erreicht, wenn die Sonnenstrahlen rechtwinkelig auf den Kollektor treffen. Weitgehend optimal ist eine genau nach Süden ausgerichtete Dachfläche mit 45° Neigung.

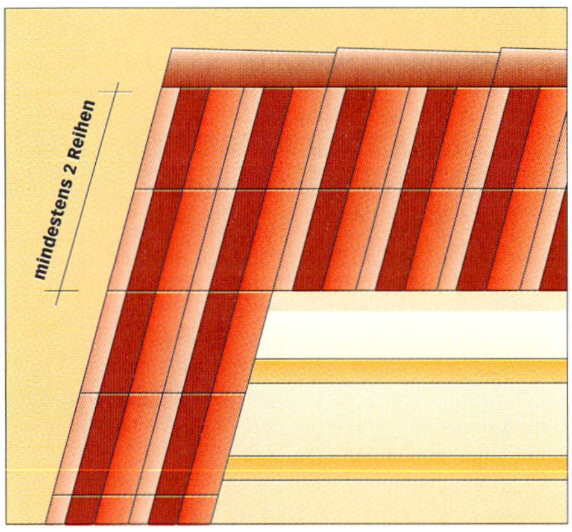

Für die Montage in der Dachfläche: Pfannen entfernen

Wenn die Dachfläche alles andere als günstig ist (Steildachausrichtung nach Osten und Westen, Flachdach), werden die Kollektoren in speziellen Unterkonstruktionen (zum Beispiel Rahmen an der Hauswand) zur Sonne ausgerichtet. Wer aber während der Planungsphase (☞ S. 12) die mögliche Sonnenenergie-Nutzung berücksichtigt, kann, sofern der Bebauungsplan dies zuläßt (☞ S. 208), das Dach entsprechend ausrichten und später die Kollektoren in der Dachhaut integrieren. Wichtige Details dieser Einbautechnik werden nun gezeigt.

Zunächst deckt man das Dach auf einer Fläche von sechs bis neun Quadratmeter frei (Kollektorfläche je Hausbewohner: 1,5 Quadratmeter). Zum First mindestens zwei Pfannenreihen belassen.

Eindeckrahmen montieren

Der Übergang zwischen Sonnenkollektor und angrenzender Dachfläche wird mit Eindeckrahmen, Metallprofilen (zum Beispiel aus Aluminium) und mit Bleischürzen wetterfest ausgeführt.

Verlegen Sie zunächst am unteren Übergang zu den Pfannen eine Bleibahn, und richten Sie anschließend die seitlichen Profile aus. Arbeiterleichternd ist, wenn Sie die Profile so anordnen, daß keine Pfannen zugeschnitten werden müssen.

Über die umlaufenden Randprofile werden jetzt die kollektortragenden Eindeckrahmen gesetzt.

Dach wieder eindecken

Sobald die Seitenprofile und die Eindeckrahmen verlegt sind, wird noch einmal der gesamte Unterbau kontrolliert. Liegen die Metallrahmen auch alle in einer Ebene? Sind alle Verbindungen augenscheinlich regendicht?

Abhängig vom Fabrikat werden jetzt eventuell noch Zusatzversteifungen an die tragende Unterkonstruktion angebracht. Tip: In diesem Stadium sollte ein Experte aufs Dach klettern, um den Stand der Installationsarbeiten zu begutachten.

Wenn Sie dann vom Profi das Okay gehört haben, können Sie das Dach bis zu den Eindeckrahmen mit Pfannen wieder zudecken.

Öffnungen für die Wasserrohre herstellen

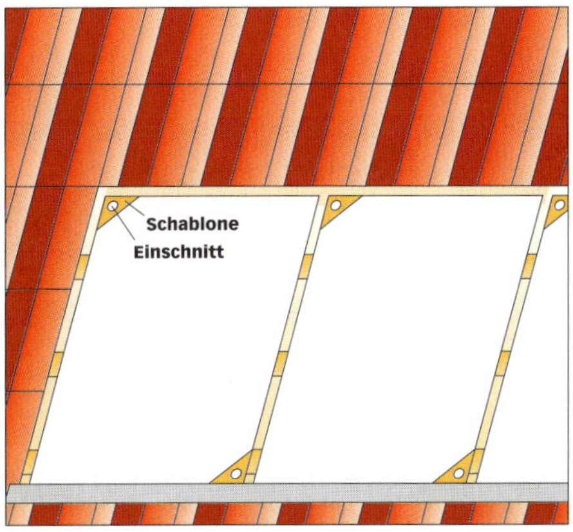

Nun bereiten Sie die Wasseranschlüsse vor. Mit Hilfe einer Schablone zeichnen Sie die Positionen der Rohrdurchgänge an und schneiden dort die Unterspannbahn auf. Achtung: Die Lage der Sparren gibt eventuell den Verlauf der Rohre vor.

Beim Massivdach ist es zweckmäßig, den Vor- und Rücklauf unterhalb der Dachhaut direkt auf den YTONG-Dachplatten bis zur Traufe zu verlegen. Dort führt man die Leitungen in einen senkrechten Wandschlitz. Tip: Rohre während der Dachdeckerarbeiten legen.

Im Bereich des letzten Kollektors (in Fließrichtung „kalt–warm" betrachtet) wird der Durchgang für einen Temperaturfühler in die Unterspannbahn geschnitten.

Die Kollektoren installieren

Entsprechend der Einbauanleitung des Herstellers werden nun die Sonnenkollektoren im Eindeckrahmen eingebaut. Beachten Sie bitte, daß die Kollektorfläche nicht begangen werden darf (Glasbruchgefahr!).

Achtung: Halten Sie sich bei der Montagearbeit auf dem Dach an die Unfallverhütungsvorschriften der Bau-Berufsgenossenschaften und an die Regeln für den Gerüstbau (☞ S. 72).

Steig- und Sammelleitungen verlegen

Der genaue Verlauf der Wasserleitungen (Vor- und Rücklauf) ist in einem detaillierten Schlitzplan (Strangschema) dargestellt, der Ihrem Solarbausatz beiliegt. Die Rücklaufleitung wird vom Warmwasserspeicher zum ersten Kollektor gelegt (unten einführen!). Von dort versorgt eine Sammelleitung die übrigen Sonnenkollektoren mit kaltem Wasser.

Die oberen Ausgänge werden mit leichter Steigung vom ersten bis zum letzten Kollektor zusammengeschlossen. Diese Leitung mündet im Vorlauf, durch den das erwärmte Wasser zum Kellerspeicher transportiert wird. Wichtig: Entlüftung und Füllanschluß-Armatur am höchsten Punkt des Vorlaufs vorsehen.

Druckprobe ausführen und Frostschutz einfüllen

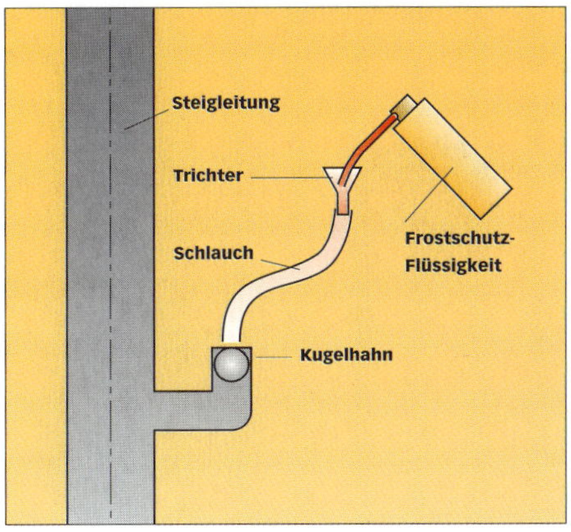

Nachdem alle Leitungen (Kupferrohr) verlegt und alle Armaturen angeschlossen sind, füllen Sie das System mit Wasser und führen die Druckprobe aus. Wenn keine undichten Stellen entdeckt wurden, lassen Sie ein wenig Wasser ab und füllen die vom Kollektor-Lieferanten angegebene Dosis Frostschutzflüssigkeit ein. Der Druck der Anlage muß etwa 1,5 bar betragen (Kaltwasserdruck). Gegebenenfalls Druck durch erneute Zugabe von Kaltwasser erhöhen.

Wichtig: Nach der Druckprobe müssen Sie alle Wasserleitungen dämmen. Dabei beträgt die Mindestdicke des Wärmeschutzmantels 25 Millimeter.

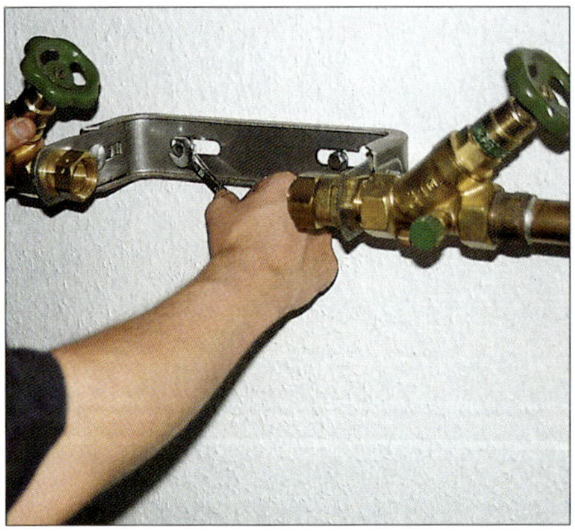

Den Bügel für die Zähleruhr montieren

Die Sanitärinstallation beginnt im Haus-Anschlußraum an der Wasseruhr, die übrigens das Eigentum des Wasserversorgers ist und auch von diesem eingebaut wird. Wenn die Frischwasserversorgungsleitung noch nicht in Ihrem Neubau liegt (und so der Ort der Kellerstation noch nicht feststeht), besprechen Sie mit einem Mitarbeiter des zuständigen Wasserwerks, wo die Zähleruhr sitzen soll.

Entlang einer waagerechten Linie, die Sie an die Wand zeichnen, wird die gesamte Kellerstation montiert. Setzen Sie als erstes den Haltebügel der Wasseruhr. Im Sanitärbausatz sollten zwei Schrägsitzventile enthalten sein: Das eine kommt vor die Wasseruhr, das andere (mit Rückflußverhinderer und Entleerungsvorrichtung) dahinter.

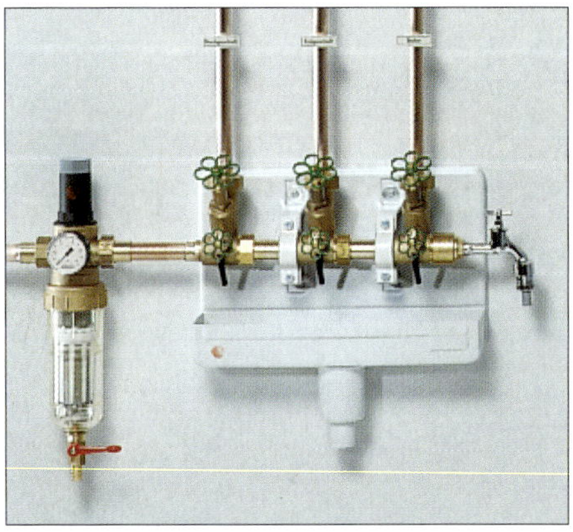

Rückspülfilter, Druckminderer, Wasserverteiler

Die Aufgabe eines Rückspülfilters ist es, Verunreinigungen aus der Versorgungsleitung zurückzuhalten. So werden Armaturen und Rohre geschützt. Der Rückspülfilter wird vor dem Druckminderer eingebaut (ermöglicht Spülung bei vollem Wasserdruck). Tip: Ablaufeinrichtung unter dem Filter vorsehen. Ob ein Druckminderer (schützt Leitungen und Geräte vor zu hohem Druck) eingebaut werden muß, erfahren Sie beim Wasserversorger. Der Block mit den Abgängen ist dann das letzte Teil der Kellerstation. Die Anzahl der Steigestränge legen Sie mit dem Bausatzlieferanten fest.

Tip: Lassen Sie sich beim Bau der Kellerstation vom Fachmann helfen.

Eine Wasseraufbereitungsanlage vorsehen

Ob man sich für eine Wasseraufbereitungsanlage entscheidet, hängt von der Qualität des vorhandenen Trinkwassers und von der Größe des Geldbeutels ab. Sollte letzteres dafür ausschlaggebend sein, daß Sie keine Wasseraufbereitung wählen (obwohl der Wasserzustand es erfordert), sollten Sie die Kellerstation mit einem Blindflansch für den nachträglichen Anschluß einer Aufbereitungsanlage ausrüsten.

Die Wasseraufbereitung beginnt bei der Enthärtung (Entkalkung). Damit schont man nicht nur Armaturen und Geräte, man braucht auch weniger Wasch- und Spülmittel.

Ob Sie zusätzliche Aufbereitungs-Maßnahmen treffen sollten, sagt man Ihnen beim zuständigen Wasserwerk.

Ökologie bei der Wasserinstallation

Trinkwasser ist zu kostbar, um es für die Toilettenspülung oder für die Gartenbewässerung zu benutzen. Viele Bausatzanbieter haben für solche Zwecke Regenwassertanks im Programm, die sich vom Selbstbauer leicht montieren lassen. Wichtig ist, das Regenwasser erst durch einen Filter zu leiten, ehe es im Behälter gesammelt wird.

Weil Regenwasser mit Keimen belastet sein kann, muß in allen Bereichen, in denen das Wasser als Lebensmittel eingesetzt wird, auch wirklich Trinkwasser verwendet werden. Keine gemeinsamen Leitungsnetze für Trink- und Regenwasser bauen!

Viele Städte und Gemeinden fördern finanziell die Aufstellung von Regenwasser-Sammelanlagen (☞ S. 58).

Den Standort für den Warmwasserspeicher wählen

Wie funktioniert ein Warmwasserspeicher, der an die Heizungsanlage angeschlossen ist? Antwort: Von der Kellerstation führt ein Kaltwasserstrang zum Speicherboden. Dieses Frischwasser wird über einen Wärmetauscher aufgeheizt. Das warme Wasser entnimmt man dann über eine weitere Leitung aus dem oberen Speicherbereich. Der Wärmetauscher im Speicher besteht aus einer Heißwasser-Rohrspirale, die über Vor- und Rücklauf am Heizkessel angeschlossen ist.

Stellen Sie Ihren Warmwasserspeicher in der Nähe des Heizkessels auf. So bekommen Sie kurze Leitungswege und vereinfachen sich damit die Montage. Achtung: Es muß jedoch genügend Platz für die Wartung der Anlage bleiben.

Der Kaltwasserstrang von der Kellerstation zum Speicher

Vom Verteiler der Kellerstation wird eine Kupferleitung zum Warmwasserspeicher geführt (☞ S. 109: Lötanleitung). Wichtig ist, daß man in diesen Versorgungsstrang eine Sicherheitsgruppe einsetzt. So kann verhindert werden, daß sich das unter Wärmeeinfluß ausdehnende Wasser in die Hauptwasserversorgung zurückdrückt. Tip: Installieren Sie unter der Sicherheitsgruppe einen Ablauf, da dort zeitweise geringe Mengen Wasser anfallen.

Kurz bevor die Kaltwasserzuleitung in den Speicher eintritt, muß eine Entleerungsvorrichtung montiert werden.

Rohrverbindungen zu den Verteilern herstellen

Die Warmwasserleitung (Kupfer oder Kunststoff) führt man zu den entsprechenden Leisten der Etagenverteiler (☞ S. 118).

Besonderen Komfort bietet eine sogenannte Zirkulationsleitung: Das ist ein Rücklaufrohr, das vom Etagenverteiler zurück zum Warmwasserspeicher führt. Um beim Zapfen nicht übermäßig lang auf das warme Wasser warten zu müssen, wird von Zeit zu Zeit „neues" Warmwasser zu den Etagenverteilern gepumpt. Das inzwischen abgekühlte Wasser fließt im selben Moment über die Zirkulationsleitung zurück in den Speicher.

Den Speicher am Armaturenblock der Heizung anschließen

Der Armaturenblock des Heizkessels (☞ S. 105) besitzt eine Erweiterungseinheit, an der die Kupferrohre zum Brauchwasserspeicher angeschlossen werden können. Berücksichtigen Sie bei der Rohrführung, daß an der höchsten Stelle von Speichervor- und Speicherrücklauf jeweils ein Entlüftungsventil eingebaut wird. Achtung: Vor dem Verlöten der Kupferrohre alle Dichtungen aus angrenzenden Schraubverbindungen entfernen (Verbrennungsgefahr).

Nach der Rohrmontage wird der Speicher wärmegedämmt.

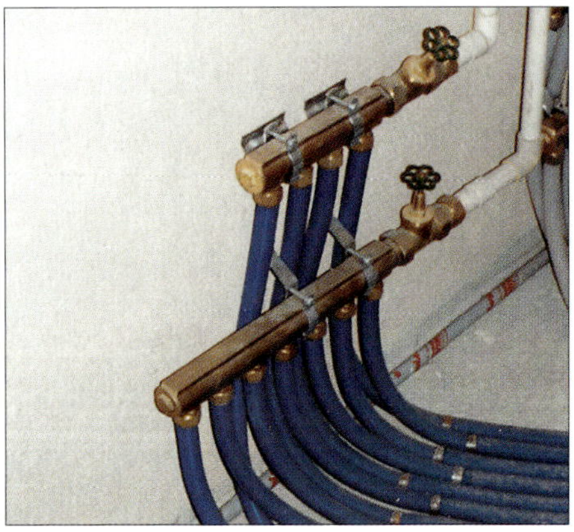

Verteilerleisten im Mauerwerk befestigen

Den Arbeitsablauf des Verteilereinbaus kennen Sie bereits von der Heizungsinstallation (☞ S. 108). Entsprechend der Schlitzplanung werden die Steigleitungen angeordnet und die Standorte der Verteiler festgelegt.

Die Zahl der Kaltwasser- und Warmwasserabgänge wird selten gleich sein. Grund: Das Waschbecken der Gästetoilette (natürlich auch die Toilettenspülung) versorgt man oft nur mit Kaltwasser. Bei solarunterstützten Warmwasseranlagen sollte jeweils ein Warmwasserstrang zu Wasch- und Spülmaschine gelegt werden. Das ist wirtschaftlicher, als kaltes Wasser mit Strom aufzuheizen.

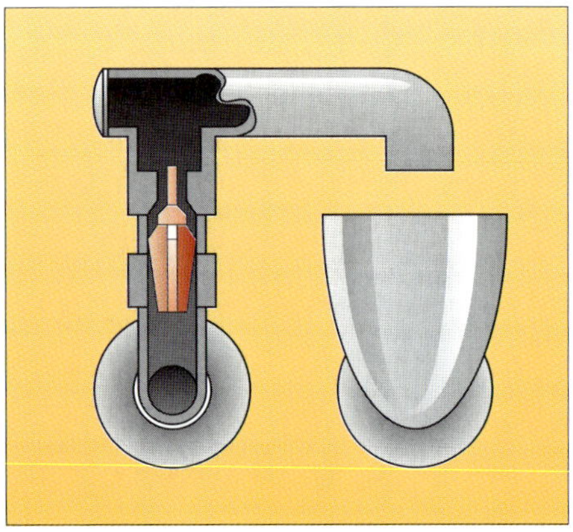

Am Ende von Steigesträngen Lüfter einbauen

Die Steigleitungen werden in Kupfer (☞ S. 109) oder in Kunststoff ausgeführt. Im Gegensatz zu den biegsamen Rohrleitungen des Rohr-im-Rohr-Systems kann es sich bei Kunststoff-Steigesträngen auch um nahezu starre Leitungen handeln. Verarbeitungshinweise auf Seite 119 beachten!

Jeder Steigestrang bekommt an seinem höchsten Punkt eine Be- und Entlüftereinheit: Diese verhindert Störungen (Sogwirkung) in der Wasserleitung. Wichtig: Aufputzlüfter dürfen nur über Abflüssen (auch über Duschtasse oder Badewanne) gesetzt werden. Unterputz-Rohr-Entlüfter werden mit einer eigenen Ableitung ausgerüstet, die man an das Abwasserrohrnetz anschließt (☞ S. 124).

Warmes Wasser über einen Elektro-Durchlauferhitzer

Eine Elektro-Warmwasserbereitung senkt die Installationskosten. Man braucht nur eine Kaltwasser-Steigleitung zwischen Kellerstation und Verteilern und spart neben der Investition für den Kellerspeicher auch noch viel Arbeit. Nachteil: Manche Elektro-Durchlauferhitzer funktionieren nur dann einwandfrei, wenn lediglich aus einem Verbraucher gezapft wird. Dreht man zwei Wasserhähne gleichzeitig auf, kann es zu Druckverlusten und Temperaturschwankungen kommen.

Und so wird installiert: Man führt eine Kaltwasserleitung vom Etagenverteiler zum Durchlauferhitzer. Das abgehende Warmwasserrohr wird an der Warmwasserverteilung angeschlossen, über die alle Verbraucher (Dusche, Badewanne, Waschbecken) versorgt werden.

Warmes Wasser über einen Kleinspeicher

Ein Elektro-Kleinspeicher (meist fünf oder zehn Liter Inhalt) ist bei weitem nicht so komfortabel wie ein Durchlauferhitzer. Es dauert einige Minuten, bis das gespeicherte Wasser die gewünschte Temperatur hat. Ist das Wasser verbraucht, muß man warten. Vorteil: Die Anschaffungskosten solcher Elektrogeräte sind sehr gering.

Alle Objekte, die das Warmwasser über einen Speicher beziehen (Beispiel: Waschbecken, Küchenspüle), bekommen nur einen Kaltwasser-Wandabgang (☞ S. 120). Daran wird eine spezielle Mischerbatterie angeschlossen (☞ S. 131), die über drei Leitungen verfügt: Eine wird mit dem Wandabgang verbunden, die beiden anderen mit dem Gerät.

Steigestränge aus Kunststoff

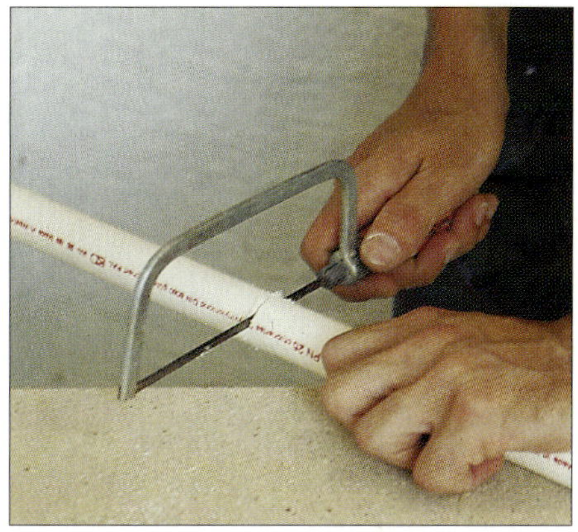

Die üblichen Rohrmaterialien bei der modernen Sanitärinstallation sind Kupfer und Kunststoff. Wie Sie Kupferleitungen zusammenlöten, haben Sie bereits erfahren. Das flexible Rohr-im-Rohr-System kennen Sie auch schon. Steigestränge aus Kunststoff sind oft nahezu starr. Manche dieser Fabrikate werden einfach zusammengeklebt. Wie das geht, sehen Sie auf dieser Seite.

Zunächst müssen Sie die Rohrlängen ausmessen und die einzelnen Stücke mit einer feinzahnigen Säge (Metallsäge) zuschneiden. Achten Sie darauf, daß Sie die Säge genau rechtwinkelig führen.

Rohrende entgraten und säubern

Mit einem speziellen Innen- und Außenfräser (dieses Werkzeug sollte in Ihrem Sanitär-Bausatz enthalten sein) wird das Rohrende entgratet. Man muß dafür sorgen, daß keine Späne im Rohr zurückbleiben.

Anschließend das Rohrende sorgfältig reinigen. Dazu nimmt man ein weiches Papiertuch (Haushaltsrolle), das man zuvor in Reinigerflüssigkeit getränkt hat. Wichtig: Auch die Fittings (Rohrbogen, T-Stücke, Anschlußmuffen) von innen reinigen.

Kleber auftragen

Das Rohrende wird satt mit Spezialkleber bestrichen. Die Muffe des Fittings erhält innen einen dünnen (!) Kleber-Auftrag.

Achtung: Bearbeiten Sie immer nur eine einzige Klebeverbindung. Arbeiten Sie nicht auf Vorrat, da der Kleber sehr schnell abbindet. Bauteile, die mit Kleber bestrichen, aber nicht schnell genug verarbeitet wurden, sind unbrauchbar.

Rohr und Fitting zusammenfügen

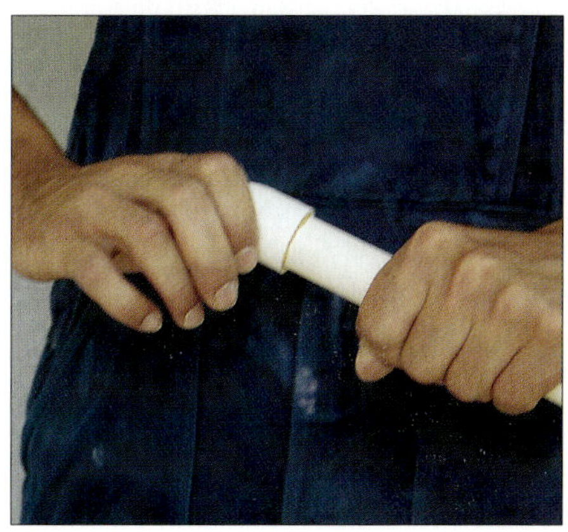

Sofort nach dem Auftragen des Klebers werden das Rohr und das Fitting zusammengeschoben. Dabei darf man die Teile nicht verkanten oder drehen.

Die frisch zusammengefügten Leitungselemente sind nun einige Sekunden lang erschütterungsfrei zu halten.

Die Verbindung ist gelungen, wenn sich zwischen den beiden Bauteilen ein gleichmäßiger, umlaufender Klebewulst gebildet hat. Wichtig: Diesen Wulst nicht entfernen.

Tip: Alle Warmwasserleitungen dämmen. Das spart wertvolle Energie.

Einzeldose im Mauerwerk anschrauben

Bei diesem Arbeitsschritt dürften Sie sich erneut darüber freuen, daß Sie Ihren Rohbau aus YTONG-Steinen gebaut haben. Denn das Herstellen der kleinen Mauernischen, in der die Leerdosen für die Sanitär-Wandabgänge versenkt werden, ist wieder ein Kinderspiel. Der Schalterdosenbohrer wird jetzt eingesetzt (☞ auch S. 136).

Mit Schraube und Dübel fixieren Sie anschließend das Dosenunterteil in der richtigen Position. Achtung: Passen Sie den kompletten Wandabgang zunächst einmal trocken ein. Das Gewindeende des Anschlußwinkels sollte mit der späteren Fliesenoberfläche in einer Ebene liegen.

Doppeldose einbauen

Man montiert als erstes zwei Leerdosen auf einer Montageschiene. Der Abstand dieser Dosen untereinander ist stufenlos wählbar, so daß die Doppeldosen für jede beliebige Doppelarmatur (zum Beispiel Badewanne oder Dusche) passend eingestellt werden können.

Der folgende Montageablauf, der auf dieser Doppelseite am Beispiel eines einzelnen Wandabgangs gezeigt wird, gilt natürlich sinngemäß auch für Doppeldosen.

Tip: Berücksichtigen Sie bei der Montage der Wandabgänge das spätere Fliesenraster (☞ S. 150). Sanitär-Anschlüsse, die an Fliesenrändern oder in Ecken sitzen, erleichtern später das Zuschneiden der Platten erheblich.

Kunststoffrohr abschneiden

Erster Handgriff beim Anschluß des biegsamen Kunststoffrohrs: Mit einer Spezialschere schneiden Sie das Druckrohr (Innenrohr) rechtwinkelig ab.

Wandabgang zusammenstecken

Auf das abgelängte Druckrohr schiebt man zunächst eine Überwurfmutter und dann einen Quetschring. Zum Schluß drücken Sie den Verbindungsstutzen bis zum Anschlag in die Leitung. Darauf achten, daß keine Dichtung fehlt.

Tip: Sollte es Schwierigkeiten beim Einschieben des Stutzens geben, kann eine Kunststoffrohr-Erwärmung (zum Beispiel mit dem Fön) die Arbeit erleichtern.

Überwurfmutter festziehen

Drehen Sie die Überwurfmutter, so weit es geht, mit der Hand fest. In das freie Winkelende schraubt man nun einen Stopfen oder ein Rohrstück mit passendem Gewinde als Hebel. Jetzt können Sie einen Schraubenschlüssel ansetzen und im Handumdrehen eine dauerhafte Rohrverbindung herstellen.

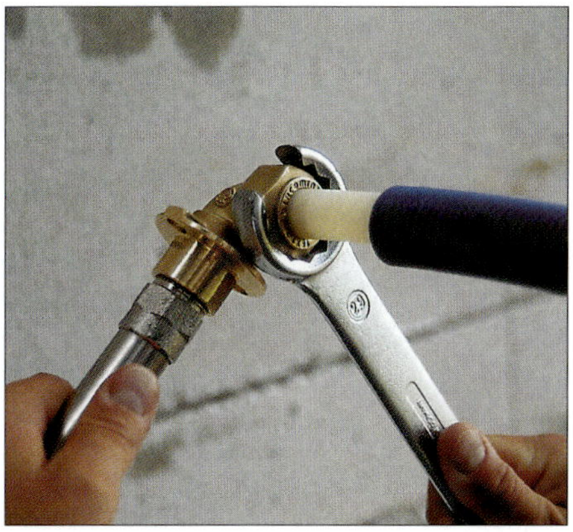

Wandabgang in die Leerdose setzen

Das Kunststoffrohr mit dem Anschlußwinkel wird in die Leerdose gedrückt und mit dem Dosenoberteil in der richtigen Position festgehalten. Je nach Fabrikat wird dieses Dosenoberteil angeschraubt oder einfach aufgesteckt. Auch die Kombination aus beiden Befestigungstechniken ist möglich.

Achtung: Vergessen Sie nicht, das Schutzrohr bis in die Unterputz-Leerdose zu führen.

Hinweis: Bei Doppeldosen setzt man den Kaltwasseranschluß rechts, den Warmwasseranschluß links.

Das andere Ende des Rohres am Verteiler anschließen

Dem Rohranschluß an den Etagenverteilern liegt ebenfalls das inzwischen mehrfach gezeigte Montageprinzip zugrunde: Kleinteile aufs Rohr stecken und Überwurfmutter festziehen (Warm- und Kaltwasser nicht verwechseln!).

Mit der Anbindung der Kunststoffrohre an den Etagenverteilern ist der größte Teil der Sanitärinstallation erledigt.

Spülen, verschließen, Druckprobe ausführen

Nach der Rohrmontage spült man das gesamte Leitungssystem gut durch und verschließt danach die Wandabgänge mit Schraubstopfen.

Für die folgende Druckprobe muß das Rohrleitungsnetz entlüftet werden. Man gibt Druck auf die Wasserleitungen (Schrägsitzventile der Kellerstation öffnen): Durch leichtes Lockern eines Stopfens kann Luft entweichen. Sobald sich erste Wassertropfen zeigen, noch ein wenig warten, bis man den Stopfen wieder schließt: Man muß sich sicher sein, daß in diesem Strang keine Luft mehr enthalten ist. Die Entlüftungsprozedur vollzieht man an jedem Wandabgang. Nach der Entlüftung Schrägsitzventil schließen. Bleibt der Druck über 24 Stunden weitgehend konstant, ist alles dicht (Druckmesser beobachten).

Spülkasten-Grundelement anschrauben

Ihrem Wandeinbauspülkasten liegt eine Montageanleitung mit detaillierter Vermaßung bei. Wenn Sie den Spülkasten in der Wand verschwinden lassen möchten, sollten Sie die entsprechende Aussparung bereits während der Maurerarbeiten berücksichtigen. Die Einbautiefe beträgt in der Regel rund 12,5 Zentimeter. Alternativ kann der Spülkasten auch in eine Vorwandinstallation (☞ S. 126) eingebunden werden. Bei der Montage am Mauerwerk wird der Spülkasten mit zwei oder vier Haltewinkeln (je nach Fabrikat) an die Wand gedübelt. Dübel mit Silikon im Bohrloch sichern!

Tip: Achten Sie beim Spülkastenkauf auf ein wassersparendes „Innenleben": zum Beispiel Spülstopp-Taste.

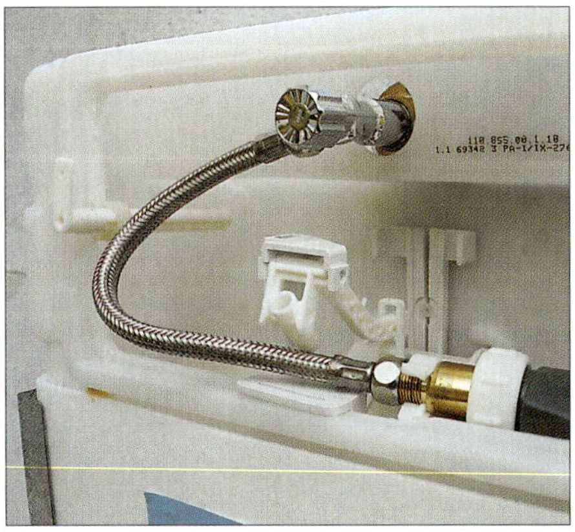

Wasseranschluß herstellen

Einbauspülkästen sind mit einem Eckventil ausgestattet. So ist es auch später jederzeit möglich, den Wasserzulauf (zum Beispiel für Wartungsarbeiten) abzusperren.

Drehen Sie nun in den Rohrwinkel (entspricht dem auf Seite 121 gezeigten Wandabgang) das Eckventil ein. Oft handelt es sich bei dieser Verbindung um ein selbstdichtendes Gewinde. Sie brauchen also nicht mit Hanf zu arbeiten. Achtung: Nach erfolgter Montage diesen Anschluß nicht wieder lösen!

Spülbogen anschließen

Manche Hersteller bieten Einbauspülkästen im vorgefertigten Installationsbaustein an. So sind die Höhen von Spülbogen und Ablauf vorgegeben. In diesem Fall müssen Sie vor der Montage das dazugehörige Klosett kaufen. Die Einbauhöhe des Spülkastens wird dann unter Berücksichtigung des späteren Fußbodenaufbaus (inklusive Fliesen!) und der Zu- und Ablauföffnungen festgelegt. Tip: Geben Sie dem errechneten Maß noch etwa einen Zentimeter als Reserve dazu.

Einbauspülkästen ohne Installationsblock können mit einem individuell zugeschnittenen Spülbogen ausgestattet werden. Da kann man die Einbauhöhe nahezu frei wählen. Die Höhe des Auslaufs wird aber auch dort vom vorhandenen Klosett bestimmt.

Einbauspülkasten beplanken

Entsprechend der Einbauanleitung wird nun die äußere Verkleidung aufgebracht. Diese kann zum Beispiel aus Gipsfaserplatten oder aus YTONG-Platten bestehen. Vorher die Öffnungen für den Spültaster und die beiden Rohranschlüsse (Zu- und Ablauf) ausschneiden.

Der Anschluß des Klosetts an das Abwasser-Rohrnetz ist auf Seite 125 dargestellt.

Druckstößel einsetzen

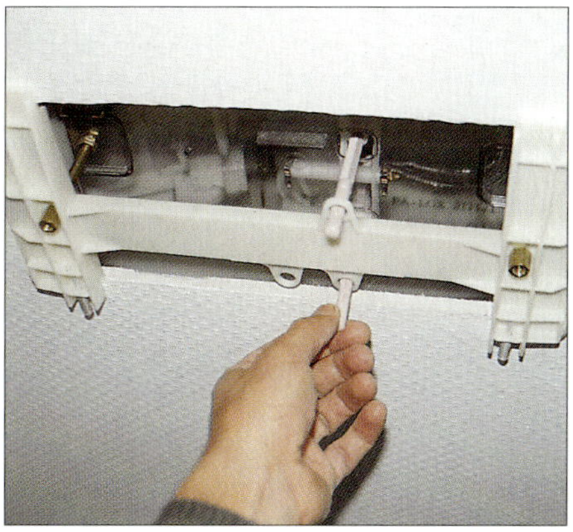

Nach dem Verlegen der Wandfliesen beginnt die Endmontage des Spülkastens. Der Abstand zwischen der Fliesenoberfläche und dem Spülkasten gibt vor, auf welche Länge die Druckstößel (Spülimpulsgeber) gekürzt werden müssen.

Je nach Fabrikat sind ein oder zwei Druckstößel einzubauen. Ein Schraubgewinde ermöglicht auch eine nachträgliche Feinjustierung, so daß diese kraftübertragenden Stäbe nicht millimetergenau zugeschnitten werden müssen.

Eine Frontplatte, die auf der Fliesenfläche aufliegt und direkt am Spülkasten angeschraubt wird, ist mit einer Führungsvorrichtung für den oder die Druckstößel ausgestattet.

Revisionsplatte einrasten lassen

Die Druckstößel müssen so weit herausragen, daß sie die Revisionsplatte gerade berühren. Diese abdeckende Zierplatte, die zugleich auch die bewegliche Spültaste ist, wird einfach über die Frontplatte geschoben. Ein Federmechanismus sorgt dafür, daß die Revisionsplatte an der richtigen Stelle einrastet. Es ist in Zukunft jederzeit möglich, die Platte für Kontroll- oder Nachstellarbeiten abzunehmen.

Stellen Sie nun einen Eimer unter den Spülbogen, und nehmen Sie dann den Spülkasten in Betrieb. Sobald die Funktionen „Spülen", „Stoppen" und „Füllen" geprüft sind und die Dichtigkeit aller Leitungsverbindungen kontrolliert ist, beginnt die Montage des Klosetts.

Bodenstehendes Klosett einbauen

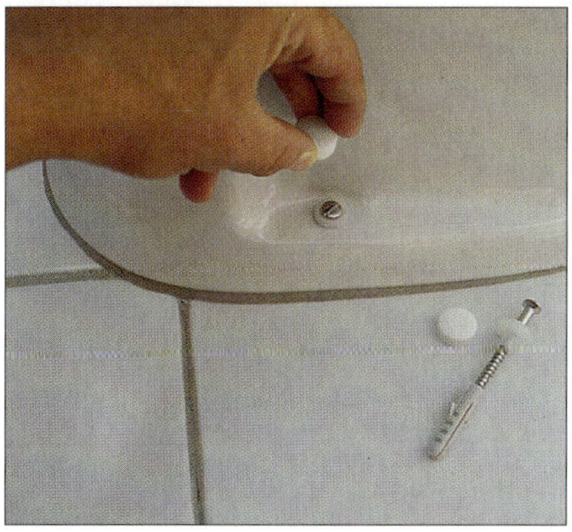

Der Einbau des Klosettes erfolgt nach Abschluß der Fliesenarbeiten (☞ S. 150) und nach Fertigstellung des Fußbodens (☞ S. 158).

Zunächst stellen Sie den WC-Topf „trocken" auf. Zeichnen Sie nun die Löcher für die Schraubverbindung auf den Fliesenboden. Dann stellen Sie das Klosett zur Seite, bohren vorsichtig durch die Fliesen in den Estrich und setzen die Dübel. Achtung: Zerstören Sie keine Rohre (Wasser, Heizung), die im Boden verlegt sind.

Jetzt wird der Klosett-Topf auf die Seite gelegt und die Standränder mit Schnellzement eingestrichen. Dann müssen Sie ohne Verzögerung zur Sache gehen. Klosett ausrichten und die Schrauben gefühlvoll eindrehen. Mit der Wasserwaage ausrichten.

Wandklosett befestigen

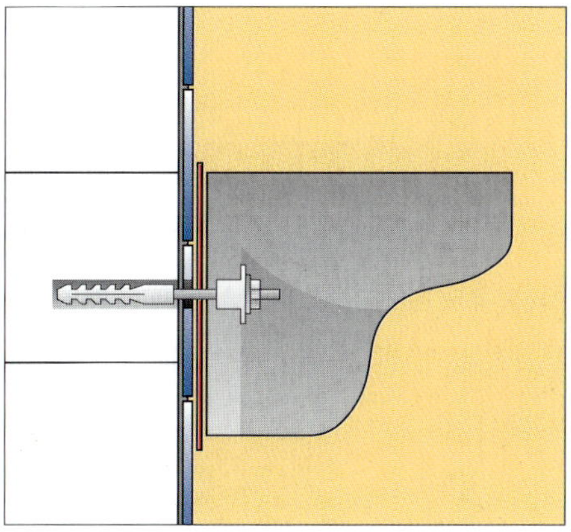

Achten Sie beim Kauf des Einbauspülkastens darauf, daß der Anschluß für ein Wandklosett vorbereitet ist. Vergewissern Sie sich auch, ob Ihr Wandklosett mit dem Einbauspülkasten zu kombinieren ist (Maße prüfen!).

Und so wird montiert: Bestreichen Sie den wandseitigen Rand des Klosetts dünn mit elastischer Dichtungsmasse. Schieben Sie dann die WC-Schüssel auf die Gewindestäbe, die aus der Wand herausragen. Mit speziellen Unterlegscheiben (gehören zum Lieferumfang des Einbauspülkastens) wird die Verbindung hergestellt. Zierkappen verdecken den Montagebereich.

Tip: Zwischen Wand und Klosett eine Schallschutzmatte legen.

Gleitmittel auftragen

Sobald der Verlauf der Abwasserrohre feststeht, werden die notwendigen Paßstücke mit einer feinzahnigen Säge zugeschnitten (Schnittkante entgraten). Markieren Sie die Einschubtiefe auf dem Rohrende. Dann werden die Gummidichtung sowie das einzuschiebende Rohrende mit Gleitmittel bestrichen (☞ S. 34).

Rohre zusammenfügen

Stecken Sie jetzt die Rohre so weit zusammen, daß die Einschubmarkierung etwa einen Zentimeter vor der Muffe liegt. In diesem Zustand wird das Rohr eingebaut. Nun kann auch eine hohe Temperaturausdehnung nichts zerstören, weil das Rohr noch genügend Spielraum hat.

Fallrohre im Mauerschlitz verlegen

Beginnen Sie mit der Installation der Abwasserleitungen an den Kanalrohren im Keller, die Sie einst aus der Bodenplatte herausragen ließen. Wenn Sie beim Errichten des Mauerwerks die Abwasserrohr-Schlitze berücksichtigt haben (☞ S.47), dann haben Sie jetzt ein leichtes Spiel. Entfernen Sie die Deckel der Grundleitungen, und stecken Sie die Fallrohre (meist Durchmesser 100 Millimeter: „DN 100") zusammen. Bauen Sie überall dort Abzweige ein, wo Sie später einen Abwasserstrang anschließen möchten.

Wichtig: Alle zwei Meter müssen Sie Schellen montieren (möglichst unter den Muffen). Tip: Die Abwasserrohre vor dem Einbau mit Filz umwickeln. Das reduziert später lästige Fließgeräusche.

Unten am Fallrohr: zwei 45-Grad-Bögen

Dort, wo aus den senkrechten Fallrohren waagerechte Abwasserleitungen werden (zum Beispiel im Bereich der Bodenplatte), baut man anstatt eines 87-Grad-Bogens zwei 45-Grad-Bögen hintereinander ein. Auch alle waagerecht verlaufenden Stockwerks-Entsorgungsleitungen sollten über 45-Grad-Bogen plus 45-Grad-Abzweig am Fallrohr angeschlossen werden.

Be- und Entlüftung über das Dach

Zur Be- und Entlüftung werden die Fall-Leitungen bis zum Dach geführt und dort an Dunstrohraufsätze (Formteile, die es inzwischen passend zu jeder Dacheindeckung gibt) angeschlossen. Wichtig: Der Querschnitt muß bis zum Dach gleich bleiben, er darf nicht verringert werden.

Warum braucht man eine Lüftung? Stellen Sie sich eine gefüllte Wasserflasche ohne Verschluß vor, die man auf den Kopf stellt. So, wie das Wasser dort aus dem Flaschenhals gluckst, würde sich jeder Abflußvorgang in Ihrem Haus anhören. Ganz zu schweigen von der möglichen Sogwirkung, die übelriechende Festkörper aus der Abwasserleitung zurück an den Ort des Geschehens drücken könnte.

Die Klosett-Entwässerung

In den Abzweig des Fallrohres (DN 100) steckt man einen 45-Grad-Bogen (DN 100), an dem die Gefällestrecke (ebenfalls DN 100) angebunden wird. Der Bogen (DN 100), der anschließend nach oben zum Klosett gerichtet ist, darf nicht mit einem 87-Grad-Winkel ausgeführt werden. Besser sind zwei 45-Grad-Bögen (DN 100) hintereinander oder ein seitlich ausgerichteter 87-Grad-Bogen (DN 100), der in ein 45-Grad-Stück (DN 100) mündet.

Das Klosett selbst wird über eine Manschette an das Abwasserrohr angeschlossen.

Abwasseranschluß eines Waschtischs

Der Abzweig, der in das Fallrohr (DN 100) eingebaut wird, hat einen Winkel von 87 Grad oder 45 Grad (besser). Für Waschtische im Bad (auch Handwaschbecken im WC und Küchenspüle) genügt es, das Rohr mit Nennweite 50 Millimeter (DN 50) weiterzuführen.

Werden mehrere Waschtische über eine gemeinsame Leitung mit dem Fallrohr verbunden, führt man die einzelnen Abläufe von oben in den waagerechten Strang (alle Rohre DN 50).

Soll nur ein Waschtisch entwässert werden, kann der Anschluß vom Siphonbogen (90-Grad-Verbindung zwischen sichtbarem Beckenablauf und der Unterputzverrohrung) auf direktem Weg mit zwei Prozent Gefälle zum Fallrohr gelegt werden.

Die Entwässerung der Badewanne

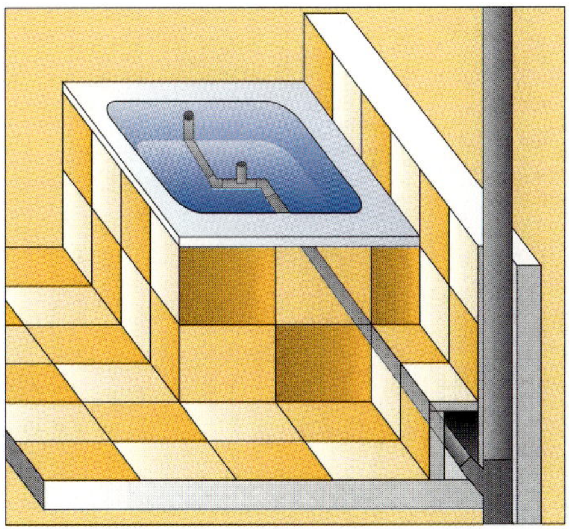

Wird eine Badewanne allein am Fallrohr angeschlossen, genügt ein Rohr mit Durchmesser 50 Millimeter. Für den Anschluß gilt auch dort: Zwei 45-Grad-Bögen sind besser als ein 87-Grad-Übergang. Werden zusätzliche Ablaufstellen über diesen Strang entwässert, sollte man den Rohrquerschnitt auf „DN 70" erhöhen. Ist zudem auch ein Klosett angebunden, sind Rohre der Kategorie „DN 100" notwendig.

Hinweis: Horizontal verlaufende Leitungen sind mit einem Gefälle von etwa ein bis drei Prozent (ein bis drei Zentimeter pro Meter) zu verlegen (höchstens fünf Prozent). In Fließrichtung darf man den Rohrquerschnitt nicht verringern. Übergänge auf größere Durchmesser werden mit speziellen Reduktionsstücken ausgeführt.

Fallrohre und Steigleitungen auf der Wand befestigen

Der eine große Vorteil der Vorwandinstallation ist, daß Sie für Rohre und Verteilerkästen keine Schlitze und Nischen im Mauerwerk vorbereiten müssen. Das erspart Ihnen beim Hochziehen des Rohbaus einige Handgriffe. Die Leichtbaukonstruktion erlaubt es, Ablagen, Stufen und Podeste ganz nach Belieben anzuordnen. Und wenn dann alles beplankt und verfliest ist, haben Sie nicht nur für die vielen Badutensilien genügend Abstellmöglickeiten: Auch Pflanzen und Skulpturen finden attraktive Plätze, so daß Ihr Bad zum Wohnraum wird. Dies ist der andere große Vorteil der Vorwandinstallation.

Der Montageablauf: Als erstes befestigen Sie alle Steigestränge (☞ S. 118) und Abwasser-Fallrohre (☞ S. 124) an der Wand.

Das Tragsystem zusammenbauen

Besonders einfach ist es, den Grundrahmen der Vorwandinstallation aus einem vorgefertigten Baukastensystem zu konstruieren.

Bei dieser Arbeit wird sich der aktive Bauherr an die Metallbaukästen aus der eigenen Kindheit erinnert fühlen. Und fast so einfach geht es dann auch: Die Metallprofile werden auf die richtige Länge gebracht und innerhalb kürzester Zeit zum tragfähigen Unterbau zusammengeschraubt.

Unterkonstruktion mit Wand, Boden und Decke verbinden

Der Anschluß an Wand, Boden und Decke erfolgt über Metallwinkel. Zunächst bohrt man mit einem 8-Millimeter-Steinbohrer ins YTONG-Mauerwerk, preßt ein wenig Silikon in die Löcher und setzt anschließend die Dübel. Mit Schrauben (Durchmesser fünf oder sechs Millimeter, Länge sechs Zentimeter) wird sofort eine dauerhafte Verbindung hergestellt.

Tip: Fügen Sie zwischen Schraube und Winkel eine ausreichend große Unterlegscheibe ein.

Übrigens: Wie hier gezeigt, eignet sich die Vorwandinstallation auch zur Bad-Modernisierung.

Wasserleitungen verlegen

Die gedämmten Wasserleitungen werden einfach festgezurrt. Noch schneller und unkomplizierter geht die Montage wohl kaum.

Waschbecken-Grundelement einbauen

Für Waschtische und für das wandhängende Klosett (☞ S. 123) baut man Verstrebungen ein. An diese Längs- und Quertraversen können die Wandabgänge von Kalt- und Warmwasser sowie die Abwasserrohre befestigt werden. Großer Vorteil: Verschiebbare Formteile garantieren millimetergenaues Arbeiten.

Wandeinbauspülkasten setzen

In handelsüblichen Vorwand-Systemelementen ist es problemlos möglich, einen Wandeinbauspülkasten zu montieren. Dieser wird entweder mit Metallwinkeln an das Mauerwerk gedübelt (☞ S. 122) oder mit speziellen Halterungen im Leichtbaurahmen fixiert.

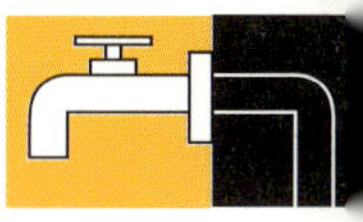

Die Unterkonstruktion wird beplankt

Für die Verkleidung des Metallskeletts sind Gipsfaserplatten besonders gut geeignet. Sie sind feuchtraumtauglich und superstabil.

Mit der Hand- oder Stichsäge schneidet man die einzelnen Platten zurecht. Dabei auch die Öffnungen für Zu- und Abwasser sowie für den WC-Spültaster berücksichtigen.

Die zugesägten Gipsfaserplatten werden mit selbstschneidenden Schnellbauschrauben an der Metallunterkonstruktion befestigt.

Fugen spachteln und Fliesen anbringen

Zwischen den einzelnen Gipsfaserplatten sollen Fugen (fünf bis sieben Millimeter breit) bleiben. Diese zu spachteln ist die letzte Maßnahme beim Unterbau der Vorwandinstallation. Hinweis: In die Fugen braucht man keine Bewehrungsstreifen einzulegen. Wichtig: Verwenden Sie nur solche Spachtelmassen, die vom Hersteller der Gipsfaserplatten anerkannt sind.

Der nächste Schritt auf dem Weg zum wohnlichen Bad ist das Aufbringen des Fliesenbelags (☞ S. 150).

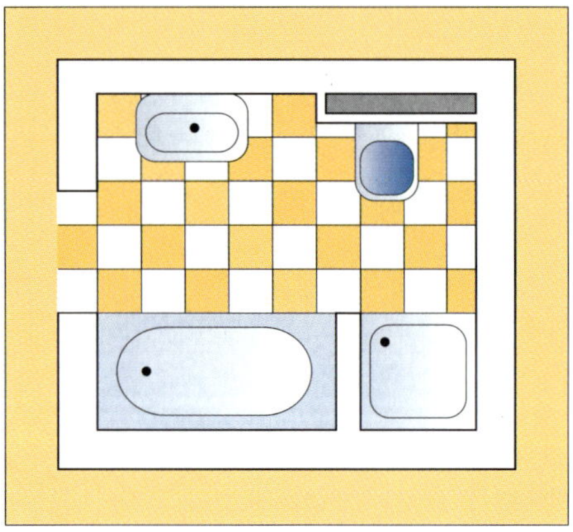

Am Anfang steht die Planung

Ergänzend oder alternativ zur Vorwandinstallation (☞ S. 126) kann man aus Porenbeton eine abwechslungsreiche Badlandschaft zaubern. Man ist auch in der Umsetzung ungewöhnlicher Gestaltungs-Ideen völlig frei: Mit YTONG-Steinen ist (fast) alles möglich.

Am Anfang steht die Planung. Denn neben der Küche ist das Bad der einzige Raum im Haus, in dem die „Möbel" (sprich Badewanne, Waschbecken und so weiter) fest eingebaut werden. Korrekturen sind später nur mit sehr großem Aufwand durchzuführen. Deshalb heißt es jetzt erneut, den Bleistift zu spitzen. Wo sollen Dusche, WC, Wanne und Waschbecken stehen? Eventuell wird auch eine badteilende Trennwand oder ein Podest gewünscht.

Die Architektur des Bades auf den Boden zeichnen

Genau wie beim Anlegen der ersten Steinreihe im Keller (☞ S. 42) müssen Sie Ihre Trennwände, die Position einer Badewannen-Ummauerung oder das Podest auf den Boden zeichnen. Tip: Wenn es geht, bringen Sie auch an der Wand Orientierungslinien an. Das ist besonders dann hilfreich, wenn Sie abgetreppte Podeste bauen möchten.

Achtung: Prüfen Sie jetzt, ob sich Tür und Fenster noch voll öffnen lassen – bevor Ihre massive Bad-Innenarchitektur steht.

Die ersten Steine auf dem Boden ausrichten

Nun bringen Sie direkt auf der YTONG-Decke die erste Steinreihe in Position. Und schon wieder profitieren Sie davon, daß Sie ein modernes Bausystem gewählt haben. Ob Abmauerung, Podest oder Zwischenwand: Dank der ebenen Deckenoberfläche können Sie bereits die unterste Steinreihe in Dünnbett-Mörtel setzen. Wichtig: Der Boden muß sauber sein (abfegen).

Plazieren Sie als erstes die Endsteine einer Schicht, und spannen Sie dann wie zu Rohbau-Zeiten eine Schnur dazwischen. Sie erinnern sich: Beim Ausmauern bitte jeden Stein mit Hammer und Wasserwaage ausrichten.

Einen Badewannenrand abmauern

Vor dem Abmauern des Badewannenrandes sollten Sie die Wanne einbauen (☞ S. 132). Tip: Wählen Sie einen Hartschaumwannenträger. So werden später die Fließgeräusche gedämmt. Und auch das Wasser bleibt länger warm.

Für die Ummauerung nimmt man Porenbeton-Platten der Dicke zehn oder 11,5 Zentimeter. Mauern Sie auch dieses kleine Bauwerk versetzt im Verband. Die Anbindung an vorhandene Wände kann jedoch in Stumpfstoßtechnik (☞ S. 210) erfolgen.

Wichtig: Lassen Sie eine Revisionsöffnung im Bereich der Ablaufgarnitur frei. Nur dann können später Unregelmäßigkeiten (Verstopfung) im Ablaufbereich bereinigt werden.

Ein Podest errichten

Wenn Sie noch einige YTONG-Steine übrig haben, können Sie die zweite Badebene durch und durch massiv in jeder beliebigen Form bauen. Natürlich ist es auch genauso möglich, zunächst die Unterkonstruktion zu erstellen, die dann mit Porenbeton-Steinen (Dicke 11,5 Zentimeter) beplankt wird. Die Vorteile dieser zweiten Variante: In den Hohlräumen können Rohre verlegt werden, und die Gesamtkonstruktion wird nicht ganz so schwer.

Wichtig: Besprechen Sie die Pläne für Ihr individuell gemauertes Bad mit dem Statiker.

Tip: Bedenken Sie, daß schiefwinkelige und abgetreppte Podeste schwierig zu verfliesen sind.

Eine halbhohe Trennwand bauen

Mit einer halbhohen Trennwand kann das Klosett sehr elegant vom übrigen Bad-Bereich getrennt werden. Dabei ist eine massive Mauer natürlich schneller hochgezogen als eine hohle Wand. Allerdings wird man sich dann für eine Hohlraumkonstruktion entscheiden, wenn an der Trennwand ein Waschtisch hängen soll: So können die Ver- und Entsorgungsleitungen „unsichtbar" verschwinden.

Tip: Befestigen Sie Waschtische mit durchlaufenden Gewindestäben, die auf der gegenüberliegenden Seite mit versenkten Unterlegscheiben und Muttern gesichert werden.

Fliesen legen

Sobald das Podest, die Badewannen-Ummauerung und die Trennwand fertiggestellt sind, beginnen Sie mit dem Legen der Fliesen. Wenn Sie den Bad-Rohbau sauber ausgeführt haben, können Sie, ohne Unterputz auftragen zu müssen, die Fliesen direkt auf den gemauerten Oberflächen mit Fliesenkleber anbringen.

Hinweis: Eine ausführliche Anleitung zum Verfliesen lesen Sie auf den Seiten 150 (Fliesen an der Wand anbringen) und 158 (Fliesen auf dem Boden verlegen).

Eine weitere Anregung: die Küche aus YTONG-Steinen

Eine Küche aus Porenbeton? In Anbetracht der hohen Summen, die manchmal für Einbauküchen gefordert werden, liegt die Überlegung nahe, auch die Kücheneinbaumöbel aus YTONG-Steinen zu bauen.

Einige Planungsgrundsätze: Die Einbaumöbel sollten so konstruiert sein, daß handelsübliche Arbeitsplatten montiert werden können (Tiefe: meist 60 Zentimeter). Zudem muß die Kombination mit Geräten (Herd, Kühlschrank, Spülmaschine) möglich sein.

Die Mindestspülenhöhe für eine Körpergröße zwischen 1,60 und 1,70 Meter beträgt 85 Zentimeter (Körpergröße 1,75: Spüle 90 Zentimeter hoch). Die Arbeitsplattenhöhe liegt in diesem Fall zwischen 80 und 105 Zentimeter. Jeweils vom fertigen Fußboden gemessen!

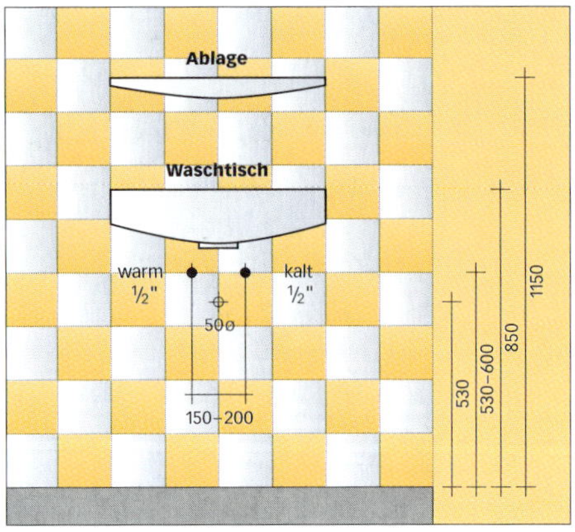

Die Waschbeckenbefestigung vorbereiten

Die Wandabgänge (☞ S. 120) und der Siphonbogen (Ablaufstutzen) legen die Position des Waschtischs weitgehend fest. Zeichnen Sie über den Wandabgängen und dem Ablauf die Bohrungen (Durchmesser 14 Millimeter) für die Waschtischbefestigung an. Höhe der Markierung: rund 80 Zentimeter über fertigem (!) Fußboden. Abstand von der Mittelachse: 14 Zentimeter. Denn der Abstand der Befestigungsöffnungen beträgt bei Waschtischen meist 28 Zentimeter. Kleine Handwaschbecken können aber auch kleinere Lochabstände haben.

Es ist sinnvoll, die Lage der Dübellöcher noch vor dem Verfliesen festzulegen. So kann man das Fliesenraster berücksichtigen und sich das lästige Bohren durch die Fliesen ersparen.

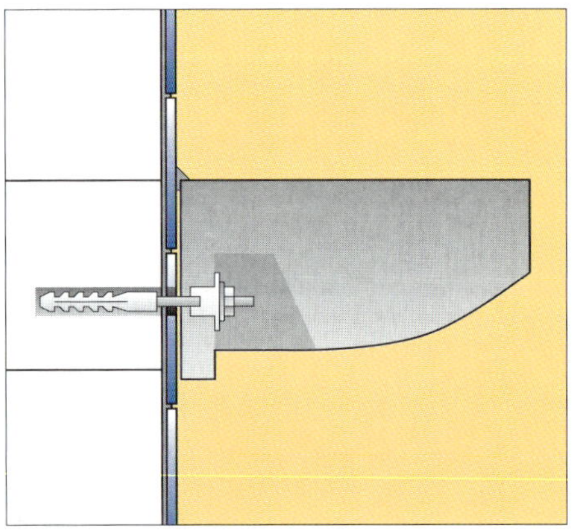

Das Waschbecken festschrauben

Nun machen wir einen kleinen Zeitsprung. Denn erst nachdem die Wände im Bad verfliest sind (☞ S. 150), geht die Waschbeckenmontage weiter. In die Bohrungen (Tiefe etwa neun Zentimeter) drückt man ein wenig Silikon, ehe die Dübel hineingesteckt werden. Drehen Sie in jedes Loch eine Stockschraube ein. Anschließend wird der Waschtisch über die Schrauben geschoben und mit je einer Kunststoffscheibe, einer Metall-Unterlegscheibe und einer Mutter befestigt. Drehen Sie die Muttern gefühlvoll fest. Die Fuge zwischen Waschbecken und Fliesenoberfläche wird mit Silikonmasse gefüllt.

Bei schmalen Wänden (11,5 Zentimeter oder dünner) sollten Sie durchlaufende Gewindestäbe zur Waschbeckenbefestigung nehmen.

Das Gewinde des Eckventils mit Hanf umwickeln

Drehen Sie am Etagenverteiler oder an der Kellerstation die Wasserversorgungsventile zu, und schrauben Sie dann aus den Wandabgängen jene Stopfen heraus, die jetzt durch Eckventile ersetzt werden sollen. Achtung: Im Leitungsnetz herrscht noch hoher Druck. Wenn Sie die Stopfen zu rasant herausdrehen, kann das zu einer mittleren Überschwemmung führen: Eimer und Lappen bereithalten.

Nun stülpen Sie die Abdeckrosette über das Eckventil und umwickeln das Gewinde vom Ende bis nach vorn gleichmäßig mit Hanf. Nur so viel Hanf verwenden, daß vom Gewinde gerade nichts mehr zu sehen ist. Danach den Hanf mit Dichtungspaste (Fermit) bestreichen. Achtung: Selbstdichtende Gewinde nicht einhanfen!

Eckventil in den Wandabgang hineindrehen

Mit einem Gabelschlüssel schrauben Sie jetzt das Eckventil in den Wandabgang ein. Im endmontierten Zustand sollten nur noch vereinzelte Hanf-Fasern sichtbar sein, die man dann mit einem Metallsägeblatt entfernt.

Die freie Öffnung des Eckventils muß genau nach oben zeigen. Dort schließen Sie die Rohrverbindung zur Waschtischarmatur an.

Die Eckventile können einzeln abgesperrt werden. Sobald alle Eckventile gesetzt sind, drehen Sie die Drehknöpfe in die „Zu"-Stellung und geben erneut Druck auf das Leitungsnetz. Wenn seitlich keine Wassertropfen austreten, haben Sie saubere Arbeit geleistet und können nun mit der Montage der Armaturen beginnen.

Einbau der Mischerbatterie

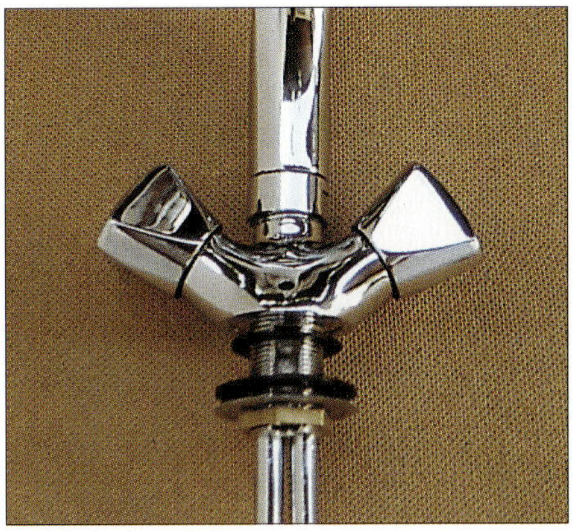

Über das Gewinde der Waschbeckenarmatur (Einlochbatterie) schiebt man vor der Montage eine Dichtung. So kann später beim Benutzen des Bades kein Wasserspritzer durch den winzigen Spalt zwischen Armatur und Waschbecken hindurchtropfen. Setzen Sie nun die Batterie auf den Waschtisch. Eine solide Verbindung wird mit einer weiteren Dichtung, einer Unterlegscheibe und einer Mutter von unten hergestellt.

Achten Sie bitte darauf, daß die verchromten Kupferleitungen (meist sind diese fest mit der Armatur verbunden) beim Einbau nicht beschädigt werden.

Die Kupferrohr-Verbindung zum Eckventil herstellen

Jedes Kupferrohr muß so genau zugeschnitten werden, daß es spannungsfrei in die Öffnung des Eckventils ragt.

Achtung: Nach dem Ablängen alle Metallspäne und eventuellen Grat auf der Schnittkante sorgfältig entfernen.

Sobald die Rohre sauber sitzen, Verbindungsschraube zudrehen. Wichtig: Dichtung nicht vergessen.

Achtung: Elektro-Warmwasserspeicher werden mit speziellen Armaturen kombiniert, die über drei Kupferrohre verfügen: Der Kaltwasseranschluß wird direkt am Eckventil angeschlossen. Eine zweite Leitung führt zum Speicher (Kaltwasserzulauf). Über den dritten Strang fließt das erwärmte Wasser zurück zur Armatur (☞ S. 118).

Das Ablaufventil befestigen

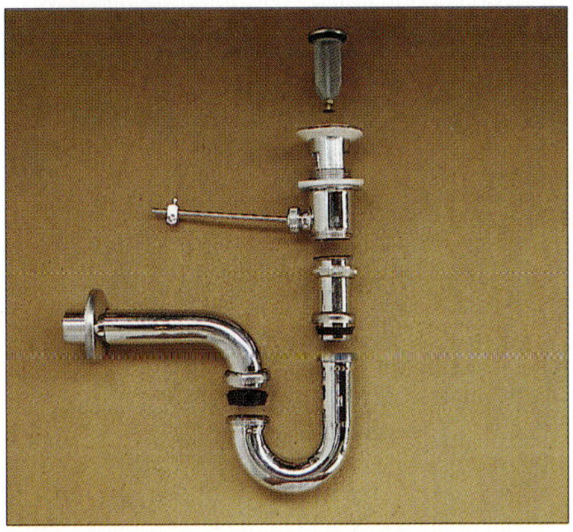

Beim Einbau eines Exzenterablaufs, bei dem der Waschbeckenverschluß über einen Hebel an der Armatur bedient wird, unterlegt man den Ventilkelch (Oberteil) rundherum mit einer Kittschnur (oder mit einer mitgelieferten Dichtung) und setzt diesen in das Ablaufloch des Waschtischs (Waschbecken). Dann dreht man das Ventilunterteil fest an. Zuletzt wird das Exzentergestänge montiert.

Einbau eines Ablaufs, der mit einem Stöpsel verschlossen wird: Das Ventiloberteil unterlegt man mit Kitt und setzt es in die Waschtischöffnung. Eine Schraube, die man durch den Mittelpunkt des Kelchs führt, stellt die Verbindung zum Unterteil des Ablaufs dar.

Den Geruchsverschluß einbauen

Beide gezeigten Ablauftypen verfügen über ein weiterführendes Gewinde, an dem der Geruchsverschluß (Verbindung zwischen Ablauf und Siphon-Bogen) angeschraubt wird. Das Funktionsprinzip: Stehendes Wasser im geschwungenen Rohrverlauf trennt den Waschtisch vom Kanalnetz und verhindert unangenehme Gerüche.

Hinweis: Geruchsverschlüsse gibt es, unabhängig von Fabrikat und Typ, als vormontierte Einheit fertig verpackt zu kaufen. Der Einbau ist also sehr einfach: Der Anschluß zum Ablaufventil wird mit einer Überwurfmutter hergestellt (mit der Rohrzange gefühlvoll verschrauben). Den Abgang der Entwässerungsröhre schiebt man in den Siphon-Bogen (☞ S. 125). Wichtig: Dichtringe einbauen.

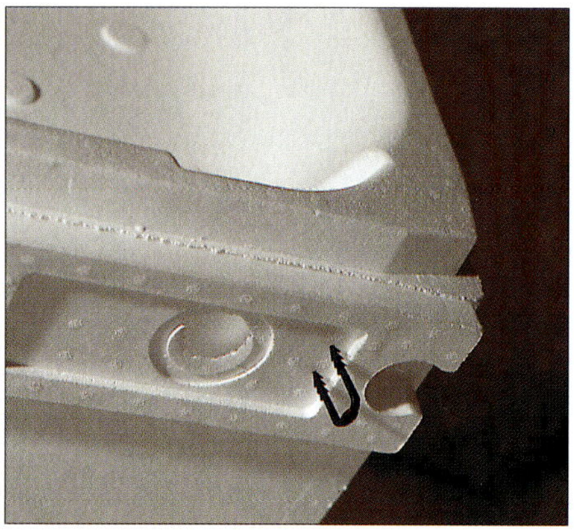

Abstandhalter am Wannenträger anbringen

An allen Seiten des Wannenträgers, die an eine Wand grenzen, werden Abstandhalter angebracht. Grund: Das Formteil muß man entsprechend der Fliesendicke von der Wand abrücken. Nur so ist sichergestellt, daß man die Wanne später austauschen kann.

Die Abstandhalterleisten, die ebenfalls aus Hartschaum bestehen und zum Lieferumfang des Wannenträgers gehören, können Sie einfach mit Kunststoff-Stiften oder Klammern befestigen.

Schneiden Sie jetzt die Revisionsöffnung frei, damit Sie immer problemlos an die Ablaufgarnitur gelangen können. Ebenso müssen Sie die Durchgänge für die Entwässerungsrohre herstellen.

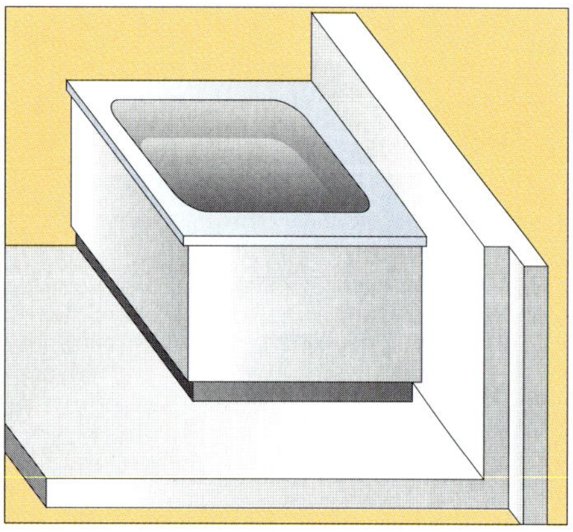

Wannenträger auf dem Boden ausrichten

Bei nachträglichem Einbau befestigt man den Wannenträger mit Dünnbett-Mörtel auf dem Estrich. Im Neubau wird der große Hartschaumblock auf dem Rohbauboden ausgerichtet.

Auch auf der ebenen Fertigteildecken-Oberfläche können Sie den Wannenträger in Dünnbett-Mörtel setzen. Bei unregelmäßigen Betondecken ist es notwendig, unter den Hartschaumblock ein ausgleichendes Mörtelbett zu packen (Mörtelgruppe III: feuchtigkeitsunempfindlicher Zementmörtel).

Wichtig: Richten Sie den Wannenträger mit der Wasserwaage aus. Nur dann wird das Wasser den Weg zum Ablauf finden!

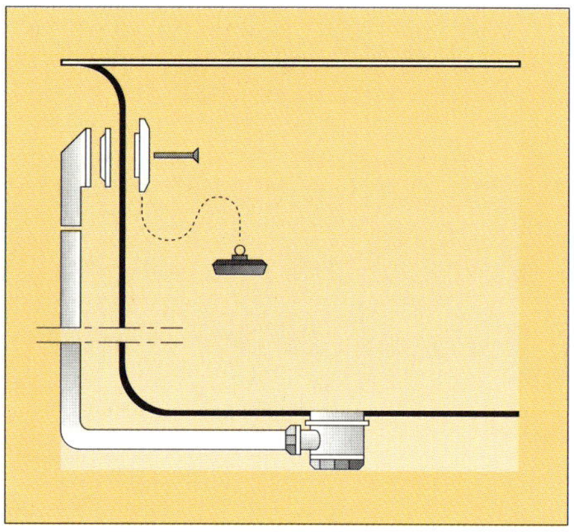

Ablaufgarnitur einbauen

Wie beim Waschtisch-Ablauf (☞ S. 131) wird der Ventilkelch mit einer Kittschnur unterlegt und auf die Ablauföffnung gelegt. Dann schraubt man das Ventilunterteil mit dem Abzweig zum Überlauf fest (dieser muß zum Fußende der Wanne zeigen). Die Verbindungsschraube so weit anziehen, daß überschüssige Kittmasse unter dem Einlaufkelch herausgedrückt wird. Anschließend montieren Sie den Geruchsverschluß und stellen die Verbindung zur Hausentwässerung her.

Der zweite Teil des Wannenablaufs besteht aus der Überlaufeinrichtung. Das entsprechende Rohrstück wird oben am Überlauf befestigt und zum Stutzen am Ventilunterteil geführt. Bei einer Exzentergarnitur beachten Sie bitte die individuelle Einbauanleitung.

Die Wanne testweise einlegen

Wichtig: erst die Ablaufgarnitur einbauen, dann die Wanne einsetzen (der Mörtel unter dem Hartschaumträger muß bereits erhärtet sein).

Hinweis: Wannenträger und Wanne sind passend zueinander lieferbar. Die Typen-Bezeichnungen auf den Verpackungen prüfen! Falls die Wanne nicht genau in der Form liegt (Wanne wackelt, Ränder verlaufen nicht waagerecht), müssen Sie den Wannenträger ein wenig nacharbeiten. Tip: Die Badewanne zu zweit einsetzen.

Nun gibt es zwei Möglichkeiten, mit der Arbeit fortzufahren: Entweder nehmen Sie die Wanne wieder heraus, legen dann die Fliesen und plazieren die Wanne erneut, oder Sie lassen die Wanne in der Form und verfliesen gleich im Anschluß.

Wannenträger mit Fliesen verkleiden

Sie können direkt auf der Oberfläche des Hartschaumträgers die Fliesen befestigen, wenn Sie keine Badewannen-Ummauerung aus YTONG-Platten möchten (☞ S. 128). Verwenden Sie flexiblen Dünnbett-Mörtel, den Sie mit einem Zahnspachtel (Zahnung muß zur Fliese passen) auftragen. Siehe auch Seite 150: Fliesen an der Wand anbringen.

Übrigens: Für Duschtassen gibt es auch Hartschaumträger. Der Einbau erfolgt nach dem gezeigten Prinzip.

Alternativ: eine Wannenverkleidung aus Einzelteilen

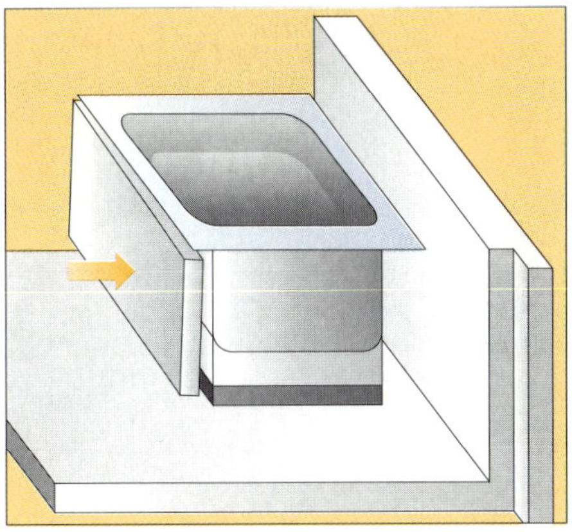

Wer sich für einen Wannenunterbau aus Hartschaum-Einzelteilen entscheidet, muß die Wanne auf einem Fundamentblock ausrichten. Diesen zuvor auf dem Boden in Mörtel ausrichten. Nun ist es recht bequem, die Ab- und Überlaufgarnitur zu montieren.

Anschließend beginnt die Verkleidung. Mit Front- und Seitenschürzen, die einfach in den Wulst am Wannenrand geschoben werden, ist sehr schnell der Unterbau hergestellt. Montageschaum sorgt für eine dauerhafte Verbindung der Verkleidungsplatten zu Wand, Wanne und Boden. Zum Verfliesen dieser Konstruktion nimmt man ebenfalls flexiblen Dünnbett-Mörtel.

Badewannenbatterie montieren

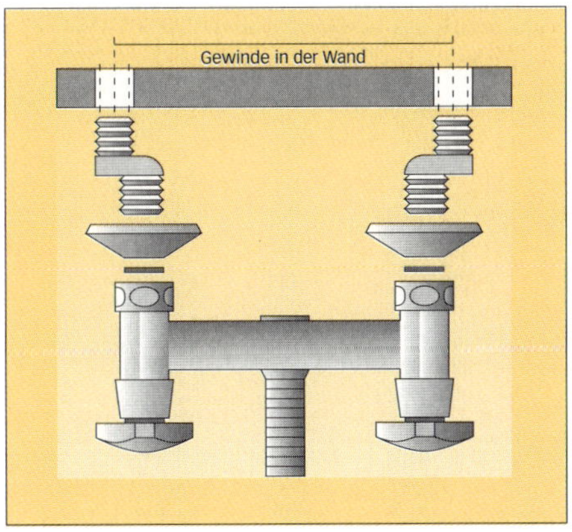

Besondere Eigenschaft der Badewannen-Mischbatterie: Der Abstand zwischen der Kaltwasser- und der Warmwasserzuleitung ist millimetergenau festgelegt. Damit aber auch dann alles paßt, wenn die Wandabgänge (☞ S. 120) nicht exakt den vorgegebenen Mittenabstand (meist 15 Zentimeter) einhalten, hanft man zunächst sogenannte S-Anschlüsse in die Wandabgänge. Durch gegenseitiges Verdrehen dieser exzentrischen Doppelgewinde können nicht nur der falsche Abstand, sondern auch Höhendifferenzen ausgeglichen werden.

Auf die S-Anschlüsse dreht man die Abdeckrosetten. Danach wird die Armatur mit Überwurfmuttern festgeschraubt (Dichtungen nicht vergessen).

Anschluß zur Potential-Ausgleichsschiene herstellen

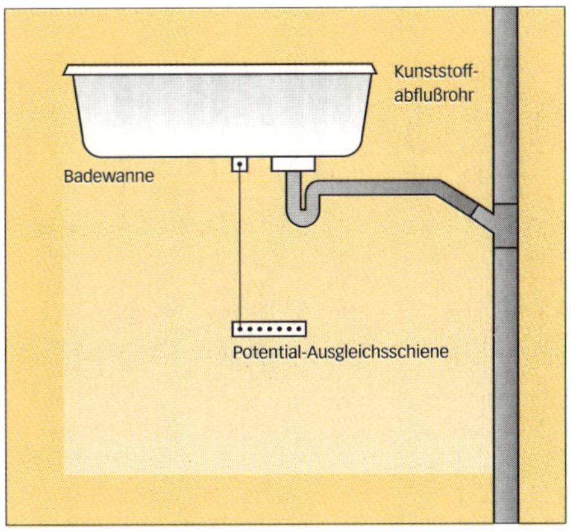

Metallbadewannen (auch Duschtassen) müssen über ein Erdungskabel mit der Potential-Ausgleichsschiene (☞ S. 137) verbunden werden. Dazu verwendet man eine PVC-Aderleitung.

Diese Maßnahme geschieht zu Ihrer Sicherheit. Denn sollte an der Wanne jemals versehentlich eine Spannung angelegt werden, kann der Potentialausgleich die Rettung sein (☞ auch S. 135: „Der FI-Schutzschalter").

Wichtiger Hinweis: Die Verbindung zur Potential-Ausgleichsschiene darf nur von einem Elektro-Fachmann ausgeführt werden!

Der Selbstbauer und die Elektroinstallation

Die Elektroinstallation ist ein heikles Gebiet für Selbstbauer, zumal die zuständigen Versorgungsunternehmen fordern, daß nur Fachleute diese Arbeiten ausführen. Dennoch gibt es auch dort einige Aufgaben, die vom Bauherrn erledigt werden können: Schlitze und Wanddurchbrüche herstellen sowie das Verlegen von Leitungen und das Eingipsen von Leerdosen. Vorsicht: Von spannungsführenden Teilen müssen Sie sich fernhalten. So ist zum Beispiel der Einbau der Sicherungs- und Verteilerkästen eine Sache der Experten.

Bevor Sie sich an die Arbeit machen, müssen Sie alle Schritte mit Ihrem Elektriker besprechen. Denn der muß letztlich seinen Kopf für die ordnungsgemäße Ausführung hinhalten.

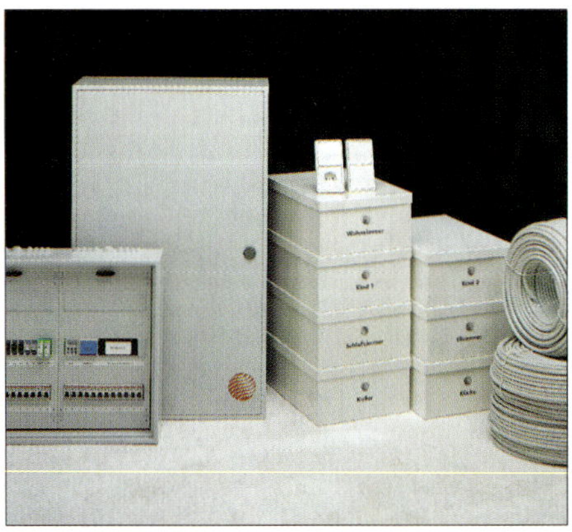

Die Elektroinstallation als Bausatz

Der Elektro-Bausatz „Biotron" der Firma Herrmann eröffnet dem Laien eine elegante Lücke zwischen Forderungen und Vorschriften: Weil der Selbstbauer zu keinem Zeitpunkt mit Strom in Berührung kommen kann, darf er bei der Elektroinstallation selbst Regie führen. Erst dann, wenn der firmeneigene Elektromeister die Installation komplett überprüft und abgenommen hat, geht die Anlage ans Netz.

In detaillierten, individuell erstellten Installationsplänen sind die Wege der einzelnen Leitungen skizziert. Vorverdrahtete Musterstücke zeigen auch dem totalen Elektro-Neuling, wie Schalter und Steckdosen fachgerecht anzuschließen sind. Hinweis: Auch der Elektro-Anschluß der Heizung (☞ S. 105) kann selbst erledigt werden.

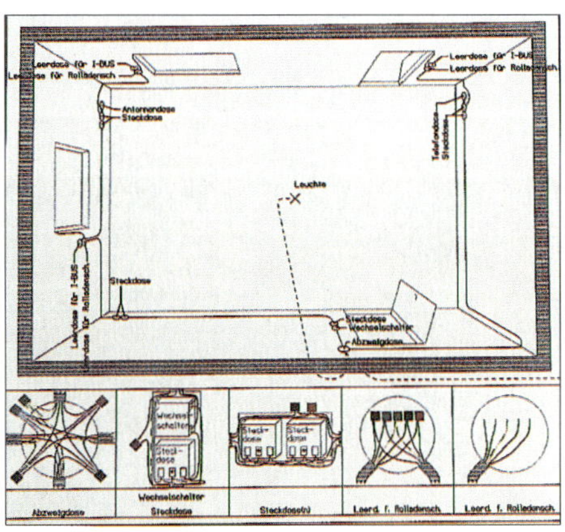

Erst planen, dann elektrifizieren

Als empfohlene Steckdosenanzahl gelten folgende Werte: sieben bis zehn Steckdosen im Wohnzimmer, ebenso viele in der Küche. In den übrigen Zimmern fünf bis acht Steckdosen, im Bad vier bis fünf und in Fluren und Dielen jeweils zwei. Die Lampenanzahl und ihre Positionen sind auch von der geplanten Einrichtung und von den persönlichen Gewohnheiten und Wünschen abhängig. Orientierungshilfe: In Zimmern und Fluren sollten zwei Lampen vorgesehen werden, in großen Wohnräumen, im Bad und in der Küche jeweils drei. In Keller- und Abstellräumen und im WC genügt es, eine Leuchte anzubringen.

Nicht vergessen, auch Freisitz und Garage mit Licht und Strom zu versorgen. Wichtig: Ausreichend Antennensteckdosen einplanen.

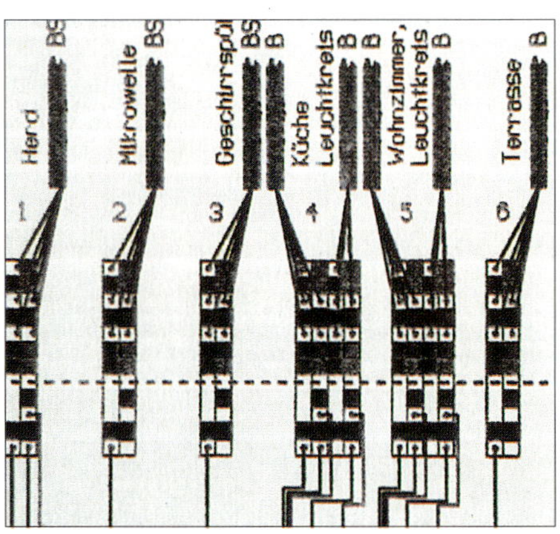

Die Stromkreise festlegen

Jeder Raum wird mit mindestens einem separaten Stromkreis für Licht und Steckdosen abgesichert. Verbraucher mit zwei oder mehr Kilowatt Leistung (Herd, Durchlauferhitzer, Waschmaschine, Wäschetrockner und so weiter) erhalten jeweils eigene Sicherungen.

Wichtig: Die Steckdosen für den Außenbereich gesondert absichern! Diese werden nur bei Bedarf eingeschaltet. Die meiste Zeit über sind sie tot, um Dunkelmännern nicht auch noch Strom für ihre Einbruchswerkzeuge zu liefern. In diesem Zusammenhang: Außenlampen mit Bewegungsmelder sind angenehm, wenn man nicht im Dunkeln übers Grundstück tapsen möchte. Als Einbruchsschutz taugen sie jedoch nicht. Sie sind leicht zu überlisten.

Der FI-Schutzschalter

Besonders wichtig bei der Haus-Stromversorgung ist die Einplanung von Schutzeinrichtungen. Ein FI-Schutzschalter, meist nur fürs Bad vorgeschrieben und eingebaut, gehört aber ebenso zur Küchen-Elektroinstallation und zu Steckdosen im Außenbereich.

Montiert wird der FI-Schalter im Sicherungskasten: alternativ zu einem gewöhnlichen Sicherungsautomaten. Tip: Eine FI-Schutzschaltung fürs ganze Haus vorsehen. So eine Schutzeinrichtung „merkt" sich den Strom, der zum Verbraucher fliest. Kommt weniger als erwartet zurück (Beispiel: angebohrte Elektroleitung, Strom fließt über den Menschen zur Erde) unterbricht der FI(Fehlerstrom)-Schalter innerhalb von Sekundenbruchteilen die weitere Stromversorgung.

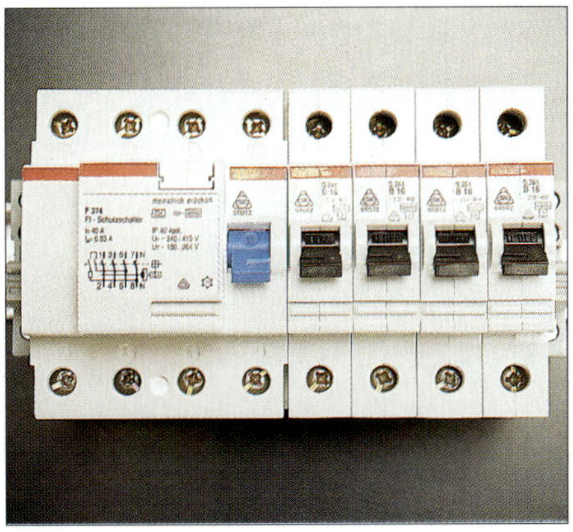

Die Installationszonen

Elektroleitungen werden in oder auf Wänden nur waagerecht oder senkrecht verlegt. Nie diagonal! Der Abstand zum fertigen Fußboden oder zur Decke beträgt 30 Zentimeter. Sind mehrere Leitungen nebeneinander vorgesehen, kann man von diesem Maß in beiden Richtungen um bis zu 15 Zentimeter abweichen. Im Bereich der Küchenarbeitsplatte dürfen horizontale Leitungen einen Meter über dem Fußboden liegen, 15 Zentimeter darüber kommen die Steckdosen.

Lichtschalter setzt man raumseitig neben der Türklinke: 105 Zentimeter über fertigem Fußboden, 15 Zentimeter seitlich der Rohbaukante. Im Bad gibt es besondere Schutzbereiche. In den Zonen „1" und „2" darf man keine Schalter und Steckdosen anbringen.

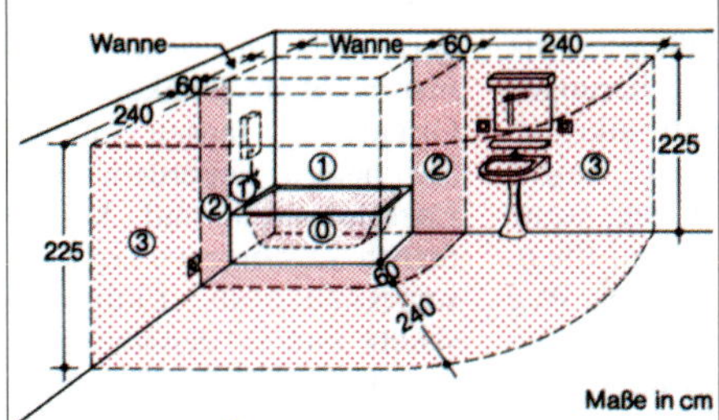

Schutzbereiche nach DIN VDE 0100

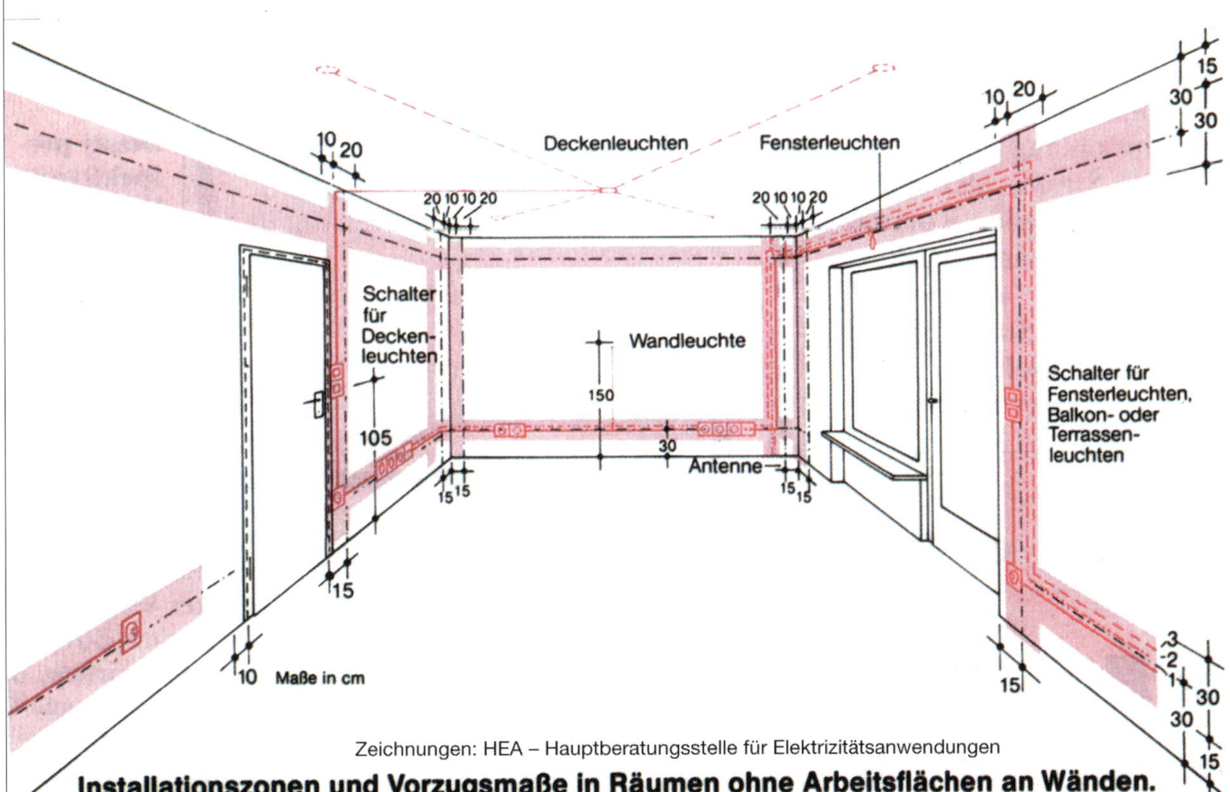

Zeichnungen: HEA – Hauptberatungsstelle für Elektrizitätsanwendungen

Installationszonen und Vorzugsmaße in Räumen ohne Arbeitsflächen an Wänden.

Löcher für die Leerdosen bohren

Legen Sie alle Positionen für Schalter, Steckdosen und Verteiler gemeinsam mit Ihrem Elektriker fest. Für die Montage der Leerdosen kennzeichnen Sie nun die Dosenmittelpunkte an der Wand. Der Mittelpunktsabstand bei Kombidosen (zwei, drei oder mehr Dosen an einem Stück) beträgt 7,1 Zentimeter. Tip: An Wänden, die später verfliest werden, bereits jetzt das Fliesenraster berücksichtigen.

Nun spannen Sie den Schalterdosenbohrer in die Bohrmaschine und stellen die benötigten Wandvertiefungen her. Sogar kleine Nischen kann man auf diese Weise herausfräsen, indem man den Dosenbohrer mehrmals neben- und übereinander ansetzt.

Rillen für die Kabel kratzen

Flache Stegleitungen werden meist direkt auf das Mauerwerk genagelt oder geklebt. Später verschwinden Sie im Innenputz. Nachteil: Unter ungünstigen Umständen können die parallelen Leitungen Störungen verursachen. Außerdem dürfen Stegleitungen nur in trockenen Räumen verlegt werden. Besser ist, für das gesamte Haus Mantelleitungen mit Kreisquerschnitt (Kürzel „NYM", feuchtraumgeeignet) zu wählen. Hier dient ein Kunststoffmantel als zusätzlicher mechanischer Schutz. Die rund einen Zentimeter dicken Standardleitungen mit drei 1,5-mm^2-Adern dürften für die meisten Stromkreise genügen.

Diese Leitungen werden im Mauerwerk versenkt (Rillenkratzer benutzen) oder in der Nut zwischen den Deckenfertigteilen verlegt.

Die Leerdosen einmörteln

Die Leerdosen werden am besten mit Spachtelmasse oder mit einem kleinen Innenputz-Batzen in der Maueröffnung befestigt. Richten Sie die Leerdose sofort nach dem Setzen mit der Wasserwaage aus. Wichtig: Die spätere Putzdicke (☞ S. 140) gibt vor, wie weit der Rand der Leerdose über die Wandfläche ragen darf.

Die Leerdosen verschließen

Sollen die beiden Steckdosenkontakte nebeneinanderliegen, so ist bei waagerecht verlaufender Leitung zu beachten, daß die Kabelenden nicht mittig, sondern etwas nach oben oder unten versetzt in die Leerdose kommen. Sonst können die Befestigungskrallen den Steckdoseneinsatz nicht in der gewünschten Position halten. Bei senkrechten Leitungen und übereinanderliegenden Kontakten gilt dies entsprechend. Tip: Bevor die Leitungen mit Kunststoffschellen in der Mauerrille befestigt werden, sollte man das Kabelende bis zum Eintritt in die Leerdose entmanteln. Achtung: Adern nicht verletzen.

Vor dem Verputzen werden die Kabelenden in die Leerdose gesteckt und alle Dosen mit Stopfen verschlossen.

Welche Leitungstypen gibt es?

Starke Stromverbraucher wie Herd oder Durchlauferhitzer benötigen größere Leitungsquerschnitte als normale Steckdosen. Und für den Erdungsstrang der Metall-Badewanne ist wieder ein anderes Kabel erforderlich. Die wichtigsten Leitungstypen in der Übersicht (von links nach rechts): Mantelleitung (5 x 2,5 mm^2, für den Anschluß eines Elektroherdes). NYM-Mantelleitung (3 x 1,5 mm^2, feuchtraumgeeignet, für die Verlegung auf, im und unter Putz. Auch für die Verwendung im Freien mit Schutz vor direkter Sonneneinstrahlung). Mantelleitung (5 x 1,5 mm^2, für besondere Schaltungen). Aderleitung (Erdungsleitung für metallene Bauteile). Stegleitung (für Verlegung in trockenen Räumen). NYY-Kunststoffkabel (für Verlegung im Erdreich).

Steckdosen und Lichtschalter anschließen lassen

Sobald die Leerdosen eingebaut sind, alle Kabel liegen und der Innenputz die Wände ziert, beginnt die Arbeit des Elektrikers (falls Sie keinen Bausatz gewählt haben). Der Profi-Stromer schließt Schalter und Steckdosen an, und er verdrahtet die vielen Abzweigdosen. In diesen Verteilern werden immer häufiger Steck-Klemmen als Kabelverbindungsbauteile genommen, in die man die abisolierten Kabelenden nur hineinzuschieben braucht.

Schraubbare Lüsterklemmen mit mehreren Kabelstücken je Seite sind lediglich dann eine saubere Lösung, wenn wenige Kabelenden ankommen und abgehen. Wichtig: Nur VDE-geprüfte Klemmen verwenden, die auch die Leitungsquerschnitte sicher fassen.

Die Potential-Ausgleichsschiene montieren

An der Potential-Ausgleichsschiene werden alle metallenen Bauteile wie Kupferheizungsrohre, Elektroanschlußschrank und auch die Stahl-Email-Badewanne angeschlossen (☞ auch S. 39). Die Montage der Ausgleichsschiene ist ebenfalls eine Aufgabe des Elektrikers.

An dieser Anschlußleiste werden, wie es der Name schon verrät, Potentialunterschiede zwischen metallenen Bauteilen ausgeglichen. Denn gefährlich sind nur unterschiedliche, nicht jedoch gleiche (egal wie hohe) Spannungen. Denken Sie nur an die Vögel, die auf 20 000-Volt-Überlandleitungen sitzen und fröhlich zwitschern. Würden die munteren Tierchen gleichzeitig mit dem Boden-Potential (null Volt) in Berührung kommen, wäre das für sie arg schmerzlich.

Verteilerkästen und Anschlußschrank

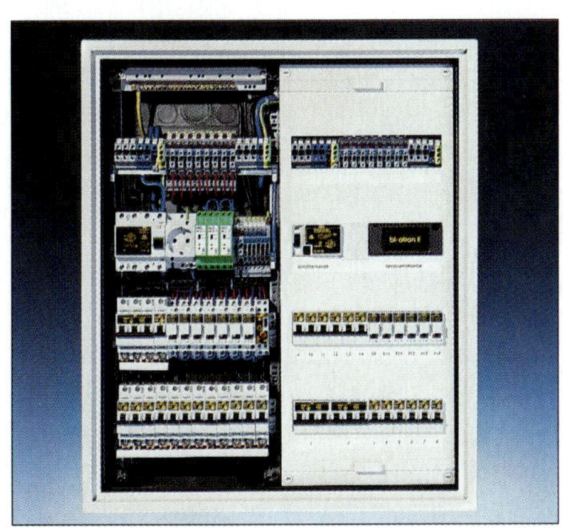

Verteilerkästen, Sicherungs- und Anschlußschränke müssen an gut zugänglicher Stelle vorgesehen werden. Geeignet sind Wandnischen, die man im Zuge der Maurerarbeiten ausgespart hat.

Während der Elektriker die Verdrahtung im Sicherungsschrank durchführt, sollte man sofort notieren, welche Sicherung für welchen Bereich zuständig ist. Das spart später mühsame Detektivarbeit.

Mit dem Einbau des Stromzählers und der Verbindung zum Anschlußschrank sind die Elektroarbeiten für Ihr Haus abgeschlossen. Jetzt brauchen Sie nur noch darauf zu warten, daß auf die Hauptversorgungsleitung Strom gegeben wird: ein kleiner Schritt für das Energie-Versorgungsunternehmen, einer großer Schritt für Ihren Bau.

Der Innenausbau: Wände, Decken, Dach

Mit dem Verputzen der Wände verschwindet die Rohbau-Atmosphäre im Neubau. Selbstbauern, die noch nie zuvor mit Putz und Kelle eine ansehnliche Wohnwand gezaubert haben, wird empfohlen, erst einmal einige „Übungswände" anzulegen. Dazu bietet sich ein untergeordneter Lagerraum oder der Heizungskeller an. Anschließend geht's in den Wohnräumen weiter.

Bevor man den ersten Putzsack aufschneidet und mit dem Putzanrühren beginnt, sollte man sich über einige grundlegende Details informiert haben. So müssen für einen reibungslosen Arbeitsablauf und eine dauerhafte Oberflächenqualität Putz, Untergrund und zukünftiges Raumklima zueinander passen. Das alles braucht den Bauherrn eines YTONG-Hauses jedoch nicht zu verunsichern: Für Wohnräume, aber auch für Küche und Bad wählt er einzig und allein den atmungsaktiven und feuchtigkeitregulierenden YTONG-Innenputz.

Ähnlich sieht es beim Verlegen der Fliesen aus. Bei dieser typischen Selbstbaudisziplin werden dank der Dünnbett-Technik bereits mit durchschnittlichem Geschick ausgezeichnete Ergebnisse erzielt. Dabei erledigen viele Laien das Verfliesen sogar sauberer als manche Profis der Branche. Grund: Fliesenleger arbeiten oft im Akkord. Und Arbeiten, die unter Zeitdruck ausgeführt werden, gelingen nun mal schlechter, als wenn jemand mit Muße und Motivation ans Werk geht.

Normalerweise ist es vom Saugverhalten des Untergrundes abhängig, ob vor dem Verputzen eine Grundierung aufgetragen werden muß. Gewöhnlicher Gipsputz (nur für trockene Wohnräume geeignet) kann auf Porenbeton nach einer entsprechenden Untergrundvorbehandlung aufgetragen werden. Doch die speziellen YTONG-Putze sind in ihrer Zusammensetzung genau auf das PLANBLOCK-Mauerwerk abgestimmt und brauchen keinerlei Grundanstriche: Auch wenn das einige unnachgiebige Verputz-Experten immer noch nicht glauben können.

Deshalb darf der Selbstbauer nicht ganz ohne Stolz feststellen, daß er bei diesem Gewerk sogar noch ein wenig professioneller arbeitet als manche Fachleute.

Ihr Zeitaufwand für den Innenausbau:

Innenputz von Hand auftragen 1 Std./m²

Steinfensterbank in Dickbett-Mörtel setzen 0,8 Std./Stück

Decke spachteln, tapezieren und anstreichen 0,8 Std./m²

Decke mit Gipskarton verkleiden. Danach spachteln, tapezieren, anstreichen 1 Std./m²

Holzdecke aus Nut-und-Feder-Profilbrettern 2 Std./m²

Wärmedämmung eines Holzbalkendachstuhls 0,6 Std./m²

Fliesen an der Wand legen und verfugen 2 Std./m²

Die Zeitangaben sind Mittelwerte und dienen nur zur groben Orientierung. In beide Richtungen sind Abweichungen möglich. Der eigene Zeitbedarf hängt auch von den individuellen Baustellenbedingungen ab. So benötigt man zum Beispiel für das Verfliesen von schiefwinkeligen Podestkonstruktionen im Bad deutlich mehr Zeit als für eine ebene Wandfläche.

Die Vorbereitung des Untergrundes

Der Putzgrund muß zunächst von losen Teilen und Staub befreit werden. Das geschieht am besten durch Abbürsten der Oberfläche mit einem Besen. Weiterhin muß der Untergrund fest, trocken, fett- und frostfrei sein. Sichtbare Betonflächen werden mit einer Haftbrücke gestrichen. Auf Holzwolle-Leichtbauplatten wird zur Vorbereitung ein vollflächiger Zementspritzbewurf aufgetragen.

Über solche Ausnahme-Untergründe und über gespachtelten großen Löchern (zum Beispiel Grifftaschen) kommen Gewebebahnen, die als Putzarmierung dienen. Die Gewebestreifen sollte man mindestens zehn Zentimeter auf das angrenzende Mauerwerk führen. So kann der Innenputz später größere Spannungen rißfrei ertragen.

Putzprofile setzen

An Mauerwerksecken, zum Beispiel im Bereich der Fenster, werden Putzprofile gesetzt, die eine exakte Kante garantieren und als Lehre für die Putzdicke dienen. Die Profile fixiert man zunächst mit Nägeln, richtet sie mit der Wasserwaage aus und befestigt sie dann mit Gips oder Spachtelmasse endgültig. Vor dem Verputzen die Nägel wieder entfernen.

Geübte Selbstbauer können die Profile nach einem schnelleren Verfahren anbringen. Man trägt im Abstand von etwa 50 Zentimeter kräftige Mörtelbatzen an der Mauerwerkskante auf und drückt darin das Putzprofil in die richtige Position. Wichtig: Beim Glattstreichen der Spachtelmasse die Lage des Profils nicht mehr verändern.

Schlitze schließen

Kunststoff-Abwasserrohre werden zur Verringerung der Fließgeräusche mit Filz umwickelt. Anschließend füllt man die übrigen Hohlräume der Wandschlitze mit Mörtel aus. Angrenzendes Mauerwerk vorher annässen. Alternativ kann auch Montageschaum eingespritzt werden. Bitte darauf achten, daß dort noch eine Putzdicke von ein bis zwei Zentimeter möglich ist. Gewebearmierung nicht vergessen!

Tip: Schlitze von Wasserleitungen und Heizungsrohren sollte man nicht verfüllen, sondern nur mit einer Gipsfaserplatte (die Dicke entspricht der Putzstärke) abdecken. Mit dem Putz bildet die Platte dann eine Ebene. Sollte jemals ein Rohr undicht sein, braucht man keine Wand aufzustemmen, um an die defekte Stelle zu gelangen.

Putz anrühren

Selbstbauer tragen in aller Regel den Putz von Hand auf. Wer alleine arbeitet, sollte sich sein Material immer nur in einem handlichen 10-Liter-Eimer anrühren, die Portion verarbeiten und dann neu mischen. Den Putz sackweise in einer großen Wanne durchzurühren ist nur dann zu empfehlen, wenn kontinuierlich ein Helfer zur Verfügung steht, der hilft, den schweren Kübel an Ort und Stelle zu wuchten.

Der YTONG-Innenputz wird im Verhältnis von 20 Liter Wasser zu 30 Kilogramm Trockenmörtel gemischt. Nur sauberes Wasser und saubere Behälter benutzen. Zum Rühren eignet sich eine leistungsstarke Bohrmaschine, in die man einen Quirlaufsatz einspannt. Mit geringer Drehzahl eine klumpenfreie, leicht steife Masse herstellen.

Putz aufziehen

Bevor Sie starten: das YTONG-Mauerwerk bitte nicht annässen oder grundieren!

Bei Porenbeton-Wänden kann man auf Abstandprofile und fluchtgerades Abziehen mit der Putzschiene (Kartätsche) verzichten, wenn die Wände sauber gemauert wurden und die Mindestputzdicke (fünf Millimeter) genügt. Denn mit ein wenig Übung ist auch freihändig eine ausreichend ebene Putzoberfläche zu erreichen.

Wichtig: Beim Verputzen arbeitet man sich von der Decke bis zum Fußboden herunter. Der neue Putz wird dabei mit der Traufel in einer Handbewegung von unten nach oben (immer zu der schon fertigen Fläche hin) aufgezogen.

Putz verteilen und vorglätten

Sofort nach dem Aufziehen wird der Putz gleichmäßig verteilt und die neue Fläche vorgeglättet. Dabei darf die Mindestputzdicke (fünf Millimeter) nicht unterschritten werden.

Falls größere Unebenheiten auszugleichen sind, kann der Putzauftrag maximal bis zu einer Dicke von drei bis fünf Zentimeter erfolgen.

Oberfläche abreiben

Je nach Raumtemperatur ist der Putz nach ein bis zwei Stunden so weit verfestigt, daß die Wandfläche mit einem nassen Filzbrett oder einer Schwammscheibe kräftig abgerieben werden kann. So egalisiert man nachträglich kleine Unebenheiten.

Den Innenputz feinglätten

Zum Abschluß der Putzarbeiten wird die Wand sofort nach dem Abfilzen feingeglättet. Durch vorsichtiges Abziehen mit der angefeuchteten Stahltraufel verschwindet die rauhe Filzbrettstruktur.

Mörtel auftragen

Bestellen Sie Ihre Fensterbänke so, daß sie links und rechts rund zwei Zentimeter in die verputzte Fensterlaibung hineinragen. Vorn sollte sie mindestens fünf Zentimeter überstehen.

Wer beim Verputzen die Fensterbänke noch nicht berücksichtigt hat, muß nun an den entsprechenden Stellen den Putz wieder abklopfen. Die nächsten Handgriffe sind das Säubern und Anfeuchten der Auflager. Setzen Sie dann die Fensterbank einmal testweise ein, und überprüfen Sie, ob sie sich später auch wirklich waagerecht ausrichten läßt. Anschließend die Fensterbank wieder herausnehmen und auf der Brüstung eine Lage Mörtel (Traß-Zementmörtel ist besonders gut geeignet) wie beim Mauern leicht geschuppt auftragen.

Fensterbank einschieben

Jetzt feuchtet man die Fensterbank von unten gut an und schiebt sie vorsichtig auf dem Mörtel bis zum Fenster. Achtung: Lange Platten brechen recht schnell.

Es gehört ein wenig Übung dazu, die richtige Mörtelmenge auf der Mauerbrüstung zu verteilen. Nimmt man zuviel, wird sich überschüssiges Material zwischen Fenster und Fensterbank anhäufen, so daß man dort keinen sauberen Abschluß erhält. Nimmt man zuwenig, sitzt die Fensterbank entweder schief oder es klafft eine unschöne Fuge zwischen Fenster und Steinplatte. Wie auch immer: Wenn das Ergebnis unbefriedigend ist, muß man die Fensterbank sofort wieder entfernen und die Mörtelmenge korrigieren.

Die Fensterbank mit der Wasserwaage ausrichten

Nun wird die Fensterbank durch leichtes Rütteln in die endgültige Position gebracht. Dabei muß man ständig die Wasserwaage im Auge behalten, die während der Einbauprozedur auf der Fensterbank liegen sollte. Anschließend überschüssigen Mörtel abstreichen.

Fugen spachteln

Nach dem Aushärten des Mörtels werden die Spalten zwischen Fensterbank und Wand verspachtelt. Dazu nimmt man am besten kleine Mengen Innenputz.

Fensterbank auf Keilen abstützen

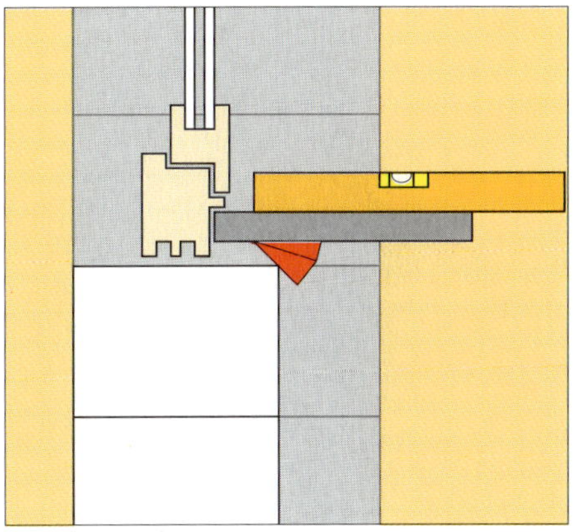

Bei dieser nahezu „freischwebenden" Konstruktion ist es von Vorteil, möglichst dicke Platten (mindestens drei Zentimeter) zu wählen. Tip: Besprechen Sie mit Ihrem Natursteinlieferanten die individuellen Bedingungen auf Ihrer Baustelle. Er kann Ihnen auch sagen, in welchem Abstand die stabilisierenden Konsolen benötigt werden.

Die seitliche Einbautiefe sollte nicht geringer als drei Zentimeter gewählt werden. Diese beiden schmalen Nischen sind bei fehlendem Mauerauflager die Fensterbankhalterung. Nach vorn sollte die Platte etwa zwei bis drei Zentimeter über die Wandfläche herausragen.

Nun wird die Fensterbank eingeschoben und mit Hilfe von Keilen sorgfältig ausgerichtet.

Die Konsolen einbauen

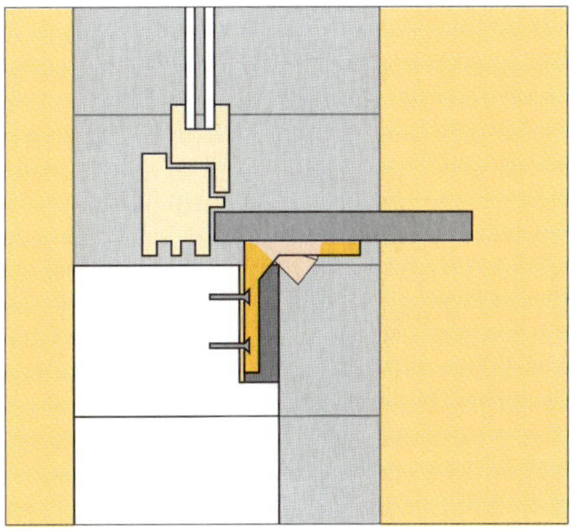

Bevor Sie mit der Montage der tragenden Metallkonsolen (Winkel) beginnen, muß die Fensterbank exakt waagerecht sitzen. Mit der Wasserwaage prüfen! Spätere Korrekturen sind nicht mehr möglich. Die Metallwinkel werden im Mauerwerk festgedübelt.

Besonders solide wird die Konstruktion, wenn man die Konsolen direkt in der Wand einmörtelt. Dazu kratzt man für jeden Schenkel einen Schlitz in das Mauerwerk. Anschließend die Konsole anschrauben, das Mauerwerk kräftig annässen und die Schlitze mit Schnellzement schließen.

Fugen schließen

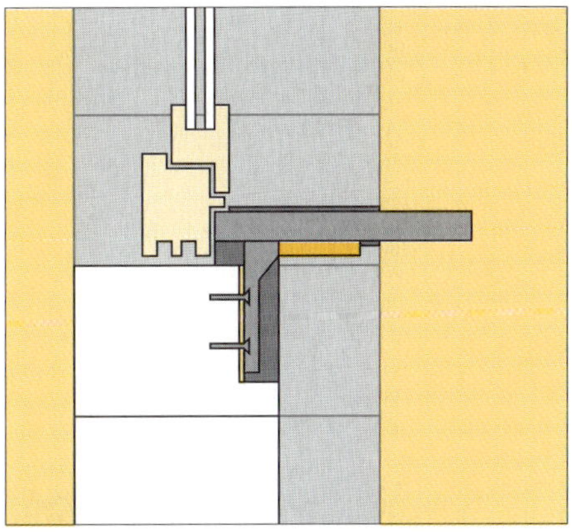

Nun müssen nur noch die umlaufenden Fugen zwischen Fensterbank und Mauerwerk verspachtelt werden.

Haben Sie es bemerkt? Obwohl die Decke noch im Rohzustand ist und der endgültige Fußbodenbelag noch fehlt, werden die Räume langsam wohnlich.

Alternativ: Fensterbänke aus Holz

Wenn kein solides Fensterbankauflager vorhanden ist, kann man auch mit einem sauber bearbeiteten Stück Holz einen ansehnlichen unteren Fensterabschluß herstellen.

Wer es nicht ganz so rustikal haben möchte, kann beschichtete Holzfensterbänke im Baumarkt kaufen, die es in verschiedenen Designs gibt. Eingebaut werden diese Platten meist auch auf Konsolen. Durch die Elastizität des Materials ist natürlich die Bruchgefahr weitgehend ausgeschlossen. Dies ist wohl der elementare Vorteil gegenüber Steinfensterbänken.

Die Deckenfugen füllen

Nun ist die Decke an der Reihe. Zunächst müssen die Fugen zwischen den Porenbeton-Fertigteilen gespachtelt werden. Liegen auch wirklich alle Kabel an der Decke, mit denen die Lampen geschaltet werden sollen? Wenn nicht, dann wird es jetzt höchste Zeit (☞ S. 136).

Hinweis: Nehmen Sie sich die Deckenfugen in zwei Arbeitsgängen vor. Im ersten Anlauf werden die Zwischenräume zwar bereits voll ausgefüllt, doch der Materialschwund macht eine nachfolgende zweite Feinspachtelung notwendig.

Die Decke flächig spachteln

Um die vielen kleinen Poren der Deckenunterseite zu schließen, zieht man eine dünne Schicht Innenputz auf. Wichtig: Das Material wird recht wäßrig angerührt und dann zügig aufgetragen.

Die Deckenspachtelung wirkt wie eine Grundierung. Zusätzlich bekommt man noch eine glatte Tapezierunterlage. Die Porenbeton-Decke ohne vorherige Spachtelung zu tapezieren funktioniert nicht, da dem Kleister viel zu schnell das Wasser entzogen würde.

Wer die Untergrundbehandlung besonders sorgfältig erledigt, kann bereits im Anschluß zum Farbroller greifen und der Zimmerdecke den letzten Schliff geben.

Alternativ: eine Lattung als Gipskartongrundlage anbringen

Für eine Deckenbekleidung aus Gipskarton- oder Gipsfaserplatten ist eine Holz-Unterkonstruktion notwendig. Die tragende Lattung hat einen Holzquerschnitt von 24 mal 48 Millimeter. Bei einer Plattendicke von 9,5 Millimeter sollte der Lattenabstand nicht mehr als 50 Zentimeter betragen.

Wichtig: Die Lattung muß exakt in einer Flucht liegen. Unebenheiten der Decke werden mit kleinen Holzstücken ausgeglichen.

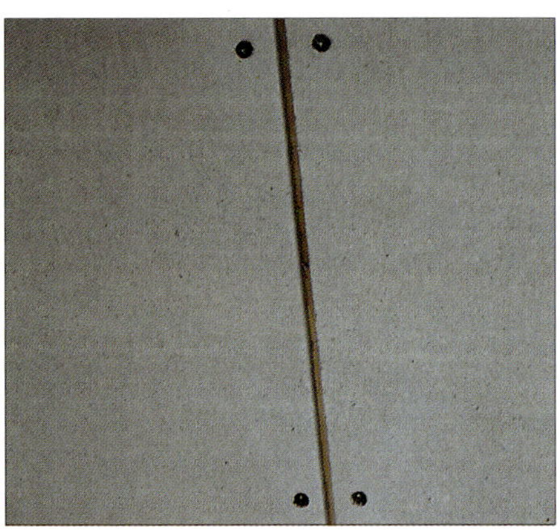

Trockenbauplatten anschrauben

Nun befestigt man die Gipsplatten mit Spezialschrauben an der Unterkonstruktion. Der Abstand der Schrauben sollte zwischen 15 und 20 Zentimeter liegen. Plattenstöße bitte mittig auf die Traglattung legen. So haben beide Platten eine gleichermaßen solide Auflagerfläche.

Hinweis: Die sehr stabilen Gipsfaserplatten sind feuchtraumtauglich. Man kann natürlich auch in trockenen Wohnräumen dieses Material verwenden. Preislich besteht kaum ein Unterschied zu Gipskartonplatten.

Bevor tapeziert wird, müssen die Fugen mit einer zum Plattentyp passenden Spachtelmasse gefüllt werden.

Die Decke tapezieren: Es geht auch allein

Zum Tapezieren der Decke baut man sich aus Maurergerüstböcken und Baudielen einen Laufsteg. Die Höhe wählt man so, daß über dem Kopf noch rund zehn Zentimeter Luft bis zur Decke bleiben. Tip: Decken über die kürzere Raumseite tapezieren.

Die Vorarbeiten sind nun dieselben wie beim Tapezieren der Wände (☞ S. 170): Tapete einkleistern, zusammenfalten und zum Einweichen ein paar Minuten beiseite legen. Dann steigt man aufs Gerüst und hält ein kleines, aufgefaltetes Tapetenteil mit der Kleisterseite nach oben vor dem Gesicht. Der Rest der Bahn baumelt wie ein Schleier hinter dem Kopf nach unten. Der kleine Tapetenzipfel wird angeklebt und die ersten 50 Zentimeter der Bahn ausgerichtet.

Ein Kantholz mit Querlatte ersetzt den zweiten Mann

Sobald der Anfang der Tapetenbahn an der Decke glattgestrichen ist, dreht man sich um und faltet die Tapete Stück für Stück weiter auf. Dabei immer mit mindestens einer Hand die Tapete an die Decke drücken. Nun wandert man langsam über die Laufbohle zur gegenüberliegenden Raumseite.

Sollten die Arme mit der Zeit unerträglich müde werden, ist ein „Hilfsarbeiter" nützlich: ein Kantholz mit quer aufgeschraubter Latte. So kann man sich zwischendurch sogar mal eine kleine Pause gönnen und die bereits tapezierte Fläche prüfen und gegebenenfalls korrigieren. Die Tapete zwischendurch mit der Bürste glätten.

Farbe kaufen

Für den Anstrich der Decken sollten Sie keine Billigfarben nehmen: Meist benötigt man zwei bis drei Arbeitsgänge für eine gleichmäßige Farboberfläche. Der Preisvorteil ist dann durch den höheren Materialverbrauch schnell futsch – abgesehen vom zeitlichen Mehraufwand.

Die Decke anstreichen

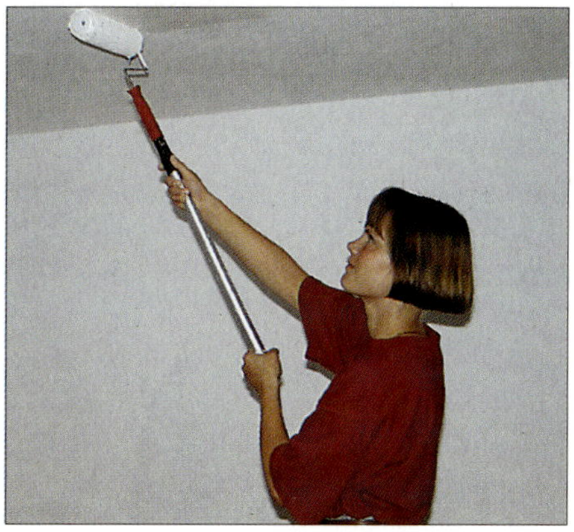

Falls Sie die Anstricharbeiten noch vor dem Tapezieren der Wände und vor den Estricharbeiten erledigen, brauchen Sie nur die Fenster abzukleben. Boden und Wände müssen in diesem Stadium nicht vor Farbklecksen geschützt werden.

Tip: Wenn Sie in Ihren Farbroller eine Verlängerung stecken, können Sie die Decke ohne Gerüst direkt vom Boden aus streichen.

Holz bringt Wärme und Behaglichkeit

Beim Innenausbau nimmt Holz einen ganz besonderen Stellenwert ein. Kaum ein anderes Material gibt Wohnräumen in diesem Maß eine natürliche Atmosphäre und angenehme Wärme. Nicht zu vergessen: Holz läßt sich sehr einfach bearbeiten, und die Vielfältigkeit der angebotenen Holzprodukte scheint grenzenlos zu sein. Kein Wunder also, daß Holz beim Innenausbau besonders beliebt ist.

Wichtig: Bevor Sie sich an die Planung machen, sollten Sie bedenken, daß dunkles Holz kleine Räume noch kleiner erscheinen läßt. Ganz verzichten sollte man auf dunkle Holzdecken. Helle Hölzer (Beispiel Fichte natur oder Fichte weiß lasiert) bringen dagegen die gewünschte Behaglichkeit.

Vor der Verarbeitung: das Holz einige Zeit ablagern

Am Beispiel einer Holzdecke wird nun das Verkleiden einer ebenen Fläche mit Nut-und-Feder-Profilbrettern (Nadelholz) gezeigt. Der Arbeitsablauf gilt für Holzwände entsprechend.

Ein großes Problem bei Holz ist das Schwinden (Schrumpfen). Um unangenehmen Überraschungen vorzubeugen (Holz verwirft sich, oder es bilden sich unbeabsichtigte Fugen), sollte man die Profilbretter vor dem Verarbeiten einige Wochen im Raum zur Akklimatisierung lose auslegen. Ausnahme: Endbehandelte Bretter mit vergüteter Oberfläche können sofort nach dem Kauf an Decken und Wänden montiert werden.

Wie schützt man Holz im Innenbereich?

Zur Beantwortung dieser Frage gibt es leider keine eindeutigen Expertenaussagen. So muß man sich wohl eigene Argumente in Sachen Holzschutz zimmern: Wenn es alte Bauten aus unbehandeltem Holz gibt, die im Freien Jahrhunderte überlebt haben, dann wird auch eine ungeschützte Holzdecke ein paar Jahrzehnte mühelos schaffen.

Um dennoch Maserung und Farbton der Holzoberfläche zu betonen, genügt beispielsweise eine Behandlung mit Bienenwachs oder mit einer umweltfreundlichen Lasur.

Die Unterkonstruktion anschrauben

Genau wie die Deckenbekleidung aus Gipskarton- oder Gipsfaserplatten (☞ S. 144) braucht auch die Holzdecke eine Unterkonstruktion. Lattenabstand: höchstens 50 Zentimeter.

Mit dem Richtscheit sollte man prüfen, ob die Latten genau in einer Flucht liegen. Gegebenenfalls die Unebenheiten mit Holzstückchen ausgleichen.

Das erste Brett montieren

Sägen Sie zunächst vom ersten Brett die Feder ab, und schleifen Sie die Schnittkante sorgfältig. Sollte die angrenzende Wand eine unregelmäßige Oberfläche haben, übertragen Sie diese auf das erste Profilbrett. So wird erreicht, daß sich der Übergang von Holzdecke zu Wand fugenlos zeigt.

Sobald das Anfangsbrett genau zugeschnitten ist, beginnt die Montage. Mit kleinen Nägeln wird das Profilholz nahe der Wand befestigt: Bei Brettern des Typs „Fichte natur" nimmt man Messingnägel. In die Nut, die zur Raumseite zeigt, werden nun überall dort, wo Traglatten verlaufen, Profilholzklammern eingeschoben und angenagelt.

Alternativ: die Schattenfuge

Manchmal gelingt der Übergang von Holzdecke zu Wand nicht ganz so sauber, wie man es sich vorgestellt hatte. Eine einfache Lösung ist dann, diesen Bereich mit einer Randleiste zu überdecken.

Ein wenig eleganter sieht es aus, wenn man eine sogenannte Schattenfuge einplant: Zwischen Wand und Decke bleiben ein bis zwei Zentimeter Luft. Eine gleichmäßige Fugenbreite wird erreicht, wenn man umlaufend an den Wänden schmale Leisten (Leistenmaß gleich Fugenbreite) provisorisch befestigt. Die Profilbretter werden dann bis an die Leisten geführt, die man später wieder entfernt.

Vorteil der Schattenfuge: Es ist zugleich eine Hinterlüftung eingebaut. Das ist konstruktiver Holzschutz (wichtig in Feuchträumen).

Stoßfugen auf die Traglatten legen

Unabhängig davon, welche Variante man für den Decke-Wand-Übergang gewählt hat, geht nun die Arbeit zügig voran. Jedes Brett wird mit seiner Feder in die Nut des vorherigen gesteckt und mit Profilholz-Klammern (Krallen) an jeder Traglatte gesichert.

Manchmal läßt es sich nicht vermeiden, daß zwei Bretter gestoßen werden müssen. Solche Stellen legt man am besten auf eine Traglatte. Wichtig ist, daß die Schnittflächen beider Bretter exakt aneinanderpassen. Unsaubere Übergänge sehen später sehr unschön aus. Wichtig: Beide Enden befestigen.

Das letzte Brett der Holzdecke

Es kommt sehr selten vor, daß das letzte Brett genau mit der angrenzenden Wand abschließt. Oft hat sich sogar eine gewisse Schiefstellung der letzten Profilhölzer eingeschlichen, die nun ausgeglichen werden muß. Tip: Um durch den ganzen Raum hindurch einen parallelen Holzverlauf zu bekommen, sollte hin und wieder an verschiedenen Punkten der verbleibende Abstand zur Wand gemessen werden. Zeigen sich Differenzen, kann man sofort gegensteuern.

Wenn schließlich das letzte Brett den örtlichen Gegebenheiten angepaßt wurde, schließt man damit die letzte Lücke. Diesen Abschluß sichert man wieder mit kleinen Nägeln.

Wie wird der Dachstuhl gedämmt?

Es gibt drei Möglichkeiten, bei einem Dachstuhl die Dämmung anzubringen: über, zwischen oder unter den Sparren. Über den Sparren zu dämmen ist bauphysikalisch am besten. Man erhält eine durchgehende Dämmschicht, und die tragenden Holzteile (Sparren, Pfetten) liegen offen im trockenen Innenklima. Für den Laien ist es jedoch einfacher, zwischen den Sparren zu dämmen. Besonders häufig wird dabei Glas- oder Steinwolle eingesetzt. Achtung: Zur Raumseite muß eine Dampfsperre (Alu- oder Kunststoffschicht) angebracht sein.

Hinweis: Die notwendige Dämmstoffdicke ist von der Wärmeleitfähigkeit des gewählten Materials abhängig. Sprechen Sie Ihren Architekten darauf an. Richtwert der Dämmdicke: 14 Zentimeter.

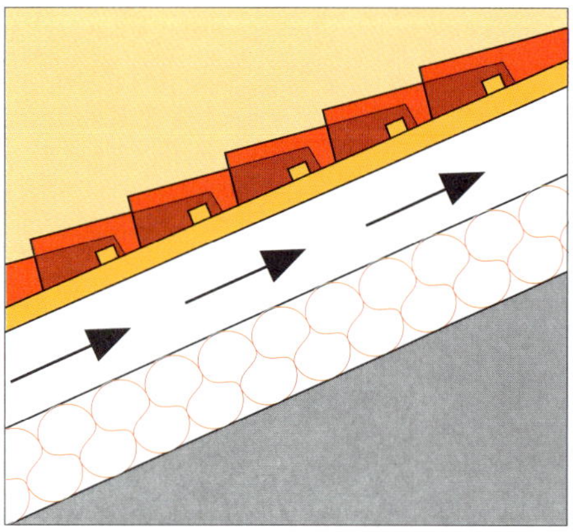

Auf die Hinterlüftung kommt es an

Bei der Dämmung zwischen den Sparren ist eine Hinterlüftung nötig, damit anfallendes Kondensat abtrocknen kann: Unterspannbahn am First offen lassen (☞ S. 84). Auch traufseitig muß eine Öffnung sein. So kann ein Luftstrom entstehen, der das Tauwasser heraussträgt. Wichtig: Der Abstand zwischen Unterspannbahn und Dämmung darf nicht zu knapp sein. Die Praxis hat gezeigt, daß die oft geforderten zwei Zentimeter nicht ausreichen. Besser sind fünf bis zehn Zentimeter, zumal sich die flexiblen Mineraldämmatten nach oben ausbeulen können und auf diese Weise für eine Reduzierung des Lüftungsquerschnitts sorgen. Wird auf die Hinterlüftung verzichtet, muß gewährleistet sein, daß das Tauwasser ungehindert abfließen kann.

Alukaschierte Glaswollematten oder Dämmfilz

Die alukaschierten Glaswollebahnen werden passend zur Sparrenbreite zusammengerollt geliefert. Das Material sollte etwa zwei Zentimeter breiter sein als der Sparrenabstand, damit der Dämmstoff lückenlos in den Zwischenraum gepreßt werden kann. Die Dämmbahn mit einem Küchenmesser bearbeiten. Mit dem Verlegen der alukaschierten Glaswolle (Randleistenfilz) beginnt man oben am First. Die verstärkten Alu-Randleisten werden über die seitlichen Sparren geklappt und angetackert (oder: Befestigung mit Dachpappnägeln). Wichtig: Risse mit Aluklebeband reparieren. Staubmaske tragen!

Neben dem Randleistenfilz setzt sich zunehmend der sogenannte Klemmfilz durch. Vorteil: Der individuelle Zuschnitt ist leichter.

Dämmen mit Steinwollekeilen

Für jedes Problem gibt es eine Lösung. Dächer mit unterschiedlichen Sparrenabständen können mit Keilen aus Steinwolle gedämmt werden. Aber auch bei einheitlichen Sparrenabständen hat man den Vorteil, daß man nur mit relativ kleinen Matten hantieren muß.

Die Keile werden auf den Boden gelegt und so weit gegeneinander verschoben, bis genau die notwendige Materialbreite erreicht ist. Man braucht lediglich die kleinen, überstehenden Steinwolle-Dreiecke abzuschneiden: Und schon paßt's. Die Reststücke können im Bereich von Gauben oder Dachflächenfenstern eingebaut werden. Wichtig: die Dampfsperre (hier: Kunststoffbahn) nicht vergessen. Tip: Dämmen Sie das gesamte Sparrenfeld vom First bis zur Fußpfette.

Der alternative Dämmstoff: Zellulose

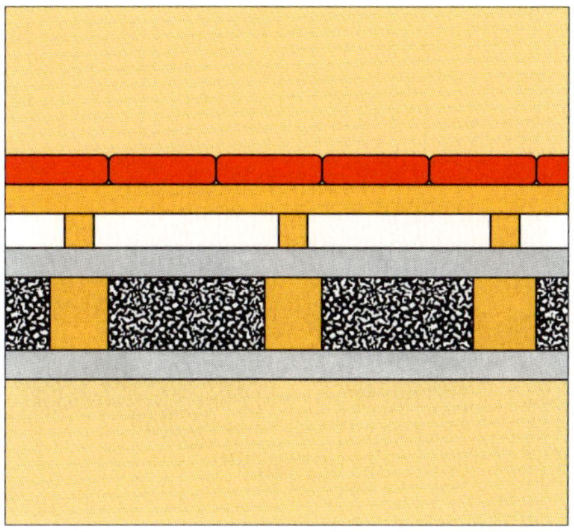

Eine Alternative zu den üblichen Dämmstoffen stellen Zelluloseflokken dar. Grund: Die niedrige Wärmeleitfähigkeit und der konkurrenzfähige Preis. Außerdem bringt das Zellulose-Recyclingprodukt noch einen ökologischen Vorteil: Der Energieaufwand bei der Herstellung beträgt nur winzige Bruchteile der bisher noch bevorzugten Dämmstoffe.

Wichtig: Der Einbau der Zelluloseflocken ist nur etwas für Profis: Das Material muß mit einer bestimmten Verdichtung in den Hohlraum zwischen den Sparren geblasen werden (Atemschutz tragen).

Die Unterkonstruktion der Dachverkleidung

Nun beginnen Sie damit, die Dachschräge zu verkleiden. Üblich ist es, eine Lattenkonstruktion an die Sparren zu schrauben. Dort werden dann Gipsbauplatten oder Profilbretter befestigt.

Bei Gipsbauplatten muß die Traglattung so gelegt werden, daß die Längsseiten der Platten immer auf einer Latte gestoßen werden. Bei Gipsfaserplatten noch Platz für eine Fuge (rund fünf Millimeter) berücksichtigen, die später gespachtelt wird.

Die Zellulosedämmung braucht bereits vor dem Einblasen einen stabilen Raumabschluß. Geeignet sind Holzspanplatten (Typ „V 100"). Technisch spricht nichts dagegen, solche Platten auch bei einer gewöhnlichen Dämmung als flächige Unterkonstruktion zu wählen.

Die Dachschräge mit Gipsbauplatten verkleiden

Gipsfaserplatten (Breite hundert Zentimeter) benötigen einen Lattenabstand von 33,5 Zentimeter. Darin ist eine Fuge von fünf Millimeter bereits berücksichtigt. An Wänden genügt ein Abstand von 50,25 Zentimeter.

Gipsfaserplatten werden mit Stichsäge oder Fuchsschwanz zugeschnitten. Es ist aber auch möglich, die Schnittlinie mit einem Teppichmesser anzuritzen und die Platte dann über einer Kante zu brechen. Mit Schrauben werden die Platten an der Dachschräge befestigt. Abschließend die Fugen spachteln.

Profilholzbretter an der Dachschräge anbringen

Bei senkrechtem Brettverlauf benötigt man eine waagerechte Querlattung, die an den Sparren angeschraubt wird. Bei waagerecht laufenden Profilhölzern kann man auf jede Unterkonstruktion verzichten und die einzelnen Bretter jeweils an den Sparren mit Profilkrallen annageln. Wer sich etwas besonders Gutes tun möchte, baut eine flächige Unterlage (Gipsfaserplatte, V-100-Spanplatte) als Schutz für die raumseitige Dampfsperre (Kunststoff- oder Aluminiumfolie) ein.

Übrigens: Auch beim YTONG-Massivdach (☞ S. 78) ist es problemlos, Gipsbauplatten oder Holzverschalungen anzubringen. Genau wie bei der Decke (☞ S. 144 ff.) schrauben Sie zunächst eine Lattenkonstruktion an. Daran wird die Verkleidung montiert.

Zur Vorbereitung: Richtlatte montieren

Der Dünnbett-Mörtel macht's möglich: Man muß kein Fachmann sein, um den Wandbelag im Bad oder an der Küchenarbeitsplatte professionell zu verlegen. Und mit ein paar Kunstgriffen erzielt sogar der Ungeübte beste Ergebnisse.

An den Wänden im Bad werden zunächst Holzleisten befestigt, deren Oberkanten fünf Millimeter über dem zukünftigen Fußbodenbelag liegen. So bleibt noch Platz für eine Dehnungsfuge. Auf diesen Latten richtet man die erste Fliesenreihe aus. In der Küche bringt man solche Richtlatten ein wenig unterhalb der geplanten Arbeitsplatten an. Legen Sie bereits jetzt das Fliesenraster und die Fugenbreite (meist zwei bis fünf Millimeter) fest.

Fliesenkleber auftragen

Der Untergrund muß frei von Staub, Fett und losen Teilen sein (Wände abbürsten). Wer das Mauerwerk exakt errichtet hat, genießt den Vorteil, daß er die Fliesen direkt auf der Wand anbringen kann: Es ist keine ausgleichende Putzschicht nötig. Kleine Unebenheiten mit dem Schleifbrett abtragen. Die Rohbauwand wird mit Tiefengrund vorbehandelt, wenn es der verwendete Kleber erfordert.

Wählen Sie einen Standard-Fliesenkleber, den Sie gemäß den Herstellerangaben mit Wasser anrühren. Mit der glatten Seite der Zahnkelle wird erst eine hauchdünne Kontaktschicht aufgetragen. Danach mit der gezahnten Kellenseite den Kleber aufziehen. Dabei die Kelle im Winkel von etwa 45 Grad zur Wand halten.

Die erste Reihe ausrichten

Tragen Sie den Kleber nur für so viele Fliesen auf, wie Sie in etwa fünf bis zehn Minuten legen können. Je kürzer der Kleber an der Luft offen steht, um so besser. Sollte sich schon eine Haut gebildet haben (Test: Beim Anfassen bleibt der Finger sauber), Kleber abstreifen und frisches Material aufziehen. Drücken Sie nun die erste Reihe in die frische Masse, und richten Sie die Fliesen auf der Richtlatte aus. Fugenkreuze garantieren einen gleichmäßigen Zwischenraum.

In der Mitte der Wand verlegen Sie eine Reihe senkrecht nach oben. An diesem „Koordinatensystem" richten Sie alle weiteren Fliesen aus. Für kleine Korrekturen werden einzelne Fliesen zurechtgerückt und mit Nägeln fixiert. Wichtig: Richtschnur verwenden.

Fliesen schneiden

An Rändern müssen Fliesen meist zugeschnitten werden. Berücksichtigen Sie beim Ausmessen dieser Paßstücke die Fugenbreite auf beiden Seiten der Fliese.

Wenn Sie das Fliesenmaß ermittelt haben, zeichnen Sie mit einem Bleistift die Schnittlinie auf die Plattenoberseite. Das Zerteilen der Fliesen funktioniert am besten mit einem Fliesenschneider. Die Plattenoberfläche wird angeritzt und über einer Kante an der vorgegebenen Linie zerbrochen.

Tip: Hin und wieder das Schneidrädchen wechseln.

Fliesenausschnitte herausknabbern

Um wenig Aufwand beim Ausschneiden von Schalter-, Steckdosen- und Armaturenlöchern zu betreiben, fliest man die Wand so, daß die Öffnungen an Rändern oder Ecken der Platten liegen. Man sollte deshalb schon im Vorfeld darauf achten, daß möglichst viele Installationsabgänge ins Fliesenraster passen.

Ausschnitte an Rändern und Ecken werden mit einer Spezialzange herausgeknabbert. Das ist recht schnell zu erlernen, und man gelangt meist zu einwandfreien Ergebnissen.

Tip: Immer nur kleine Stückchen abbrechen. Beim Abbrechen großer Stücke kann die Platte brechen.

Fliesen lochen

Es kann sehr mühsam werden, Ausschnitte in der Plattenmitte zu bohren. Mit einem Bohrmaschinenaufsatz und einem soliden Bohrständer braucht es einige Übung, bis die erste Fliese bruchfrei gelocht ist. So geht man vor: Öffnung anzeichnen und dann mit wenig Druck und viel Ausdauer das Loch in die Fliese bohren.

Fugenmasse einbringen

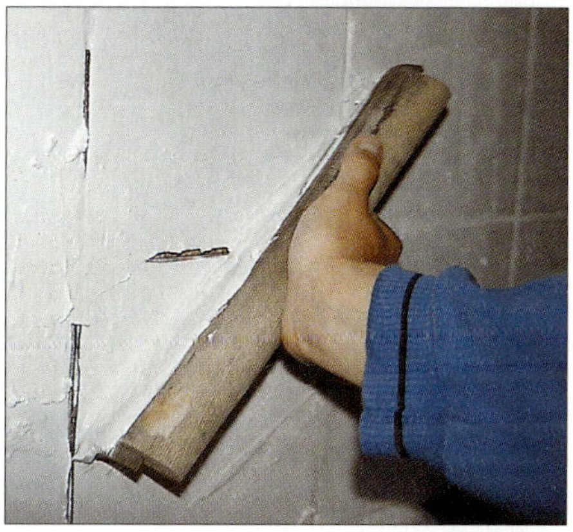

Nach ein bis drei Tagen ist der Dünnbett-Mörtel ausgehärtet, und Sie können mit dem Verfugen beginnen. Die Fugen müssen frei von losen Teilen und möglichst tief sein. Eventuell Fliesenkleberreste herauskratzen. Anschließend die Fugen kräftig anfeuchten.

Mit einem Fugengummi verteilt man nun die Masse diagonal zum Fugenraster gleichmäßig über der Fliesenfläche und füllt die dünnen Spalten. Auch dort gilt: keine zu großen Flächen auf einmal bearbeiten. Die Fugen werden dann mit einem nassen Schwamm geglättet. Danach die gesamte Fliesenoberfläche reinigen. Dem Wasser keine Putz- oder Reinigungsmittel zugeben. Zum Schluß wird mit einem trockenen Tuch poliert.

Kanten und Ecken elastisch verfüllen

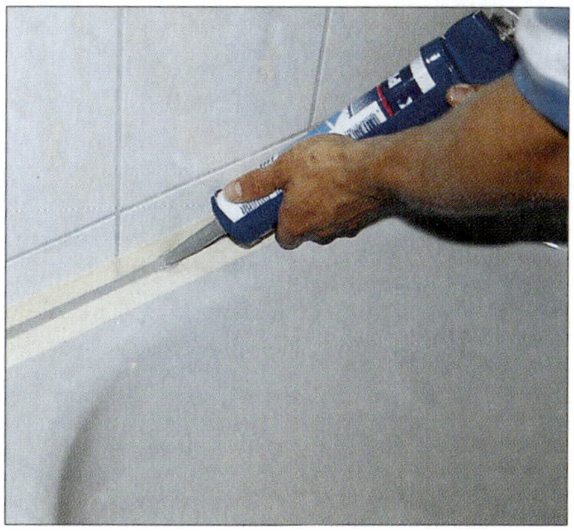

Ecken, Badewannenränder und Rohrdurchgänge, aber auch die Übergänge von Wänden zum Fußboden (☞ S. 158) werden elastisch mit Silikonmasse verfugt. So können Bauwerksspannungen schadlos abgetragen werden.

Für einen sauberen Fugenrand kleben Sie die angrenzenden Oberflächen sorgfältig ab. Entsprechend den Verarbeitungshinweisen auf der Silikon-Kartusche füllen Sie nun die Fuge satt aus. Tip: Tiefe Fugen vorher mit schmalen Schaumstoffstreifen ausstopfen. Spätestens fünf Minuten nach dem Einbringen muß die Fugenmasse geglättet werden. Dazu den Finger mit Wasser anfeuchten, dem etwas Spülmittel zugegeben wurde. Danach sofort das Klebeband abziehen.

Der Innenausbau: Estrich und Bodenbeläge

Gerade im Bereich des Fußbodens stellt sich die Frage, welche Konstruktionen für den Selbstbauer lohnend sind. So ist es zum Beispiel die sauberste, schnellste und im Grunde auch billigste Lösung, einen Zement-Estrich von Fachleuten legen zu lassen. Denn selbst der wackerste Bauherr wird bei dieser Arbeit schnell an seine Grenzen gelangen.

Warum verlegt man Parkett, Teppiche oder Fliesen nicht direkt auf der Fertigteildecke? Bei weichen Belägen (Teppiche und PVC) könnten sich bereits kleinste Unebenheiten des Rohbau-Bodens durchdrücken. Größere Differenzen, zum Beispiel zwischen Fertigteil-Oberfläche und Fugenverguß, würden sich auch auf Fliesen oder Parkett übertragen. Resultat: wackelige Tische und Schränke. Die Lösung des Problems ist ein ebener Estrich.

So ein Fußboden-Unterbau hat aber noch mehr Aufgaben als nur den Ausgleich von Unregelmäßigkeiten des Untergrundes. Im Keller verhindern Dichtungsbahnen (Kunststoff-Folien oder Bitumenbahnen), daß Feuchtigkeit in den Fußboden aufsteigen kann.

Eine „schwimmende" Verlegung sorgt zusätzlich für ein gutes Trittschallverhalten. „Schwimmend" bedeutet hier, daß der harte Fußboden keine starre Verbindung zum Untergrund und zur Wand haben darf. Seitlich wird das durch weiche Randstreifen, zum Beispiel aus Schaumstoff, erreicht. Der Boden selbst ruht auf einer Dämmschicht (Mineralfasermatten, Hartschaum oder lose Schüttung), die zugleich den Wärmeschutz erhöht. Dies ist besonders dann wichtig, wenn der Wohnraum über einem unbeheizten Keller liegt. YTONG-Bauherren brauchen sich deswegen jedoch keine Sorgen zu machen. Sie haben den größten Teil des erforderlichen Wärmeschutzes bereits in der Porenbeton-Decke eingebaut.

Während beim Zement-Estrich die Entscheidung für oder gegen den Selbsteinbau letztlich der Bauherr trifft, werden Gußasphalt- und Fließ-Estriche wegen des unumgänglichen Maschineneinsatzes in aller Regel von Fachleuten ausgeführt. Deshalb werden die Arbeitsabläufe dieser Estrich-Sorten hier nicht vorgestellt.

Ganz ohne Estrich kommt man aus, wenn man Holzdielen als Bodenbelag wählt. Dann besteht die Unterkonstruktion aus Lagerhölzern (Kanthölzern). Der Holzdielenboden dürfte der preiswerteste Boden sein. Ein Nachteil ist allerdings, daß sich durch das Schwinden des Holzes im Laufe der Zeit kleine Spalten zwischen den einzelnen Dielenbrettern bilden können.

Ihr Zeitaufwand für den Innenausbau:

Zement-Estrich (schwimmend) 1 Std./m^2

Trocken-Estrich aus Gipsfaserplatten 0,25 Std./m^2

Fliesen auf dem Boden verlegen 2 Std./m^2

Fertigparkett, Nut und Feder, „schwimmend" 1 Std./m^2

Holzdielenboden inkl. Unterkonstruktion 3 Std./m^2

Die Zeitangaben beziehen sich auf durchschnittlich begabte Selbstbauer. Profis arbeiten meist schneller.

Im Keller ist eine Feuchtigkeitssperre notwendig

Auf Kellerböden wird zunächst eine Feuchtigkeitssperre verlegt. Am besten geeignet sind Kunststoff-Folien. Die Stöße zehn Zentimeter überlappen lassen und mit Quellschweißmittel dauerhaft verbinden.

Eine weiche Unterlage für den schwimmenden Estrich

Die schall- und wärmedämmende Schicht (Hartschaum, Mineralfasermatten) wird direkt auf den Fußboden (im Keller auf die Kunststoff-Folie) gelegt. Dabei müssen Heizungs- und Wasserrohre, die auf dem Boden verlaufen, ausgespart und anschließend in einer losen Schüttung versteckt werden. Die Dämmplatten selbst deckt man mit Bitumenpapier ab. So wird verhindert, daß später der flüssige Estrichbeton in die Spalten zwischen den Dämmplatten läuft und eventuell eine starre Verbindung zum Untergrund entstehen könnte.

Falls eine Fußbodenheizung geplant ist, wird man sich für profilierte Hartschaumplatten entscheiden, in die man die Heizungsrohre hineinsteckt (☞ S. 113). Dort nimmt man dann kein Bitumenpapier.

Wichtig: seitlich Dämmstreifen verlegen

Damit der starre Fußboden keine Schallbrücke zur Wand bekommt, muß man nun entlang den Wänden einen Dämmstreifen abwickeln. Auch Treppen, Säulen und alle anderen angrenzenden Bauteile müssen mit einem weichen Dämmstreifen vom harten Fußboden schalltechnisch getrennt werden.

Der Profi arbeitet mit einer Estrichmaschine

Für Selbstbauer, die ihren Zement-Estrich allein verlegen möchten, ist es besonders mühsam, den Estrichbeton anzurühren und dann eimerweise ins Haus zu schleppen. Allein diese Arbeit ist schon ein guter Grund, eine Fachfirma zu beauftragen.

Die Profis setzen eine Estrichmaschine ein, die Mischer und Pumpe in einem ist. Ein Arbeiter schaufelt Zement und Estrichkies (Körnung 0/8: Die größten Körner des Sandgemisches haben einen Durchmesser von acht Millimeter) in den Füllstutzen, und die Maschine mischt das Material. Schubweise wird nun der Estrichbeton an Ort und Stelle befördert. Dort wartet der zweite Mann, der jetzt den Estrich einbaut.

Die Höhe des Estrichs festlegen

Der Estrichleger verteilt den Beton an den Rändern und bringt ihn auf die endgültige Höhe (Plattendicke mindestens 35 Millimeter, ohne Dämmschicht und Belag). Diese Randbereiche werden anschließend als Richthöhe für den gesamten Raum verwendet.

Wichtig: Die Dicke der Estrichplatte bei einer Fußbodenheizung richtet sich nach dem verwendeten Fußbodenheizungssystem und nach den eingesetzten Zuschlagstoffen. Die Plattendicke beträgt dann meist viereinhalb bis sechs Zentimeter.

Oberfläche eben abziehen

Sobald die Ränder die Plattendicke vorgeben, wird der gesamte Raum mit Beton gefüllt und die Oberfläche mit einer Richtlatte eben abgezogen. Übrigens: Der Estrichbeton wird nicht verdichtet.

Dehnfugen berücksichtigen

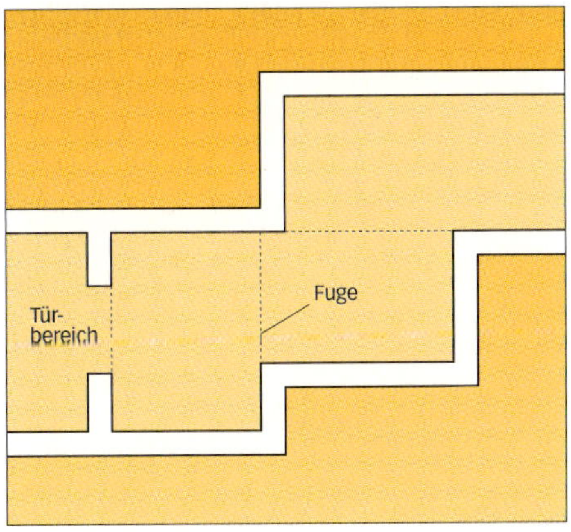

Im wenig flexiblen Zement-Estrich müssen bei größeren Flächen (eine Seite ist länger als rund sieben Meter) Dehnfugen eingebracht werden. Sonst wird die Platte irgendwann reißen oder brechen.

Die Fugen sollten möglichst so gesetzt werden, daß sich der Estrich aus lauter rechteckigen Flächen (maximale Größe etwa 40 Quadratmeter) zusammensetzt. Im Einfamilienhaus wird man für jeden Raum eigene Estrichplatten herstellen und dabei im Bereich der Türen und bei verwinkelten Grundrissen (siehe Skizze) Estrich-Unterbrechungen vorsehen.

Die Dehnfugen später auch in harten Bodenbelägen berücksichtigen (Fliesen, ☞ S.158) und elastisch füllen.

Estrich-Oberfläche abreiben

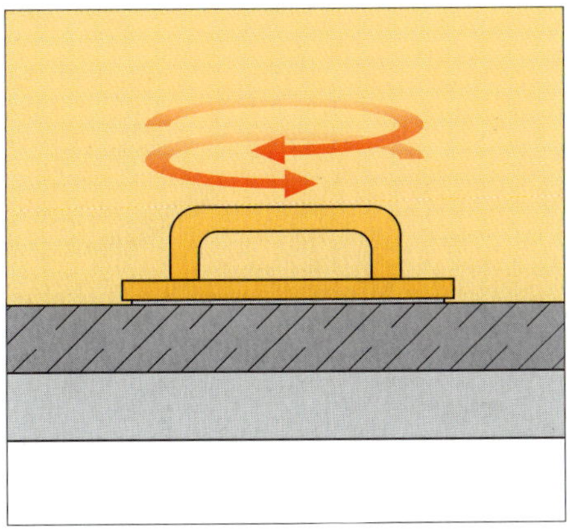

Mit einem Reibebrett wird nun die gesamte Oberfläche nivelliert. Auf diese Weise verschwinden die letzten Unebenheiten.

Die Estrich-Arbeiten für ein durchschnittliches Einfamilienhaus sind von einer geübten Kolonne an einem Arbeitstag erledigt.

Vorsichtig begehbar ist der Zement-Estrich nach etwa zwei Tagen (bei kaltem Winterwetter lieber noch etwas länger warten). Beläge sollten frühestens nach vier Wochen (besser nach sechs Wochen) aufgebracht werden. Erst dann ist der Estrich ausreichend getrocknet.

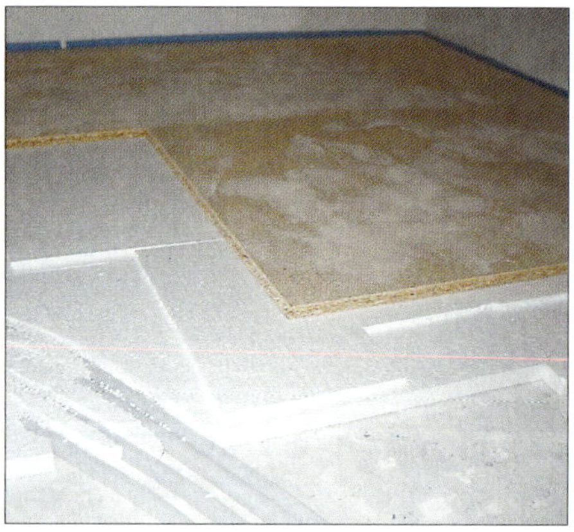

Kostenvergleich: Trocken-Estrich, Zement-Estrich

Die reinen Materialkosten für einen Trockenunterbau aus Holzspanplatten liegen über dem Materialpreis von Zement-Estrich. Verbundplatten aus Gipskarton oder Gipsfaser mit einer Dämmschicht sind fast so teuer wie fertig verlegter Zement-Estrich. Einleuchtend, daß Trocken-Estrich also nur in wenigen Fällen wirklich sinnvoll ist.

Der größte Vorteil des Trocken-Estrichs: Er ist sofort begehbar.

Die Einsatzbereiche des Trocken-Estrichs

Trocken-Estriche eignen sich vor allem dort, wo kleine Flächen verlegt werden sollen (nachträglicher Kellergeschoß- oder Dachgeschoßausbau). Aber auch dort, wo die statischen Verhältnisse schwere Zement-Estriche nicht zulassen, wo zusätzliche Baufeuchte vermieden werden soll oder wo geringe Bauhöhen gefordert werden, nimmt man Trocken-Estrichplatten. Beispiel: Eine Haustür wurde so niedrig gesetzt, daß für den Estrich nur noch vier Zentimeter Platz bleiben. Mit Gipsfaserplatten ist selbst der schwimmende Aufbau kein Problem: zwei Zentimeter Dämmung, zwei Zentimeter Estrichplatte.

Im Gegensatz zum Zement-Estrich kann sich der Bauherr ruhig selbst an die Arbeit machen und die Estrichplatten verlegen.

Trocken-Estrich vorbereiten

Auf dem Kellerboden wird zuerst eine feuchtigkeitabsperrende Dichtungsbahn (☞ S. 154) verlegt. Und weil die Oberfläche einer betonierten Bodenplatte immer gewisse Unregelmäßigkeiten aufweist, muß man unter den Trocken-Elementen eine ausgleichende Trockenschüttung (mindestens zehn, höchstens 50 Millimeter dick) einbauen. So kann der Trocken-Estrich später wirklich waagerecht liegen. Die Schüttung wird über zwei horizontal liegenden Lehren abgezogen.

Auf YTONG-Deckenplatten kann der Trocken-Estrich ohne ausgleichende Schüttung verlegt werden, da dort die Oberfläche von vornherein eben ist. Lediglich größere Unregelmäßigkeiten im Fugenverguß müßten entfernt werden.

Den Falz der ersten Platten abschneiden

Am Beispiel eines Trocken-Estrichs aus Gipsfaserplatten wird nun der weitere Arbeitsablauf gezeigt. Nachdem Sie entlang den Zimmerwänden einen Randdämmstreifen abgerollt haben, wird das erste Element gelegt. Achtung: Zerstören Sie bei dieser Arbeit nicht die eventuell vorhandene Trockenschüttung. Tip: Einige Estrichplatten als provisorische Lauffläche lose im Raum auslegen.

Bevor Sie die ersten Platten einpassen, muß jeweils der überstehende Falz mit dem Fuchsschwanz abgesägt werden. Alternativ: Schnittkante mit dem Teppichmesser zweimal anritzen und abbrechen. So ist gewährleistet, daß die Platten direkt an der Wand anliegen können.

Tips zur Verlegung von Estrichplatten

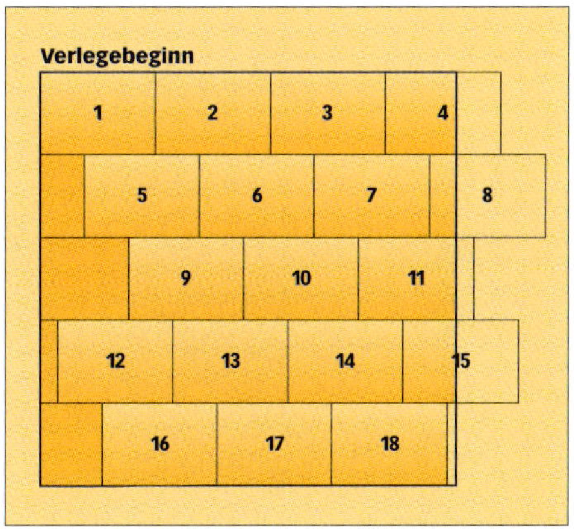

Legen Sie die Platten längs hintereinander im „schleppenden Verband": Mit dem Reststück der ersten Reihe beginnen Sie die zweite Reihe. Achtung: Vermeiden Sie Kreuzfugen. Gegebenenfalls müssen Sie also, wenn kein Reststück übrigbleiben sollte, die erste Platte der zweiten Reihe kürzen (mindestens zehn Zentimeter), damit die Fugen versetzt verlaufen.

Verlegen Sie im Türbereich immer komplette Elemente. Hier gilt es generell, Fugen zu vermeiden.

Die Falze mit Kleber bestreichen

Eine stabile Verbindung zwischen den Trocken-Estrichplatten wird durch Verkleben und Verschrauben erreicht. Dabei trägt man zunächst auf den unteren Falz der bereits liegenden Platte den speziellen Montagekleber in zwei Reihen parallel auf. Die genauen Verarbeitungshinweise entnehmen Sie bitte dem Gebindeaufdruck.

Tip: Streichen Sie nur so viel Kleber auf, wie Sie zum Setzen einer Platte benötigen.

Estrichelemente verschrauben

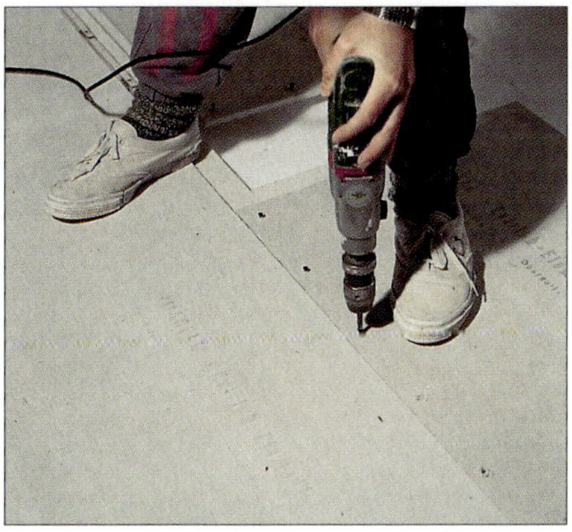

Mit selbstschneidenden Schnellbauschrauben werden nun die einzelnen Platten miteinander verbunden. Der Schraubenabstand beträgt rund 25 Zentimeter.

Tip: Verwenden Sie zum Verschrauben einen Akkuschrauber oder eine Bohrmaschine mit Schraubklinge. Die Schrauben in Handarbeit einzudrehen kann sehr schnell den Spaß an der Arbeit verderben.

Fugen spachteln

Nachdem der Raum komplett mit Trocken-Estrichplatten ausgelegt ist, werden eventuelle Unebenheiten im Bereich der Schraubenköpfe abgeschliffen. Anschließend verspachtelt man die Fugen und die kleinen Vertiefungen, in denen die Schrauben sitzen.

Wichtig: Nehmen Sie zum Verspachteln nur die vom Hersteller zugelassene Fugenspachtelmasse.

Die Auswahl der Fliesen

Für den Fußboden sind glasierte und unglasierte Fliesen aus Fein- und Grobkeramik geeignet. Beliebt sind auch unglasierte Ziegeltonfliesen (zum Beispiel Cotto). Hinweis: Glasierte Fliesen sind pflegeleichter.

Ein weiteres Auswahlkriterium bei glasierten Fliesen ist der „Oberflächenverschleißwiderstand", der in die Abriebgruppen I bis IV unterteilt wird. Dabei halten Platten der Gruppe IV am meisten aus (Gewerbe und starkfrequentierte Wohnräume). Für den üblichen Wohnbereich sind auch die Kategorien II und III geeignet. Fliesen der Abriebgruppe I sollten höchstens im privaten Sanitärbereich verlegt werden. Dort läuft man ohnehin nur barfuß oder mit Hausschuhen.

Welches Verlegemuster wirkt am besten?

Parallel zur Wand verlegt, wirken Fliesen manchmal recht langweilig, Werden die Platten jedoch schräg (diagonal) angeordnet, kommt plötzlich Pfiff in die ganze Angelegenheit (die Schneidearbeiten sind jedoch aufwendiger). Probieren Sie es: Legen Sie vor dem Verkleben den gesamten Raum einmal in der einen, dann in der anderen Variante „trocken" aus. Entscheiden Sie dann, was Ihnen besser gefällt.

Übrigens: Die möglichen Verlegemuster sind von der Fugenbreite und von der Form und der Größe der Fliesen abhängig. Bei kleinen rechteckigen Platten können Sie Ihrer Phantasie freien Lauf lassen, während es bei großen quadratischen Platten im Grunde nur die Anordnung parallel oder schräg zur Wand gibt.

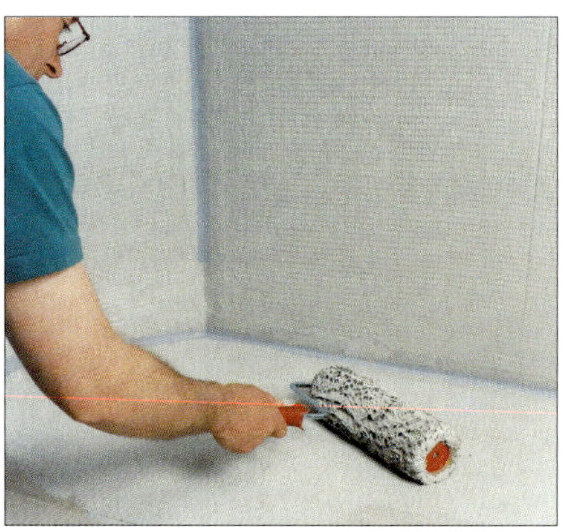

Die Vorbereitung des Untergrundes

Staub abfegen und lose Teile entfernen. Ob Zement-Estrich, Trockenboden oder Fließ-Estrich mit einem Tiefengrund vorbehandelt wird, hängt vom gewählten Fliesenkleber ab. Auf Spanplatten (wasserfest) und Gußasphalt muß man eine Haftemulsion auftragen. Im Bad ist eine Abdichtung (flüssig aufzutragende Dichtfolie, auch an der Wand) zu empfehlen, um den Untergrund vor Feuchtigkeit zu schützen.

Wichtig: Der Estrich über Fußbodenheizungen wird frühestens vier Wochen nach dem Einbringen langsam an die Heizungstemperatur „gewöhnt". Man steigert die tägliche Temperaturdosis um nur wenige Grad (maximal fünf Grad pro Tag). Vor dem Verfliesen muß man die Heizung abstellen und den Boden abkühlen lassen.

Auf den richtigen Fliesenkleber kommt es an

Der Fliesenkleber muß auf die Eigenschaften des Untergrundes abgestimmt sein. Auf Zement-Estrich und Betonflächen werden Fliesen mit Bau- oder Fliesenkleber (Kategorie „Standard") befestigt. Bei Trocken-Estrich aus Holzspanplatten wählt man elastischen Fliesenkleber, auf Gußasphalt und Gipsfaserplatten sowie Fließ- und Anhydrit-Estrich genügt ein flexibler Kleber.

Achtung: Auch auf Zement-Estrichen über Fußbodenheizungen muß flexibler Fliesenkleber eingesetzt werden.

Übrigens: Die Zahntiefe der Kelle ist von der Kantenlänge der Fliesen abhängig. Beispiele: Zehn Zentimeter Kantenlänge, vier Millimeter Zahntiefe. Ab 20 Zentimeter Kante: acht Millimeter Zahntiefe.

Fliesenkleber aufziehen

Es ist zu empfehlen, vor dem Verkleben den Boden vollflächig auszulegen. Bereits beim losen Legen der Fliesen werden Sie feststellen, daß sich einige Fugen als zentimeterbreite Schluchten darstellen, während sich die Platten an anderer Stelle längst berühren. Da helfen auch Abstandhalterkreuzchen allein nicht viel. Man muß sich schon die Mühe machen, mit Richtschnur, Richtlatte, Meterstab und Fugenkreuzchen die Platten weitgehend exakt auszulegen.

Rühren Sie gemäß den Herstellerangaben den Dünnbett-Mörtel an. Nun wird mit der glatten Seite der Zahnkelle eine dünne Kontaktschicht aufgespachtelt. Dann mit der gezahnten Seite den Klebemörtel aufziehen.

Fliesen im Dünnbett-Mörtel ausrichten

Beginnen Sie in einer Zimmer-Ecke. Man nimmt etwa einen Quadratmeter Fliesenbelag heraus und trägt auf die eine Hälfte der freien Fläche den Fliesenkleber auf. Die andere Hälfte ist die Steh- beziehungsweise Kniefläche. Und so arbeitet man sich durch den Raum: einen halben Quadratmeter Fliesen hinten herausnehmen und vorn einbauen. Zuschnitt einzelner Paßstücke: Siehe Seite 150.

Selbst wenn Sie vorher alle Platten ausgerichtet haben, dürften Sie manchmal ins Schwitzen geraten, weil die Fliesen scheinbar ihren eigenen Willen haben. Dann hilft nur, mit den zuletzt gelegten und den folgenden Fliesen ausgleichende Korrekturen vorzunehmen. Übrigens: Niemand merkt's, wenn die Fugenbreite ein wenig variiert.

Wichtig: waagerechter Sitz und elastische Fugen

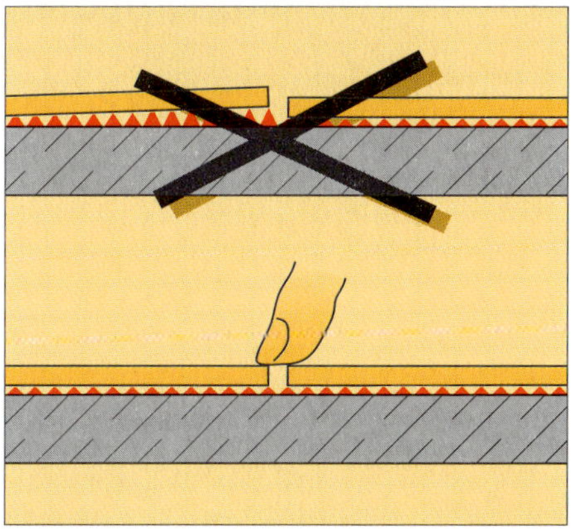

Überprüfen Sie möglichst jede Fliese mit der Wasserwaage und mit den Fingerspitzen. Das ist wichtig, um auch kleinste „Stolperstufen" im Belag zu vermeiden. Tip: Eine gleichmäßige Farbstruktur entsteht, wenn man sich abwechselnd aus mehreren Fliesenpaketen bedient.

Über Estrichschnitten (☞ S. 155) muß auch im Belag eine elastische Fuge vorgesehen werden. Kratzen Sie diese Fuge zwei bis drei Tage nach dem Verlegen der Fliesen bis zum Estrich aus, und kleben Sie die Fliesenränder sorgfältig ab. Bringen Sie nun die Silikonmasse ein. Geglättet wird die Fugenoberfläche mit dem Finger, den man zuvor mit Wasser (Spülmittel hinzugeben) angefeuchtet hat. Auch die Übergänge zu Wand und Heizungsrohrdurchgängen elastisch füllen.

Fläche verfugen

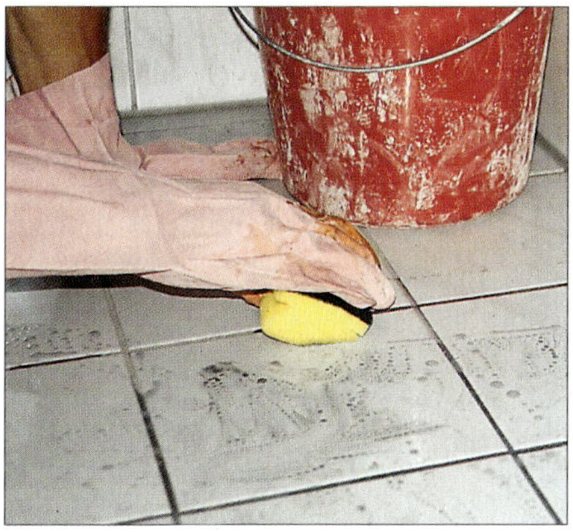

Zwei Tage nach dem Verfliesen können Sie den Boden vorsichtig betreten. Mit dem Verfugen sollten Sie aber noch einen weiteren Tag warten. Rühren Sie die Fugenmasse nach den Herstellerangaben an, und streichen Sie die Fugenmasse mit einem Fugengummi diagonal zum Plattenverlauf ein. Fugen vorher anfeuchten! Reinigen Sie dann den Belag so schnell wie möglich mit einem nassen Schwamm. Zunächst genügt es, die größten Fugenmörtelreste zu entfernen. Beim sorgfältigen Säubern der Fliesen wird die Fugenoberfläche feinmodelliert. Später die Fläche mit einem trockenen Tuch polieren.

Tip: Verwenden Sie keine zu helle Fugenmasse auf dem Fußboden. Helle Fugen verschmutzen schnell und sind dann unansehnlich.

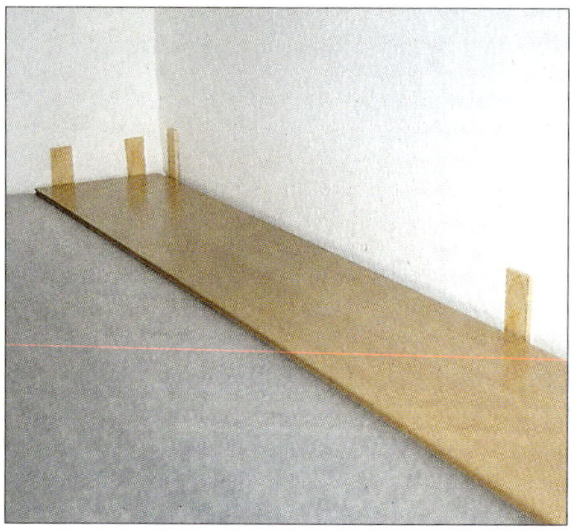

Fertigparkett auf einer Dämmschicht verlegen

Fertigparkett besteht aus quadratischen oder langformatigen Tafeln, die im Nut-und-Feder-Prinzip zusammengesteckt und verleimt werden. Dünne Elemente (acht bis 18 Millimeter) verlegt man flächig auf dem Estrich, dicke Elemente (22 bis 26 Millimeter) richtet man, ähnlich wie den Holzdielenboden, auf Lagerhölzern aus (☞ S. 162).

Wir betrachten nun die schwimmende Verlegung dünner Fertigparkett-Tafeln. Zunächst wird die Dämmschicht (Rippenpappe, Schaumstoff, Kork) ausgerollt. Halten Sie mit der ersten Parkettreihe einen Wandabstand von rund einem Zentimeter ein. Eventuell mit Holzkeilen den Zwischenraum freihalten.

Parkett-Elemente zusammenfügen

Sobald die erste Reihe liegt, geht es buchstäblich Schlag auf Schlag. Drücken Sie auf die Feder des neuen Elements ausreichend Holzleim, und fügen Sie es mit Hammer und Schlagklotz fugenfrei mit dem bereits liegenden Parkettboden zusammen.

Beim dielenartigen Schiffsbodenparkett wird jeweils das Reststück einer Reihe als Anfangsstück der nächsten Reihe verwendet. Wichtig ist, daß auch die letzte Reihe, ebenso wie die Raumseiten, einen Abstand von etwa einem Zentimeter zur Wand einhalten.

Tip: Nicht gleich beim ersten Parkettangebot zugreifen. Manche Handwerksbetriebe bieten fertigverlegtes Parkett so preiswert an, daß sich das Selbstverlegen nicht lohnt.

Der Laminatboden

Wer beispielsweise in der Küche keine Fliesen möchte und Parkett oder Teppichboden ebenfalls ablehnt, dem kann der extrem verschleißfeste Laminatboden empfohlen werden. Die Oberfläche besteht aus speziellem Kunststoff (auch im Holzdesign lieferbar), als Träger dient eine Holzfaserplatte.

Soll der Laminatboden auf einer harten Estrichoberfläche verlegt werden, wird eine weiche Zwischenschicht (dünne Schaumfolie) benötigt. Besteht der Unterboden zum Beispiel aus Kork, kann auf diese Zwischenlage verzichtet werden.

Verarbeitet wird der Laminatboden genau wie Fertigparkett. Tip: Diagonal verlegt können beide Böden sehr reizvoll wirken.

Kunststoff- und Linoleumboden

Linoleumböden sind strapazierfähig und im Verhältnis zur Lebensdauer (mindestens 25 Jahre) sehr preisgünstig. Linoleum besteht aus Leinöl, Harzen sowie feingemahlenem Kork- und Holzmehl mit Farbpigmenten. Jutegewebe dient als Trägerschicht. Nicht ganz so unbedenklich sind die Zutaten von Kunststoffböden. PVC-Mehrschichtbeläge bestehen aus mehreren verschweißten Folien unterschiedlicher Zusammensetzung. Problematisch ist es, wenn Kunststoffböden mit sogenannten Weichmachern eingebaut werden.

Kunststoff- und Linoleumböden müssen mit dem Estrich flächig verklebt werden. Achten Sie bei der Verarbeitung auf lösemittelfreie Kleber. Nur in kleinen Räumen kann man die Böden lose legen.

Teppichboden: die üblichen Verlegearten

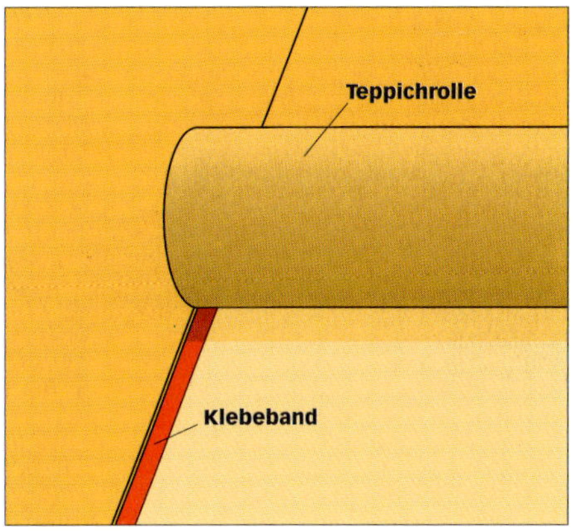

Sehr einfach ist es, Teppichböden ohne jegliche Verklebung im Raum zu verlegen. Allerdings sollte man diese Technik nur in Zimmern bis etwa 20 Quadratmeter Fläche anwenden. In größeren Räumen wird der Teppichboden mit Doppelklebeband an den Rändern fixiert. Dieses Klebeband ist auch bei loser Verlegung notwendig, wenn mitten im Raum Stöße unvermeidbar sind. Im Türbereich bekommt der Teppichboden durch ein Abschlußprofil einen sauberen Rand (unabhängig von der Verlegeart).

Der Teppichboden kann aber auch vollflächig verklebt werden. Experten empfehlen, einen wasserhaltigen Naturharz-Dispersionskleber zu verwenden. Keine lösemittelhaltigen Produkte einsetzen!

Teppichboden zuschneiden und auslegen

Geben Sie beim Teppichbodenkauf zehn Zentimeter in Längs- und Querrichtung zu. Rollen Sie den Teppichboden im Zimmer aus, und schlagen Sie dann alle vier Ecken nach innen. Nun läßt sich der Belag leicht umherbewegen. Falten Sie danach zwei Ecken in ihre endgültige Position, und richten Sie eine Teppichkante exakt an der Wand aus. Jetzt werden die anderen Ecken zurückgefaltet und die überstehenden Ränder mit dem Teppichmesser sorgfältig abgeschnitten.

Wird der Teppichboden verklebt, rollt man die eine Hälfte zurück, streicht den Kleber auf den Boden und drückt den Belag fest. Anschließend nimmt man sich die zweite Hälfte vor. Wichtig: Die Angaben des Kleberherstellers beachten.

Welche Beläge eignen sich für die Fußbodenheizung?

Wegen ihrer hervorragenden Wärmeleitfähigkeit sind keramische Fliesenbeläge für die Kombination mit einer Fußbodenheizung bestens geeignet. Nachteil: Bleibt im Sommer die Heizung aus, bekommt man schnell kalte Füße. Anders ist das bei Parkett. Bei speziellen Sorten ist die Wärmeleitfähigkeit noch so günstig, daß man problemlos die angenehmen Seiten des Holzfußbodens mit den Vorzügen der Fußbodenheizung verquicken kann. Wichtig: Entscheiden Sie sich nicht voreilig für einen Parkett-Typ, sondern besprechen Sie dieses Thema auf jeden Fall mit einem Fachmann.

Übrigens: Teppichböden, die mit dem Symbol der Fußbodenheizung gekennzeichnet sind, können ebenfalls eingesetzt werden.

Zum Schluß: Fußleisten montieren

Zur Auswahl steht eine nahezu unbegrenzte Anzahl von Sockelleisten. Besonders preiswert ist es, einfache Leisten zu kaufen, die nur angeschraubt werden. Bei dieser Befestigungsmethode wird durch die Leisten und in die Wand alle 60 bis 80 Zentimeter ein Loch gebohrt. Anschließend die Dübel (Durchmesser sechs Millimeter) einstecken und die Leisten festschrauben. Die Schraubenköpfe versteckt man unter kleinen Kunststoffkappen oder unter einer zusätzlichen Deckleiste. Alternativ können die Sockelleisten auf einer zuvor befestigten Profilschiene festgesteckt werden.

Für einen sauberen Übergang in den Ecken empfiehlt es sich, die Sockelleisten mit einer Gehrungssäge zuzuschneiden.

Der Dielenboden lebt

Mit einem massiven Holzdielenboden kann man sich ein Stück Natur ins Haus holen. Hinzu kommt, daß Holz sehr langlebig ist. Dennoch ist die Oberfläche dieses schönen und preiswerten Bodens empfindlich, da die Dielen meist aus relativ weichen Nadelhölzern bestehen.

Gerade wer Kinder hat oder häufiger mit Straßenschuhen durchs Haus marschiert, sollte sich auf leichte Beschädigungen der Oberfläche einstellen. Aber wird ein rustikaler Holzboden nicht gerade durch die Spuren der Zeit noch lebendiger?

Zur Vorbereitung: Randdämmstreifen auslegen

Bevor man mit dem Verlegen des Bodens beginnt, sollte man die Dielenbretter im Raum zur Akklimatisierung auslegen. Doch wie lange ist lange genug? Ein paar Wochen reichen bei schlecht getrockneten Billigimporten meist nicht. Hochwertige Markenprodukte werden dagegen in mehrstufigen Prozessen getrocknet und so auf das Klima im Wohnraum vorbereitet.

Sobald Sie der Meinung sind, das Holz sei nun weitgehend abgelagert, machen Sie sich an die Arbeit. Auch beim Holzdielenboden müssen Sie auf die Reduzierung des Trittschalls achten. Deshalb heißt es auch hier: einen dämmenden Randstreifen an den Zimmerwänden abwickeln.

Die Kanthölzer „schwimmend" einbauen

Holzdielen werden auf Lagerhölzern verlegt. Diese müssen aus den bekannten Schallschutzgründen auf Dämmstreifen liegen und dürfen nicht an die Wand stoßen. Vorteilhaft beim Verlegen ist, wenn die Rohbaudecke aus ebenen Fertigteil-Elementen besteht. Dann entfällt das lästige Unterfüttern der Lagerhölzer, um einen waagerechten Unterbau zu bekommen. Man braucht nur Dämmstreifen auszulegen und darauf die Kanthölzer zu plazieren. Hervorstehende Steinchen (etwa aus dem Fugenverguß) vorher entfernen, weil sie sich durch die Dämmschicht bohren und den Schallschutz ruinieren könnten.

Wichtig: Überprüfen Sie ständig die Höhenlage der Kanthölzer mit einem langen Richtscheit.

Der Kantholz-Abstand beträgt 50 Zentimeter

Legen Sie die Lagerhölzer längs durch den Raum. Dann sind die quer dazu verlaufenden Holzdielen nicht ganz so lang, und die Arbeit fällt leichter. Der Querschnitt der Unterkonstruktionsbalken ist von der gewünschten Gesamtfußbodenhöhe und von der Dicke der Dielen abhängig. Beispiel: Gewünschte Fußbodenhöhe acht Zentimeter, Dielendicke zwei Zentimeter. Gewählt: Kantholz mit Querschnitt sechs mal sechs Zentimeter.

Als Distanz zwischen den Kanthölzern bieten sich 50 Zentimeter an, weil man dazwischen handelsübliche Hartschaumplatten pressen kann. Diese Dämmung ist notwendig, damit der Fußboden später nicht hohl klingt.

Dielenbretter unsichtbar verschrauben

Beim Verlegen der Dielen ist es ein Plus, wenn man pro Reihe mit einem Brett auskommt. So lassen sich Stöße vermeiden, die nur zusätzliche Arbeit bedeuten. Legen Sie das erste Brett so auf die Unterkonstruktion, daß es den dämmenden Randstreifen gerade sanft berührt und etwa ein Zentimeter Abstand zur Wand bleibt.

Das erste und das letzte Brett werden von oben verschraubt. Wenn Sie die Schraubenköpfe versenken, sind sie später problemlos zu spachteln. Alle anderen Dielen werden unsichtbar befestigt. Dazu dreht man Schrauben durch die Nut oder die Feder. Schraubenlöcher vorbohren und so tief ansenken, daß die Schraube völlig im Holz verschwindet und die nächste Diele eingeschoben werden kann.

Dielen spaltenfrei zusammenfügen

Um die Dielen spaltenfrei zusammenzufügen, sind kräftige Hammerschläge notwendig. Damit aber die Fußbodenbretter nicht ramponiert werden, fertigt man sich Montagehölzer aus Dielenresten an. Die Dielen brauchen nicht verleimt zu werden. Sobald die Diele in der richtigen Position ist, wird sie festgeschraubt (Akkuschrauber oder Bohrmaschine mit Schraubeinsatz nehmen). Die letzte Reihe mit einem Brecheisen (Geißfuß) andrücken. Wichtig: die Randfuge nicht vergessen!

Für die Heizungsrohr-Durchgänge bohrt man Löcher mit doppeltem Rohrdurchmesser ins Fußbodenbrett. Der Hohlraum wird später elastisch verfugt und mit einem Holzring abgedeckt.

Die Oberfläche mit Parkettlack versiegeln

Vor der Endbehandlung schleift man den gesamten Boden ab. Dazu eignen sich vor allem professionelle Parkettschleifmaschinen, die es im Fachhandel und in Baumärkten tageweise zu leihen gibt. An den Fußbodenrändern muß man meist einen kleinen Bandschleifer einsetzen, weil die große Maschine nicht bis in die letzte Ecke kommt.

Nach dem letzten Schliff kann die Oberfläche gegebenenfalls farbig gebeizt und dann mit einem (möglichst umweltfreundlichen) Parkettlack versiegelt werden.

Nun müssen Sie als letzte Bodenbaumaßnahme nur noch die Sockelleisten montieren (☞ S.161).

Fugen entfernen

Es wird nicht sehr lange dauern, da werden sich in Ihrem Dielenboden Fugen zeigen, die nicht nur aus Gründen der Hygiene ärgerlich sind. Dank der Verschraubmethode ist das aber kein Problem. Der Boden ist schnell demontiert und in alter Weise neu verlegt.

Allerdings muß man sich darauf gefaßt machen, ein oder zwei Dielenreihen ergänzen zu müssen! Der Schwund kann einen Zentimeter je Meter Raumlänge ausmachen. Deshalb gleich beim Einkauf Reservebretter einkalkulieren und einlagern.

Nach der Neuverlegung wird der Boden nochmals geschliffen und versiegelt.

Der Innenausbau: Türen, Treppen und Tapeten

Sie haben gemauert und betoniert, das Dach gedeckt und Fenster eingebaut. Die Heizung funktioniert längst, die Wasserleitungen sind verlegt, und der Stromzähler dreht schon fleißig seine Runden. Wände und Decken riechen nicht mehr nach Rohbau, und Sie können bereits „sauberen Fußes" durch Ihr Haus spazieren. Bald ist es soweit: Sie ziehen ein.

Strenggenommen könnten Sie nach dem Einbau der Innentüren den Möbelwagen vollpacken und in Ihr selbstgebautes Haus ziehen. Denn auch das gehört zum preiswerten Bauen: Je früher Sie Ihre Wohnung verlassen, um so mehr Miete wird gespart. Und die letzten Arbeiten des Innenausbaus sind dann besonders bequem, da keine Fahrten mehr zur „Baustelle" anfallen.

Bevor Sie nun die abschließenden Arbeitsschritte des Innenausbaus erledigen, ist eine intensive Beschäftigung mit dem Thema „Tapeten" zu empfehlen. Denn tapezierte Wände sind nicht nur für die Optik des Raumes zuständig, sie können auch beruhigen oder anregen. Und sie können eine Herausforderung für unterschiedliche Geschmäcker sein. Deshalb ist es wichtig, daß man die Entscheidung für den einen oder für den anderen Tapetentyp nicht zu leichtfertig trifft.

Tapezier-Anfänger sollten Rauhfasertapete wählen. Aber kaufen Sie nicht die billigste, da diese beim Verarbeiten sehr schnell reißt.

Größter Vorteil der Rauhfaser: Kleine Tapezierfehler können später durch Überstreichen kaschiert werden. Und ist der ursprünglich gewählte Farbton irgendwann einmal „out", greift man erneut zum Farbroller.

Das krasse Gegenteil zur weißen Rauhfaserwand sind wohl die großformatigen Bildmotive. Wie lang der warme Herbstwald oder der sandige Südseestrand im Wohnzimmer zu ertragen ist, hängt ganz vom Durchhaltevermögen der Hausbewohner ab.

Doch zwischen dem zarten Rauhfaserweiß und der farbenprächtigen Naturkulisse gibt es noch jede Menge weitere Varianten. Wer sich für Druck-, Präge-, Textil-, Gras- oder Schaumvinyltapeten entscheidet, sollte in der Kunst des Tapezierens jedoch schon einige Erfahrungen besitzen. Denn diese Wandbekleidungen sind nicht ganz einfach zu verarbeiten.

Achtung: Kaufen Sie Tapeten mit dem RAL-Gütezeichen. Dann können Sie sicher sein, daß nur gesundheitlich unbedenkliche Rohstoffe verwendet wurden.

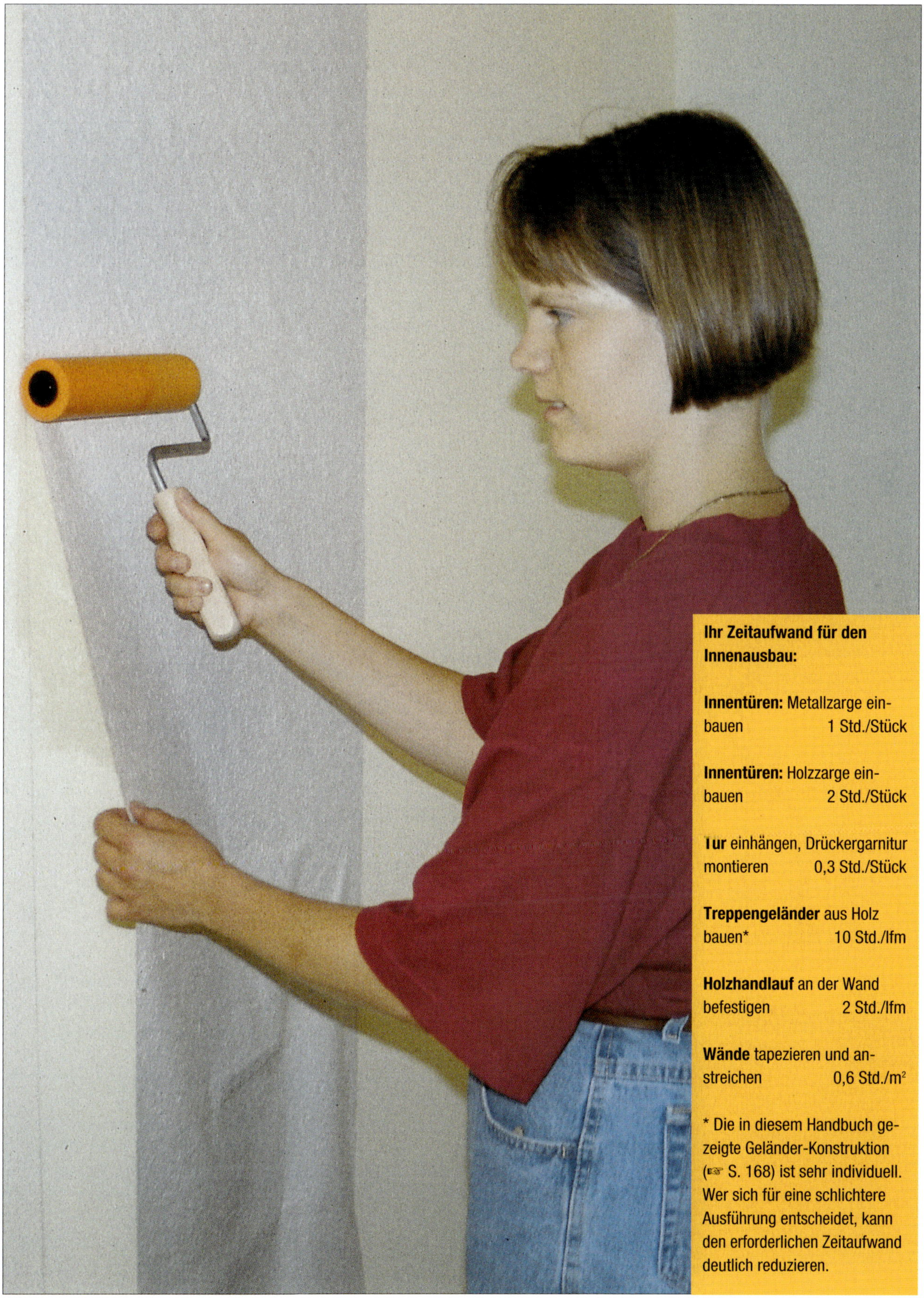

Ihr Zeitaufwand für den Innenausbau:

Innentüren: Metallzarge einbauen 1 Std./Stück

Innentüren: Holzzarge einbauen 2 Std./Stück

Tür einhängen, Drückergarnitur montieren 0,3 Std./Stück

Treppengeländer aus Holz bauen* 10 Std./lfm

Holzhandlauf an der Wand befestigen 2 Std./lfm

Wände tapezieren und anstreichen 0,6 Std./m²

* Die in diesem Handbuch gezeigte Geländer-Konstruktion (☞ S. 168) ist sehr individuell. Wer sich für eine schlichtere Ausführung entscheidet, kann den erforderlichen Zeitaufwand deutlich reduzieren.

Stahlzarge ausrichten

Metallzargen baut man, sofern sie in Einzelteilen zerlegt gekauft werden, gemäß der beigefügten Montageanleitung zusammen und stellt sie **vor dem Verputzen** in die Rohbauöffnung (mit der Wasserwaage ausrichten).

Die Befestigungslaschen (Maueranker) fixiert man zunächst provisorisch mit Nägeln. Tip: Da der YTONG-Innenputz recht dünn aufgezogen wird (☞ S. 140), ist es empfehlenswert, die Metallanker im Mauerwerk zu versenken. Anschließend hängen Sie das Türblatt ein und prüfen die Türfunktionen. Korrekturen können durch Versetzen der Nägel vorgenommen werden.

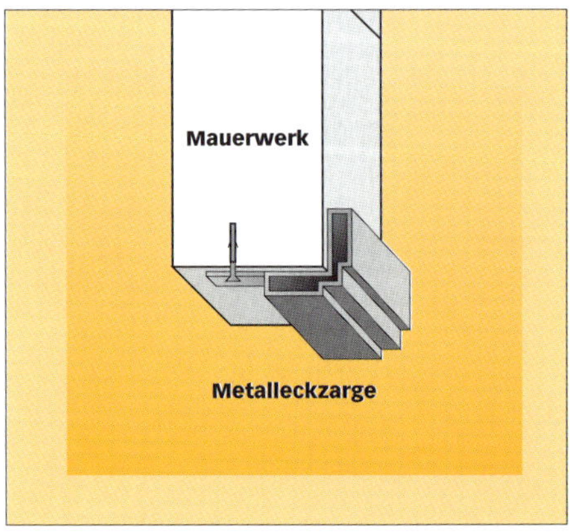

Die Stahlzarge festdübeln

Sobald sich die Tür sauber öffnen und schließen läßt, wird die Stahlzarge mit Schrauben (Durchmesser acht Millimeter, Länge sechs Zentimeter) und Dübeln (Durchmesser zehn Millimeter) im Mauerwerk befestigt.

Hinweis: Beim Einbau der Zargen müssen Sie darauf achten, daß zwischen der Türblatt-Unterkante und dem fertigen Fußboden einige Millimeter Luft bleiben.

Was bedeutet eigentlich „die Tür ist rechts angeschlagen?" Von der Seite aus betrachtet, an der das Türblatt eingehängt wird (meist ist das die zum Zimmer zeigende Zargenseite), sind die Bänder rechts.

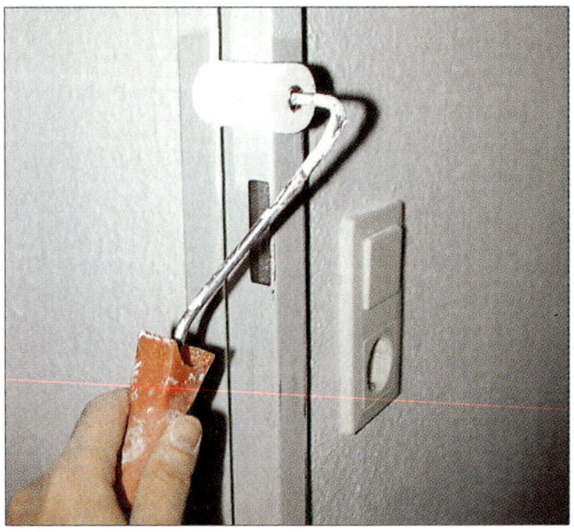

Stahlzarge streichen

Meist werden Stahlzargen fertig grundiert geliefert. So muß man nach dem Einbau nur noch den endgültigen Farbanstrich aufbringen. Am besten ist es, diese Arbeit vor dem Tapezieren zu erledigen. Man muß dann allerdings die Zarge vor dem Anstrich der Wände sorgfältig abkleben.

Zum Abschluß des Zargeneinbaus wird das Dichtungsgummi in die dafür vorgesehene Nut gedrückt: Es dämpft auch das Geräusch bei zufallender Tür.

Holzzarge setzen

Einbaufertige Holzzargen (Türfutter) gibt es für alle gängigen Wanddicken. Den Zargenpaketen liegen ebenfalls detaillierte Montageanleitungen bei, so daß der Zusammenbau eher zu den einfachen Selbstbautätigkeiten zählt.

Wichtig: Holzzargen werden **nach den Innenputzarbeiten** in Position gebracht. Mit der Wasserwaage ausrichten. Zwischen Türfutter und Mauerwerk müssen rund anderthalb Zentimeter Luft bleiben. Anschließend wird der Rahmen an den Ecken vorsichtig verkeilt.

Vor dem Ausschäumen die Zarge absprießen

Bevor es weitergeht, wird das Türblatt testweise eingehängt. Nach dem Prüfen der Türfunktionen bringt man in der Mitte und im Bereich des Fußbodens quer verlaufende Sprieße (Spreize) ein. So können durch den Montageschaum, mit dem die Zarge anschließend im Mauerwerk endgültig fixiert wird, keine Verformungen an der Konstruktion verursacht werden.

Tip: Zwischen Sprieß und Holzzarge sollte man eine Lage Wellpappe als Polster legen. Dann kann die Oberfläche keine Kratzer bekommen.

Montageschaum einbringen und Bekleidung montieren

Es genügt, die Zarge oben, in der Mitte und unten mit Montageschaum zu befestigen. Man braucht nicht den gesamten Spalt zwischen Rahmen und Mauerwerk umlaufend auszuschäumen, wie es beim Fenstereinbau üblich ist (☞ S. 93). Achtung: Nur bei geschlossener Tür den Schaum einbringen.

Nach vier bis fünf Stunden ist der Montageschaum so weit ausgehärtet, daß die Sprieße herausgenommen werden können. Jetzt wird die Bekleidung (Zierblende) an die Holzzarge geleimt.

Sollen Türblatt und Zarge gestrichen werden, muß man das noch vor dem Einbau der Drückergarnitur erledigen. Tip: Türblatt zum Streichen waagerecht legen.

Drückergarnitur anschrauben

Den handelsüblichen Drückergarnituren liegen meist ausführliche Einbauhinweise bei. Besonders hilfreich sind dabei die Schraubschablonen, die man einfach über den Drücker-Vierkant schiebt und dann problemlos die Punkte für die Bohrlöcher markieren kann.

Langgezogene Schilder, die den Türklinken-Vierkant und das Schloß abdecken, werden direkt am Türblatt festgeschraubt. Bei zweigeteilten Drückergarnituren gibt es runde Rosettenunterteile zum Festschrauben: Ein Paar deckt von beiden Seiten den Klinken-Vierkant ab, ein anderes Paar kommt über die Schlüssellöcher. Auf die festgeschraubten Unterteile werden Zierkappen gesteckt.

Türblatt feinjustieren

Im Laufe der Zeit kann es gerade bei Holztüren vorkommen, daß sich das Türblatt nicht mehr sauber schließen und öffnen läßt. Durch Verdrehen der Bänder kann der Fehler korrigiert werden.

Stahltüren (zum Beispiel Heizraum-Feuerschutztüren) werden oft mit der Zarge fest verbunden geliefert. Diese Verbindung sollte man nicht trennen, sondern Tür und Zarge in einem Stück einbauen. Dies ist zwar nicht ganz leicht, man kann sich aber sicher sein, daß die Tür anschließend nicht mehr feinjustiert werden muß.

Der besondere Tip: Unterschiedliche Bodenbeläge (Beispiel: zwischen Zimmer und Flur) sollten unterhalb des Türblatts aneinanderstoßen. Das ist optisch die beste Lösung.

Auch das Geländer will geplant sein

Die preiswerteste Lösung einer Treppenkonstruktion ist, eine massive Betontreppe herzustellen (Treppenbelag: Massivholz oder Fliesen).

Da es dem Autor dieses Handbuchs nun aber schwerfällt, eine allgemeingültige Bauanleitung für die möglichen Geländervarianten zu formulieren, erzählt er hier den Werdegang des Geländers in seinem eigenen Haus: „Als Material hatte ich Holz gewählt, und meine Vorstellung war, daß man später keine Montageteile wie Schrauben oder Nägel sehen sollte. Irgendein Steck-und-Leim-Mechanismus schwebte mir vor. Die Ausgangssituation: Zu Rohbauzeiten hatte ich kleine Stahlanker im Treppenbereich einbetoniert, auf die dann Vierkantpfosten geschweißt wurden.

Geländerpfosten aus Leimholzbrettern

Zunächst kamen wir mit dem Entwurf nicht voran. Wir fanden, daß alle Vorschläge wie Kinderbetten oder Gartenzäune aussahen. Ein lustiger Zufall war, daß damals in der ZDF-Serie ›Diese Drombuschs‹ ebenfalls die Geländerfrage diskutiert wurde. Und das Geländer der TV-Familie lieferte uns die Idee: zwei Streben längs, zwei Streben quer.

Dann ging es los: Aus Baumarkt-Leimholzbrettern sägte ich vier Latten, die ich so zusammenleimte, daß sie gerade über einen Vierkantgeländerpfosten geschoben werden konnten. Ich ließ an jenen Stellen Öffnungen, in denen später die passend gefrästen Handläufe und die unteren Querholme verankert werden sollten.

Die Grundkonstruktion gleitet über die Vierkantpfosten

Nachdem die Leimverbindungen hart waren, schliff ich die Holzpfosten so lange, bis sie so aussahen, als seien sie aus einem Stück gemacht. Nun paßte ich die unteren Querholme ein, stülpte die komplette Konstruktion über die Metallpfosten und ließ alles langsam bis auf den Boden gleiten. Zu meiner Überraschung funktionierte das sehr gut, und die Teile griffen sauber ineinander.

Die anschließende Arbeit war sehr eintönig. 56 Streben sägte ich aus Leimholzbrettern heraus und bohrte beidseitig Löcher für Holzdübel. Die sorgen für eine feste Verbindung zum unteren Querholm und zum Handlauf.

Zum Schluß die Handläufe einpassen

Nun mußten nur noch die Handläufe gefräst und eingepaßt werden, ehe das Geländer mit Leim und Schraubzwingen endmontiert wurde. Damit die Schraubzwingen keine bleibenden Eindrücke im Holz hinterlassen konnten, achtete ich sehr genau darauf, daß sich immer kleine Sperrholzbrettchen zwischen Zwinge und Geländer befanden.

Übrigens: Vor dem Einbau bekamen alle Geländerteile einen dreifachen Anstrich mit umweltfreundlichem Parkettlack.

Handläufe an der Wand montieren

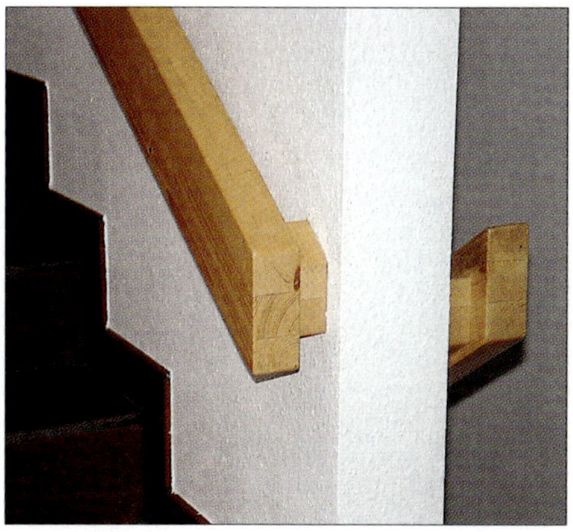

Für die Wandmontage der Handläufe im Treppenhaus wählte ich ebenfalls eine Konstruktion mit unsichtbaren Montageteilen. Als Abstandhalter dienen Holzklötze, die ich durch die YTONG-Wand hindurch mit Gewindestäben gegeneinander verschraubte. An diese Holzstücke wurden die Handläufe geleimt. Die Verbindungen erhalten zusätzliche Stabilität durch jeweils drei Holzdübel."

Die Leichtbautreppe als Bausatz

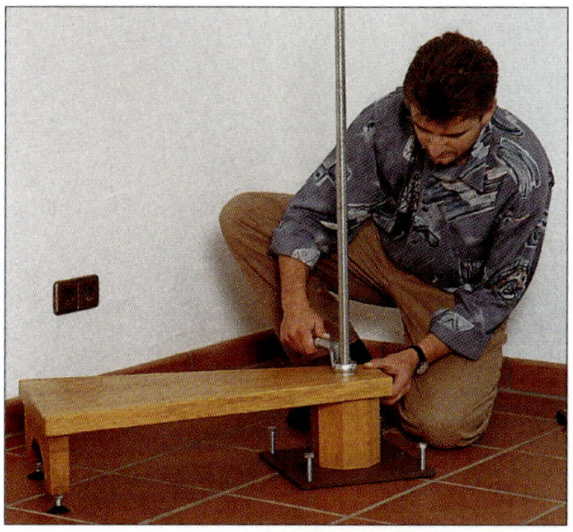

Wer sich nicht für einen Betontreppenlauf entscheiden wollte, wird eine Leichtbaukonstruktion aus Holz oder Stahl wählen. Die Ausführung ist jedoch längst nicht mehr nur eine Aufgabe für Fachleute. Inzwischen werden Bausätze angeboten, die es für nahezu alle individuellen Baustellenverhältnisse zu kaufen gibt.

Der Treppenbau in eigener Regie beginnt mit einer ausführlichen Planung. Der Treppenverlauf (gerade, gewendelt, viertelgewendelt und so weiter), das Steigungsverhältnis (☞ S. 13) und die Geschoßhöhe sind wichtige Kriterien bei der Treppenplanung.

Die Montage des Bausatzes beginnt in unserem Fall unten. Die Einzelteile der ersten Stufe werden auf dem Boden lose ausgerichtet.

Die Treppe wächst nach oben

Beim Aufbau bekommt man sehr schnell Routine, da jede Stufe mit der dazugehörigen Konsole verschraubt wird.

Wenn man schließlich im nächsten Geschoß angekommen ist, richtet man die oberste Stufe (Podestplatte) aus und beginnt mit der endgültigen Verschraubung der Fußplatte. Bis dahin hat man noch die Möglichkeit, kleine Korrekturen vorzunehmen.

Das Geländer gehört auch zum Bausatz

Jetzt wird das Geländer montiert. Von Gewindestäben, die man in die Stufen einschraubt, werden die Streben gehalten. Sobald alle Streben gesetzt sind, ist der Handlauf an der Reihe. Die einzelnen Segmente werden an den Streben festgeschraubt. Besonderer Clou: Jedes Handlaufsegment verdeckt die Schraube des zuvor gesetzten Stücks. Den Abschluß bildet dann ein vormontiertes Element ohne sichtbare Schraubverbindung.

Das herausstehende Schraubgewinde des untersten Geländerpfostens kann mit einem hölzernen Formteil abgedeckt werden.

Materialbedarf ausrechnen

Ermitteln Sie die Fläche, die tapeziert werden soll, und addieren Sie zehn bis 20 Prozent für Verschnitt. Berücksichtigen Sie aber, daß eine Rolle mit 10,05 Meter Länge bei einer Raumhöhe von 2,40 Meter für vier Bahnen reicht. Und der Verschnitt ist dort fast null, wenn man die Bereiche rund ums Fenster und oberhalb der Tür einmal vernachlässigt. Ist der Raum dagegen 2,60 Meter hoch, bekommt man nur drei Bahnen und jede Menge Verschnitt.

Einen besonderen Vorteil bietet die Rauhfasertapete. Wegen der Rollenlänge (bis 33,50 Meter) ist der Verschnitt sehr gering. Das ist auch beim Tapezieren im Dachgeschoß wichtig, da sich der Bedarf wegen der schrägen Wände nur schwer im Vorfeld ermitteln läßt.

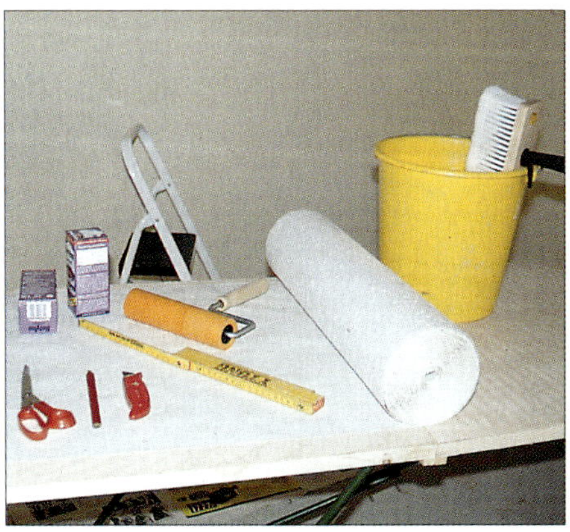

Ohne Ausrüstung geht es nicht

Das Ankleben der Tapeten gehört zu den einfachsten Übungen des Innenausbaus. Dennoch ist eine umfangreiche Ausrüstung notwendig, wenn man einen reibungslosen Arbeitsablauf mit professionellem Ergebnis anstrebt. Neben einem Tapeziertisch, einer Schere, einem Messer und einem Kleisterpinsel (Quast) braucht man noch einen Eimer, eine Leiter, Bleistift und Metermaß sowie eine Andrückbürste (alternativ: Andrückwalze) und natürlich Kleister inklusive Holz zum Umrühren.

Kleister anrühren

Eine der ersten Vorbereitungen ist das Entfernen der Steckdosen- und Schalterabdeckrahmen und das Abkleben der darunter befindlichen Einsätze. Vorher Sicherung ausschalten! Als nächstes wird der Kleister in kaltem Wasser angerührt. Achten Sie dabei auf die Packungsangaben, und warten Sie die Quellzeit (meist 30 Minuten) ab. Übrigens: Für Rauhfasertapete eignet sich nur der Kleister der Kategorie „spezial", der von verschiedenen Herstellern in lila Pappschachteln angeboten wird.

Während Sie auf den frischen Kleister warten, können Sie die Raumhöhe ausmessen und die ersten Tapetenbahnen zuschneiden. Geben Sie einen Sicherheitszuschlag von zehn Zentimeter dazu.

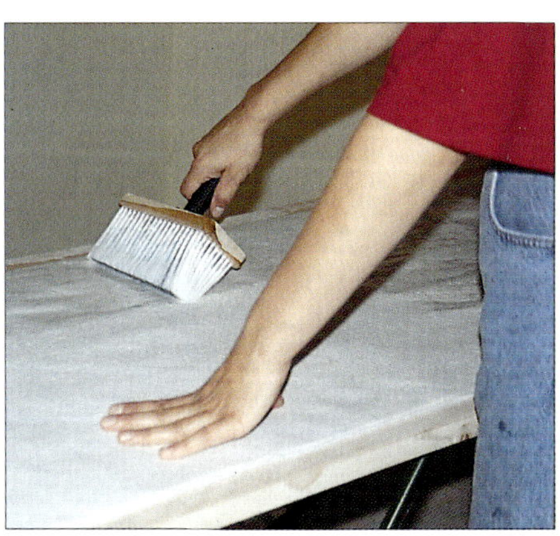

Tapeten einkleistern

Sie haben gemerkt, daß die Rauhfasertapete der Favorit ist. Deshalb soll nun der Arbeitsablauf am Beispiel dieses Tapetentyps gezeigt werden.

Schlagen Sie den Kleister noch einmal kräftig durch, ehe Sie die Tapetenrückseiten gleichmäßig satt einstreichen. Auch an Ecken und Rändern ausreichend Kleister aufbringen. Ein Blick gegen das Licht genügt, und Sie wissen sofort, wo noch Kleister fehlt.

Tapetenbahnen zusammenfalten

Nach dem Einkleistern falten Sie die Tapetenbahn im Verhältnis ein Drittel zu zwei Dritteln zusammen, und legen sie zum Einweichen (etwa zehn bis 15 Minuten) beiseite. Nehmen Sie sich nun die nächsten Rauhfaserstücke vor. Drehen Sie zum Schluß den Stapel um, so daß die zuerst eingekleisterte Tapete oben liegt. Diese wird als erstes angeklebt.

Noch bevor Sie diese erste Tapete ankleben, zeichnen Sie als Orientierungshilfe eine senkrechte Linie an die Wand. Achtung: Erst wenn der Innenputz ordentlich abgetrocknet ist, dürfen Sie die Wände tapezieren.

Die erste Bahn ankleben

Jetzt steigen Sie auf die Leiter. Falten Sie die eine Seite der ersten Tapetenbahn auf und richten Sie die Längsseite an der Wandmarkierung aus. Dabei sollte die obere Kante etwa fünf Zentimeter auf die Decke übergreifen. Nun wird der untere Tapetenteil vorsichtig aufgefaltet, angeklebt und die gesamte Bahn mit Walze oder Bürste zum Rand hin glattgestrichen.

Überstehende Zipfel an Decke und Fußboden mit dem Scherenrücken in die Ecke drücken und dann am Falz sauber abschneiden.

Übrigens: Über die abgeklebten Schalter- und Steckdoseneinsätze tapeziert man erst mal hinweg und schneidet dann recht bald die entsprechenden Öffnungen in die Tapete.

Weitere Bahnen ausrichten

Die nachfolgenden Rauhfaserbahnen orientieren sich jeweils an der zuvor geklebten Tapete. Rauhfaser wird gestoßen, also nicht überlappend geklebt. Mit etwas Übung ist eine Bahn in wenigen Minuten angebracht. Später sind auch das Durchtapezieren über Ecken und Kanten sowie das Einpassen von kleinen Stücken an Fenstern und Türen kein Problem.

Kleine Falten in frischen Tapeten ziehen sich beim Trocknen von allein heraus. Also keinen Schrecken bekommen, wenn das Werk anfangs nicht ganz so gleichmäßig aussieht. Werden die Bahnen jedoch nicht lang genug eingeweicht, bleiben die Falten sichtbar. Dann hilft nur eines: Tapeten runterreißen und erneuern.

Die Restarbeiten

Nachdem die neuen Tapeten getrocknet sind, geht es mit dem Farbanstrich weiter. Besonders erfreuliche Resultate werden erzielt, wenn man mit dem Farbroller eine hochwertige Wandfarbe aufträgt.

Der letzte Job beim Innenausbau ist dann die Montage der Schalter und Steckdosenblendrahmen, mit denen man die Tapetenschnittkanten elegant überdeckt.

Die Fassade

Viele meinen, der Außenputz sei nur etwas für Fachleute. Begründung: Hitze und Frost, Hagel und Regen erfordern eine widerstandsfähige Fassadenoberfläche, die zugleich auch noch schön aussehen soll. Sorgfältiges Arbeiten ist hier also besonders gefragt.

Der engagierte Selbstbauer sollte sich nicht verunsichern lassen, wenn man ihm einreden möchte, daß Eigenleistung und Außenputz nicht unter einen Hut zu bringen seien. Denn Verputz-Profis sind keine Zauberer, und wenn man sich genau an deren Arbeitsschritte hält, kann kaum etwas passieren. Einen Unterschied gibt es dennoch: Weil der Selbstbauer auf den Einsatz großer Maschinen verzichten muß, braucht er sehr viel Ausdauer und Kraft. Er wird aber dafür eine Menge Geld sparen.

Um sich die Arbeit ein wenig zu erleichtern, kann man die Fassade in mehrere Bereiche untergliedern. Denkbar wäre zum Beispiel, Teilbereiche mit Holz zu verkleiden. Dazwischen entstehen dann kleine Verputzfelder, die man nacheinander relativ bequem bearbeiten kann. Der Gewinn liegt darin, daß öfter mal eine Pause möglich ist. Denn zusammenhängende Flächen muß man (ganz gleich, wie groß sie sind) in einem Rutsch verputzen. Und das kann schon spürbar in die Knochen gehen. Längere Arbeitsunterbrechungen hinterlassen meist sichtbare Spuren im Putz.

Zweilagig oder dreilagig putzen? Wenn auf dem Mauerwerk zunächst der Grundputz und später dann der strukturierte Deckputz aufgetragen wird, ist das ein zweilagiger Putz. Auf speziellen Untergründen wie zum Beispiel Holzwolle-Leichtbauplatten, die als äußere Schalhaut bei massiven Betonstürzen eingesetzt werden, ist ein Zementspritzbewurf als Haftbrücke erforderlich. In solchen Fällen wird manchmal auch von dreilagigem Putz gesprochen: Haftbrücke, Grundputz, Strukturschicht. Eigentlich ist der Spritzbewurf aber keine Putzlage, da er zur Untergrundvorbehandlung zählt.

Wichtig: Wählen Sie einen Putz, der zum Mauerwerk paßt. Hier gilt der Grundsatz, daß die Schichten nach außen hin weicher werden sollen. Eine gewisse Elastizität des Deckputzes ist notwendig, um einerseits Temperaturschwankungen schadlos zu überstehen und andererseits auch kleine Bewegungen des Mauerwerks (Setzen, Schwinden) ausgleichen zu können. Zusätzlich soll der Putz wasserabweisend, gleichzeitig jedoch wasserdampfdurchlässig sein.

Die Rauheit der Strukturputzoberfläche hängt von der Körnung ab. Ein Korndurchmesser von 1,5 Millimeter ist sehr fein, vier Millimeter sind schon arg grob. Je größer die Körnung ist, um so leichter lagert sich Schmutz an der fertigen Fassade ab. Allein aus diesem Grund sollten Wände in der Nähe von Industrieanlagen oder an Hauptverkehrsstraßen möglichst fein strukturiert werden.

Achtung: Verputzarbeiten an der Fassade sind ohne Gerüst nur dann möglich, wenn wegen geringer Höhen gefährliche Abstürze auszuschließen sind. Ab einer Wandhöhe von etwa drei Meter reicht eine Arbeitsbühne aus Maurerböcken und Baudielen nicht mehr aus. Dann muß ein standsicheres Gerüst aufgebaut werden (☞ S. 72).

Ihr Zeitaufwand für die Fassade:

Außenputz inkl. Vorbereitung, zweilagig 1,5 Std./m²

Sockel aus Zementmörtel herstellen 1 Std./m²

Sockel aus Bruchsteinen herstellen 3,5 Std./m²

Verblendmauerwerk herstellen 5 Std./m²

Profilholz an der Fassade anbringen 2 Std./m²

Vordach aus Holzbalken zimmern* 32 Std.

* Das auf Seite 186 vorgestellte Vordach zeigt eine von sehr vielen Ausführungsmöglichkeiten. Der angegebene Zeitaufwand gilt deshalb nur für ähnliche Konstruktionen.

Die Verputzvorbereitungen

Genau wie beim Innenputz (☞ S. 140) müssen vor dem Verputzen der Fassade lose Teile und Staub vom Mauerwerk entfernt werden. Am besten ist, man bürstet die Oberfläche mit einem Besen ab. Zudem muß der Untergrund fest, trocken, fett- und frostfrei sein.

Zu den Verputzvorbereitungen gehört auch, die Außen-Elektroinstallation auszuführen. Jetzt wird es höchste Zeit, die Leitungen für Klingel, Türsprechanlage, Lichtschalter, Steckdosen und Außenlicht zu verlegen.

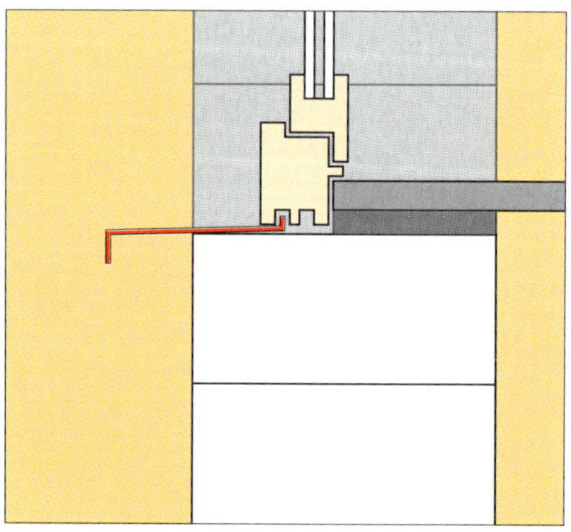

Außenfensterbänke aus Aluminium

Eine weitere Arbeit, die unbedingt im Vorfeld der Verputzarbeiten erledigt werden muß, ist das Anbringen der Fensterbänke. Üblich sind fertig geformte Aluminium-Fensterbänke, die von unten in vorbereitete Nuten der Fenster-Elemente gesteckt und mit nichtrostenden Spezialschrauben zusätzlich gesichert werden. So entsteht eine wetterfeste Verbindung. Nach dem gleichen Verfahren montiert man bei Türelementen begehbare Bodenschwellen.

Wer es etwas rustikaler haben möchte, kann sich massive Stein- oder Betonplatten kaufen. Die Steinplatten richtet man genau wie die innenliegenden Fensterbänke (☞ S. 142) auf einer Lage Traß-Zementmörtel aus.

Außenfensterbänke vor Ort betonieren

Besonders preiswert sind Außenfensterbänke, die man vor Ort selbst betoniert. Man dübelt zunächst eine Schalung ans Mauerwerk und füllt Zementmörtel oder Beton ein, der gut verdichtet werden muß. Schalung und angrenzendes Mauerwerk vorher anfeuchten.

Achtung: Tropfkante vorsehen. Sie verhindert, daß Regenwasser an der Fassade herunterläuft und Schmutzfahnen bildet. Zu diesem Zweck kommt eine längs verlaufende Dreiecksleiste auf den Schalungsboden. Tip: Die Schalung zusammenschrauben, nicht nageln. So wird beim Entfernen der Schalbretter das Bauteil nicht beschädigt.

Durch einen Farbanstrich können die Fensterbänke zu einem interessanten Element der Fassadengestaltung werden.

Fenster und Türen abkleben

Alle Bereiche, die beim Verputzen nicht verschmutzt werden sollen, müssen sorgfältig abgeklebt werden: Fenster und Türen, aber auch Holzverkleidungen, die bereits am Dach (☞ S. 77) oder an der Wand (☞ S. 184) montiert sind. Nehmen Sie dazu kräftige Folien, die auch Wind und Wetter schadlos überstehen.

Wichtig: Verwenden Sie nicht irgendein Klebeband, sondern ein spezielles Malerband, das sich später leicht und rückstandslos entfernen läßt (im Fachhandel erhältlich). Kreppklebebänder eignen sich für diese Arbeit nicht.

Eckprofile setzen

Die zu verputzenden Wandflächen werden mit Metallprofilen begrenzt. Für die Hausecken und die Außenkanten der Fensterlaibungen gibt es Profile mit V-Querschnitt (Eckschutzschiene).

Die Profile bringt man mit Nägeln in die richtige Position, ehe sie mit Schnellzement (nicht mit Gips!) endgültig fixiert werden. Das Mauerwerk kräftig wässern, bevor der Schnellzement aufgetragen wird. Und dann muß man zügig arbeiten, denn nach etwa fünf Minuten ist der Schnellzement bereits erstarrt. Deshalb immer nur so viel Masse anrühren, wie in dieser Zeit verbraucht werden kann.

Vor dem nächsten Durchgang Werkzeuge und Gefäß gründlich säubern. Die Nägel nach dem Aushärten entfernen.

L-Profile als unterer Abschluß

Für Unterbrechungen auf der ebenen Wand (etwa zu den Bereichen, die später mit Holz bekleidet werden) nimmt man Putzschienen mit L-Querschnitt. Dabei entspricht der kurze Schenkel der Putzdicke: meist zehn bis 15 Millimeter. Als untere Abgrenzung zum Sockel eignen sich solche L-Querschnitte ebenfalls (☞ S. 180). Auch die L-Profile werden mit Nägeln und Schnellzement befestigt.

Tip: Wählen Sie nur verzinkte Putzprofile mit Kunststoffverkleideten Kanten. So vermeiden Sie auf lange Sicht häßliche Rostflecken an der Fassade. Außerdem fällt die weiße Kunststoffkante in einem weißen Strukturputz (☞ S. 177) am wenigsten auf.

Holzbretter zwischen den Sparren anschrauben

Ganz oben am Dach sind keine Profile als Abgrenzung nötig. Dort wird der Putz bis gegen die Trauf- und Ortgangschalung gezogen.

Wem das Verputzen im Bereich der Traufe um herausstehende Sparrenköpfe zu mühsam ist, kann Holzbrettchen zwischen den Sparren plazieren. So bekommt man auch dort eine gerade Putzbegrenzung ohne Kanten und Ecken.

Grundierung aufbringen

Der „YTONG-Grundputz für außen" ist auf das Porenbeton-Mauerwerk abgestimmt und wird ohne Grundierung aufgetragen. Wer einen anderen Putz nimmt, kommt um diesen Arbeitsgang nicht herum. Diese sogenannte Aufbrennsperre ist notwendig, damit der Untergrund dem frisch aufgezogenen Putz nicht zu schnell das Wasser entzieht. So vermeidet man die Bildung großer Risse.

Das Auftragen der Grundierung mit Quast oder Rolle muß sehr gewissenhaft geschehen: Zuwenig Grundierung könnte eben doch zu Rissen führen, zuviel des Guten kann die Haftung des Putzes herabsetzen. Wer die Verarbeitungshinweise befolgt und gleichmäßig zu Werke schreitet, erhält eine Grundierung erster Klasse.

Zementspritzbewurf auf Leichtbauplatte

Manchmal sind die statischen Anforderungen an einen Sturz so hoch, daß der vorgesehene Stahlbetonquerschnitt von YTONG-U-Schalen nicht ausreicht und man das Bauteil konventionell herstellen muß. Man zimmert eine Holzschalung, die zur Vermeidung von Wärmebrücken mit Holzwolle-Leichtbauplatten ausgelegt wird (☞ S. 65).

Die Oberflächen dieser Platten sind an der Fassade sichtbar und müssen nun zum Verputzen vorbereitet werden. Als Haftbrücke für den Putz wird ein spezieller Zementspritzbewurf vollflächig aufgetragen. Man braucht aber ein wenig Übung, um den Mörtel locker aus dem Handgelenk an die Leichtbauplatten zu schmettern. Also nicht verzweifeln, wenn anfangs mehr herunterfällt als haften bleibt.

Schadhafte Stellen spachteln

Die Grifftaschen der Steine, sichtbare Nut-und-Feder-Profilierungen sowie schadhafte Stellen auf der Rohbau-Fassade müssen vor dem Verputzen verspachtelt werden. Geeignet ist die YTONG-Ausbesserungsmasse oder der YTONG-Grundputz.

Große gespachtelte Flächen sowie Unterbrechungen der homogenen Wand (zum Beispiel durch Rolladenkästen oder Leichtbauplatten-Oberflächen mit Zementspritzbewurf) müssen mit Gewebegitter armiert werden, das man mindestens zehn Zentimeter über das angrenzende Mauerwerk führt. Dies verhindert Risse im Putz.

Grundputz anrühren

Für Selbstbauer hat sich bewährt, den Putz in handlichen 10-Liter-Baueimern anzurühren. Diese wiegen, wenn sie voll Putz sind, zehn bis 15 Kilogramm. Mit größeren Behältnissen übers Gerüst zu turnen ist nicht jedermanns Sache.

Wer sein Haus in eigener Regie verputzt, sollte mindestens einen Helfer haben. Die Arbeiten „Putz anrühren" und „Putz aufziehen" teilt man dann auf. Denn der ständige Wechsel der Tätigkeiten würde zuviel Zeit kosten.

Den Putz rührt man mit einem Quirl an, der in einer leistungsstarken Bohrmaschine stecken sollte. Das genaue Mischungsverhältnis von Fertigputz und Wasser ist auf dem Putzsack nachzulesen.

Putz aufziehen

Sobald die Konsistenz stimmt (die Masse sollte gerade nicht fließen, sondern pastös an der Kelle kleben), zieht man den Putz mit der Stahltraufel auf und glättet ihn sofort vor. Dabei so viel Material aufziehen, daß die Schicht etwas kräftiger als die spätere Putzdicke ist.

Wichtig: Mit dem Verputzen der Außenwände beginnt man oben am Dach und arbeitet herunter bis zum Sockel. Das frische Material wird immer zur fertigen Fläche hin aufgezogen. Es wird also eine Handbewegung von unten nach oben zur verputzten Fläche ausgeführt.

Achtung: Bevor Sie mit dem Aufziehen des Putzes beginnen, sollten Sie die Verarbeitungshinweise auf Seite 221 lesen.

Putz mit der Kartätsche abziehen

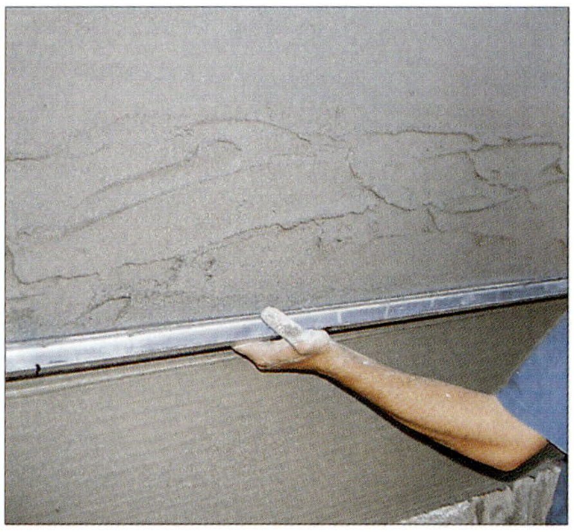

Sobald das Material aus ein bis zwei Eimern aufgetragen ist, wird die frische Fläche mit der Kartätsche (Profillatte zum ebenen Abziehen) von unten nach oben abgezogen. Dabei geben die senkrecht verlaufenden Putzschienen exakt die gewünschte Putzdicke vor. Sollte der seitliche Abstand dieser Profile größer sein als die Länge der Kartätsche, benötigt man weitere Schienen als Lehren innerhalb der zu verputzenden Fläche. Die Abstandsprofile sind notwendig, um eine wirklich ebene Oberfläche zu bekommen.

Tip: Bei warmer Witterung sollte man die Kartätschen-Kante feucht halten. Dann läßt sich der Putz viel einfacher glattstreichen.

Unebenheiten auf der Putzoberfläche egalisieren

Frühestens einen Tag nach den Verputzarbeiten werden Unebenheiten der neuen Fläche mit dem Gitterrabbot egalisiert. Bei dieser Arbeit sollte man gefühlvoll ans Werk gehen, um nicht zuviel Putz abzureiben

Zwischengrundierung auftragen

Um zu verhindern, daß dem Rauhputz (Deckschicht) zu schnell das Wasser entzogen wird, muß man zwischengrundieren. Dabei erleiden manche Selbstbauer einen Schock. Denn durch die Grundierung können Tausende kleinster Risse sichtbar werden, die entstehen, wenn bei sehr warmer Witterung verputzt wurde. Der Deckputz überbrückt diese Stellen aber mühelos.

Beim Einkauf ist darauf zu achten, daß Grundierungen sowie Grund- und Strukturputz genau aufeinander abgestimmt sind und zum YTONG-Mauerwerk passen.

Strukturputz verreiben

Beim Rauhputz bringt die Handbewegung die Struktur: Sie kann kreisend, waagerecht oder senkrecht sein. Es ist jedoch nur mit Übung zu schaffen, die Handbewegung an einem Haus durchweg gleichmäßig beizubehalten. Deshalb wird Selbstbauern geraten, einen Putz zu wählen, der von selbst in eine regelmäßige Struktur verläuft.

Tip: Die Strukturputzarbeiten sollten von einer einzigen Person durchgeführt werden. Gehen mehrere Putzer ans Werk, könnte es passieren, daß man deren unterschiedliche „Handschriften" an der Fassade erkennt. Das wäre ärgerlich. Wichtig: Nur durch kräftiges Reiben wird eine einheitliche Schichtdicke und so die gleichmäßige Struktur erreicht.

Flächengewicht bei 10 mm Putzdicke:
ca. 8 kg/m^2

Biegezugfestigkeit:
1.00 N/mm^2

Druckfestigkeit:
2.00 N/mm^2

Wärmeleitfähigkeit:
λ_R = 0,19 W/mK

Die besonderen Eigenschaften des YTONG-Außenputzes

Der YTONG-Außenputz ist ein mineralischer Strukturputz, der zugleich auch als Grundputz eingesetzt werden kann. Vorteil: Die zwei Putzlagen sind in jedem Fall besser aufeinander abgestimmt als jede andere Kombination aus Grund- und Strukturputz. Die Biegezugfestigkeit ist etwa doppelt so hoch wie bei anderen Putzen.

Der YTONG-Außenputz ist ein diffusionsoffener (aber dennoch wasserabweisender und wetterbeständiger) Putz.

Die Untergrundvorbehandlung

Der Putzgrund muß frostfrei, fest, trocken und frei von Staub und losen Teilen sein. Überstehende Dünnbett-Mörtelreste mit dem Hammer abklopfen. Vorbereitend wird das YTONG-Mauerwerk entweder vorgenäßt (problematisch an warmen Tagen) oder mit einem entsprechenden Grundiermittel vorbehandelt.

Wichtig: Oberflächen aus Holzwolle-Leichtbauplatten werden nicht vorgenäßt. Diese Bereiche deckt man mit einem Zementspritzbewurf (☞ S. 176) ab. Nach dem Erstarren des Spritzbewurfes wird die gesamte Fläche mit einem Putzarmierungsgewebe überspannt. Das Gewebe zehn Zentimeter auf angrenzende Bauteile führen.

Eckschutzschienen anbringen

Bevor mit den Außenputzarbeiten begonnen wird, müssen noch die Eckschutzprofile und die Sockelabschlußleisten (☞ S. 175) angebracht werden.

Zu den Verputzvorbereitungen zählen auch: Außenfensterbänke anbringen, schadhafte Stellen spachteln sowie Türen und Fenster abkleben (☞ S. 174 bis 176).

YTONG-Außenputz ansetzen

Der gesamte Inhalt eines Sackes YTONG-Außenputz (25 Kilogramm) wird mit Wasser im Freifallmischer (Trommelmischer) etwa fünf Minuten, im Zwangsmischer etwa drei Minuten gemischt. Private Bauherren haben meist nur einen sogenannten Kipptrommelmischer zur Verfügung, den man zur Kategorie der Freifallmischer zählt.

Der YTONG-Außenputz wird einzig und allein mit Wasser angerührt. Bitte keine weiteren Zusätze hinzufügen! Nach dem Anrühren ist der Putz gebrauchsfertig und muß innerhalb von zwei Stunden verarbeitet sein.

Der YTONG-Außenputz als Grundputzlage

Die Grundputzlage wird in einer Dicke von sieben bis zehn Millimeter aufgetragen (Sackaufdruck beachten). Anschließend erfolgt das Einebnen der Oberfläche mit der Kartätsche (Profillatte). Hinweise zum Putz aufziehen: Siehe Seiten 176 und 177.

Übrigens: Beim YTONG-Außenputz entfällt das Auftragen einer Zwischengrundierung.

Strukturschicht aufziehen

Nach einer Standzeit der Grundputzlage von mindestens einem Tag wird die Strukturschicht mit YTONG-Außenputz (Korndurchmesser drei Millimeter) aufgezogen und dann mit einer Schwammscheibe oder einen Holzbrett (Kunststoffbrett) horizontal, vertikal oder kreisend abgerieben.

Durch die sahnige Einstellung des Putzes sind aber auch andere Oberflächengestaltungen möglich. Warnung: Manche der exotischen Deckputz-Kreationen (gewellt, geschuppt, gebeult ...) wirken nur für kurze Zeit originell.

Die farbige Fassade

Alternativ zur Farbe „Naturweiß“ kann der YTONG-Außenputz nach der Durchtrocknung mit Mineral- oder Silikatfarben überstrichen werden. Oder Sie verwenden eingefärbte YTONG-Putze. Hinweis: Mit Farben sollte man aber nur Akzente setzen. Keine kräftigen Farbtöne wählen. Dunkle Fassaden wärmen sich unter Sonneneinwirkung stark auf und strapazieren den Putz.

Achten Sie darauf, daß die Farben von Dachpfannen, Fensterrahmen und Fassade zueinander passen. Wenn Sie eine Stoffmarkise oder außenliegende Sonnenschutzrollos montieren, sollten Sie daran denken, daß eingefärbte Stoffe mit der Zeit ausbleichen. So können hübsche Farbkontraste schnell unansehnlich werden.

Lagerfähigkeit von Werktrockenmörtel

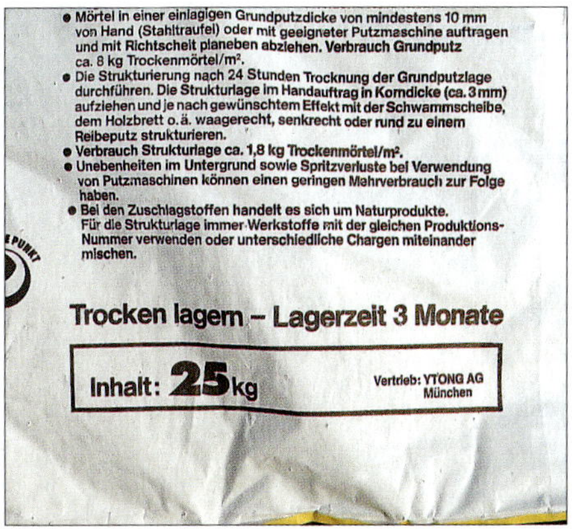

Putzmischungen, die fertig abgepackt in Papiersäcken geliefert werden, sind wie jeder andere Mörtel auch nur begrenzt lagerfähig. Bis zu zwei Monaten kann man jedes Material lagern. Voraussetzung: Der Lagerraum ist frostfrei und trocken. Der YTONG-Außenputz kann bedenkenlos drei Monate gelagert werden.

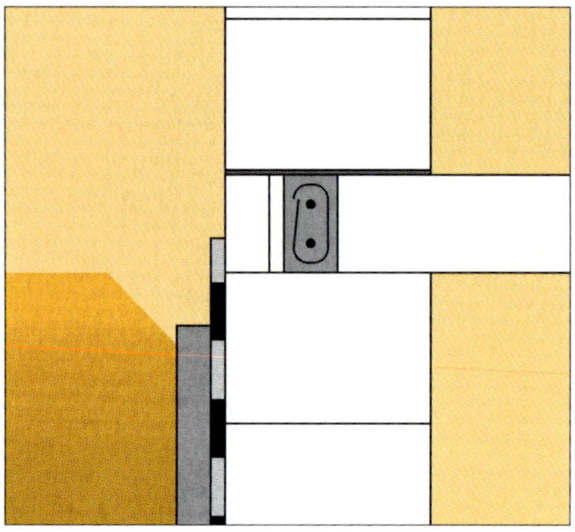

Den Übergang zur Bitumenabdichtung säubern

Häufig wird ein etwa 30 bis 40 Zentimeter breiter Sockel aus Zementputz (Putzmörtelgruppe P III) rund ums Haus angelegt. Diesem Bereich muß man besondere Aufmerksamkeit widmen, da dort mit hoher Feuchtebelastung zu rechnen ist (Spritzwasser).

Die Vorbereitungen für den Sockel werden in einem Rutsch mit den Arbeiten für den Außenputz erledigt. So muß zunächst der angeschüttete Bereich bis etwa 15 Zentimeter unterhalb der späteren Geländeoberkante freigeschaufelt werden. Die jetzt sichtbare Kelleraußenwand wird gesäubert.

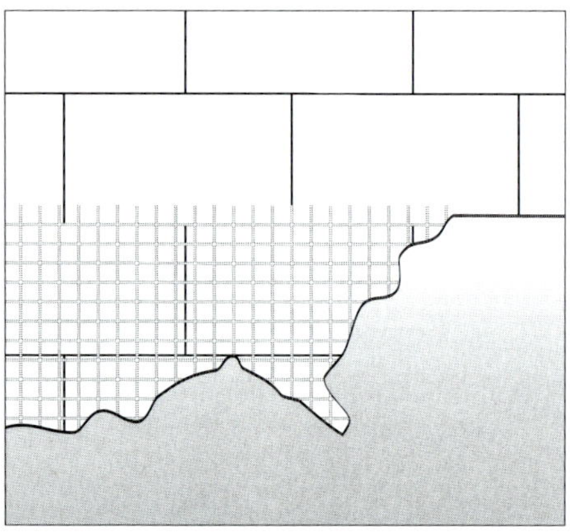

Sockelputz armieren

Problematisch ist es, auf dem YTONG-Mauerwerk einen starren Sockelputz auf Zementbasis aufzuziehen. Die Verputzerregel, daß die Schichten nach außen hin weicher werden sollen, gilt auch im Sockelbereich (sonst droht die Gefahr von Rißbildung). Um Schäden solcher Art zu vermeiden, sollte der gesamte Sockelputz mit Gittergewebe armiert werden.

Die Armierung des Putzes kann man sich sparen, wenn man den Sockel aus YTONG-Außenputz (☞ S. 178) herstellt. Das Material ist faserverstärkt und auf das YTONG-Mauerwerk bestens abgestimmt. Zudem ist der Putz für höchste Beanspruchungen zugelassen.

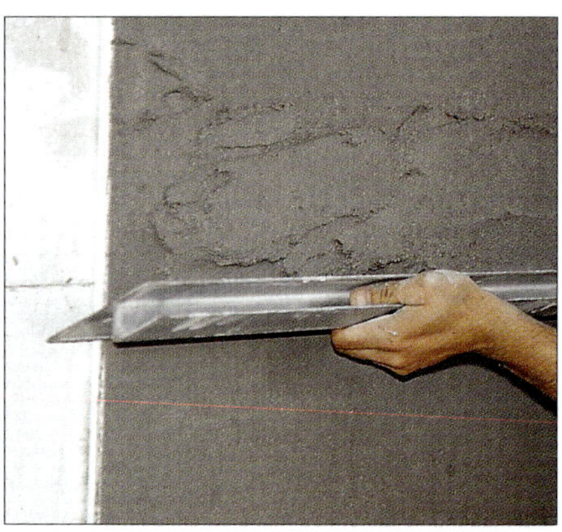

Sockelputz aufziehen

Nach den Verputzvorarbeiten (☞ S. 174 und 175) wird der Sockelputz mindestens zehn Millimeter dick mit der Traufel aufgetragen und anschließend mit der Kartätsche eingeebnet (☞ S. 176 und 177). Danach mit der Stahltraufel die Feinglättung vornehmen (Traufel anfeuchten).

Wichtig: Zwischen dem Außenputz und dem Sockel sollte ein kleiner Versatz ausgebildet werden. Die Sockelschienen (L-Profil), die als horizontale untere Begrenzung des Außenputzes dienen, sind meist mit Tropfkanten ausbildet. So wird die Belastung des Sockels ein wenig herabgesetzt.

Sockel farbig anlegen

Damit die Spuren von schmutzigem Spritzwasser nicht ganz so unangenehm auffallen, wird der Sockel meist in einem dunklen Farbton gestrichen. Nun gefallen diese dunklen Streifen aber nicht jedem Bauherrn, so daß gern ein heller Farbton oder sogar die Farbe Weiß gewählt wird.

Gerade bei einem hell angelegten Sockel muß zur Vermeidung von Verunreinigungen die Spritzwassergefahr reduziert werden. Dies erreicht man durch eine Lage Kieselsteine (Körnung 32 oder größer), die auf der Geländeoberkante im Sockelbereich ausgelegt wird. So können keine Bodenpartikel an die Hauswand gelangen, und anfallendes Wasser kann ungehindert in den Boden versickern.

Alternativ: ein Sockel aus Porphyrplatten

Wem ein einfarbiger Sockel zu langweilig ist, der kann alternativ auch Bruchsteinplatten nehmen. So wird ein rustikales Natursteinmauerwerk vorgetäuscht. Allerdings sollte so ein Sockel auch zur Architektur des Hauses passen.

Gut geeignet sind Porphyrplatten, die man wie Fliesen an die Wand klebt. Anfangs ist es ein recht aufwendiges Puzzlespiel, die Platten so anzubringen, daß die Fugen erträglich schmal sind. Doch hat man erst mal den Bogen raus, geht die Arbeit recht flott voran.

Die dünnen Porphyrplatten werden zunächst trocken an der Wand befestigt. Stellen Sie die Platten einfach Stück für Stück auf jeweils zwei Nägeln ab.

Alle Platten gründlich säubern

Wenn die gesamte Fläche zugedeckt ist und der Bruchsteinsockel ein harmonisches Fugenbild aufweist, werden die einzelnen Steine nacheinander abgenommen und gründlich gesäubert.

Wichtig: Bevor Sie die Platten anbringen, muß natürlich der Untergrund vorbereitet werden (abbürsten, grundieren, schadhafte Stellen spachteln).

Bruchsteine mit Mittelbett-Mörtel befestigen

Da die Porphyrplatten sehr grob in ihrer Struktur sind, wird manchmal eine dicke Mörtelschicht (oft bis zu 15 Millimeter) zwischen Wand und Deckstein benötigt. Dünnbett-Mörtel könnte dort reißen. Deshalb wählt man zur Befestigung dieser rauhen Steine einen Mittelbett-Mörtel. Tip: Eine noch bessere Haftung erhält man, wenn sowohl die Wand als auch die Porphyrplatte mit Mörtel bestrichen wird.

Bruchsteinsockel verfugen

Zwei bis drei Tage nach dem Anbringen der Bruchsteine kann mit Zementmörtel verfugt werden. Zunächst die Fugen annässen. Dann beginnt eine recht mühsame Arbeit, da sich der Fugenmörtel nicht so einfach wie beim Fliesenlegen über eine ebene Fläche einbringen läßt. Man muß das Material Fuge für Fuge mit der Kelle hineindrücken. Tip: Rechtzeitig mit dem Säubern der Oberfläche beginnen.

Wichtig: Ein Porphyrsockel wird als „angemörtelte Bekleidung" bezeichnet, die bei starker Schlagregenbeanspruchung nicht empfehlenswert ist. Denn durch Tauwasserbildung oder durch Fugenrisse könnte Wasser eindringen und zu Frostabplatzungen führen. In solchen Fällen ist ein Sockelputz die bessere Lösung.

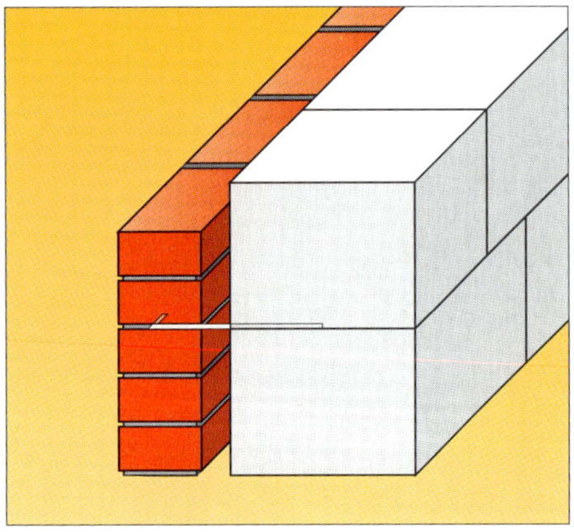

Zweischaliges Mauerwerk mit Luftschicht

Extreme Wetterbedingungen (zum Beispiel Schlagregen an der Küste) können zweischaliges Mauerwerk erforderlich machen. Dabei gibt es unterschiedliche Ausführungsvarianten: mit Luftschicht zwischen den beiden Mauerschalen, mit Luft plus Dämmung oder mit einer Kerndämmung, die den Zwischenraum komplett ausfüllt. 30 Zentimeter dickes YTONG-Mauerwerk braucht jedoch keine zusätzliche Wärmedämmung. Deshalb wird man sich meist für eine zweischalige Konstruktion mit Luftschicht entscheiden.

Die Dicke der Luftschicht muß mindestens vier Zentimeter betragen (höchstens 15 Zentimeter). Achtung: Beim Hochziehen der Außenschale verhindern, daß Mörtelreste in den Luftspalt fallen!

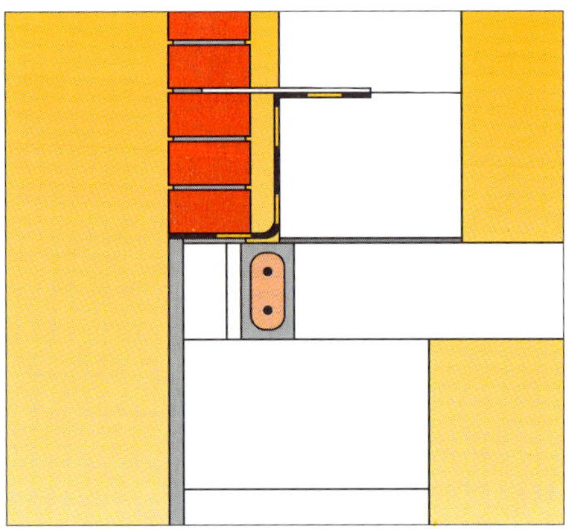

Die Ausbildung des Fußpunktes

Das Errichten der Verblendschale ist sehr zeitaufwendig und schwierig (Höheneinmessung, Ausrichten der Steine, die nicht geteilt werden sollten). Diese Arbeit ist nur dann etwas für den Selbstbauer, wenn er die mitunter recht kniffelige Mauertechnik schon einmal selbst ausgeführt hat oder wenn ein erfahrener Helfer mitarbeitet.

Bevor Sie starten: Unter der ersten Reihe muß eine Abdichtung (Gefälle nach außen) vorgesehen werden, mit der die Innenschale vor Feuchtigkeit geschützt wird. Die Dichtungsbahn wird an der YTONG-Wand mindestens 15 Zentimeter hochgeführt. Die Aufstandsfläche für die Verblender muß tragfähig sein. Die Außenschale darf nicht abrutschen!

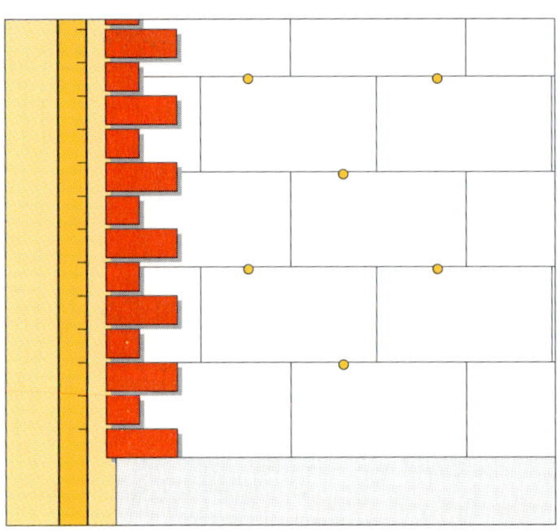

Als erstes die Ecken hochziehen

Das Mauern der Verblendschale beginnt mit dem Hochziehen der Ecken. Hilfreich ist es, wenn man sich Meßlatten aufstellt, auf denen exakt jede Schicht sowie die Lage der Stürze markiert wird. Durch Drahtanker (☞ S. 65), die man während der Rohbauarbeiten eingemörtelt hat, werden die hochgemauerten Ecken in der gewünschten Position gehalten. Tip: Mörtel genau dosieren. Verschmutzte Steine sind kaum mehr zu säubern. Eventuell Mörtelschlitten verwenden!

Lassen Sie sich von Ihrem Selbstbau-Partner beraten, welche Verblenderbaustoffe (auf Frostbeständigkeit achten!) in Ihrer Region typisch sind, und lassen Sie sich bei dieser Gelegenheit gleich den dazu passenden Mörtel (auch Fugenmörtel) geben.

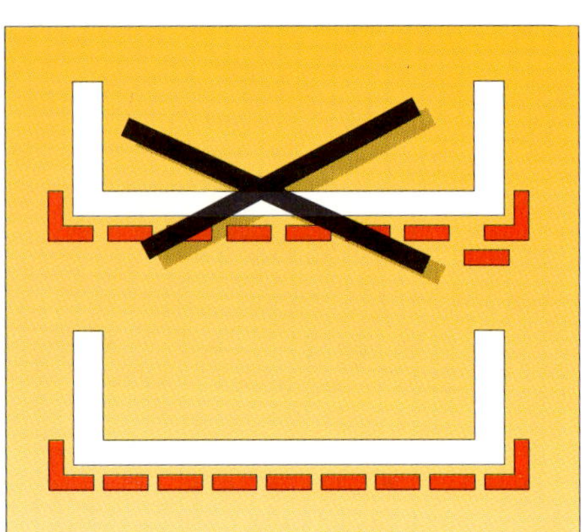

Die unterste Verblenderreihe setzen

Nachdem die Ecken hochgemauert sind, wird auf der vorbereiteten Standfläche (meist Vorsprung der Kellerdecke) die erste Reihe des Verblendmauerwerks trocken ausgelegt. So können Längendifferenzen leicht ausgeglichen werden, und es entsteht ein harmonisches Fugenbild. Wenn alles paßt, wird gemörtelt. Zur Vereinfachung der Arbeit sollte der Baugrubenarbeitsraum verfüllt sein. Übrigens: Bei einem Haus mit maximal zwei Geschossen dürfen 11,5 Zentimeter dicke Verblendsteine bis zu einem Drittel ihrer Dicke über das Auflager (Konsole) vorstehen. Tip: Mauern Sie Ihre Verblendschale im Läuferverband mit einem halbsteinigen Versatz. Das ist die einfachste Technik. Wichtig: Immer eine Richtschnur verwenden.

Lüftungsöffnungen vorsehen

Entsprechend der DIN 1053 sollen unten und oben in den Außenschalen Lüftungsöffnungen vorgesehen werden. Diese Öffnungen können recht elegant entstehen, wenn man die Stoßfugen unvermörtelt läßt. Zusätzlich können die unteren Lüftungsöffnungen auch zur Entwässerung (zum Beispiel für Tauwasser) dienen.

Pro 20 Quadratmeter Wandfläche (Fenster und Türen mitgerechnet) soll die Summe der Lüftungsquerschnitte mindestens 75 Quadratzentimeter betragen.

Die Fugen sollten nicht breiter als 1,5 Zentimeter sein.

Anschlüsse an Fenstern und Türen

Es gibt verschiedene Methoden, die Verblender über Fenstern anzubringen. Relativ einfach ist es, einen komplett vorgefertigten Klinkersturz einzubauen. Erfahrung braucht man jedoch, will man auf einem stützenden Brett die Verblender hochkant mauern. Tip: Traßzementmörtel sorgt für besonders gute Haftung zwischen den Steinen.

Es wird sich nicht vermeiden lassen, daß sich die beiden Mauerwerksschalen im Bereich von Fenstern und Türen berühren. Dort muß dann eine wasserundurchlässige Sperrschicht eingebaut werden. Wie bei der Fußpunktausbildung zieht man über Stürzen diese Dichtungsschicht ebenfalls mindestens 15 Zentimeter an der Innenschale nach oben.

Fugenmörtel einbringen

Die sicherlich aufwendigste Arbeit während des gesamten Hausbaus ist das Verfugen der Verblenderzwischenräume. Meist muß eine Strecke von mehr als einem Kilometer mit der schmalen Kelle bearbeitet werden. Tip: Nicht verzweifeln!

Vorbereitend müssen die Fugen ein bis zwei Zentimeter tief ausgekratzt werden. Dann füllt man zuerst die waagerechten Lagerfugen, später die Stoßfugen.

Es ist besonders darauf zu achten, daß keine Hohlräume in der Wand entstehen (Gefahr von Frostabplatzungen durch Wasseransammlungen). Wichtig: Beim Fugenfüllen nicht die Lüftungsöffnungen schließen.

Vertikale Bewegungsfugen einbauen

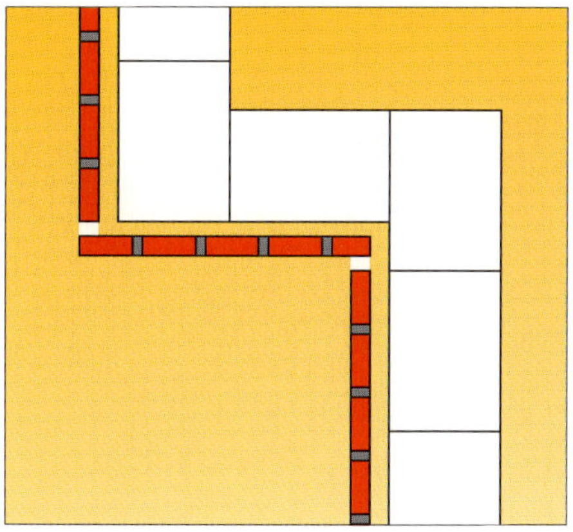

In der Außenschale müssen vertikale Bewegungsfugen angeordnet werden. So können Spannungen (zum Beispiel durch Temperaturausdehnung) problemlos abgetragen werden. Die Lage und die Abstände der Fugen sind von den klimatischen Bedingungen, vom Gebäudegrundriß sowie von der Art des Verblenderbaustoffs abhängig. Deshalb muß in der Fugenfrage unbedingt ein Experte hinzugezogen werden.

Die Bewegungsfugen werden mit PU-Dichtungsmasse (alternativ: Dichtungsband, Klemmprofil) ausgefüllt. Wichtig: Beim Einsatz von Dichtungsmassen muß man die Fugen entsprechend den Verarbeitungshinweisen auf der Kartusche vorbehandeln.

Die Holzverkleidung gründlich planen

Zunächst einmal muß man sich für die Art der Holzverkleidung entscheiden: Sollen Profilhölzer, sägerauhe oder gehobelte Bretter oder vielleicht sogar Schindeln montiert werden?

Zur Planung gehört auch, die Bereiche festzulegen, die bekleidet werden sollen. Will man die gesamte Fassade oder nur Teile in Holz ausführen (um sich kleinere Felder für den Außenputz zu schaffen)? Am besten fertigt man Kopien der Hausansichten an und skizziert dann jede denkbare Variante. Man könnte das Holz ober- und unterhalb der Fenster anordnen, oder man verkleidet nur die Giebel. Der Brettverlauf muß aber nicht immer waagerecht oder senkrecht sein. Interessant wirken auch schräg angebrachte Bretter.

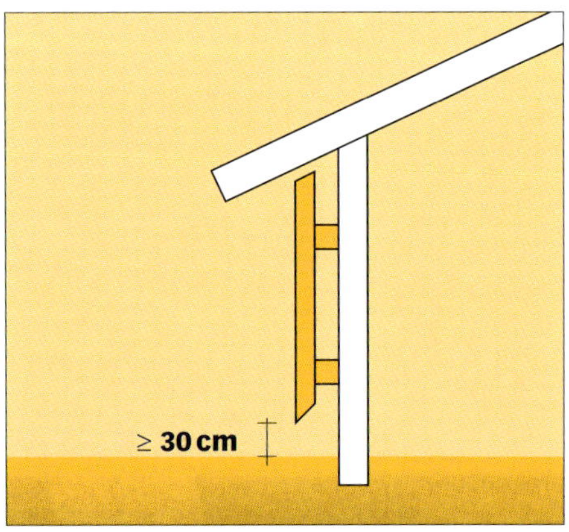

Wichtig: der Holzschutz

Damit Holz im Freien auch nach Jahren noch gut aussieht, muß es geschützt werden. Neben dem konstruktiven Holzschutz (Ausbildung von Tropfkanten, Hinterlüftung, großer Dachüberstand) ist der Anstrich die zweite Maßnahme, um das Holz vor den schädlichen Einwirkungen von Witterung, UV-Strahlung und Insekten zu schützen.

Das richtige Anstrichmittel zu finden ist schwierig. Da sind einerseits die technischen Anforderungen (wasserabweisend, diffusionsoffen), andererseits ist man gesundheitsbewußt und möchte kein Gift verarbeiten. Zusätzlich soll der Charakter des massiven Holzes nicht verändert werden. Zur Wahl stehen imprägnierende, offenporige Lasuren mit Farbpigmenten als UV-Schutz.

Der Anstrich

Sägen Sie alle Bretter in die richtige Form, und nehmen Sie eventuelle Schleifarbeiten vor. Anschließend Schleifstaub entfernen und Harztropfen mit Nitroverdünnung abwaschen. Der erste Anstrich wird nun auf der Brettrückseite aufgetragen. Danach das Holz umdrehen und von vorn bearbeiten. Nach dem Trocknen erfolgt meist ein zweiter, gegebenenfalls sogar ein dritter Anstrich.

Die Holzbearbeitung sollte man im Freien erledigen. Wenn dies nicht möglich ist, den Arbeitsraum gut lüften!

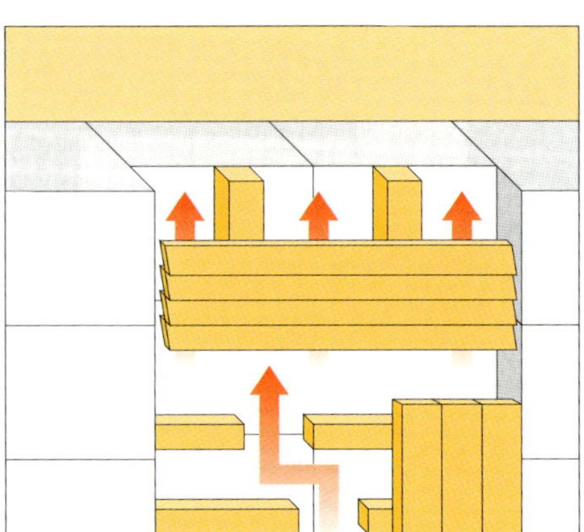

Die Unterkonstruktion bei Verkleidung von Teilbereichen

Wird eine Fassade nur teilweise bekleidet, gibt's ein Problem, wenn Putz und Holz in einer Ebene liegen sollen. Die Verkleidung ist wegen der Unterkonstruktion oft dicker als der Putz. Die Lösung: im Bereich der Holzverkleidung das Mauerwerk etwas dünner ausführen! Von den entsprechenden Steinen werden einfach ein paar Zentimeter abgeschnitten. Wichtig: Diese dünneren Außenwandbereiche müssen in der Statik und im Wärmeschutznachweis berücksichtigt werden.

In der Aussparung wird die Unterkonstruktion befestigt. Ist eine waagerechte Verbretterung geplant, kommen senkrechte Latten an die Wand. Bei senkrechten Deckbrettern läßt man in den waagerechten Traglatten versetzt angeordnete Lüftungsöffnungen frei.

Die Unterkonstruktion wird festgeschraubt

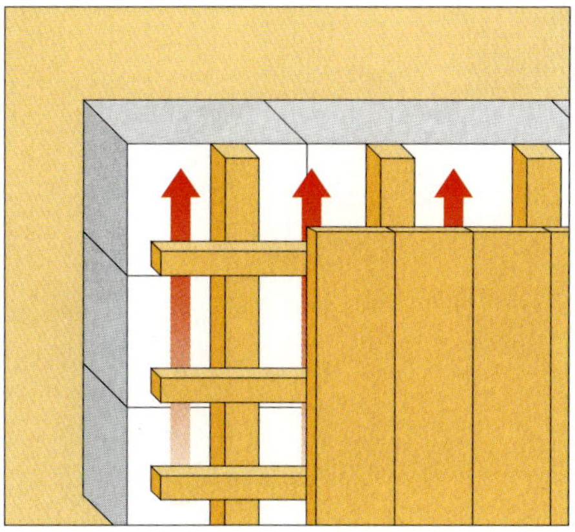

Die Latten der Unterkonstruktion werden mit Schrauben und Dübeln an der Hauswand befestigt (Lattendicke mindestens zwei Zentimeter). Hinweis: Der Lattenabstand beträgt 40 bis 60 Zentimeter.

Wird das gesamte Haus mit vertikal verlaufenden Brettern verkleidet, kann man auf einer senkrechten Unterkonstruktion zusätzlich noch waagerechte Traglatten montieren. Durch diese Konterlattung plus Traglattung ist dann, ähnlich wie bei der Dacheindeckung (☞ S. 84), die Luftzirkulation möglich. Vorteil: Man spart sich durch die Konterlattung das mitunter mühsame Anordnen von versetzten Lüftungsschlitzen, die notwendig sind, wenn waagerechte Traglatten direkt aufs Mauerwerk kommen.

Die Holzverkleidung anbringen

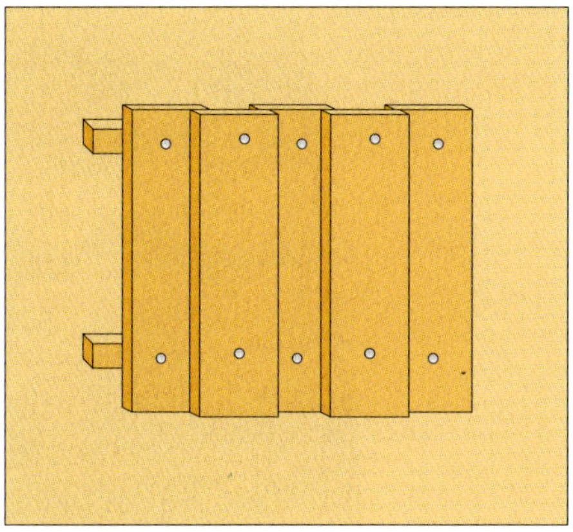

Bei waagerechter Verlegung von Nut-und-Feder-Brettern muß die Nut nach unten zeigen.

Bei überlappenden Brettern nicht durch die Überlappung nageln oder schrauben. Jedes Brett muß sich unabhängig bewegen können.

Wichtig: Zur Geländeoberkante bitte 30 Zentimeter Abstand halten. Auch das ist konstruktiver Holzschutz. Der Sockel wird dann verputzt oder verkleidet (☞ S. 180 und 181).

Verlegetip: Man kann interessante Variationen erzeugen, wenn waagerechte Profilhölzer mit schrägen und senkrechten Brettern kombiniert werden. Die möglichen Beispiele sind sicherlich unbegrenzt.

Auch die Fensterlaibung wird verkleidet

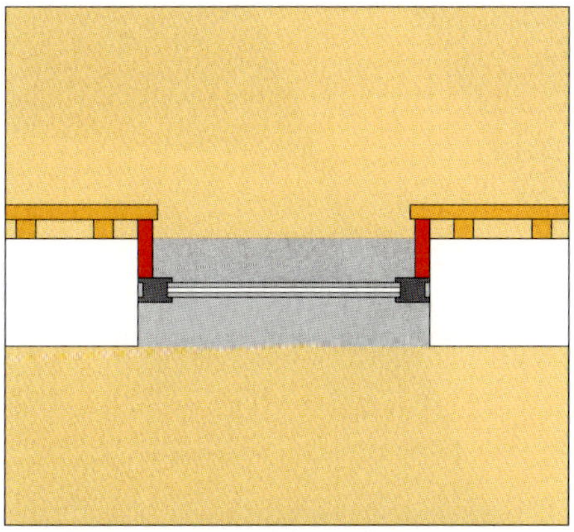

Der Übergang einer vorgehängten Holzfassade zu Fenstern ist nicht immer einfach auszuführen. Gerade in solchen Bereichen zeigt es sich, ob man sorgfältig gearbeitet hat.

Sinnvoll ist, erst die Laibung zu verkleiden und dann die Stirnseiten dieser Hölzer mit den Fassadenbrettern zu überdecken. So kann kein Regenwasser eindringen. Eine andere Möglichkeit: Die Fensterlaibung wird verputzt und die Holzverbretterung bündig angeschlossen.

Wichtig: Oben am Fenstersturz müssen Öffnungen vorhanden sein, um die Hinterlüftung zu gewährleisten. Das gilt natürlich auch für den Bereich unter der Fensterbank.

Die Schindelfassade

Kleinformatige Holzschindeln haben den Vorteil, daß sie ein geringes Ausdehnungsverhalten aufweisen und dadurch weniger anfällig gegen Rißbildung sind. Das Verschindeln einer Fassade ist wegen der enormen Anzahl der kleinen Holzplatten jedoch sehr zeitaufwendig, wenn jede Platte einzeln mit Nägeln oder Klammern befestigt wird. Um diese Arbeit zu vereinfachen, wurden inzwischen Fertigelemente entwickelt: So können bis zu 48 Schindeln in einem Rutsch montiert werden. Wichtig: Auch hier wird zuerst eine senkrechte Unterlattung zur Hinterlüftung angebracht. Übrigens: Die Befestigungen sieht man später nicht mehr, da sie von der nächsten Reihe überdeckt werden (unabhängig von der Verschindeltechnik).

Die Aufgaben eines Vordachs

Ein Vordach ist mehr als nur ein Regenschutz im Eingangsbereich. Wenn es zur Architektur paßt, gewinnt die Fassade enorm an Attraktivität. Für manche Häuser ist das Vordach sogar das wichtigste äußere Accessoire.

Als Anregung für Ihren letzten Hausbau-Schritt schildert der Autor dieses Handbuchs, worauf er beim Bau seines eigenen Vordachs besonderen Wert legte: „Holzfenster und rote Dachpfannen hatten wir als farbgebende Elemente für die weiß verputzte Fassade gewählt. Und das Vordach sollte genau diese Farbkombination zur Betonung des Eingangsbereiches wieder aufnehmen.

Vor dem Außenputz ans Vordach denken

Zwischen Hauswand und Vordach darf keine Fuge klaffen. Deshalb wird der Übergang zu den Dachpfannen von einer flexiblen Dichtungsbahn (Blei, Kunststoff mit Streckgittereinlage) überdeckt.

Für unser Vordach wählte ich einen Bleistreifen, der am rohen Mauerwerk befestigt wurde. Der saubere Putzabschluß wird mit einem L-Profil erreicht. Da mir Abdichtungsbahnen, die auf die Dachpfannen überlappen, nicht gefallen, probierte ich eine andere Konstruktion: Die Bleibahn wurde als kleine Rinne ausgebildet, die unterhalb der Dacheindeckung verläuft. Regenwasser, das an der Fassade abfließt, gelangt in diese Blei-Rinne und wird in die Regenrinne des Vordachs geleitet. Das Prinzip hat sich bewährt.

Balken für die tragende Konstruktion zusägen und fräsen

Nun begann eine Arbeit, auf die ich mich schon lang gefreut hatte: Ganz zum Schluß meiner Bauarbeiten konnte ich mir noch einmal richtig Zeit nehmen und mit Muße das Vordach zimmern.

Ähnlich wie bei unserem Treppengeländer (☞ S. 168) wählte ich wieder einen Steckmechanismus, so daß keine Montageteile (Nägel, Schrauben, Metallwinkel) sichtbar sind.

Sorgfältig sägte ich die einzelnen Balken zu und begann anschließend, die notwendigen Aussparungen auszufräsen.

Durch eine Lasur werden die Holzteile wetterfest

Nachdem alle Verbindungen haargenau zusammenpaßten, war die Oberflächenbehandlung der Balken an der Reihe. Ich entschied mich für den gleichen Anstrich, mit dem auch unsere Holzfenster behandelt sind: eine schadstoffarme Acryl-Dickschichtlasur. Dem Grundieranstrich folgten noch zwei Deckschichten.

Die Endmontage

Zunächst wurden zwei senkrecht verlaufende Balken an der Hauswand befestigt. Die beiden vorderen Pfosten stützen sich auf einbetonierte Stützenfüße (verzinkt). So wird ein direkter Kontakt der Balken zum Boden verhindert und die Lebensdauer des Holzes verlängert.

Die oberen Querholme sind von oben mit Nägeln (6 x 180 Millimeter) angebunden. Tip: Das Holz vorbohren.

Die unteren Holme wurden lediglich in die ausgefrästen Aussparungen gesteckt. Hier waren keine Schrauben oder Nägel notwendig.

Aussparungen der Dachsparren anzeichnen und aussägen

Wenn man schon beim Hausdach die Arbeit den Zimmerleuten überlassen mußte, so darf der holzbegeisterte Bauherr beim Vordach die Sparren selbst zusägen und montieren.

Besonders harmonisch wird das Ergebnis, wenn die Dachneigung von Vor- und Hausdach dieselbe ist.

Achtung: Bevor man die Länge der Sparren festlegt, sollte man die Maße der Dachpfannen berücksichtigen. Hier gelten die gleichen Formeln, wie sie für die Dacheindeckung des großen Hausdachs zur Anwendung kamen (☞ S. 84). Nach Möglichkeit sollten die Holzbalken des Vordachs so geplant werden, daß keine Dachpfannen zugeschnitten werden müssen.

Das Vordach eindecken

Nach der Montage der Minipfetten und der Liliputsparren begann die Dachdeckerarbeit: Regenrinne anbringen (☞ S. 80), Profilbrettverschalung annageln sowie Lattung und Konterlattung befestigen. Die Eindeckung selbst war diesmal ein Klacks. Den First montierte ich in Trockenbauweise. Übrigens: Für die Dacheindeckung des Vordachs reichen oft die Restbestände des Bausatz-Dacheindeckungspakets. So war es auch bei mir.

Um das rustikale Vordach auch seitlich ein wenig wetterfester zu bekommen, montierte ich noch zwei Rankgitter. So können entsprechende Kletterpflanzen in naher Zukunft den Eingangsbereich schützend umwuchern."

Ein Fertig-Vordach als Wetterschutz

Vordächer können natürlich auch mit weniger Aufwand aus vorgefertigten Elementen errichtet werden. Tip: Achten Sie beim Kauf darauf, daß Ihnen der Hersteller eine ausführliche Montageanleitung mitliefert.

Informationen, Richtlinien, Wissenswertes

Ohne Theorie geht es leider nicht. Auf den nächsten Seiten folgen in kompakter Form wichtige Informationen, technische Richtlinien und wissenswerte Tips, die Sie vor und während Ihres Hausbaus benötigen.

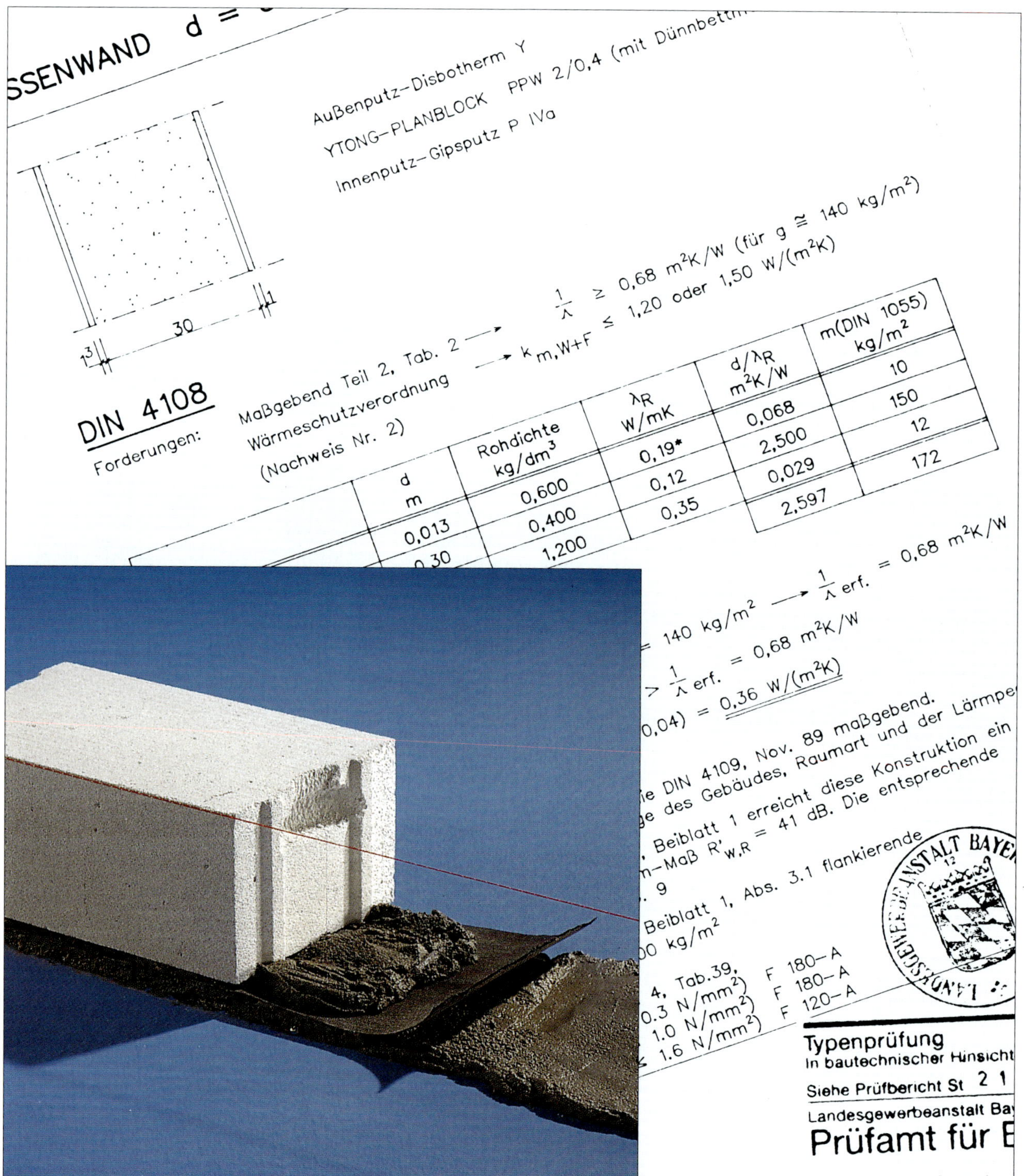

Porenbeton ist massiv

Porenbeton besteht hauptsächlich aus den Naturprodukten Sand, Kalk und Wasser. Trotz seines geringen und damit verarbeitungsfreundlichen Gewichts hat Porenbeton-Mauerwerk eine höhere Tragfähigkeit als Mauerwerk aus den meisten anderen Steinarten gleicher Festigkeitsklasse. Ein YTONG-PLANBLOCK PP 6 in einer Dicke von 36,5 Zentimeter trägt zum Beispiel 50 Tonnen pro laufenden Meter.

Porenbeton ist wirtschaftlich

Ein perfektes System vom Keller bis zum Dach, leicht und schnell zu verarbeiten. Der gesamte Rohbau mit tragenden und nichttragenden Wänden, Decken und Stürzen kann aus den verschiedenen vorproduzierten Elementen auch vom privaten Bauherrn in eigener Regie errichtet werden. Neben der Lastabtragung und Aussteifung des Gebäudes übernimmt Porenbeton auch die bauphysikalischen Funktionen wie Wärme-, Schall- und Brandschutz. Vervollständigt wird das YTONG-Bausystem durch speziell auf den Untergrund abgestimmte YTONG-Kellerabdichtungen (☞ S. 56) und YTONG-Putze (☞ S. 140 und S. 178 ff.).

Einbauteile wie Fenster und Türen lassen sich problemlos integrieren. Selbst wenn die Rohbauöffnung nicht ganz genau die richtige Größe hat, können in Minutenschnelle die notwendigen Korrekturen durchgeführt werden: entweder mit der Handsäge bei zu kleinen Öffnungen oder durch Anfügen von schmalen Porenbeton-Scheibchen bei zu groß geratener Öffnung.

Auf den Punkt gebracht: Wirtschaftlichkeit durch schnellen Baufortschritt. Paßgenau durch Nut und Feder. Leichte Handhabung durch Grifftaschen. Einfaches und dadurch zeitsparendes Verarbeiten. Und der Wärmeschutz ist automatisch miteingebaut. Auf eine zusätzliche Wärmedämmung kann verzichtet werden. Alles das ist Porenbeton.

Porenbeton ist tragfähig

Wer sicher bauen will, setzt oft auf höchste Druckfestigkeit und nimmt dabei schlechtere Wärmedämmung in Kauf. Bei YTONG ist das anders. Denn dort wird hohe Druckfestigkeit mit hoher Wärmedämmung kombiniert. Damit ist der Porenbeton den meisten anderen Baustoffen überlegen.

Übrigens: Bis zu sechs Vollgeschosse sind möglich. So können die massiven Vorteile auch beim Mehrfamilienhausbau gewinnbringend genutzt werden.

Porenbeton ist wärmedämmend

Ohne zusätzliche Dämmstoffe erreicht der großformatige PLANBLOCK Dämmwerte, mit denen die gesetzlichen Anforderungen an den Wärmeschutz in wirtschaftlichen Abmessungen leicht erfüllt werden. Und das ohne Mehrkosten. Doch Porenbeton dämmt nicht nur, er speichert auch die Wärme. Deshalb kühlen die Räume nachts nur langsam aus und sind am Morgen schnell wieder warm. 30 Zentimeter dicke YTONG-Außenwände erreichen ohne zusätzliche Dämmstoffe einen k-Wert von 0,37 W/m²K (☞ S. 220: „Der k-Wert"). So kann man effektiv energie- und kostensparend wohnen. Gleichzeitig bietet YTONG wirksamen Schutz vor äußerer Wärme. Auch bei hohen Außentemperaturen bleiben die Innenräume angenehm kühl, denn die Wände leiten die hochsommerliche Wärme nur langsam nach innen.

Porenbeton ist schalldämmend

Ein Baustoff, der die Summe guter Eigenschaften hat, muß auch eine vernünftige Kombination von Wärmedämmung und Schallschutz ohne Schwachstellen bieten. Der massive Porenbeton kann das. In der Schallschutz-Norm (DIN 4109) wird sogar besonders darauf hingewiesen, daß Porenbeton um 2 dB bessere Schalldämmwerte hat als andere, gewichtsmäßig vergleichbare Baustoffe. Die Porenstruktur macht's möglich.

Porenbeton ist umweltgerecht

Ökologisch orientierte Baukonzepte werden immer wichtiger. YTONG verfolgt dies konsequent von Anfang an. Die Rohstoffe, die überall zu finden sind, werden so abgebaut, daß das natürliche Gleichgewicht nicht gestört wird.

Produziert wird mit vergleichsweise geringem Energieaufwand: Pro Kubikmeter YTONG-Material (Rohdichte 0,4) werden nur 300 Kilowattstunden Energie benötigt. Alle Produktionsabfälle sind restlos wiederverwertbar. Ungehärtetes Material wird der nächsten Mischung zugeführt. Aus gehärtetem Material entsteht ein Granulat, das als Katzenstreu oder Ölbinder verwendet wird.

Der Baustoff YTONG trägt das Zeichen der Arbeitsgemeinschaft „Umweltverträgliches Bauprodukt e. V."

Mit dem Konzept des Niedrigenergiehauses geht YTONG noch weiter. In unterschiedlichen Pilotprojekten werden richtungweisende energiesparende Produkte eingesetzt. So wird der wärmedämmende Porenbeton mit hochwertigen Fenstern und modernen Heizungssystemen kombiniert.

Beim Niedrigenergiehaus sind unter anderem die Raumanordnung, Wind- und Sonnenrichtung sowie die Wasserrückgewinnung berücksichtigt. Das Ergebnis ist ein finanzierbares Haus, mit dem wertvolle Ressourcen geschont und die CO_2-Emissionen reduziert werden.

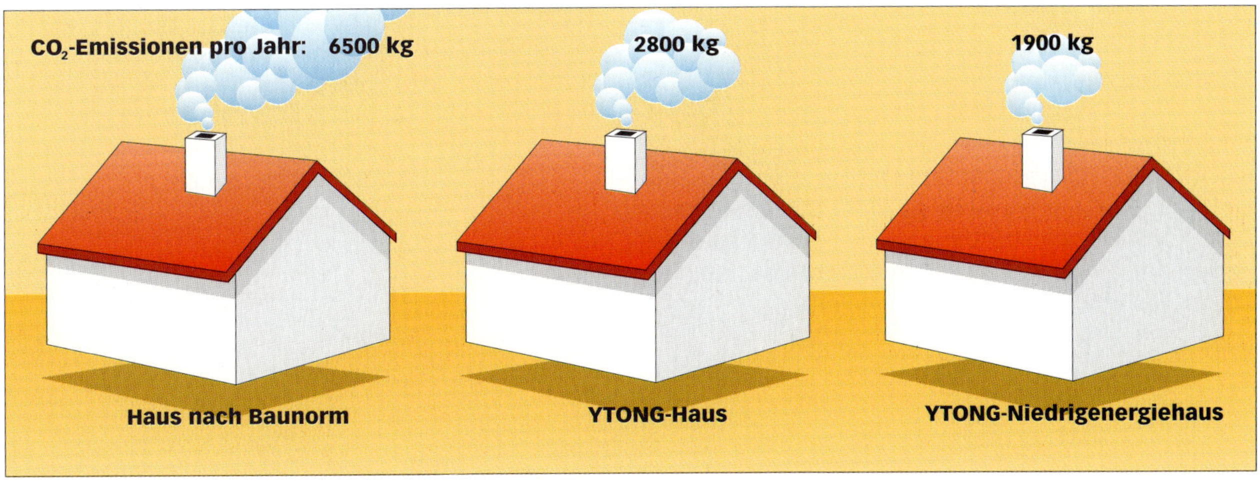

YTONG-PLANBLOCK S

Die besonderen Kennzeichen vom YTONG-PLANBLOCK S sind die beidseitigen Grifftaschen und die doppelte Nut-und-Feder-Profilierung. Dieser Stein ist für alle tragenden Wände (außen und innen) sowie für Ausfachungen, zur Wärmedämmung von Betonkonstruktionen und für den Dachausbau geeignet. Lieferbare Längen: 50, 60 und 62,5 Zentimeter. Höhe: 20 Zentimeter (Euromaß). Dicken: 17,5 bis 36,5 Zentimeter.

YTONG-Großblock

Für noch rationelleres Bauen von tragenden Wänden, Haustrennwänden und Zwischenwänden wurde der Großblock entwickelt. Lieferbare Längen: 25, 50 und 100 Zentimeter. Höhen: 50, 60 und 62,5 Zentimeter. Dicken: 11,5 bis 36,5 Zentimeter.

YTONG-PLANBLOCK-Mörtel

Der PLANBLOCK-Mörtel ist ein mineralischer Dünnbett-Mörtel der Gruppe III. Verwendet wird er für das Vermauern von YTONG-Plansteinen, Platten und anderen Bauteilen: Massivstürzen, U-Schalen und YTONG-Treppenstufen.

YTONG-Sturz

Für tragende und nichttragende Außen- und Innenwände gibt es massive Porenbeton-Stürze, die wie ein Stein aufs Mauerwerk gesetzt werden. Fertig, und weiter geht die Bauarbeit. Tragende Stürze können eine lichte Rohbauöffnung von bis zu 175 Zentimeter überbrücken. Nichttragende Stürze werden bei lichten Öffnungen bis 100 Zentimeter eingesetzt.

YTONG-U-Stein, YTONG-Sturzschale

Als Schalungselement sind U-Steine (Länge 62,5 Zentimeter) für Öffnungen zwischen 1,5 und 3 Meter geeignet. Stahlbewehrte Sturzschalen können bei Öffnungen bis fünf Meter eingesetzt werden. U-Steine und Sturzschalen gibt es in den Dicken von 17,5 bis 36,5 Zentimeter.

YTONG-L-Stein

Der L-Stein wird als Schalungselement für Ringanker und Ringbalken genommen. Vorteil: Auch in diesen Bereichen bleibt der homogene YTONG-Untergrund für den Innen- und Außenputz erhalten.

YTONG-Deckenrandstein

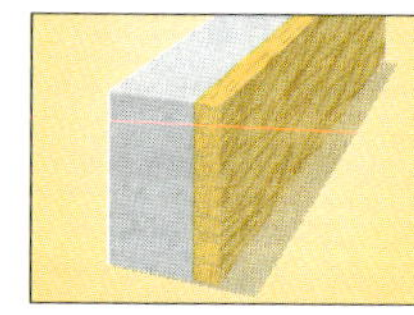

Zur äußeren Abmauerung von Ringankern und Fertigteildecken nimmt man den YTONG-Deckenrandstein, den es passend zu den üblichen Deckenhöhen gibt. Eine Dämmschicht baut Spannungen im Bauteil ab. So wird eine eventuelle Rißbildung verhindert.

YTONG-Platten

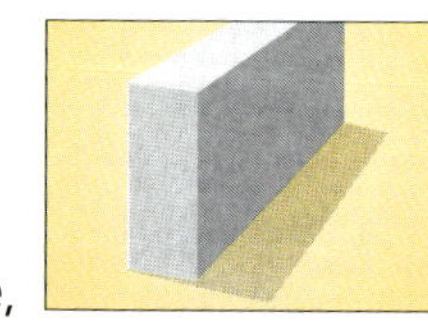

Die schmalen Platten (7,5, 10 und 11,5 Zentimeter dünn) sind für leichte, nichttragende Trennwände, Dachausbauten und alle anderen leichten Bauteile geeignet. Eine weitere Stärke der YTONG-Platten liegt in den nahezu unbegrenzten Einsatzmöglichkeiten bei der Altbausanierung. Längen: 50 und 62,5 Zentimeter, Höhe 50 Zentimeter.

YTONG-Dach- und -Deckenplatten

Dachplatten (auch Garagendachplatten) gibt es in einer Dicke von 10 bis 30 Zentimeter, Deckenplatten sind in 20 und 24 Zentimeter Dicke lieferbar. Es können lichte Weiten bis etwa 5,50 Meter überdeckt werden.

YTONG-Rolladenkasten

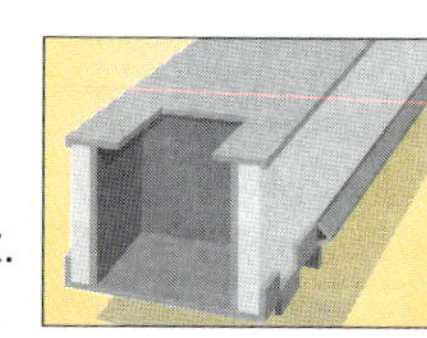

Der YTONG-Rolladenkasten ist zugleich auch Fenster- oder Türsturz. Lieferbare Längen: bis 4,30 Meter. Den Rolladenkasten gibt es passend zu den Mauerwerksdicken 24, 30 und 36,5 Zentimeter.

YTONG-Massivtreppe

Während der Maurerarbeiten entsteht aus einzelnen YTONG-Stufen eine massive Porenbeton-Treppe. Die stahlbewehrten Elemente sind 17,5 Zentimeter dick und werden genau wie Steine und Stürze in Dünnbett-Mörtel verlegt.

YTONG-Innenputz

Der Gipsputz mit leichten Zuschlagstoffen ist für alle YTONG-Innenwandflächen geeignet. Geliefert wird der Putz in Papiersäcken (Inhalt 30 Kilogramm).

YTONG-Grundputz für außen

Der Grundputz ist ein leicht hydrophobierter Kalk-Zementputz mit Leichtzuschlägen. Die Struktur-Endbeschichtung ist mit allen mineralischen und hydrophobierten Deck- und Edelputzen möglich.

YTONG-Außenputz

Der YTONG-Außenputz ist ein mineralischer, faserarmierter Strukturputz, der zugleich als Grundputz eingesetzt werden kann. Weitere wirtschaftliche Vorteile: keine Grundierung erforderlich, niedriger Materialverbrauch, kurze Wartezeit zwischen Grund- und Strukturschicht.

YTONG-Außenputz Feinstruktur

Der YTONG-Außenputz Feinstruktur, den es auch in unterschiedlichen Farben gibt, ist ein mineralischer Fertigputz für alle YTONG-Außenwandflächen.

YTONG „dichter Keller"

Die zweikomponentige Bitumenspachtelmasse sorgt für eine Abdichtung von YTONG-Kelleraußenwänden gegen nichtdrückendes Wasser (DIN 18 195).

YTONG-Dichtungsbahn

Die Alternative zum YTONG „dichter Keller" ist die Dichtungsbahn. Dieses Material sperrt ebenfalls das Kellermauerwerk gegen nichtdrückendes Wasser nach DIN 18 195 ab.

YTONG-Vierkantnagel

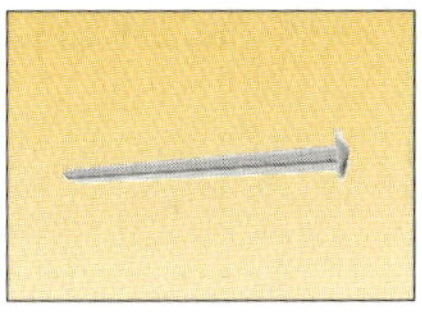

Normale Drahtnägel bieten nicht immer ausreichenden Schutz gegen Herausziehen aus einer YTONG-Wand. Der verzinkte Spezialnagel bringt eine erhöhte Tragfähigkeit.

YTONG-Plankelle

Mit der gezahnten YTONG-Plankelle wird der YTONG-PLANBLOCK-Mörtel millimetergenau aufgetragen. Für alle Wanddicken gibt es passende Plankellen.

YTONG-Quirl

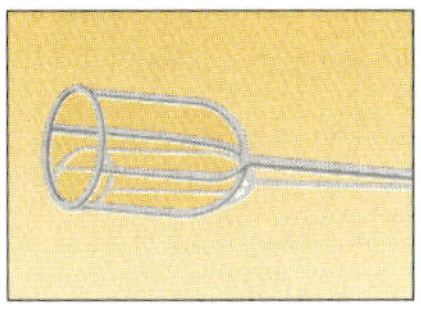

Der YTONG-Quirl ist zum homogenen Mischen des YTONG-PLANBLOCK-Mörtels unerläßlich. Er kann in alle handelsüblichen Bohrmaschinen eingespannt werden.

YTONG-Schleifbrett und YTONG-Hobel

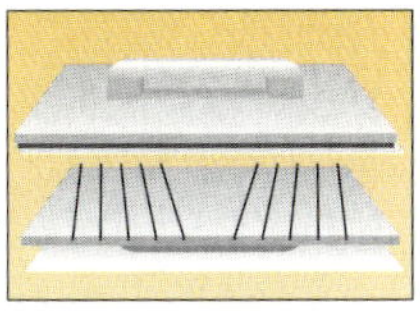

Eventuelle Unebenheiten der Lagerfuge von PLANBLOCK-Wänden aus Steinen der Festigkeitsklasse „P 2" werden mit dem YTONG-Schleifbrett ausgeglichen. Den YTONG-Hobel nimmt man bei Wänden aus „P 4"- und „P 6"-Steinen.

YTONG-Bandsäge

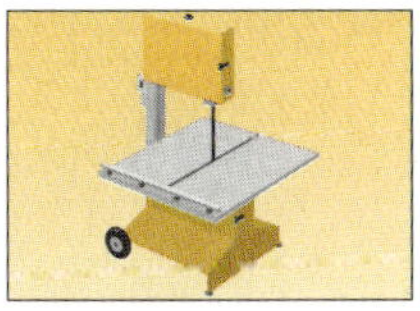

Die YTONG-Bandsäge, die Selbstbauern leihweise zur Verfügung gestellt wird, schneidet alle Formate und Paßstücke besonders schnell und exakt. Zur Technik: Direktantrieb (220 Volt), automatische Abschaltung, Höhe 175 Zentimeter, Gewicht 125 Kilogramm.

YTONG-Widia-Säge

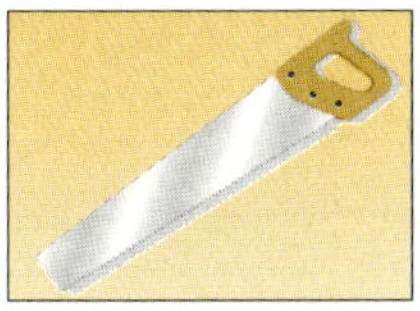

Die YTONG-Widia-Säge mit Hartmetallzähnen zeichnet sich durch ihre hohe Abriebfestigkeit aus und eignet sich für die Festigkeitsklassen „P 2" bis „P 6".

YTONG-Bohrer und YTONG-Rillenkratzer

Mit den YTONG-Wand- und -Verteilerdosenbohrern können saubere Öffnungen im Mauerwerk hergestellt werden. Für Leitungsschlitze in Wänden aus YTONG-Steinen der Festigkeitsklasse „P 2" nimmt man den Rillenkratzer.

Grundwerte für YTONG-Produkte

Bezeichnung, Gewichte, Wärmeleitfähigkeiten[3]

Bauteil	Festigkeitsklasse	Rohdichteklasse	Rechnungsgewicht kN/m³ ²)	Wärmeleitfähigkeit λ_R ⁴) W/mK PLANBLOCK/GROSSBLOCK	Kennzeichnung
YTONG-PLANBLOCK YTONG-PLANBLOCK S YTONG-PLANBLOCK S-GT * YTONG-GROSSBLOCK	PPW 2	0,4	5,0	0,12	Grün/1 Strich
	PP 2	0,4	5,0	0,15	Grün/1 Strich
	PPW 2*	0,5	6,0	0,16	Grün/2 Striche
	PP 2*	0,5	6,0	0,17	Grün/2 Striche
	PPW 4*	0,6	7,0	0,18	Blau/1 Strich
	PP 4*	0,6	7,0	0,20	Blau/1 Strich
	PP 4*	0,7	8,0	0,23	Blau/2 Striche
	PP 6*	0,7	8,0	0,23	Rot/1 Strich
	PP 6*	0,8	9,0	0,27	Rot/2 Striche
YTONG-Dachplatten YTONG-Deckenplatten	GB 3,3	0,5¹)	6,2	0,16	Produktionsdaten sind an die Stirnseiten der jeweiligen Fertigteile eingestempelt.
	GB 3,3	0,6	7,2	0,19	
	GB 4,4	0,6	7,2	0,19	
	GB 4,4	0,7	8,4	0,21	
YTONG-Stürze	GB 4,4	0,64	8,4	0,27	Blaue Farbstriche

¹) Nur für YTONG-Dachplatten.
²) Rechnungsgewicht nach DIN 1055, für Mauerwerk mit Leichtmauermörtel sind die Rechnungsgewichte um 1 kN/m³ zu vermindern.
³) Die Liefermöglichkeiten sind bei den zuständigen YTONG-Gesellschaften zu erfragen.
⁴) Siehe auch unter ›Die Wärmedämmung‹.

Die Tragfähigkeit

YTONG-PLANBLOCK, YTONG-Großblock

				Zulässige Druckspannungen σ_0 nach DIN 1053 T 1						
Zeichen	Dimension	Festigkeitsklasse	Rohdichteklasse	YTONG-PLANBLOCK YTONG-GROSSBLOCK (PP) mit PLANBLOCK-Mörtel	YTONG-Block mit Mörtel der Mörtelgruppe I	II	IIa	III	mit Leichtmörtel LM 21 ⁵)	LM 36
σ_0	$\frac{MN}{m^2}$	2	0,4/0,5	0,60	0,30	0,50	0,50 ¹)	-	0,50 ²)	0,50 ¹)²)
σ_0	$\frac{MN}{m^2}$	4	0,6/0,7	1,00	0,40	0,70	0,80	0,90	0,70³)	0,80⁴)
σ_0	$\frac{MN}{m^2}$	6	0,7/0,8	1,40	0,50	0,90	1,00	1,20	0,70	0,90

¹) σ_0 = 0,6 MN/m² bei Außenwänden mit Dicken ≥ 300 mm. Diese Erhöhung gilt jedoch nicht für den Nachweis der Auflagerpressung.
²) Für Mauerwerk mit Mauerziegeln nach DIN 105 Teil 1 bis Teil 4 gilt σ_0 = 0,4 MN/m².
³) Für Kalksandsteine nach DIN 106 Teil 1 der Rohdichteklasse ≥ 0,9 und für Mauerziegel nach DIN 105 Teil 1 bis Teil 4 gilt σ_0 = 0,5 MN/m².
⁴) Für Mauerwerk mit den in Fußnote ³) genannten Mauersteinen gilt σ_0 = 0,7 MN/m².
⁵) YTONG-Dämm-Mörtel.

YTONG-Stürze

Tragend (Sturzhöhen 25 cm)					Nichttragend (Sturzhöhen 25 cm)	
Bezeichnung	Dicke in cm	Länge in cm	max. lichte Weite in cm	max. zulässige Belastung in kN/m	Bezeichnung	Dicke
ST 15.1	17,5	150	110	18	SN 0,1	7,5
ST 17.1	17,5	175	135	13	SN 0,2	10
ST 20.1	17,5	200	150	13	SN 0,3	11,5
ST 15.2	20	150	110	18		
ST 17.2	20	175	135	13		
ST 20.2	20	200	150	13		
ST 15.4	24 (25)	150	110	18		
ST 17.4	24 (25)	175	135	14		
ST 20.4	24 (25)	200	150	15		
ST 15.5	30	150	110	18		
ST 17.5	30	175	135	18		
ST 20.5	30	200	150	16		
ST 15.6	36,5	150	110	18		

Die Wärmedämmung

YTONG-PLANBLOCK und PLANBLOCK S [3)]

Zeichen	Dimension	Festigkeitsklasse	Rohdichteklasse	λ_R W/mK	Wanddicken ohne Putz in mm [2)] 50 [1)]	75 [1)]	100	115	150	175	200	240	300	365
$\frac{1}{\Lambda}$	$\frac{m^2K}{W}$	PPW 2	0,4	0,12	0,42	0,62	0,83	0,96	1,25	1,46	1,67	2,00	2,50	3,04
		PP 2	0,4	0,15	0,33	0,50	0,67	0,77	1,00	1,17	1,33	1,60	2,00	2,43
		PPW 2	0,5	0,16	0,31	0,47	0,63	0,72	0,94	1,09	1,25	1,50	1,88	2,28
		PP 2	0,5	0,17	0,29	0,44	0,59	0,68	0,88	1,03	1,18	1,41	1,76	2,15
		PPW 4	0,6	0,18	0,28	0,42	0,56	0,64	0,83	0,97	1,11	1,33	1,67	2,21
		PP 4	0,6	0,20	0,25	0,38	0,50	0,58	0,75	0,88	1,00	1,20	1,50	1,83
		PP 4/6	0,7	0,23	0,22	0,33	0,43	0,50	0,65	0,76	0,87	1,04	1,30	1,59
		PP 6	0,8	0,27	-	-	-	0,43	0,56	0,65	0,74	0,89	1,11	1,35
k	$\frac{W}{m^2K}$	PPW 2	0,4	0,12	1,71	1,26	1,00	0,89	0,70	0,61	0,54	0,46	0,37	0,31
		PP 2	0,4	0,15	1,99	1,49	1,19	1,07	0,85	0,75	0,66	0,56	0,46	0,38
		PPW 2	0,5	0,16	2,07	1,57	1,26	1,12	0,90	0,79	0,70	0,60	0,49	0,41
		PP 2	0,5	0,17	2,15	1,64	1,32	1,18	0,95	0,83	0,74	0,63	0,52	0,43
		PPW 4	0,6	0,18	2,23	1,70	1,38	1,24	1,00	0,88	0,78	0,67	0,54	0,46
		PP 4	0,6	0,20	2,38	1,82	1,49	1,33	1,09	0,95	0,85	0,73	0,60	0,50
		PP 4/6	0,7	0,23	2,56	2,00	1,67	1,49	1,22	1,08	0,96	0,83	0,68	0,57
		PP 6	0,8	0,27	-	-	-	1,68	1,38	1,22	1,10	0,94	0,78	0,66

1) Nur als Verblendplatten einsetzbar.

2) Wärmeübergangswiderstände: $\frac{1}{\alpha_i} + \frac{1}{\alpha_a} = 0{,}13 + 0{,}04 = 0{,}17 \; \frac{m^2K}{W}$

3) Die Liefermöglichkeiten sind bei den YTONG-Gesellschaften zu erfragen.

Der Schallschutz

Grundlage: DIN 4109 (Ausgabe 1989)

Zeichen	Dimension	Festigkeitsklasse	Rohdichteklasse	Produkt	Wanddicken ohne Putz in mm [2)] 100	115	125	150	175	200	240	300	365
R'_w	dB	PP 2	0,4	YTONG-	30	32	-	34	35	37	39	41	43
		PP 2	0,5	PLANBLOCK	32	33	-	37	38	39	41	43	45
		PP 4	0,6	YTONG-	34	36	-	39	40	41	43	46	47
		PP 4/6	0,7	PLANBLOCK S	36	38	-	40	42	43	45	47	47
		PP 6	0,8	YTONG-Großblock 1) 3)	38	39	-	42	43	45	46	49	49
R'_w	dB	GB 3,3	0,5		32	-	34	36	37	39	41	43	45
		GB 3,3	0,6	YTONG-Montage	34	-	36	38	39	41	43	45	47
		GB 4,4	0,6	Bauteile	34	-	36	38	39	41	43	45	47
		GB 4,4	0,7	2)	36	-	38	40	41	43	45	47	49

1) Bis Wanddicke 17,5 cm: YTONG-Innenputz 2 x 10 kg/m²,
>17,5 cm: YTONG-Innen- und Außenputz; m = 18 kg/m².

2) YTONG Dach- und Deckenplatten mit einseitigem YTONG-Innenputz.

3) Bei Verwendung von Putzen nach DIN 18550 erhöhen sich die Schalldämmwerte um ca. 2 – 3 dB.

Der Brandschutz

Grundlagen: DIN 4102, Teil 4 (Ausgabe März 1994)

Wände tragend, raumabschließend (einseitige Brandbeanspruchung). Die ( )-Werte gelten für Wände mit beidseitigem Putz.

Brandwand, einschalig: Mindestdicke 24 cm, Rohdichteklasse ≥ 0,6, Stoß- und Lagerfugen vermörtelt.

Wandart	Ausnutzungsfaktor α_2	Mindestdicke d in mm für die Feuerwiderstandsklasse-Benennung F 30-A	F 60-A	F 90-A	F 120-A	F 180-A
YTONG-PLANBLOCK und YTONG-Block nach DIN 4165, Rohdichteklasse ≥ 0,5 unter Verwendung von Normal-Mörtel oder Dünnbett-Mörtel	$\alpha_2 = 0{,}2$	115 (115)	115 (115)	115 (115)	115 (115)	150 (115)
	$\alpha_2 = 0{,}6$	115 (115)	115 (115)	150 (115)	175 (150)	200 (175)
	$\alpha_2 = 1{,}0$	115 (115)	150 (115)	175 (150)	200 (175)	240 (200)

Ausnutzungsfaktor α_2 = vorh σ/zul σ (nach DIN 1053)

1) YTONG-Mauerwerk

2) YTONG-Deckenplatte

3) Brüstungsbewehrung, Durchmesser 6 bis 8 Millimeter, etwa 50 Zentimeter in Pfeiler einbinden

4) Ringanker nach DIN 1053, Teil 1, und Deckenrandstein mit Wärmedämmung

5) Bitumendichtungsbahn, DIN 18 195

6) Kellerabdichtung
YTONG „dichter Keller" oder YTONG-Dichtungsbahn mit Hinterfüllschutz

7) YTONG-Sturz, tragend

8) YTONG-Rolladenkasten, tragend

9) YTONG-Außenputz

10) YTONG-Dachplatten

11) YTONG-Innenputz

12) Drainage, falls erforderlich

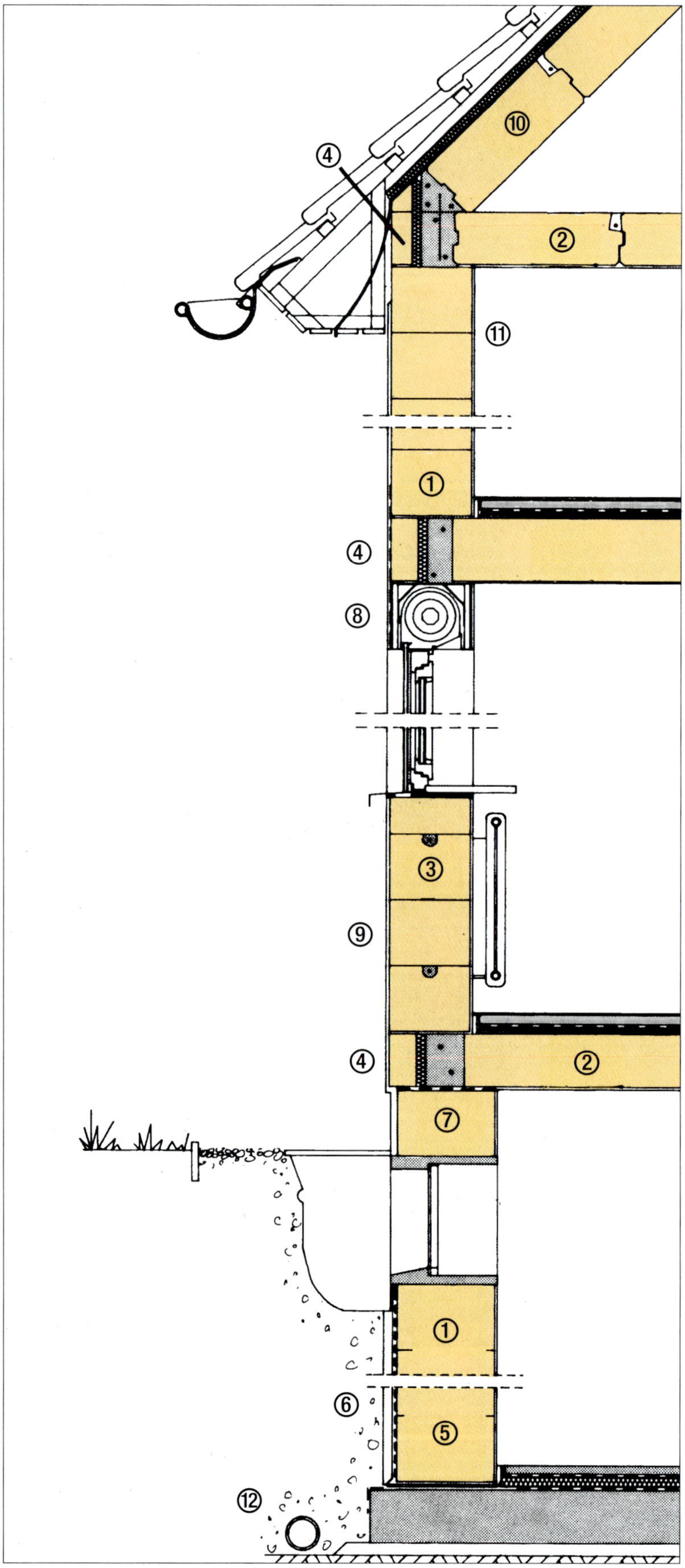

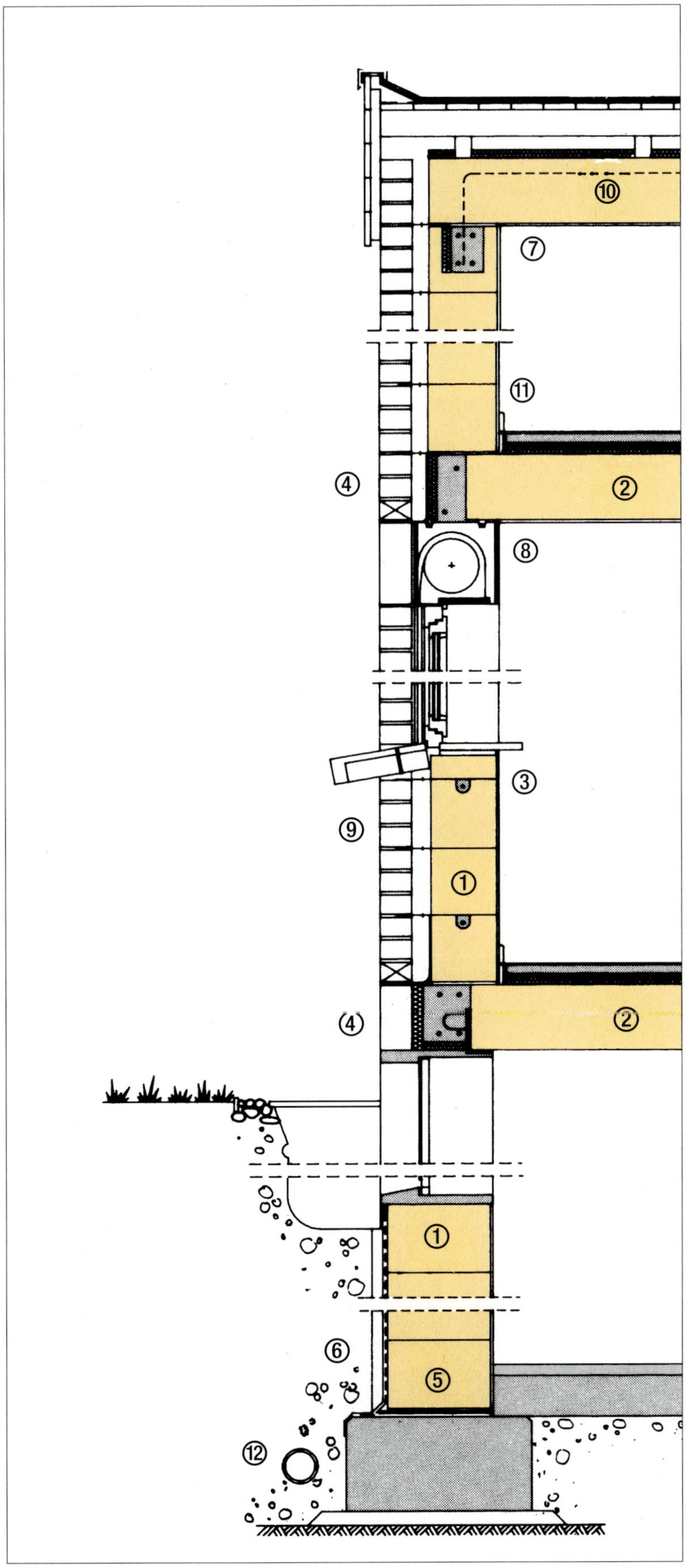

1) YTONG-Mauerwerk

2) YTONG-Deckenplatte

3) Brüstungsbewehrung, Durchmesser 6 bis 8 Millimeter, etwa 50 Zentimeter in Pfeiler einbinden

4) Ringanker nach DIN 1053, Teil 1, mit Wärmedämmung

5) Bitumen-Dichtungsbahn, DIN 18 195

6) Kellerabdichtung
YTONG „dichter Keller" oder YTONG-Dichtungsbahn mit Hinterfüllschutz

7) YTONG-U-Schale mit Ringbalken und Wärmedämmung

8) Rolladenkasten, nichttragend

9) Verblendschale mit Drahtanker nach DIN 1053, Teil 1

10) YTONG-Dachplatten

11) YTONG-Innenputz

12) Drainage, falls erforderlich

1) YTONG-Mauerwerk

2) YTONG-Deckenplatte

3) YTONG-Außenputz

4) YTONG-Innenputz

5) Bitumendichtungsbahn

6) Sockelputz

7) Kellerabdichtung
YTONG „dichter Keller" oder YTONG-Dichtungsbahn mit Hinterfüllschutz

8) Kellenschnitt im Putz

9) Ringanker nach DIN 1053, Teil 1, und Deckenrandstein mit Wärmedämmung

10) Ringanker nach DIN 1053, Teil 1, und Wärmedämmung

11) Verblendschale mit Drahtanker nach DIN 1053, Teil 1

12) Sockelplatte aus Waschbeton, angedübelt; Kellerabdichtung dahinter

13) Sockel
Klinkermauerwerk mit dahinterliegender Kellerabdichtung

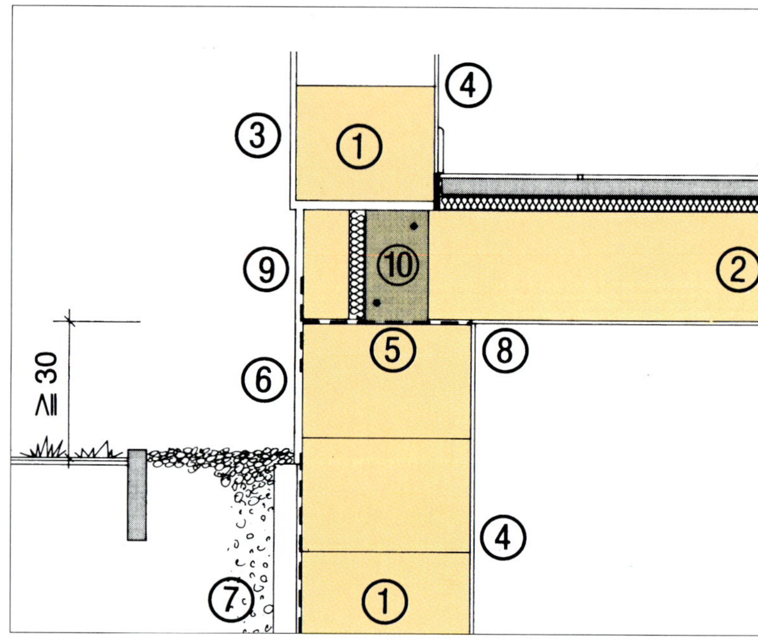

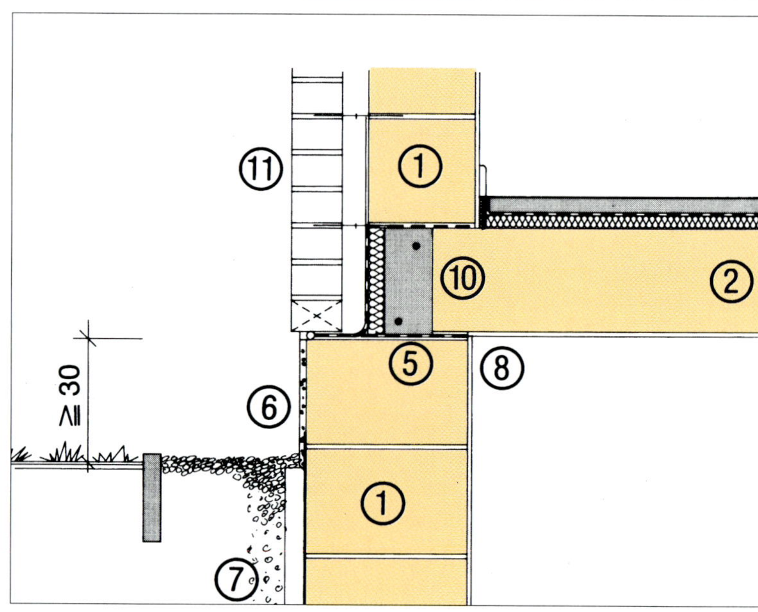

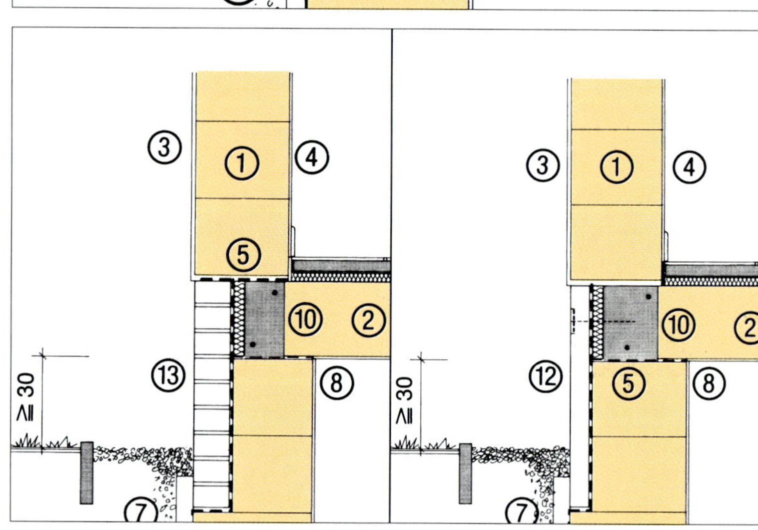

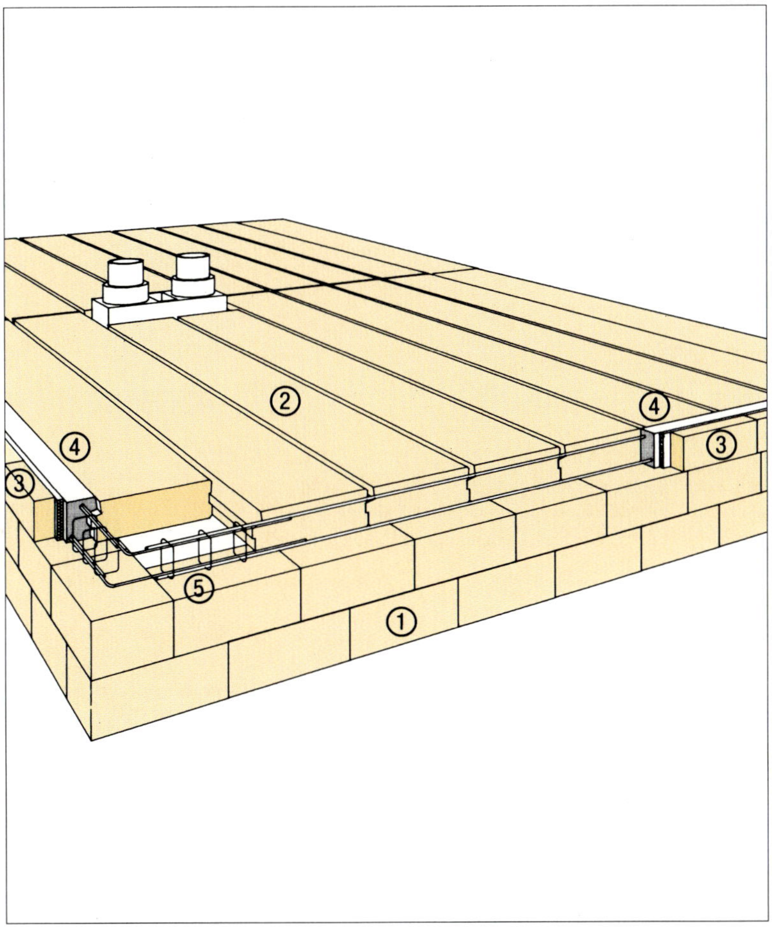

1) YTONG-Mauerwerk

2) YTONG-Deckenplatten

3) YTONG-Deckenrandstein mit Wärmedämmung

4) Ringanker nach DIN 1053, Teil 1, mit zweimal Durchmesser 10 Millimeter, Beton mindestens B 15

5) Ringankerbewehrung
Zweimal Durchmesser 10 Millimeter, an den Stößen nach DIN 1045 Übergreifungslänge mindestens 75 Zentimeter; an allen Ecken je Schenkel drei Bügel mit Durchmesser 6 Millimeter, Bügelabstand 20 Zentimeter

Schnitt durch Deckenplatte mit Kragarm, Deckenauflager auf Rolladenkasten

1) YTONG-Deckenplatte (Festigkeitsklasse GB 4,4) mit Kragarm, als Scheibe ausgebildet; im Kragarmbereich mit Überbeton

2) YTONG-U-Schale mit Ringanker nach DIN 1053, Teil 1, und Wärmedämmung

3) YTONG-Mauerwerk

4) Überbeton, mindestens 4 Zentimeter dick, Beton mindestens B 15, konstruktiv bewehrt laut Zulassungsbescheid (zum Beispiel mit Baustahlmatte Q 131)

5) Betondübel 10 mal 10 Zentimeter, Beton mindestens B 15, mit Steckeisen zur Verankerung der YTONG-Deckenplatten im Kragbereich

6) Geländerbefestigung

7) Gefälle-Estrich auf Abdichtungsbahn

8) Schwimmender Estrich

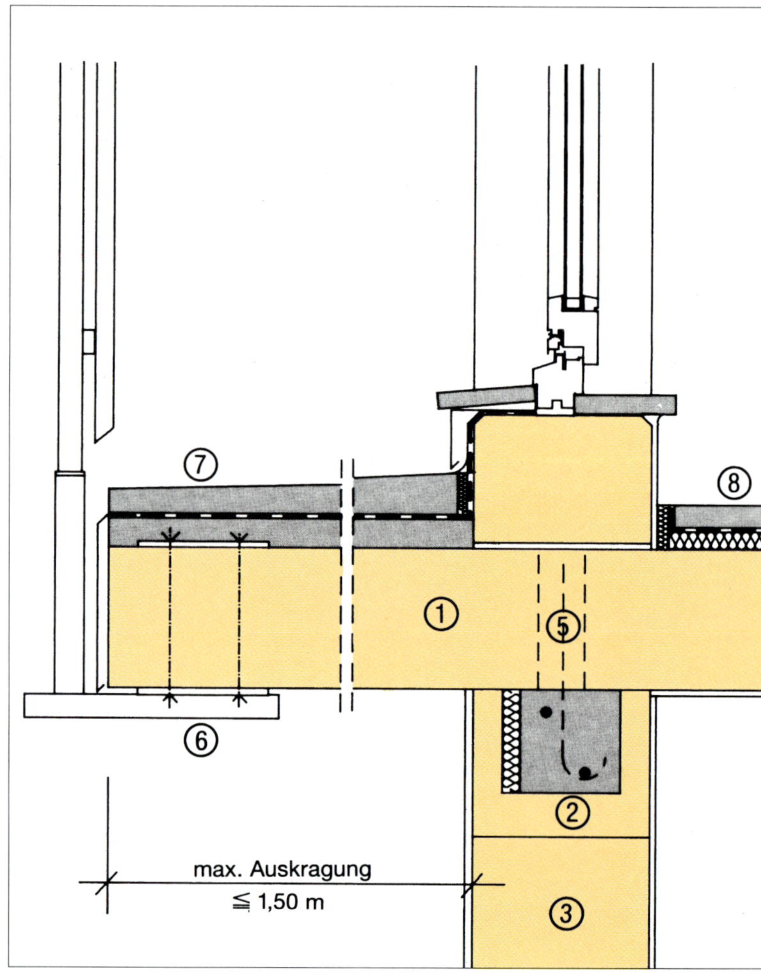

Überbetonausbildung

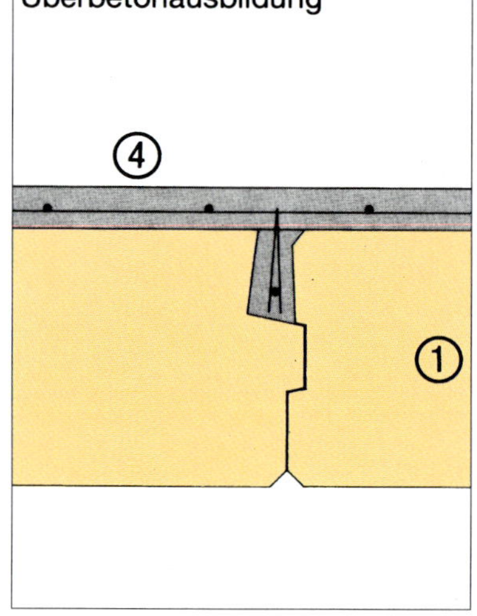

Grundriß

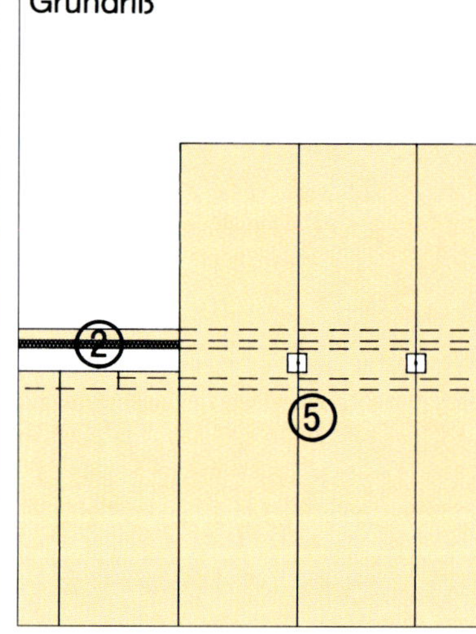

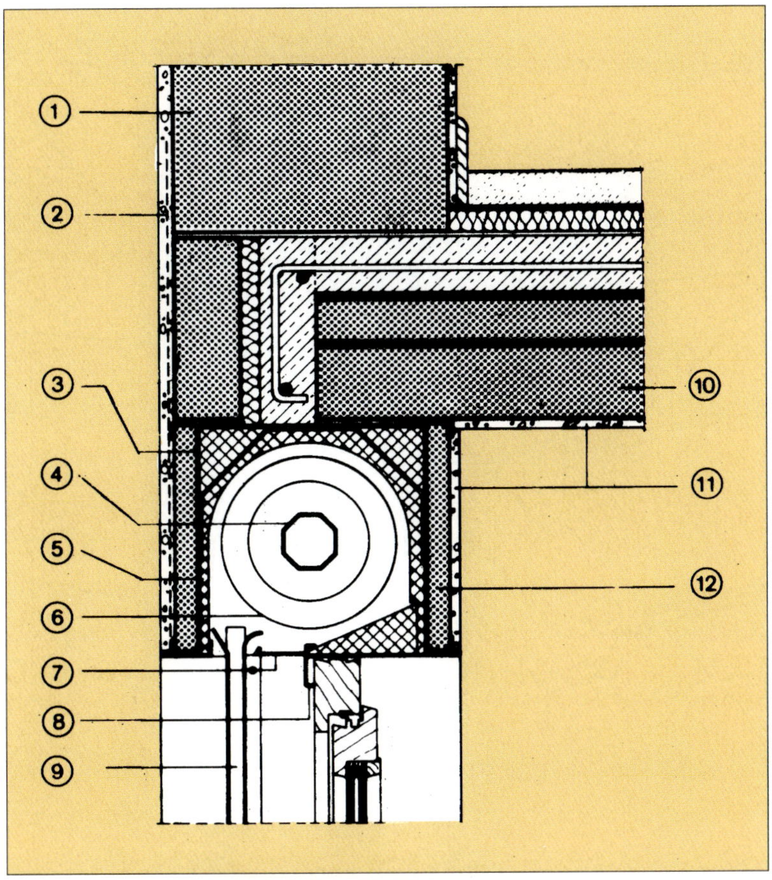

1) YTONG-Mauerwerk

2) Glasgewebeeinlage unter Putz

3) Tragendes Stahlgehäuse

4) Stahlwalze

5) Rolladenkasten-Innendämmung

6) Gurtscheiben beiderseits

7) Revisionsdeckel, außen oder innen

8) Fensterschlagprofil

9) Rolladenführungsschiene

10) YTONG-Deckenplatte

11) Innenputz

12) Fertigputz-Dämmplatte, innen und außen

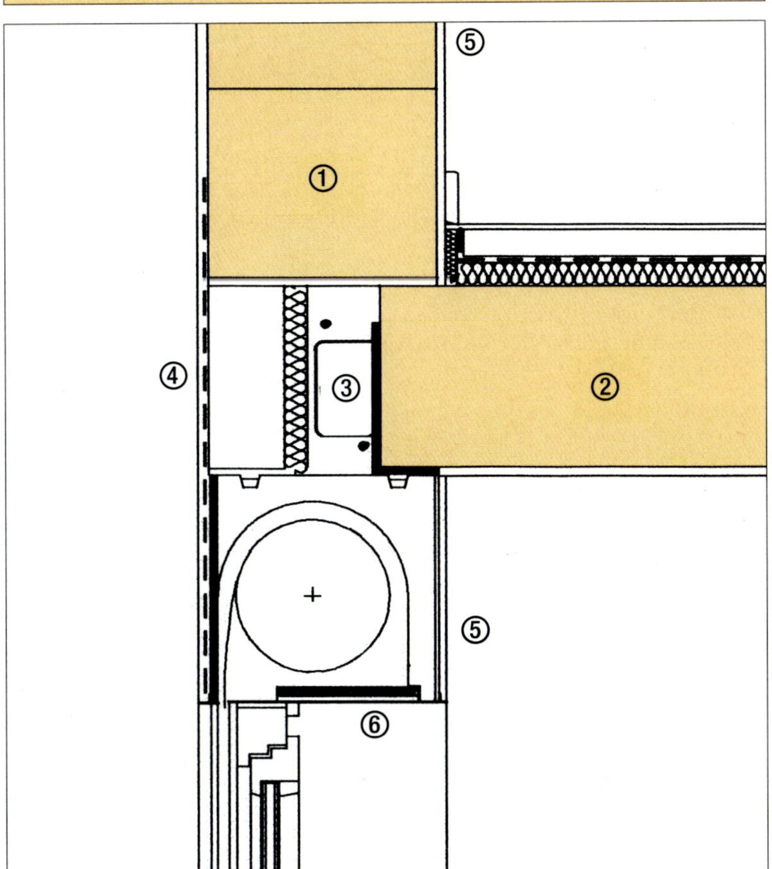

1) YTONG-Mauerwerk

2) YTONG-Deckenplatte

3) Ringanker und Deckenrandstein mit Wärmedämmung, Deckenauflager als Stahlprofil

4) YTONG-Außenputz, im Ringanker- und Rolladenkastenbereich mit Gewebeeinlage

5) YTONG-Innenputz

6) YTONG-Rolladenkasten, nichttragend

1) YTONG-Dachplatten

2) Fugenverguß aus Mörtel der Mörtelgruppe III

3) YTONG-Deckenrandstein mit Wärmedämmung

4) Ringanker nach DIN 1053, Teil 1, mit zweimal Durchmesser 10 Millimeter, Beton mindestens B 15

5) Fugenbewehrung einmal Durchmesser 8 mm in Ringanker eingreifend

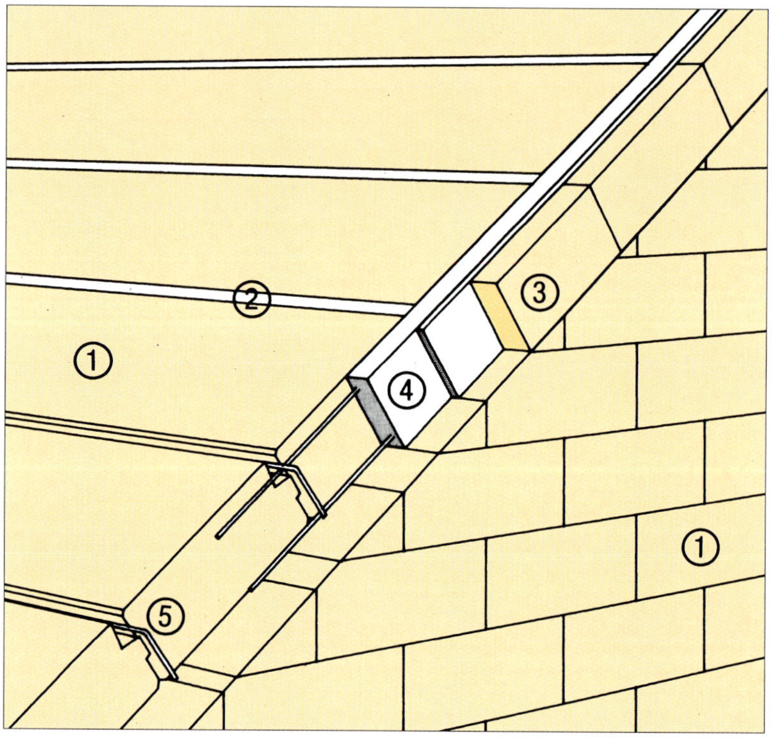

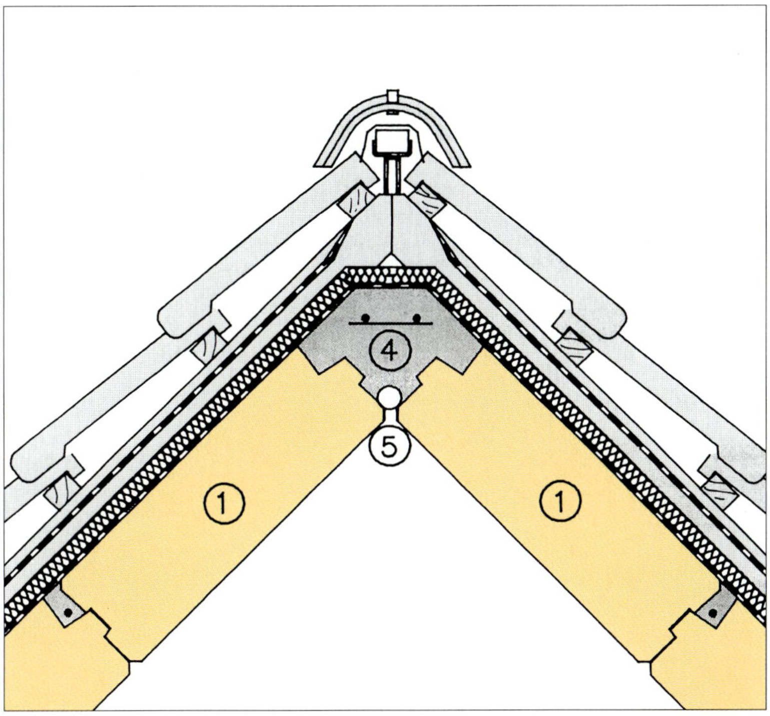

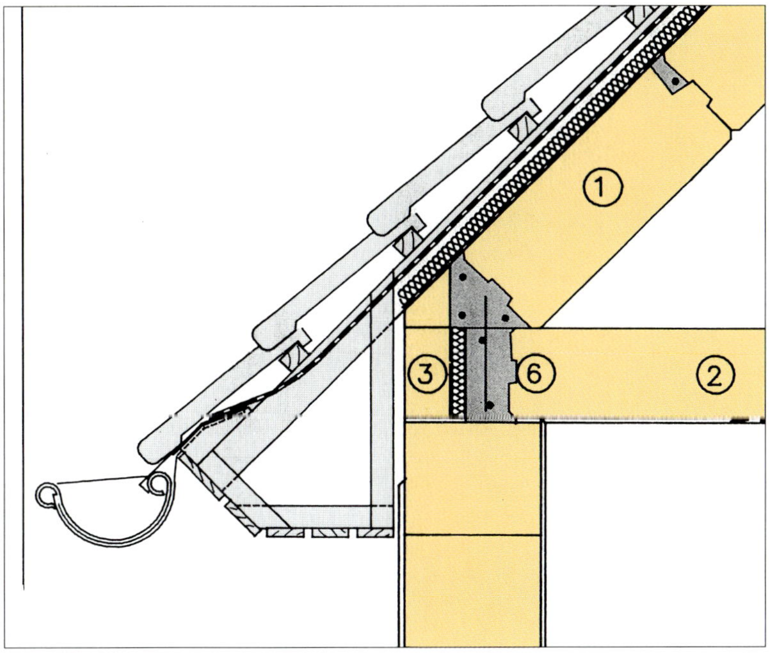

1) YTONG-Dachplatte

2) YTONG-Deckenplatte

3) YTONG-Deckenrandstein mit Wärmedämmung

4) First-Ringanker mit zweimal Durchmesser 10 Millimeter, Beton mindestens B 15

5) Strick aus Mineralwolle

6) Ringanker nach DIN 1053, Teil 1, mit zweimal Durchmesser 10 Millimeter, Beton mindestens B 15

1) YTONG-Dachplatte

2) YTONG-Deckenplatte

3) YTONG-Deckenrandstein mit Wärmedämmung

4) YTONG-Mauerwerk

5) YTONG-U-Schale mit Ringbalken nach Statik

6) Ringanker nach DIN 1053, Teil 1, mit zweimal Durchmesser 10 Millimeter, Beton mindestens B 15

7) Stahlbeton-Kniestock (Drempel) nach Statik

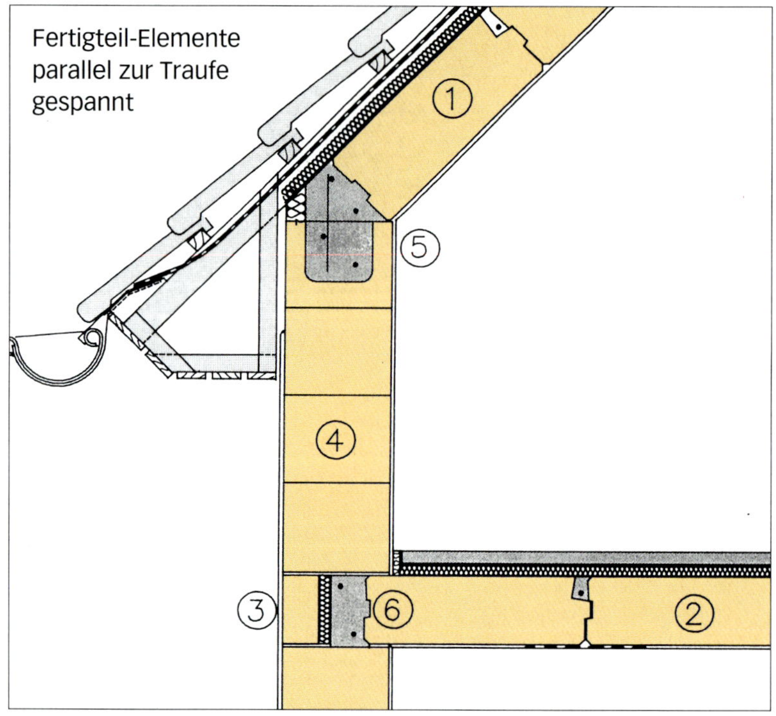

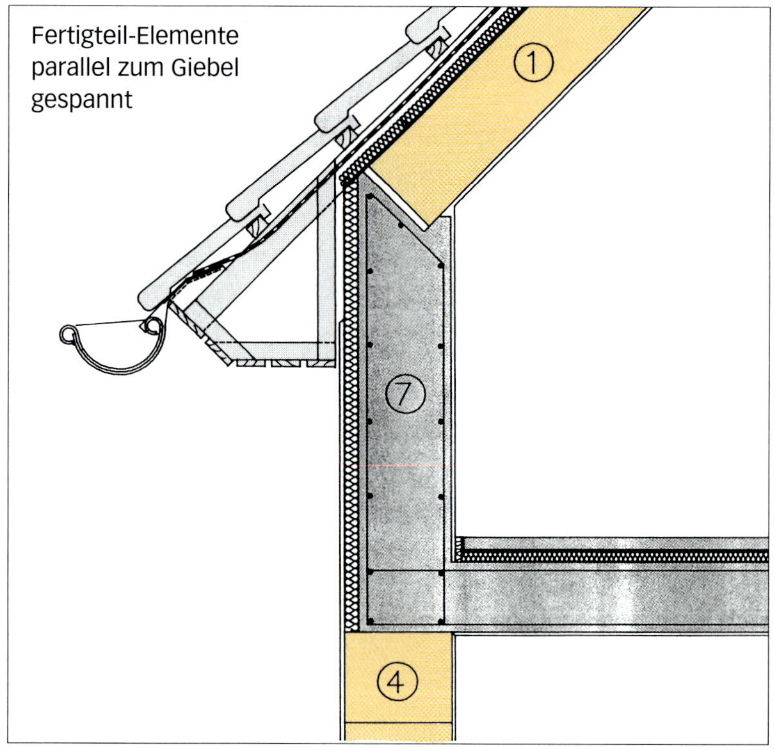

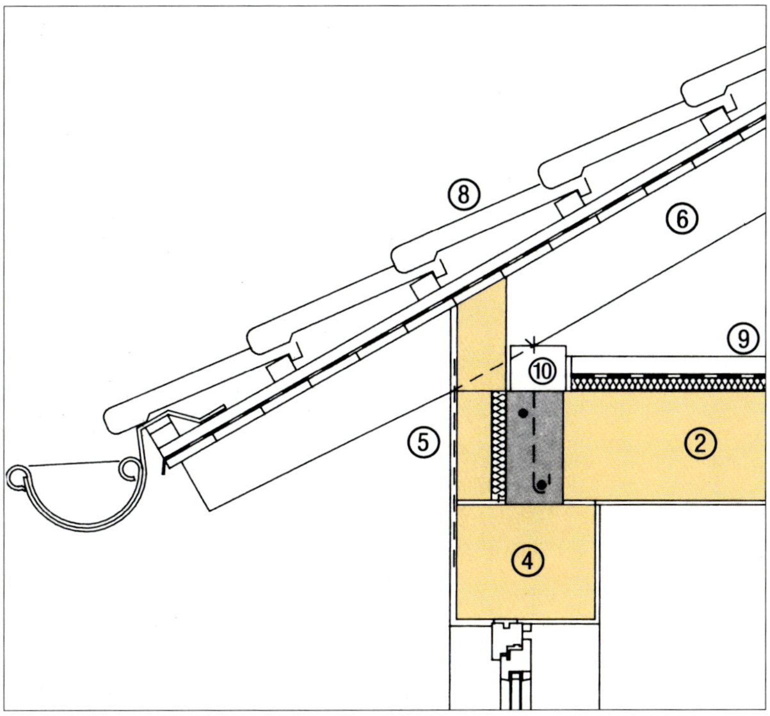

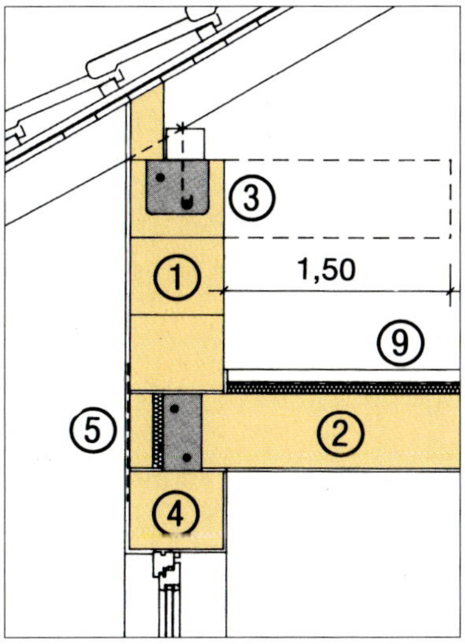

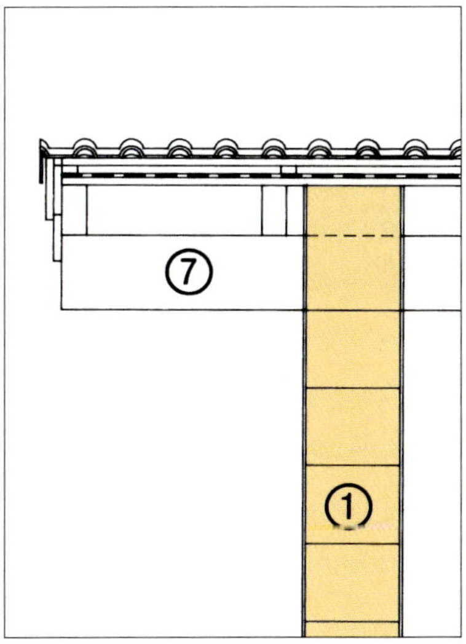

1) YTONG-Mauerwerk

2) YTONG-Deckenplatte

3) YTONG-U-Schale mit Ringanker nach DIN 1053, Teil 1, mit zweimal Durchmesser 10 Millimeter, Beton mindestens B 15

4) Tragender YTONG-Sturz

5) Ringanker nach DIN 1053, Teil 1, mit zweimal Durchmesser 10 Millimeter, Beton mindestens B 15, Deckenrandstein mit Wärmedämmung; Gewebeeinlage (alkalibeständig) im Putz über dem Ringankerbereich

6) Holzsparren

7) Mittelpfette

8) Dachaufbau: Dachziegel (Pfannen), Lattung, Konterlattung, eine Lage Bitumendachbahn, Schalung (im Außenbereich gehobelt)

9) Schwimmender Estrich

10) Fußpfette

YTONG ist ein homogener, massiver Baustoff. Deshalb erreichen Dübel, geschmiedete Nägel oder Spiralnägel hohe Auszugskräfte.

Produkt	Anwendungstechnische Daten	Gebrauchslasten in kN für Festigkeitsklasse						Einsatzmöglichkeiten-Bemerkungen
		P 2	P 4	P 6	GB 3,3	GB 4,4	GB 6,6	
YTONG-Vierkantnagel – feuerverzinkt – 	Abmessung: 4,5 mm unter dem Kopf							Für untergeordnete Befestigungen aller Art geeignet. Durch zimmermannsmäßiges Einschlagen (diagonal) wird die Haltekraft der Gesamtbefestigung erhöht.
	Länge: 70 mm	0,13	0,28	—	—	—	—	
	100 mm	0,17	0,45	—	—	—	—	
	120 mm	0,27	0,60	—	—	—	—	
	150 mm	0,35	0,76	—	—	—	—	
	Einbautiefe: Länge ./. 10 mm							
YTONG-Spiralnagel – feuerverzinkt – 	Abmessung: 2,5 x 12,5 mm Länge: 120 mm Einbautiefe: 80 mm	—	0,7	—	0,7	—	—	Konterlattenbefestigung z. B. bei Fassadenbekleidung
	Länge: 140 mm Einbautiefe: 100 mm	—	0,8	—	0,8	—	—	Amtl. gepr. (TU Braunschweig) Bruchlastwerte mit Sicherheitsbeiwert η = 3 abgemindert
	Vorbohrung ∅ 8 mm für beide Abmessungen							
Hema-Porenbetonnagel 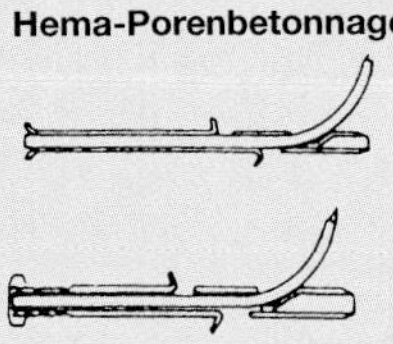	Abmessung: ∅ 5 mm							Konterlattenbefestigung z. B. Fassadenverkleidung
	Länge: 50 mm	0,20	—	—	—	—	—	
	65 mm	0,20	—	—	—	—	—	
	85 mm	0,25	—	—	—	—	—	
	100 mm	0,30	—	—	—	—	—	
	∅ 8 mm 95 mm	0,55	—	—	—	—	—	Haltekräfte durch MPA-Nordrh.-Westfalen ermittelt.
	115 mm	0,60	—	—	—	—	—	
	135 mm	0,70	—	—	—	—	—	
Loden Porenbeton-Schlagdübel 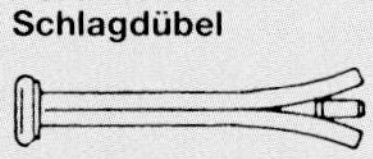	Abmessung: ∅ 6,5 mm Länge: 90 mm Einbautiefe: 50 mm	0,22	0,51	—	—	—	—	Konterlattenbefestigung z. B. bei Fassadenbekleidung Haltekräfte durch MPA-Nordrh.-Westfalen ermittelt.
Fischer-Dübel S 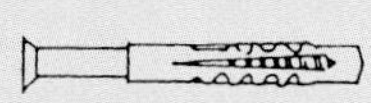	Abmessung: S 8 Holzschrauben: ∅ 6 mm Einbautiefe: 40 mm	0,15	0,25	0,30	0,25	0,25	0,30	für leichte Lasten geeignet
	Abmessung: S 10 Holzschrauben: ∅ 10 mm Einbautiefe 50 mm	0,25	0,50	0,50	0,40	0,50	0,50	
	Abmessung: S 12 Holzschrauben: ∅ 12 mm Einbautiefe 60 mm	0,30	0,50	0,55	0,45	0,50	0,55	
Fischer Rahmendübel S 10 H-R 	Abmessung: S 10 H-R Schrauben: ∅ 7 mm Einbautiefe: 70 mm	0,3	0,6	0,6	0,3	0,6	0,6	Für Befestigung von – Fassadenunterkonstruktionen o. statisch vergleichbare Systeme – Türen/Fenster
Fischer Porenbetondübel GB 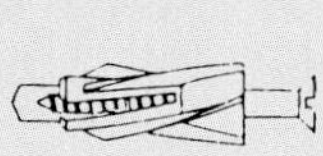	Abmessung: GB 8 Schrauben: ∅ 5 mm Einbautiefe: 50 mm	0,2	0,4	0,4	0,3	0,4	0,4	Für Befestigungen von – Wandleuchten – Gittern – Rohrleitungen
	Abmessung: GB 10 Schrauben: ∅ 7 mm Einbautiefe: 55 mm	0,3	0,8	0,8	0,5	0,8	0,8	– Fassadenunterkonstr. – Fenster und Türen – Wandkonsolen
	Abmessung: GB 14 Schrauben: ∅ 10 mm Einbautiefe: 75 mm	0,5	1,2	1,2	0,8 (0,3)	1,2 (0,3)	1,2 (0,3)	– untergehängte Decken – Kabeltrassen ( )-Werte für Verankerung in der Zugzone von Dach- u. Deckenplatten

Produkt	Anwendungstechnische Daten	Gebrauchslasten in kN für Festigkeitsklasse P 2	P 4	P 6	GB 3,3	GB 4,4	GB 6,6	Einsatzmöglichkeiten-Bemerkungen
Fischer-Injektionsanker FIM 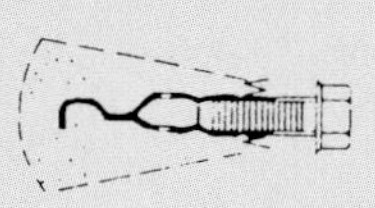	Abmessung: FIM 8 Schrauben: Ø M 8 Einbautiefe: 60 mm	0,6	1,2	1,2	1,2 (0,5)	1,2 (0,8)	1,2 (0,8)	Für Befestigungen von – Fassadenunterkonstr. – Handläufen – Rohrleitungen – Konsolen – Sanitärgegenstände – untergehängte Decken – Vordächer ( )-Werte für Verankerung in der Zugzone von Dach- u. Deckenplatten
	Abmessung: FIM 10/FIM 10 L Schrauben: Ø M 10 Einbautiefe: 70 mm	0,8	1,4	1,4	1,4 (0,8)	1,4 (0,8)	1,4 (0,8)	
	Abmessung: FIM 12/FIM 12 L Schrauben: Ø M 12 Einbautiefe: 80 mm	1,0	1,6	1,6	1,6 (0,8)	1,6 (0,8)	1,6 (0,8)	
Hilti Porenbetondübel HGS 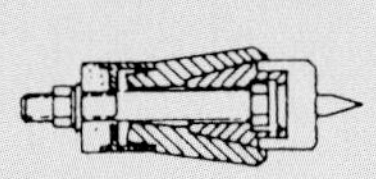	Abmessung: M 6 x 75 mm Einbautiefe: 60 mm	0,4	0,8	0,8	—	0,3	—	Für **tragende** Befestigungen aller Art geeignet. Werte gem. Zulassungsbescheid Z-21.2-235
	M 8 x 80 mm Einbautiefe: 70 mm	0,5	1,0	1,0	0,3	0,5	—	
	M 10 x 100 mm Einbautiefe: 80 mm	0,8	1,5	1,5	0,5	0,8	—	
Hilti-Verbundanker HVA 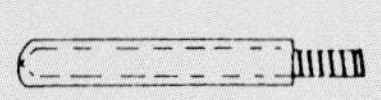	Abmessung: M 10 Einbautiefe: 75 mm	0,4	0,6	1,3	—	0,4	0,6	Für Waschbeckenbefestigungen o. ä. geeignet.
	Abmessung: M 12 Einbautiefe: 90 mm	0,5	0,8	1,6	—	0,5	0,8	
	Abmessung: M 16 Einbautiefe: 100 mm	0,7	1,4	—	—	0,7	1,4	
Tox-VLF 8/100-135	Abmessung: Ø 8 mm Holzschrauben: Ø 5 mm Einbautiefe: 90 mm	0,35	0,45	0,65*	0,40	0,45	0,65*	Durchsteckmontage für mittlere Lasten. * Im Porenbeton vorbohren, in andere Festigkeitsklassen vormontierte Schrauben-Dübel Kombinationen einschlagen.
Tox-VLF 10/100-160 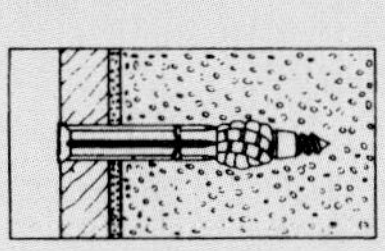	Abmessung: Ø 10 mm Holzschrauben: Ø 7 mm Einbautiefe: 90 mm	0,45	0,60	0,80*	0,50	0,60	0,80*	
Durchsteckmontage 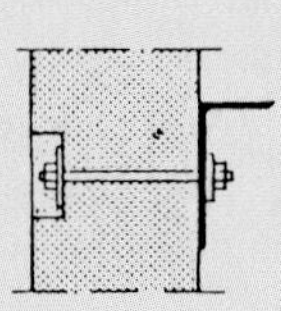	Abmessung: Gewindestab Ø 8 mm Unterlegscheibe Ø 60 mm Wanddicke: 75 mm	0,50	>0,5	—	—	—	—	Für schwere Befestigungen Hängeklosett etc. geeignet.
	100 mm	0,70	>0,7	—	—	—	—	
	125 mm	0,90	>0,9	—	—	—	—	

Art der baulichen Nutzung

Es kann nicht schaden, wenn Sie in Ihrer Eigenschaft als Bauherr zum zuständigen Bauamt gehen und dort den Bebauungsplan studieren. Die aktuelle Variante ist für Sie verbindlich.

Die Festsetzungen des Bebauungsplans können entweder als Symbole im Plan oder als Hinweise in der Erläuterung stehen. Zur Art der baulichen Nutzung können Sie folgende Eintragungen vorfinden:

WS (Kleinsiedlungsgebiet). Zulässig sind Kleinsiedlungen, Nebenerwerbslandwirtschaft, Läden, Gaststätten, nicht störende Handwerksbetriebe. Ausnahmsweise: Wohngebäude mit nicht mehr als zwei Wohnungen.

WR (Reines Wohngebiet). Zulässig sind Wohngebäude. Ausnahmsweise: Läden, nicht störende Handwerksbetriebe.

WA (Allgemeines Wohngebiet). Zulässig sind Wohngebäude, Läden, Gaststätten, nicht störende Handwerksbetriebe, kirchliche, kulturelle, soziale und gesundheitliche Einrichtungen, Sportanlagen. Ausnahmsweise: Beherbergungsgewerbe, Verwaltungen, Tankstellen.

WB (Besonderes Wohngebiet). Wie WA, zulässig sind auch Geschäfts- und Bürogebäude.

MD (Dorfgebiet). Zulässig sind land- und forstwirtschaftliche Betriebe, Wohngebäude, Einzelhandel, Gaststätten, Beherbergungsgewerbe, Handwerksbetriebe und Tankstellen.

MI (Mischgebiet). Zulässig sind Wohngebäude, Geschäfts- und Bürogebäude, Einzelhandel, Gaststätten, Beherbergungsgewerbe, Tankstellen, sonstiges Gewerbe. Ausnahmsweise: Vergnügungsstätten.

Weiterhin gibt der Bebauungsplan Auskunft über das

Maß der baulichen Nutzung

Das Maß der baulichen Nutzung schreibt vor, wie groß Ihr Haus sein darf. Die Grundflächenzahl (GRZ) gibt die zulässige überbaubare Fläche an. Zum Beispiel GRZ = 0,4. Bei einer Grundstücksgröße von 500 Quadratmeter dürften Sie höchstens (0,4 mal 500) 200 Quadratmeter überbauen.

Die Geschoßflächenzahl (GFZ) bestimmt, wie groß maximal die Summe der Fläche der Vollgeschosse sein darf. Vollgeschosse sind in den Landesbauordnungen definiert. Beispiel: GFZ = 0,6. Bei einer Grundstücksgröße von 500 Quadratmeter darf die Geschoßfläche höchstens (0,6 mal 500) 300 Quadratmeter betragen. Achtung: Die Geschoßfläche wird von Außenwand zu Außenwand gemessen. Nicht mit der Wohnfläche verwechseln!

Die Anzahl der zulässigen Vollgeschosse wird im Plan mit römischen Ziffern (Symbol: I, II, III usw.) angegeben. Steht die Ziffer in einem Kreis, dann müssen Sie so viele Vollgeschosse bauen wie angegeben. Andernfalls gilt die Zahl als Höchstgrenze.

Maß der baulichen Nutzung
(§ 5 Abs. 2 Nr. 1, § 9 Abs. 1, Nr. 1 BauGB, § 16 BauNVO)

Geschoßflächenzahl		
Dezimalzahl im Kreis, als Höchstmaß	z. B.	(0,7)
als Mindest- und Höchstmaß	z. B.	(0,5) bis (0,7)
oder GFZ mit Dezimalzahl, als Höchstmaß	z. B.	GFZ 0,7
als Mindest- und Höchstmaß	z. B.	GFZ 0,5 bis 0,7
Geschoßfläche		
GF mit Flächenangabe, als Höchstmaß	z. B.	GF 500 m²
als Mindest- und Höchstmaß	z. B.	GF 400 m² bis 500 m²
Baumassenzahl		
Dezimalzahl im Rechteck	z. B.	[3,0]
oder BMZ mit Dezimalzahl	z. B.	BMZ 3,0
Baumasse		
BM mit Volumenangabe	z. B.	BM 4000 m³
Grundflächenzahl		
Dezimalzahl	z. B.	0,4
oder GRZ mit Dezimalzahl	z. B.	GRZ 0,4
Grundfläche		
GR mit Flächenangabe	z. B.	GR 100 m²
Zahl der Vollgeschoße		
als Höchstmaß (römische Ziffer)	z. B.	III
als Mindest- und Höchstmaß (römische Ziffer)	z. B.	III – V
zwingend (römische Ziffer in einem Kreis)	z. B.	(V)
Höhe baulicher Anlagen	in ...... m über einem Bezugspunkt	

als Höchstmaß

Traufhöhe	TH	z. B.	TH 12,4 m über Gehweg
Firsthöhe	FH	z. B.	FH 53,5 m über NN
Oberkante	OK	z. B.	OK 124,5 m über NN

Bauweise, Baulinien, Baugrenzen
(§ 9 Abs. 1 Nr. 2 BauGB, § 22 und 23 BauNVO)

Offene Bauweise	o
nur Einzelhäuser zulässig	△E
nur Doppelhäuser zulässig	△D
nur Hausgruppen zulässig	△H

Traufhöhe, Firsthöhe, Dachneigung ...

Im Bebauungsplan können Angaben zu Traufhöhe, Firsthöhe, Firstrichtung, Dachneigung, Dachform (☞ S. 70) und so weiter eingetragen sein. Allgemein gilt: Was im Bebauungsplan nicht geregelt ist, kann frei gewählt werden.

Sie können auch Angaben über die Bauweise finden: Die „offene Bauweise" (Symbol: „o") bedeutet, daß zusammenhängende Häuserfronten höchstens 50 Meter lang sein dürfen, bei „geschlossener Bauweise" (Symbol: „g") darf es ruhig mehr sein.

Ein „E" im Dreieck signalisiert, daß nur Einzelhäuser zulässig sind. Ein „D" im Dreieck verlangt Doppelhäuser, bei einem „H" im Dreieck gibt es nur Hausgruppen.

Und dann werden Sie noch die Baulinie (–··–··–··–, bis dorthin müssen Sie bauen) und die Baugrenze (––·––·––·––·, bis dorthin dürfen Sie bauen) erkennen.

Existiert für Ihr Grundstück kein gültiger Bebauungsplan, wird die Bebauung nach § 34 des Baugesetzbuchs geregelt. Dabei muß sich die Planung „nach Art und Maß der baulichen Nutzung ... in die Eigenart der näheren Umgebung" einfügen.

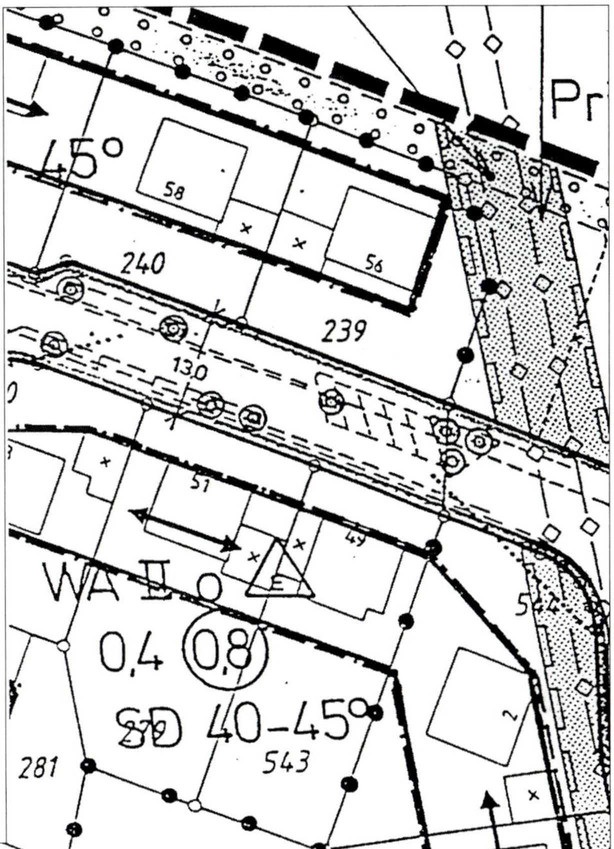

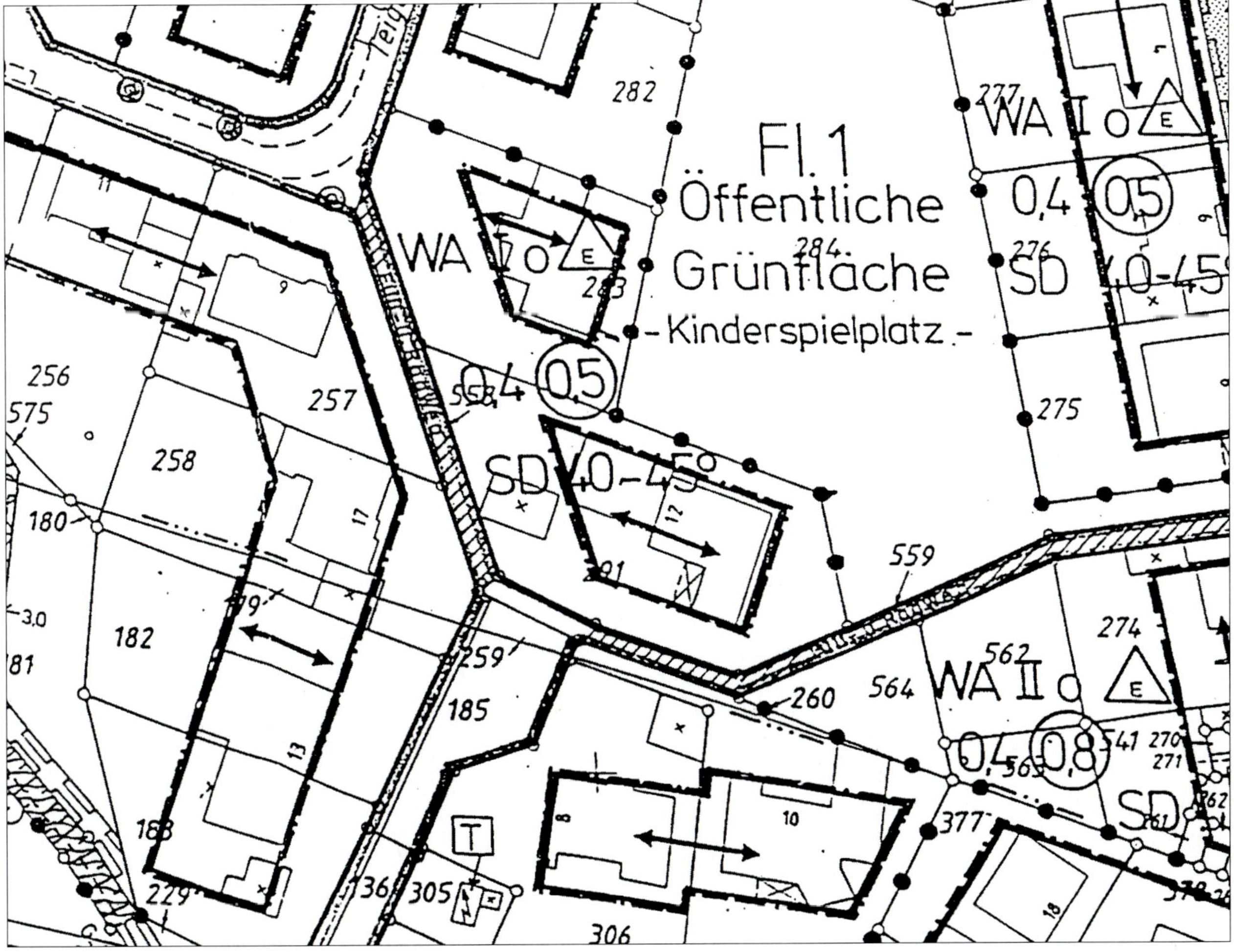

Mauern im Verband

Mauern werden im Verband errichtet. Das bedeutet, die Stoß- und Längsfugen übereinanderliegender Schichten sind um das Überbindemaß „ü" gegeneinander versetzt. So erhält die Wand ihre Festigkeit. Das Überbindemaß „ü" errechnet sich aus der jeweiligen Steinhöhe „h" (ü ≥ 0,4 x h ≥ 45 mm). Das Mindestüberbindemaß beträgt beim 20 Zentimeter hohen YTONG-Stein (0,4 mal 20) acht Zentimeter.

Es gibt unterschiedliche Arten von Mauerverbänden. Wände aus YTONG-PLANBLÖCKEN werden in der Regel im sogenannten Läuferverband errichtet. Das Überbindemaß beträgt dabei oft annähernd eine halbe Steinlänge (Stein- und Wandlänge verlaufen in einer Richtung). Durch den relativ geringen Fugenanteil ist eine im Läuferverband gemauerte Wand besonders belastbar. Sie bringt die größte Festigkeit.

Beim Binderverband liegen die Steinlängen senkrecht zur Wandoberfläche. Daraus ergibt sich eine geringe Überbindung und eine im Vergleich zum Läuferverband nicht ganz so solide Konstruktion. Der Binderverband wird ausgeführt, wenn zum Beispiel 50 Zentimeter dicke Wände aus Porenbeton-Blöcken gemauert werden sollen.

Wandanschlüsse herstellen

Ob man Innenwände gleichzeitig mit den Außenwänden oder erst später hochzieht, muß individuell entschieden werden. Beide Verfahren haben Vor- und Nachteile. Wer erst die Außenmauern errichtet, hat zunächst zwar mehr Bewegungsfreiheit im Rohbau (Gerüste umstellen oder Steinpaletten lagern geht dann einfacher), muß sich aber Gedanken über den späteren Anschluß der Innenwände machen. Dafür gibt es mehrere Möglichkeiten.

Man spricht von „liegender Verzahnung" wenn die anzuschließende Wand als abgetrepptes Mauerstück in einem Rutsch mit der Außenwand errichtet wird. Die Bewegungsfreiheit geht dadurch zwar etwas verloren, der nachträgliche Wandanschluß wird aber erleichtert.

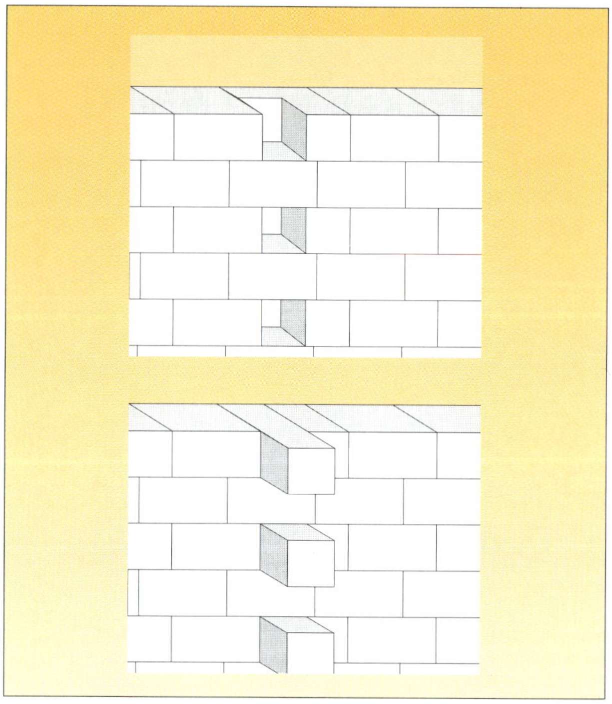

Mit der „liegenden Verzahnung" werden oft die Außenwände miteinander verbunden.

Bei der „Lochverzahnung" bleibt in jeder zweiten Reihe eine Öffnung. Dort werden später die Innenwandsteine eingepaßt. Die „Stockverzahnung" ist durch Steine charakterisiert, die aus jeder zweiten Reihe herausragen. Wichtig: „Loch- und Stockverzahnung" sind nur zum Anschluß nichttragender Wände geeignet.

Die Stumpfstoßtechnik

Einen besonderen Stellenwert nimmt die „Stumpfstoßtechnik" ein. Dabei werden die Wände ohne jegliche Verzahnung stumpf aneinandergestoßen. In jeder zweiten oder dritten Lagerfuge müssen U-förmige Baustahlanker oder Flacheisen eingemörtelt werden. Die genauen Abmessungen und Positionen sagt Ihnen der Statiker. Vorteil: Mühsames Einpassen beim nachträglichen Mauern der Innenwand entfällt.

Schlitze und Aussparungen

Installationsleitungen und Verteilerkästen machen Schlitze und Aussparungen im Mauerwerk erforderlich. Dadurch können jedoch die Tragfähigkeit und die bauphysikalischen Anforderungen der Wand stark beeinträchtigt werden. Die Mauerwerks-Norm (DIN 1053) setzt in ihrer Ausgabe von 1990 Grenzwerte für Querschnittsschwächungen im Mauerwerk, die ohne statischen Nachweis in tragenden Wänden zulässig sind.

Beim Herausfräsen von Schlitzen ist darauf zu achten, daß die zulässigen Abmessungen der Aussparungen auch tatsächlich eingehalten werden.

Dennoch: Schlitze und Aussparungen, die gleich im Verband gemauert werden, stellen die bessere Lösung dar (☞ S. 47). Sinnvoll wird es in jedem Fall sein, frühzeitig Schlitzpläne anzufertigen und diese gemeinsam mit dem Statiker vor Ort zu besprechen.

Ein Pfeiler aus Porenbeton-Steinen

Die Mindestabmessungen tragender Pfeiler betragen nach DIN 1053, Teil 1, 11,5 mal 36,5 Zentimeter oder 17,5 mal 24 Zentimeter. Darüber hinaus ist jedoch die Standsicherheit des gemauerten Pfeilers vom Statiker nachzuweisen. Tip: Besonders leicht geht's mit YTONG-U-Steinen oder -U-Schalen, die man aufrecht stellt, entsprechend der statischen Berechnung bewehrt und ausbetoniert. Auf Anschlußeisen zu der darunter- und darüberliegenden Decke achten!

Mauern bei Frost, mauern bei Hitze

Bei Frost darf das Mauerwerk nur unter besonderen Schutzmaßnahmen ausgeführt werden (die Mauerkrone nachts mit Brettern oder Folien abdecken). Frostschutzmittel im Mörtel sind nicht zulässig. Gefrorene Baustoffe dürfen nicht verwendet werden, auf gefrorenem Untergrund darf nicht weitergemauert werden. Der Einsatz von Salzen zum Auftauen ist nicht zulässig. Teile von Mauerwerk, die durch Frost oder andere Einflüsse beschädigt sind, müssen vor dem Weiterbau abgetragen werden.

Bei hochsommerlichen Temperaturen ist zu empfehlen, die YTONG-Steine vor dem Setzen anzufeuchten. Das gilt besonders für die erste Reihe eines jeden Geschosses, die in eine ausgleichende Schicht aus Normal-Mörtel kommt.

Schlitze

Ohne Nachweis zulässige Schlitze und Aussparungen in tragenden Wänden

(Tab. 10 aus DIN 1053, Teil 1)

1	2	3	4	5	6	7	8	9	10
Wanddicke	Horizontale und schräge Schlitze[1]) nachträglich hergestellt Schlitzlänge		Vertikale Schlitze und Aussparungen nachträglich hergestellt			Vertikale Schlitze und Aussparungen in gemauertem Verband			
	unbeschränkt Tiefe[3])	≤ 1,25 m lang[2]) Tiefe	Tiefe[4])	Einzelschlitzbreite[5])	Abstand von Öffnungen	Breite[5])	Restwanddicke	Mindestabstand der Schlitze und Aussparungen von Öffnungen	Mindestabstand der Schlitze und Aussparungen untereinander
mm	mm	mm	mm	mm	mm	mm	mm	mm	mm
115	-	-	≤ 10	≤ 100		-	-		
175	0	≤ 25	≤ 30	≤ 100		≤ 260	≥ 115	≥ 2fache	
240	≤ 15	≤ 25	≤ 30	≤ 150	≥ 115	≤ 385	≥ 115	Schlitzbreite	
300	≤ 20	≤ 30	≤ 30	≤ 200		≤ 385	≥ 175	≥ 365	≥ Schlitzbreite
365	≤ 20	≤ 30	≤ 30	≤ 200		≤ 385	≥ 240		

[1]) Horizontale und schräge Schlitze sind nur zulässig in einem Bereich ≤ 0,4 m ober- oder unterhalb der Rohdecke sowie jeweils an einer Wandseite. Sie sind nicht zulässig bei Langlochziegeln.

[2]) Mindestabstand in Längsrichtung von Öffnungen ≥ 490 mm, vom nächsten Horizontalschlitz zweifache Schlitzlänge.

[3]) Die Tiefe darf um 10 mm erhöht werden, wenn Werkzeuge verwendet werden, mit denen die Tiefe genau eingehalten werden kann. Bei Verwendung solcher Werkzeuge dürfen auch in Wänden ≥ 240 mm gegenüberliegende Schlitze mit jeweils 10 mm Tiefe ausgeführt werden.

[4]) Schlitze, die bis maximal 1 m über den Fußboden reichen, dürfen bei Wanddicken ≥ 240 mm bis 80 mm Tiefe und 120 mm Breite ausgeführt werden.

[5]) Die Gesamtbreite von Schlitzen nach Spalte 5 und Spalte 7 darf je 2 m Wandlänge die Maße in Spalte 7 nicht überschreiten. Bei geringeren Wandlängen als 2 m sind die Werte in Spalte 7 proportional zur Wandlänge zu verringern.

Das ist Stahlbeton

Beton wird aus den drei Komponenten Zement (Bindemittel), Gesteinszuschlag unterschiedlicher Korngrößen und Wasser hergestellt. Stahlbeton ist ein Verbundbaustoff, bei dem der Beton die Druckkräfte und der Stahl die Zugkräfte übernimmt.

Beton wird unterschieden nach der Trockenrohdichte (Leicht-, Normal- und Schwerbeton), dem Ort der Herstellung (Baustellenbeton, Transportbeton), dem Ort des Einbringens (Ortbeton, Fertigteil) und dem Erhärtungszustand (Frischbeton: verarbeitbar; junger Beton: erstarrt; Festbeton: erhärtet). Die Norm für Bauteile aus Beton und Stahlbeton ist die DIN 1045.

Zement

Für Selbstbauer ist es wichtig zu wissen, daß es mehrere Zementsorten gibt. Entsprechend der DIN 1164 sind für die Herstellung von tragenden und aussteifenden Bauteilen folgende Zemente zugelassen: Portlandzement (Abkürzung: PZ), Eisenportlandzement (EPZ), Hochofenzement (HOZ), Traßzement (TrZ). Zulassungen wurden auch für Flugaschezement (FAZ), Flugasche-Hüttenzement (FAHZ) und Portlandkalksteinzement (PKZ) erteilt.

Weitere Unterschiede: Bei Zement „Z 35" und „Z 45" weisen ein schwarzer Sackaufdruck und die Zusatzbezeichnung „L" auf eine langsame Anfangserhärtung und eine hohe Endfestigkeit hin. Ein roter Aufdruck und der Zusatz „F" signalisieren eine frühe Festigkeit bei nicht ganz so hoher Endfestigkeit. Dieser Zement wird genommen, wenn Bauteile schnell ausgeschalt werden sollen.

Beispiel: HOZ 35 L. Hochofenzement mit einer Druckfestigkeit nach 28 Tagen von mindestens 35 MN/m^2 (Mega-Newton pro Quadratmeter, ☞ auch S. 41) und niedriger Frühfestigkeit, aber hoher Endfestigkeit über den 28-Tage-Wert hinaus.

Achtung: Der Zementvorrat auf der Baustelle muß vor Feuchtigkeit geschützt werden. Aber auch fachgerecht gelagerter Zement ist nur begrenzt haltbar. Mit der Zeit verliert er an Qualität. Man sollte sich nur so viel anliefern lassen, wie in etwa vier Wochen verbraucht werden kann. Zement mit Klumpen, die sich nicht mehr in der Hand zerdrücken lassen, ist unbrauchbar. Und noch etwas: Beim Zementkauf mit dem Pkw das Auto nicht überladen.

Zuschlagstoffe

Zuschlagstoffe kann man beim Baustoffhändler in Form fertig gemischter Korngruppen (Korngrößen von/bis: 0/4, 0/8, 0/16, 0/32) bestellen, die nur noch mit Zement und Wasser angemacht werden. Dabei ist das Größtkorn so zu wählen, wie Mischen, Fördern, Einbringen und Verarbeiten des Betons es zulassen. Das Größtkorn darf ein Drittel (besser ein Fünftel) der kleinsten Bauteilmaße nicht überschreiten. Der überwiegende Teil des Zuschlags muß problemlos zwischen die einzelnen Bewehrungsstäbe und zwischen die Stahlbewehrung und die Schalung passen.

Der Wasserzementwert

Die Betonfestigkeit ist auch vom sogenannten Wasserzementwert abhängig. Je höher dieser Wert ist, um so schwächer wird später der Beton. Als Anhaltspunkt kann ein Wasserzementwert von 0,60 angesetzt werden. Das bedeutet für einen Beton mittlerer Festigkeitsklasse, „B 25" (Konsistenz: K 2, weich; Größtkorn 32 Millimeter): Beim Mindestzementgehalt von 310 Kilogramm wird 0,6 mal 310 Kilogramm Wasser benötigt. Also 186 Liter je Kubikmeter verdichteten Betons. Hat das Größtkorn des Zuschlags nur einen Durchmesser von 16 Millimeter, so muß die Zementmenge um zehn Prozent vergrößert werden, bei acht Millimeter um 20 Prozent. Zum Betonieren nur sauberes Wasser verwenden.

Die Bewehrungsanordnung

Betonstahl bezeichnet man als Bewehrung. Damit der Stahl auf lange Sicht hin nicht korrodiert, muß eine Mindestbetondeckung (Betonschicht zwischen Stahl und äußerer Bauteilbegrenzung) gewährleistet sein. Bei Bauteilen in geschlossenen Räumen etwa zwei Zentimeter, im Außenbereich rund 3,5 Zentimeter (Richtwerte).

Wichtige Grundregeln für den Einbau von Stahleinlagen: Stahl von Schmutz, Fett, Eis und losem Rost befreien. Eine Braunfärbung des Stahls durch leichtes Anrosten stört nicht. Stahl entsprechend Plan verlegen und zu einem steifen Gerippe mit Draht verbinden. Bewehrung durch Abstandhalter sichern, so daß ein Verrutschen beim Betonieren unmöglich ist. Eine Bewehrung ohne Abstandhalter ist unzulässig. Bei großen Stahlmengen Rüttel-Lücken lassen, damit der Beton später ordentlich verdichtet werden kann. Matten oder Stabstähle müssen sich in den Stoßbereichen überlappen. Die erforderliche Verankerungslänge bekommt der Selbstbauer vom Statiker mitgeteilt. Sie ist vom Stabdurchmesser und dem Grad der Bewehrung abhängig. In langen Bauteilen wie zum Beispiel Ringankern sollten die Stöße parallelliegender Stabstähle nicht an derselben Stelle sitzen.

Übrigens: Meist wird Stahl mit kreisförmigem Querschnitt und gerippter Oberfläche eingebaut. Wo Betonstabstahl (S) und Betonstahlmatten (M) zum Einsatz kommen, legt der Statiker fest. Er entscheidet auch, welche Sorten eingebaut werden. Beispiel: Betonstabstahl BSt 420 S, Kurzzeichen III S (☞ auch S. 39).

Mischen von Beton

Auch der Selbstbauer sollte sich für das Anrühren von Beton eine geeignete Mischmaschine besorgen. Damit gute Mischungen entstehen, ist es ratsam, sich die einzelnen Betonkomponenten in Portionen abzumessen, bevor es losgeht. Als erstes gibt man etwas Wasser in die Trommel, dann den Zuschlag (Kies) und zum Schluß Zement. Es wird so lang gemischt, bis eine gleichmäßige Konsistenz entsteht. Der Beton sollte dabei mindestens eine Minute lang nach Zugabe aller Stoffe gerührt werden. Wenn Sie auf Ihrer Baustelle zum erstenmal Beton selbst herstellen, lassen Sie sich von einem erfahrenen Baumenschen helfen.

Rezeptbeispiel für einen „B 25"

Für Beton der Kategorie „B 25" (beim Einfamilienhausbau meistens ausreichend) nimmt man vier Teile (Schaufeln, Eimer) Kies der Körnung „0/16" (Abstand zwischen Bewehrung und Schalung mindestens 16 Millimeter!), ein Teil Zement (Z 35) und gießt so viel Wasser hinzu, daß man die Kieselsteine im Betonmischer gerade noch trommeln hört.

Einbauen und verdichten

Der Beton muß, sobald er in Transportgefäße oder auf ein Förderband geschüttet ist, möglichst schnell an den Einbauort gebracht und dort verarbeitet werden. Vorher sollte man jedoch Schalung und angrenzendes Mauerwerk anfeuchten. So wird dem Beton nicht so schnell das Wasser entzogen. Durch Rütteln, Stochern, Stampfen oder Klopfen wird der Frischbeton verdichtet. Besonders sorgfältig muß man dabei in den Ecken und längs der Schalung vorgehen. Es entweichen die enthaltenen Luftblasen, und der Beton bekommt ein gleichmäßig dichtes Gefüge. Auch bei dieser Arbeit muß eine erfahrene Hilfskraft auf der Baustelle sein.

Wichtig: Den Beton bis zum genügenden Erhärten gegen schädliche Einwirkungen (Abkühlen, Erwärmen, Austrocknen, starken Regen und Erschütterungen) schützen. Eine Abdeckung aus Kunststoff-Folien lindert Witterungseinflüsse. Bei sehr hohen Außentemperaturen und direkter Sonneneinstrahlung sollte man den Beton feucht halten.

Transportbeton

Fertig gemischter Beton, den man sich anliefern lassen kann, ist in Konsistenz und Güte meist gleichmäßiger als selbstgemischter. Zudem besteht preislich nur ein geringer Unterschied.

Checkliste für die Bestellung von Transportbeton

- Die benötigte Betonmenge genau berechnen.
- Betonfestigkeitsklasse, Betoneigenschaften (zum Beispiel Wasserundurchlässigkeit), Größtkorn des Zuschlags, Baustellenanschrift und Rufnummer für eventuelle Rückfragen dem Lieferwerk mitteilen.
- Den Betoniertermin so legen, daß die Fahrzeuge nicht im Berufsverkehr steckenbleiben können.
- Gegebenenfalls die Betonpumpe gleich mitbestellen.
- Die Stornierungsfrist erfragen, falls der Betoniertermin kurzfristig verlegt werden muß.
- Die Schal- und Bewehrungsarbeiten müssen abgeschlossen sein, wenn das erste Betonlieferfahrzeug auf der Baustelle anrollt.
- Prüfen: Sind genügend Verdichtungsgeräte, Schaufeln und Schubkarren vorhanden?

Sparrenabstände frühzeitig festlegen

Bereits in der Planungsphase muß man sich Gedanken über die Ausführungsdetails des Dachs machen. Wenn zum Beispiel eine Dachdämmung zwischen den Sparren vorgesehen ist, sollte der Sparrenabstand so gewählt werden, daß der Dämmstoff ohne viel Verschnitt eingebaut werden kann (eventuell Dämmkeile verwenden, ☞ S. 148).

Die Sparrenabstände spielen auch beim Einbau von Dachflächenfenstern eine wichtige Rolle. Wer es versteht, Dachflächenfenster und Sparrenabstand geschickt zu kombinieren, kann auf den Einbau eines Wechsels im Dachgebälk verzichten (☞ S. 88).

Sparrenabstände von einem Meter lassen sogar den Einbau einer kleinen Gaube zu. Hinweis: Gauben sind zwar sehr schön anzusehen, sie kosten aber auch eine Menge Zeit und Geld.

Große Sparrenabstände erfordern entsprechend stärkere Dachlatten. Der Statiker rechnet's aus.

Schutz für Holz und Wärmedämmung

Holzteile dürfen nicht direkt am Schornstein (☞ S. 68) anliegen. Der Schornsteinfeger sagt Ihnen, wie groß die Abstände jeweils sein müssen.

Für einen Dachstuhl ist in der Regel ein chemischer Holzschutz vorgeschrieben. Meist benutzt der Zimmermann Bauholz, das bereits vor dem Einbau gegen Fäulnis, Insekten- und Pilzbefall imprägniert wurde. Die Dachlatten besorgen Sie sich am besten auch fix und fertig behandelt.

Wenn Sie ein YTONG-Massivdach gewählt haben, aber auf die rustikale Optik einer Dachstube nicht verzichten möchten, können Sie Sparrenimitationen von unten an die Porenbeton-Platten dübeln. Vorteil: Da diese Hölzer keine tragende Funktion haben, brauchen sie auch nicht mit Holzschutzmittel behandelt zu werden (☞ S. 146).

Die hinterlüftete Wärmedämmung

Ist eine hinterlüftete Dämmung zwischen den Sparren geplant, sollte die Sparrenhöhe so groß sein, daß genügend Platz für eine dicke Dämmstoffschicht (etwa 14 bis 16 Zentimeter) und eine gute Hinterlüftung (rund sechs bis zehn Zentimeter) bleibt (☞ S. 148).

Überall dort, wo der Luftstrom unter der Dachhaut unterbrochen wird, sollten Lüftersteine eingebaut werden: also ober- und unterhalb von Fenstern, Gauben und Schornstein.

Die Tragfähigkeit von Nägeln

Die Tragfähigkeit eines Nagels ist abhängig von der Größe und der Einschlagtiefe. Für Schalbretter bis 22 Millimeter Dicke eignen sich Drahtnägel (Durchmesser 3,1 Millimeter) der Länge 70 Millimeter; bis 24 Millimeter Holzdicke: 3,4 mal 90 Millimeter. Schalbretter werden mit mindestens zwei Nägeln an jedem Anschluß fixiert.

Konter- und Querlatten (☞ S. 84) mit einer Dicke von 24 Millimeter werden mit Nägeln 3,1 mal 80 Millimeter auf den Sparren befestigt (je ein Nagel pro Anschluß).

Die Mindestdachneigung

Nicht nur der Bebauungsplan (☞ S. 208), auch das gewählte Eindeckungsmaterial fordert eine Mindestdachneigung. Beispiele: Dachpfannen je nach Typ 22° bis 25°, Biberschwanzziegel 30°. Werden diese Werte unterschritten, sind Zusatzmaßnahmen erforderlich, wie etwa der Bau eines Unterdachs (☞ S. 77). Dies kann aus einer Lage Brettern bestehen, auf der man besandete Dachpappe (Typ „V 13" oder „500") ausrollt und darauf die Lattung anbringt. Zweck des Unterdachs: bessere Abdichtung gegen eindringendes Regenwasser bei starkem Wind. Je steiler das Dach ist, um so kleiner ist diese Gefahr.

Schneefanggitter

Auf geneigten Dächern müssen Schneefanggitter montiert werden, wenn eine Gefährdung durch abrutschende Dachlawinen droht.

Eine Alternative: der Biberschwanz

Der Klassiker unter den Tondachziegeln ist der Biberschwanz. Die berühmteste Form, den Rundschnittbiber, gibt es längst auch als Betondachstein.

Es sollte beachtet werden, daß diese traditionelle Dacheindeckung am schönsten auf historischen Dächern und modern geplanten Fachwerkhäusern zur Geltung kommt. Den traditionellen Biberschwanz mit topmoderner Neuzeitarchitektur zu verquicken ist reine Geschmackssache. Man kann, aber man sollte nicht darüber streiten.

Wer erst spät seine Liebe zum Biberschwanz entdeckt, kann relativ leicht aus einem Pfannendach ein Biberdach machen. Eine zusätzliche Querlatte ist die einzige große Veränderung der Unterkonstruktion. Es muß jedoch geprüft werden, ob der Dachstuhl den neuen Anforderungen gewachsen ist. Denn die Gewichtszunahme kann je nach Deck-Technik 50 Prozent betragen.

Übrigens: Spezielle Formsteine wie First- und Ortgangziegel gibt es auch beim Biberschwanz. Das erleichtert die Arbeit erheblich.

Die Regenrinnen-Dimensionierung

Dachrinnen und Regenfallrohre sind in Richtgrößen (RG) unterteilt, die der DIN 18 460 zu entnehmen sind. Die notwendige Dachrinnengröße richtet sich nach der Dachgrundfläche (projiziert auf die waagerechte Ebene) und der Anzahl der Regenabläufe.

Beispiel: Für ein Haus (Länge 14 Meter, Giebelbreite neun Meter) mit Satteldach soll die Regenrinne dimensioniert werden. Die projizierte Grundfläche beträgt (14 mal neun) 126 Quadratmeter. Beim symmetrischen Satteldach ist jede einzelne zu entwässernde Dachfläche demnach 63 Quadratmeter groß. Aus der Tabelle wird abgelesen: Dachrinne mit Richtgröße 125 Millimeter (RG 125/7teilig), Fallrohr Richtgröße hundert Millimeter (RG 100).

Wenn je Dachhälfte zwei Regenwasserabläufe angeschlossen werden, beträgt die rechnerisch zu entwässernde Grundfläche je Ablauf nur noch 31,5 Quadratmeter.Dann könnte man sogar mit einer Rinne „RG 100/8teilig" auskommen (Ablauf „RG 70").

Für Ihre individuelle Dachfläche werden Rinnengröße und Ablaufdurchmesser entsprechend dieser Beispielrechnung gemäß Tabelle festgelegt.

Welche Dachrinne benötigen Sie für Ihr Haus?

anzuschließende Dachgrundfläche in m²	Richtgröße (RG) für Dachrinnen, halbrund, Kastendachrinne	Fallrohr Richtgröße (RG) in mm
bis 20 m²	RG 70/10teilig	RG 50
bis 57 m²	RG 100/8teilig	RG 70
bis 97 m²	RG 125/7teilig	RG 100
bis 170 m²	RG 150/6teilig	RG 100
	RG 150/6teilig	RG 125

Bei Gewitter: Stecker raus?

Wenn grelle Blitze krachend zu Boden zucken, finden das manche urgemütlich. Andere halten ängstlich den Atem an. Doch wie es um die Gemütsverfassung auch steht, eine Frage quält seit Jahrzehnten alle: Muß ich beim Gewitter den Fernseher aus der Steckdose ziehen? Und weil man darauf selten ein klares „Ja" oder „Nein" hört, wird viel spekuliert. Richtig schlau ist am Ende keiner.

Wann ist Blitzschutz notwendig?

Die zwar geringe, doch nicht ganz auszuschließende Wahrscheinlichkeit, daß ein Blitz ins Haus einschlägt, ist hauptsächlich von der Lage des Gebäudes abhängig. Im Klartext: Ein Wohnhaus mit Erd- und Dachgeschoß, das die Nachbarschaft nicht überragt, ist weniger gefährdet als ein Anwesen auf einem Hügel, das sich offen zur Landschaft präsentiert. Eine individuelle Beurteilung der jeweiligen Situation können nur Fachleute vornehmen: Elektroinstallateure oder Blitzschutz-Anlagenbauer. Ihr Selbstbau-Partner nennt Ihnen die gewünschten Adressen.

Wenn man sich über die Vielfältigkeit der möglichen Sicherheitseinrichtungen aufklären läßt, erstaunt es nicht, daß auch beim Bau von Blitzschutzanlagen die Kostenskala nach oben hin nahezu unbegrenzt ist. Dennoch: Nicht alles ist notwendig, manches gar überflüssig.

Äußerer Blitzschutz

Wer Blitzschutz meint, spricht oft von einem Blitzableiter, der über das Dach läuft und im Boden geerdet ist. Dabei handelt es sich aber nur um einen Teil der Sicherheitseinrichtungen: um den äußeren Blitzschutz.

Hauptbestandteil des äußeren Blitzschutzes bei Wohnhäusern ist meist ein Rundprofil mit acht Millimeter Durchmesser, das diagonal übers Gebäude verlegt wird. An einer Hausecke beginnend, wandert die Leitung aufs Dach, dort über den First und an der diagonal gegenüberliegenden Ecke wieder nach unten. Bei Reihen- oder Doppelhäusern wird nur eine Blitzschutzanlage für den gesamten Gebäudekomplex installiert.

Doch mit einem einfachen Metall-Rundprofil allein ist es noch nicht getan. Elementar sind die sogenannten Fangeinrichtungen: An allen metallenen Bauteilen auf oder am Haus sowie an den First-Endpunkten, an Schornstein und Gauben werden Metallprofilstücke nach oben gebogen, die dem Blitz als Einschlagspunkte dienen können. Jede dieser Metallspitzen ist mit der Blitzschutzanlage verbunden.

Gewissermaßen der Abschluß des äußeren Blitzschutzes ist die Verbindung der Erdungsanlage mit der Haus-Potential-Ausgleichsschiene, an der auch alle metallenen Innenbauteile wie Kupferheizungsrohre, Elektroanschlußkasten, aber auch die Stahl-Badewanne angeschlossen sein müssen (☞ S. 137). Die Ausgleichsschiene montiert beim Neubau der Elektroinstallateur automatisch mit. In diesem Bauteil werden Potentialunterschiede zwischen metallenen Bauteilen ausgeglichen, die zum Beispiel ein 100 000-Volt-Blitz erzeugen kann. Denn: Gefährlich sind nur unterschiedliche, nicht jedoch gleiche Spannungen.

Kann man nun den Fernseh-Stecker beim Gewitter in der Steckdose lassen? Nein! Abgesehen davon besitzt der TV-Apparat zwei Kabeleingänge: einen Netzanschluß und einen Antennenanschluß. Ganz egal, was man auch immer versucht, Ihnen einzureden: Die größte Sicherheit bekommen Sie, wenn beide Stecker während eines Gewitters gezogen werden. Im Falle eines Blitzeinschlags kann nämlich unter besonders ungünstigen Umständen in eine metallene Leitung (Heizrohr, Stromkabel) eine Spannung induziert werden, die dann übers Stromnetz auch die empfindlichen Geräte wie den Fernseher, den Computer oder den Wäschetrockner erreicht. Und dann sind Schäden nicht auszuschließen. Kann die Antenne wenigstens drinnenbleiben, die ja ordentlich geerdet ist? „Ja" sagen die einen, „nein" die anderen: „Der Blitzschutz sichert das Gebäude, nicht die Geräte." Einleuchtend ist, daß man den Eintritt von hohen Spannungen ins Gerät vermeiden muß. Also: beide Stecker raus, wenn es draußen blitzt und donnert.

Innerer Blitzschutz

Die vollkommene Abschirmung gegen negative Auswirkungen von Blitzeinschlägen gibt es nicht. Mit der äußeren Blitzschutzanlage ist, locker formuliert, eine neunzigprozentige Absicherung erreicht. Jedes weitere Prozent muß teuer erkauft werden. Da das Gebäude selbst durch Fangeinrichtungen und Ableitungen ausreichend abgesichert ist, stellt sich die Frage, welche Geräte im Hausinnern zusätzliche Sicherheit dringend benötigen. Das alte Röhrenradio, der Fön oder die Kaffeemaschine wohl kaum. Eine teure Computeranlage, HiFi-, Video- und TV-Geräte schon eher. Es gibt also wenige „Muß", einige „Soll" und viele „Kann".

Die erste Möglichkeit ist der Einbau eines Blitzstromableiters, der laut VDE-Vorschriften allerdings noch zum äußeren Blitzschutz gezählt wird. Einbauort: in der Nähe des Elektro-Hausanschlußkastens. Denn sollte einmal ein Blitz zwar entfernt vom Haus, jedoch in der Nähe der Strom-Hauptversorgungsleitung einschlagen, kann durch die bereits beschriebene Induktionswirkung eine kurzfristig hohe Spannung Gebäude und Geräte erreichen. Der Blitzstromableiter führt in diesem Fall die überschüssige Spannung ab, und Ihr Elektro-Equipment bleibt verschont. Haben Sie diese Sicherheitsstufe nicht eingebaut, könnte bei einem eingeschalteten Gerät durch Blitzeinschlag eine mehr oder weniger gravierende Störung auftreten.

Sinnvoller (weil preiswerter) erscheint jedoch die gezielte Absicherung empfindlicher Elektronik, wie beispielsweise Hochgeschwindigkeits-Mikroprozessoren in Personal-Computern. Gemeint ist ein Überspannungsschutzgerät, das auch für Fernseher und Wäschetrockner geeignet ist.

Ein Mittelding aus beiden oben beschriebenen Schutzeinrichtungen stellt ein anderes Überspannungsschutzgerät dar, das in Stromverteilungskästen installiert wird. Je aktiven Leiter ist ein Gerät nötig.

Noch einmal zur Fernsehfrage: Wenn ein Überspannungsschutzgerät vorhanden ist, braucht die Stromversorgung während eines Gewitters nicht gekappt zu werden. Von der Antenne sollte man den Fernseher aber dennoch trennen. Und wie sieht's beim verkabelten TV aus? Stecker raus! Denn der Blitz könnte irgendwo außerhalb in das Kabel einschlagen und – Sie ahnen es – per Induktionswirkung Ihr Fernsehgerät zertrümmern. Dieser Fall kommt übrigens oft genug vor.

Empfehlung: Informieren Sie sich über Ihre individuelle Situation bei einem Fachbetrieb. Gehen Sie im Zweifel auf die sichere Seite, und lassen Sie mindestens einen äußeren Blitzschutz montieren. Im Innenbereich sichern Sie gezielt nur die teuren Geräte, deren Zerstörung einer mittleren Katastrophe gleichkäme.

Montage nur durch den Fachmann

Die Arbeiten für den Blitzschutz eines Einfamilienhauses sind innerhalb von ein bis zwei Tagen erledigt. Fangeinrichtungen, Blitzableitung und die Verbindungen zum Erder (☞ S. 39) können dank pfiffiger Halterungen und einfacher Schraubverbinder geradezu blitzartig montiert werden. Warnung: Die Montage der Blitzschutzanlage ist nichts für den Laien. Dort muß ein Fachmann ran.

Wichtig: Am Schluß der Montagearbeiten wird die Funktionstüchtigkeit des Blitzschutzes gemessen. Das Meßgerät gibt zu erkennen, ob Sie sich künftig auch zu jener Personengruppe zählen dürfen, die es urgemütlich findet, wenn grelle Blitze krachend zu Boden zucken.

Öl oder Gas?

Die Frage, welches der richtige Brennstoff für die Heizung ist, stellt sich eigentlich nur, wenn das Grundstück an die öffentliche Gasversorgung angeschlossen werden kann. Das Heizen mit Flüssiggas ist durch den sehr aufwendigen Tank meist keine wirtschaftliche Alternative. Aber auch beim Öl sollten die Kosten für die Tankanlage nicht unterschätzt werden. Gas verbrennt rückstandsfreier und ist vor allem bei Einsatz der modernen Brennwerttechnik etwas umweltfreundlicher als Öl. Dafür ist das Heizen mit Gas aber meist etwas teurer. Denn beim Öl kann man durch geschicktes Ausnutzen saisonaler Preisschwankungen manchmal recht günstig einkaufen.

Gas ist aber nicht nur der komfortablere, sondern auch der gefährlichere Brennstoff. Deshalb müssen Sie das Verlegen und Anschließen der Gasleitungen unbedingt einem Fachmann überlassen.

Öltank oder Kellertank? Eine Preisfrage!

Wer genügend Lagerraum zur Verfügung hat, sollte intensiv über einen Kellertank nachdenken. So ein Vorrats-Ölbehälter mit einem Fassungsvolumen von 4000 Liter bietet beim Einfamilienhaus genügend Reserven. Die benötigte Tankraumfläche von etwa fünf bis sechs Quadratmeter läßt sich in den meisten Kellern leicht einplanen und stellt wohl keinen großen Raumverlust dar. Genaugenommen müssen aber neben den Kosten der Tankanlage noch die Baukosten des Lagerraums berücksichtigt werden, um einen echten Vergleich zum Erdtank zu bekommen. Detaillierte Berechnungen haben gezeigt, daß nur bei arg begrenzter Kellerfläche und einem großen Öl-Lagervolumen (ab 10000 Liter) der Erdtank finanziell interessanter als der Kellertank sein kann (☞ S. 106).

So funktioniert die Heizung

Die Funktionsweise einer Heizungsanlage mit Vor- und Rücklauf ist schnell erklärt: Im Kessel (☞ S. 104) wird das Wasser für den geschlossenen Heizkreislauf erhitzt und mittels einer Pumpe über den Vorlauf zu den Etagenverteilern (☞ S. 108) befördert. Von dort werden die einzelnen Heizkörper (☞ S. 110) versorgt. Über eine zweite Leiste der Etagenverteiler (Rücklauf) gelangt das inzwischen abgekühlte Wasser zurück zum Heizkessel, in dem es erneut erwärmt wird.

Das richtige Rohrmaterial nehmen

Alle Anlagenteile der Sanitärinstallation, die mit Trinkwasser in Berührung kommen, unterliegen dem Lebensmittelgesetz. Wasserleitungen dürfen keine Stoffe absondern, die zu einer Gesundheitsgefährdung des Menschen führen könnten. Deshalb bestehen die Kunststoffrohre der Haus-Wasserinstallation aus einem Material, das die geforderten Eigenschaften hat.

Die Kunststoffrohre der Heizungsstränge müssen diffusionsdicht sein und werden entsprechend hergestellt. Deshalb der Hinweis: Heizungs- und Sanitärrohre nicht verwechseln.

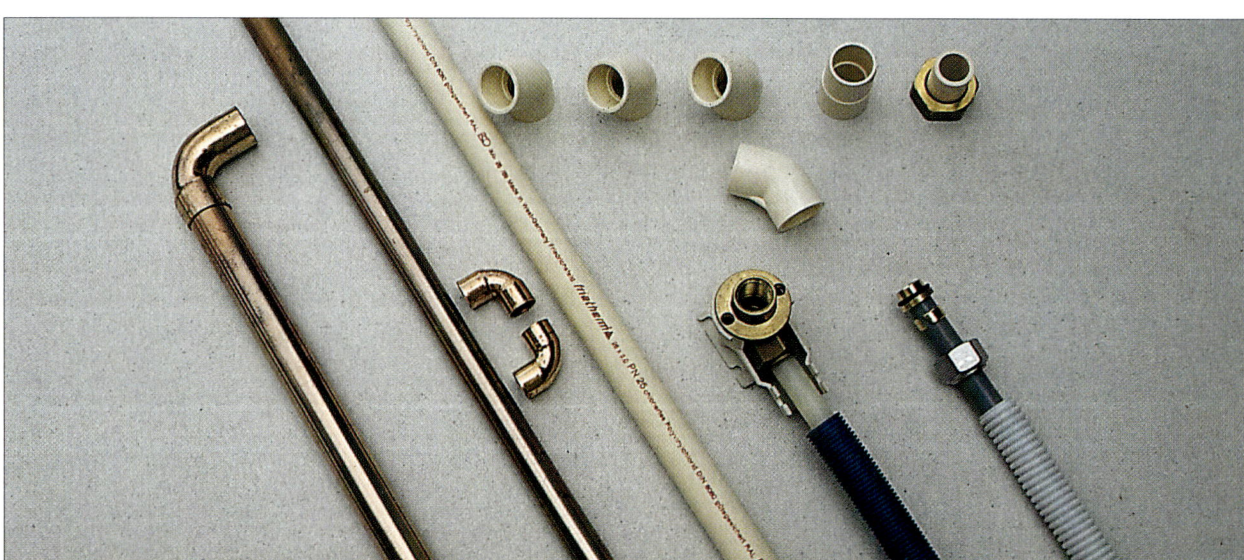

Auswahlkriterien zur Heizungstechnik

Solange es noch keine echten Alternativen zu Öl und Gas gibt, wird der umweltbewußte Bauherr besonderen Wert auf eine Heizungstechnik legen, die möglichst sparsam mit den fossilen Energieträgern umgeht.

Ein wichtiges Indiz für die Sparsamkeit einer Heizung ist der Nutzungsgrad (Wirkungsgrad), der oft knapp unter 100 Prozent liegt. Bei Brennwertgeräten sogar noch darüber. Allerdings, und darüber muß man sich im klaren sein, wirken sich ein paar Prozent mehr oder weniger kaum aus. Viel wichtiger ist es, ein optimales Heizsystem mit den anderen Komponenten eines Hauses derart zu kombinieren, daß der Energieverbrauch tatsächlich minimiert werden kann. In diesem Zusammenhang muß auch das Stichwort „Niedrigenergiehaus" (☞ S. 191) fallen. Die Mehrinvestitionen für Wärmeschutzverglasung, die passive und aktive Nutzung von Sonnenenergie (☞ S. 114) und natürlich ein hochwärmedämmender Wandbaustoff sind die Lösung, wenn kostbare Ressourcen und der eigene Geldbeutel langfristig geschont werden sollen.

Fußbodenheizung oder Heizkörper?

Eine vieldiskutierte Frage: Was ist besser, Fußbodenheizung oder Heizkörper? Neben den energietechnischen Gesichtspunkten darf man natürlich nicht die Behaglichkeit der einzelnen Räume aus den Augen verlieren. Ziel ist es immer noch, mit der eingesetzten Heiztechnik ein angenehmes Raumklima zu schaffen. Grundsätzlich kann gesagt werden, daß es als besonders angenehm empfunden wird, wenn die Raumtemperatur in Höhe des Kopfes um einige Grad kühler als im Bereich der Füße ist. Diesem Ideal-Temperaturverlauf kommt die Fußbodenheizung am nächsten. Wichtig für das Wohlbefinden ist aber auch die Oberflächentemperatur von Decken und Wänden. Kalte Fensterflächen (Beispiel) führen zu erhöhter Wärmeabgabe des Menschen. Dies ist der Grund dafür, daß man in der Nähe von Fenstern oft das Gefühl hat, es würde „ziehen". Die Oberflächentemperatur der Wände liegt bei Zimmern mit Fußbodenheizung höher als in Räumen mit Heizkörpern.

Ein weiteres Argument in der Diskussion um die Heizflächen dreht sich um die Hygiene. Oft wird davon gesprochen, daß Fußbodenheizungen Staub aufwirbeln. Experten sagen: Das stimmt nicht. Im Gegensatz zu Systemen, die die Luft im Raum umwälzen.

Allerdings darf der Einfluß der Bodenbeläge nicht vergessen werden (☞ S. 161). Keramische Fliesenbeläge stellen wegen ihrer hervorragenden Leitfähigkeit den optimalen Belag für eine Kombination mit der Fußbodenheizung dar. Im Sommer, wenn die Heizung ausgeschaltet ist, bleibt aber auch der Boden kühl. Für Leute, die gern barfuß laufen, aber auch für spielende Kinder ist dann der Fliesenboden nicht der angenehmste Belag. Dort bringt ein Teppich mehr Vorteile. Und der ist wiederum nicht der optimale Belag für eine Fußbodenheizung.

So kann man scheinbar endlos Argumente für oder gegen das eine und das andere System sammeln. Was schließlich die „richtige" Lösung ist, muß die Baufamilie letztlich selbst entscheiden.

λ_R – die Wärmeleitfähigkeit

Damit die Wärme aus beheizten Räumen möglichst langsam nach außen dringt, werden die umgebenden Flächen (Wände, Decken, Dach, Fenster) aus wärmedämmendem Material hergestellt. Die Wände aus Porenbeton, die Fenster aus Wärmeschutzglas.

Holzbalkendachstühle werden mit unterschiedlichsten Stoffen gedämmt. Die Wärmeleitfähigkeit dieser Baumaterialien wird mit dem λ_R-Wert (W/mK) ausgedrückt. Je kleiner dieser Wert ist, um so besser ist die Wärmedämmung. Beispiele:

YTONG-PLANBLOCK (P 2, 0,4) [1]	0,12 W/mK
Stahlbeton	2,10 W/mK
Polystyrol-Hartschaum WLG 040	0,04 W/mK

Dämmstoffe werden in Wärmeleitfähigkeitsgruppen (WLG) unterteilt. So läßt sich mit einem Blick eine Aussage über die Wärmedämmeigenschaft treffen.

Der k-Wert

Sie haben sicher schon von ihm gehört. Für viele Bauherren stellt der k-Wert das Maß aller Dinge dar.

Man muß wissen: **Den** k-Wert gibt es nicht. Er ist eine Größe, die vom gewählten Material und der Bauteildicke abhängig ist.

Der k-Wert (Wärmedurchgangskoeffizient) beschreibt den Wärmedurchgang in Watt pro Quadratmeter, bezogen auf den Temperaturunterschied zwischen den beiden Flächen eines Bauteils. Es wird deutlich: Je kleiner der k-Wert ist, um so geringer ist der Wärmedurchgang. Um so besser dämmt also das Bauteil.

Unter Berücksichtigung der Wärmeübergangskoeffizienten α_i und α_a errechnet sich für eine beidseitig verputzte, 30 Zentimeter dicke Porenbeton-Wand (P 2, 0,4) [1] ein k-Wert von 0,36 W/m²K. Zum Vergleich: Wählt man 36,5 Zentimeter dicke PLANBLÖCKE, reduziert sich der k-Wert weiter auf 0,30 W/m²K.

Auswahl wichtiger Dämmstoffe

- **Steinwolle.** Die Fasern geschmolzenen Gesteins werden formaldehydfrei gebunden (WLG 035 bis 050). Platten, Keile, Matten und Filze aus Steinwolle eignen sich zur Dämmung von Dächern, Fassaden, leichten Trennwänden und Rohrleitungen.

- **Glaswolle.** Geschmolzene Rohstoffe (Altglas, Sand, Kalk) werden zerfasert und gebunden (WLG 035 bis 040). Glaswolle wird in Form von Platten, Rollen, Streifen und Filzen geliefert. Haupteinsatzgebiete: Dachdämmung, Fassade, Estrich-Unterbau, Rohrdämmung.

- **Polystyrol.** Das Erdölprodukt wird meist als Platte, Block oder Formteil geliefert (WLG 030 bis 040). Polystyrol ist für die Dachdämmung, die Kerndämmung bei zweischaligem Außenmauerwerk und als Unterlage bei schwimmendem Estrich geeignet.

- **Polyurethan.** Diese Sorte Hartschaum wird in erster Linie zum Dämmen von Dächern genommen (WLG 020 bis 035).

- **Kork.** Als Platte oder in Form von Korkschrot erhältlich (WLG 045 bis 055), wird Kork als Dämmschicht für Dächer eingesetzt. Auch: Fußboden- und Wandbelag.

- **Zellulose.** Dieser alternative Dämmstoff besteht aus Altpapier, das unter Zugabe von Borsalzen gegen Bakterien resistent gemacht wird (WLG 045). Geliefert wird Zellulose als Schüttgut, das in Hohlräume von Wänden, Decken und Dächern eingeblasen wird.

- **Schafwolle.** Das Naturprodukt wird auf Rollen oder als Platte geliefert (WLG 035). Die Einsatzgebiete sind Dach, Decke, Wand und Rohrleitungen.

[1]) Neue Kennzeichnung: PPW 2/0,4 (alte Kennzeichnung: GPW 2/0,4).

Das Wetter und der Außenputz

Ein optimales Verputz-Klima herrscht, wenn die Temperatur zwischen 10 °C und 15 °C liegt, der Himmel leicht bewölkt ist und kein Wind weht. Da aber solches „Norm-Wetter" recht selten ist, müssen beim Verputzen von Außenwandflächen einige Regeln beachtet werden.

Bei großer Hitze und grimmigem Frost läßt man die Putzarbeiten bleiben. Konkret: Über +30 °C und unter +5 °C ist nichts zu machen. Auch bei unbeständigem Wetter sollte man warten. Denn ein heftiger Regenguß könnte den frischen Putz von der Wand waschen.

Während man im Bereich zwischen 5 °C und 10 °C noch problemlos zur Sache gehen kann (der Putzgrund darf jedoch nicht mehr gefroren sein), ist es über 20 °C nicht ganz so einfach. Denn man muß immer vor der Sonne her arbeiten. Das bedeutet, daß eine Westwand, die erst am Nachmittag unter Sonneneinwirkung steht, vormittags verputzt wird. So ist der Untergrund beim Verputzen noch relativ kühl. Würde man auf eine Westwand am Nachmittag Putz aufziehen, würde dem Putz von der heißen Wand und von der warmen Außenluft das Wasser entzogen. Dann müßten Sie trotz fachgerechter Grundierung mit Rissen rechnen.

Eine Abkühlung für den Putz im Hochsommer

Wenn die kritische Westwand am Vormittag verputzt wurde und die Sonne dann nachmittags erbarmungslos die frische Fläche attackiert, hilft dem Kalk-Zement-Grundputz nur eine Abkühlung. Die Fachleute empfehlen ein Abdecken der Fassade mit feuchten Tüchern. Aber wer hat schon 40 bis 50 Quadratmeter Tuch zu Hause? Alternativ kann man den Putz auch in kurzen Zeitabständen mit einem feinen Sprühnebel aus dem Gartenschlauch feucht halten. Dabei darf der Wasserstrahl aber nicht so kräftig sein, daß er den frischen Putz beschädigen könnte. Nach dem Auftragen des Grundputzes sollte mindestens eine Stunde vergehen, ehe mit dem Sprühen begonnen wird.

Ostwände sind nicht ganz so kritisch, weil morgens die Sonne noch mit schwacher Leistung scheint. So könnte man es wagen, dort am Vormittag zu beginnen. Man muß die Putzoberfläche aber dann von Anfang an ständig feucht halten. Achtung: Diese nassen Nachbehandlungsaktionen gelten nur für den Grundputz, nicht jedoch für den deckenden Strukturputz.

An sehr warmen Sommertagen sollte man mit dem Verputzen einer Ostwand warten, bis sich die Wandoberfläche bis auf die Umgebungstemperatur abgekühlt hat. Mit dem Verputzen beginnt man dann am frühen Nachmittag und arbeitet eventuell bis in den späten Abend, solange das Sonnenlicht noch ausreicht.

Südwände sind eigentlich fast so problemlos wie Nordwände. Wegen des hohen Sonnenstandes im Sommer knallt die Sonne nie direkt auf die Wand. Eventuell ist sogar noch ein schattenspendender Dachüberstand vorhanden, der problemloses Arbeiten ermöglicht.

ABC